教育部高等学校电子信息类专业教学指导委员会规划教材

高等学校电子信息类专业系列教材·新形态教材

电磁场与电磁波

新形态版

刘小明 谢小娟 任红梅 甘露 编著

清华大学出版社
北京

内容简介

本书主要介绍电磁场与电磁波的数学基础、基本特性以及基本规律，主要内容包括：第0章绪论，主要讲述电磁场理论的应用背景和发展历程，同时简单介绍了本课程的特点以及学习方法；第1章为数学基础，讨论学习本课程所需的数学理论基础；第2～5章讨论静态场，分别介绍静电场理论、恒定电场、恒定磁场、静态场的边值问题及其解法；第6章讨论时变电磁场的基本规律；第7章为平面电磁波的传播、反射和透射；第8章介绍导行电磁波理论，这是微波技术的基础；第9章介绍电磁辐射的基本理论；第10章简要介绍现代电磁场的仿真分析方法和软件工具。对于书中艰涩难懂的内容，用*号标记为选修内容。

本书配有丰富的资源。在精选习题的基础上提供了部分习题答案，以巩固理论知识；制作了部分可视化材料，以帮助学生理解重点概念；考虑课程内容的工程性，特别是理论与实践的结合，设置了实践习题部分，供学生自由探索。此外，本书体现了课程思政元素，注重课程所包含的科学精神、工程意识、工程伦理、探索精神等方面的内涵。

本书适合普通高等院校电子信息和电气工程类专业的本科生使用，也可作为相关专业的研究生教材，还可作为工程技术人员的参考用书。

图书在版编目（CIP）数据

电磁场与电磁波：新形态版/刘小明等编著. -- 北京：清华大学出版社，2025.5.
（高等学校电子信息类专业系列教材）. -- ISBN 978-7-302-68605-7
Ⅰ. O441.4
中国国家版本馆CIP数据核字第20253TK017号

责任编辑：曾　珊　李　晔
封面设计：李召霞
责任校对：王勤勤
责任印制：刘海龙

出版发行：清华大学出版社
网　　址：https://www.tup.com.cn，https://www.wqxuetang.com
地　　址：北京清华大学学研大厦A座　　邮　　编：100084
社 总 机：010-83470000　　邮　　购：010-62786544
投稿与读者服务：010-62776969，c-service@tup.tsinghua.edu.cn
质量反馈：010-62772015，zhiliang@tup.tsinghua.edu.cn
课件下载：https://www.tup.com.cn，010-83470236
印 装 者：三河市君旺印务有限公司
经　　销：全国新华书店
开　　本：185mm×260mm　　印　张：16　　字　　数：389千字
版　　次：2025年5月第1版　　印　　次：2025年5月第1次印刷
印　　数：1～1500
定　　价：59.00元

产品编号：107336-01

前言
PREFACE

着手写一本《电磁场与电磁波》教材，感觉压力非常大。因为看过太多前辈写的经典教材，深知我们的功力不可企及；也因为身边有太多造诣深厚的学者，深知自己的水平相去甚远。但是在新工科建设过程中，当代学生的求知特点、培养目标的持续改进、新兴产业的迅猛发展，无不对教材内容提出了新要求，对教材建设提出了新挑战。我们就是在这样一种新形势下，结合自己的教学和科研经验，着手编写这本教材的。

在编写过程中，我们主要有以下几方面的考虑。

(1) 注重知识点的系统性。像"电磁场与电磁波"等重要的专业基础课，必须包含本科课程的系统知识体系，绝不能因为计算机技术的发展而丢失课程的本色或者降低对学生的要求。在章节的安排上，我们也考虑到了学生的层次，以便任课教师灵活把握。对一些艰涩难懂的内容，我们做了选修标记。

(2) 注重部分内容的可视化。电磁场和电磁波与数学是紧密联系的，学生普遍感觉难学的原因是工科学生的数学基础不足，对烦琐的公式推导有排斥心理。我们组织力量，制作了一些可视化的素材，相信有利于学生学习本课程。

(3) 坚持课程的工程基础性。随着集成电路工作频率的提高以及器件尺寸的减小，路的特性越来越模糊，而场的效应越来越明显。掌握电磁场理论，有利于理解现代技术中的要点。

(4) 体现课程的思政内容。我们非常注重本课程中所包含的科学精神、工程意识、工程伦理、探索精神等方面的内涵。

在习题方面，我们分章节编写了习题。这对知识点的巩固无疑是有益的，同时这也是传统教学方法的主要环节之一。为帮助大家学习，本书还提供了配套的习题全解。另外，考虑到工程教育专业认证对解决复杂工程问题的要求，还考虑到新工科专业建设对实践创新能力的要求，我们感觉有必要在习题环节设置综合性比较强的习题，有必要设置一些实践类的习题。其中有一些实践习题是编者在承担国家级项目过程中提炼出来的，也有不少问题是从学生所做的大学生创新创业项目中提炼出来的，当然也有不少是从生活当中来的。实践习题是本书的尝试性做法，希望能为工程认证和新工科建设过程中的教材建设提供有益的探索。

本教材包含以下章节：第0章绪论，主要讲述电磁场理论的应用背景和发展历程，同时简单介绍了本课程的特点以及学习方法；第1章为电磁场理论中的数学基础，讨论了学习本课程所需的数学理论基础；第2章为静电场，第3章为恒定电场，第4章讨论恒定磁场，第5章介绍静态场的边值问题及其解法，这几章都是对静态场的讨论；第6章讨论时变电磁场的基本规律；第7章介绍平面电磁波的传播、反射和透射；第8章介绍导行电磁波，这是微波技术的基础,更加系统的微波理论和技术需要参考专门的微波技术教材;第9章介绍电磁波辐射的基本理论,该部分是天线技术的基础,但并没有系统地覆盖天线理论和技术;第10章简单介绍了现代电磁场的仿真分析方法和软件工具,让学生初步了解计算电磁学。

本书由刘小明主编。在编写过程中,录制了部分内容的视频,提供了部分知识点的动画,以帮助大家学习重点难点内容。博士研究生王宸、张编姝,硕士研究生朱承辉对本书的插图做了大量的工作;硕士研究生赵子跃为本书配套的动画做了大量的工作。

限于作者水平和编写时间,本书一定会存在错误或考虑不周之处,恳请专家和读者能联系作者,以便提高我们的编写水平,保证本教材的质量。

编　者
2025年3月

学习建议

LEARNING ADVICE

本课程的授课对象为电子信息和电气类专业的本科生，参考学时为 64～80 学时，包括课程理论教学环节 48～64 学时和实验教学环节 16 学时。

课程理论教学环节主要采用课堂讲授方式，部分内容可以通过学生自学加以理解和掌握。本课程的学习难度相对较大，学生除了跟随教师的课堂讲解学习，还需要在课后进行巩固学习。部分内容可结合实验进行理解。

实验教学环节涉及的实验内容因教学单位的条件而异。建议开展电场和磁场演示实验、法拉第电磁感应定律实验、电磁场的传播实验、驻波实验和反射实验、传输线实验以及天线实验。有条件的可以增加全反射、全透射等实验，甚至可以提供开放式实验。

本课程的理论难度较大，且具有很好的工程实践性，理论课教师和实验课教师应该对理论教学和实验教学都有一定的了解。学生应当在加强理论学习的基础上主动思考理论在实际中的应用。

本课程的主要知识点、重点、难点及课时参考分配见下表。各教学单位可根据自身的情况调整内容和课时。

序　号	教学内容	教学重点	教学难点	课时分配
第 0 章	绪论	电磁场与电磁波在生活中的应用；电磁场与电磁波的发展历史	电磁场与电磁波的发展历史	2 学时
第 1 章	电磁场理论中的数学基础	场的概念以及场的矢量代数(矢量的乘法)，梯度、散度和旋度，拉普拉斯运算	场的概念，矢量的乘法，梯度、散度和旋度	6 学时
第 2 章	静电场	库仑定律、静电场的基本方程和边界条件，电位，导体电容，静电能	库仑定律、静电场的基本方程和边界条件，电位，导体电容，静电能	8 学时
第 3 章	恒定电场	电流连续性方程、电导	电流连续性方程、电导	4 学时
第 4 章	恒定磁场	安培定律、法拉第电磁感应定律、介质的磁特性、电感	安培定律、法拉第电磁感应定律、介质的磁特性、电感	8 学时
第 5 章	静态场的边值问题及其解法	静态场边值问题及唯一性定理，镜像法，分离变量法	镜像法，分离变量法	8 学时
第 6 章	时变电磁场	麦克斯韦方程组，波动方程，电磁场的位函数，电磁能量守恒定律，时谐电磁场	麦克斯韦方程组，时谐电磁场的复数表示，平均能量密度和平均能流密度矢量	6 学时

续表

序号	教学内容	教学重点	教学难点	课时分配
第7章	均匀平面电磁波	介质中的均匀平面波，电磁波的极化，电磁波的反射和透射	介质中的均匀平面波，电磁波的极化，电磁波的反射和透射	10学时
第8章	导行电磁波	传输线的电路理论，波导的电磁场理论，矩形波导，圆波导，同轴波导，谐振腔	传输线的电路理论，波导的电磁场理论，矩形波导，圆波导	6学时
第9章	电磁波的辐射	滞后位，电偶极子的辐射，电磁辐射几个重要的参数，阵列天线，口径场辐射	滞后位，电偶极子的辐射，电磁辐射几个重要的参数，阵列天线，口径场辐射	6学时
第10章	电磁分析方法与仿真软件简介			0学时 学生自修

微课视频清单

MICRO LESSON VIDEO LIST

视频名称	时长/min	位置
视频1　标量场的梯度	25	1.2.1节节首
视频2　矢量场的散度	25	1.2.2节节首
视频3　矢量场的旋度	25	1.2.3节节首
视频4　圆柱坐标系	20	1.3.1节节首
视频5　球坐标系	20	1.3.2节节首
视频6　库仑定律和电场强度	20	2.1.1节节首
视频7　静电场的散度和旋度	22	2.2节节首
视频8　电位及其方程	16	2.2.5节节首
视频9　电偶极子	12	2.4.1节节首
视频10　电介质的极化	21	2.5.1节节首
视频11　边界条件	26	2.6节节首
视频12　导体系统的电容	28	2.7.2节节首
视频13　电流密度	14	3.1.1节节首
视频14　电流连续性方程	10	3.2节节首
视频15　恒定电场的边界条件	10	3.3.1节节首
视频16　恒定电场与静电场的比拟	14	3.4节节首
视频17　安培力定理与毕奥-沙伐尔定律	10	4.1.2节节首
视频18　矢量磁位	12	4.2.3节节首
视频19　恒定磁场中的磁介质	14	4.4节节首
视频20　电感及其计算	12	4.6节节首
视频21　导体平面电荷镜像	13	5.2.1节节首
视频22　导体球面电荷镜像	7	5.2.2节节首
视频23　导体柱面电荷镜像	5	5.2.3节节首
视频24　直角坐标系的分离变量法	12	5.3.1节节首
视频25　全电流安培环路定律	7	6.1节节首
视频26　坡印廷矢量	6	6.4节节首
视频27　波动方程	7	6.6节节首
视频28　时谐电磁场	11	6.8节节首
视频29　理想介质中的电磁波	20	7.1节节首
视频30　相速度和群速度	12	7.2.4节节首
视频31　电磁波的极化	20	7.4节节首
视频32　对介质分界面的垂直入射	9	7.5.1节节首
视频33　对介质分界面的斜入射	10	7.6.1节节首
视频34　传输线上的波动方程	8	8.1节节首

续表

视频名称	时长/min	位　　置
视频 35　阻抗变换	8	8.1.2 节节首
视频 36　矩形波导的主模	9	8.3.1 节节首
视频 37　谐振腔	6	8.6 节节首
视频 38　电偶极子的辐射	8	9.2 节节首
视频 39　电磁辐射的几个重要参数	8	9.5 节节首
视频 40　阵列天线	8	9.6 节节首
视频 41　口径场辐射	10	9.7 节节首

动画视频清单

ANIMATED VIDEO LIST

动画名称	时长/s	简要描述
动画1　矢量加减	13	第1章,矢量加减
动画2　叉积	11	第1章,叉积的演示
动画3　标量三重积	14	第1章,标量三重积的演示
动画4　矢量三重积	7	第1章,矢量三重积的演示
动画5　柱坐标	13	第1章,柱坐标的演示
动画6　球坐标	14	第1章,球坐标的演示
动画7　库仑定律	30	第2章,库仑定律的演示
动画8　介质的极化	14	第2章,介质的极化的演示
动画9　磁化	14	第4章,磁化的演示
动画10　镜像法	10	第5章,镜像法的演示
动画11　有限差分法	12	第5章,有限差分法
动画12　法拉第电磁感应	9	第6章,法拉第电磁感应的演示
动画13　电磁波传播	15	第7章,平面电磁波传播的演示
动画14　衰减电磁波传播	13	第7章,衰减电磁波传播的演示
动画15　群速度和相速度	13	第7章,群速度和相速度的演示
动画16　线极化	13	第7章,线极化的演示
动画17　右旋圆极化	12	第7章,右旋圆极化的演示
动画18　左旋圆极化	12	第7章,左旋圆极化的演示
动画19　矩形波导	20	第8章,矩形波导场分布
动画20　圆波导	20	第8章,圆波导场分布
动画21　同轴电缆	20	第8章,同轴电缆场分布
动画22　电偶极子电磁场辐射	12	第9章,电偶极子电磁场辐射的演示

目录
CONTENTS

第 0 章 CHAPTER 0 绪论

0.1 电磁场与电磁波在生活中的应用

电子信息技术的高度发展,使得人们无时无处不在和电磁场与电磁波发生关联。日常的照明用电、家用电器和防辐射服涉及电磁场与电磁波;手机、Wi-Fi 和笔记本电脑涉及电磁场与电磁波;国防领域的雷达、电子对抗和卫星导航涉及电磁场与电磁波;科研领域的射电天文、回旋共振和生物电磁涉及电磁场与电磁波。可以说,“电磁场与电磁波”是电子信息和国防领域重要的专业基础课程。下面是几个具体的例子。

1940 年 9 月 15 日,德军出动上千架飞机对伦敦发起空袭。英国皇家空军在雷达的帮助下,出动数百架战斗机对德国战机进行了精准拦截。据英国统计,英国皇家空军共击落 176 架德机(124 架轰炸机、52 架战斗机),而英国皇家空军仅损失 25 架战斗机。雷达,这项基于电磁场与电磁波核心理论的关键技术,在第二次世界大战的关键时刻对挽救世界局势起到了重要作用。时至今日,雷达仍然是各国重点发展的国防关键技术。我国通过一代代科学技术人员的艰苦奋斗,已经建设了先进的地基、空基和舰载雷达体系。

2019 年 6 月 6 日上午,工业和信息化部正式发放 5G 商用牌照,标志着中国正式进入 5G 时代。移动通信的数据传输载体是电磁波。目前,我国的 5G 技术处于国际领先地位。5G 技术对人们生活和社会发展正在产生深远的影响。

2020 年 7 月 31 日上午,“北斗三号”全球卫星导航系统建成暨开通仪式在北京举行。在建军节前夕,我国的自主导航系统正式投入使用。这意味着中国已经摆脱了对美国 GPS 系统的依赖。我国的国防、生产、生活各个领域都将借助北斗导航系统平稳、独立运行。这是一项利用电磁波作为“千里眼”的国家重大工程,它凝聚了整个国家求富强、求复兴的美好梦想和奋斗精神。

电磁场与电磁波不仅仅有以上应用。每一次工业革命都是基于长期工业技术积累所产生的质变。实际上,从第二次工业革命开始,电磁场与电磁波就成为了关键理论之一。进入信息化时代,电磁场理论更是进入到关键前沿领域,支撑着信息技术的发展。作为核心理论之一,电磁场与电磁波是电子信息类相关专业的必修内容。期待在第四次工业革命的智能化时代,电磁场与电磁波理论产生更多应用,焕发新的青春。

随着电磁场与微波技术的发展,电磁波领域已经形成了很多标准。电磁频谱展示在图 0.1.1 中,而一些频段的 IEEE 划分标准以及部分频段的命名展示在表 0.1.1 和表 0.1.2 中。

图 0.1.1 电磁频谱图及部分应用

表 0.1.1 IEEE 标准对无线电频段的划分

频段	频率	波长	备注
ELF(极低频)	30～300Hz	1000～10000km	军事装备武器和潜艇沟通
VF(音频)	300～3000Hz	100～1000km	远程导航,水声通信
VLF(甚低频)	3～30kHz	10～100km	海岸潜艇通信,远距离通信,超远距离导航
LF(低频)	30～300kHz	1～10km	越洋通信,中距离通信,地下岩层通信,远距离导航
MF(中频)	300～3000kHz	0.1～1km	船用通信,业余无线电通信,移动通信,中距离导航
HF(高频)	3～30MHz	10～100m	远距离短波通信,国际定点通信
VHF(甚高频)	30～300MHz	1～10m	电离层散射(30～60MHz),人造电离层通信(30～144MHz),对空间飞行体通信,移动通信
UHF(超高频)	300～3000MHz	10～100cm	小容量微波中继通信(352～420MHz),对流层散射通信(700MHz～10GHz),中容量微波通信(1700～2400MHz),数字通信,卫星通信,国际海事卫星通信(1500～1600MHz)
SHF(特高频)	3～30GHz	1～10cm	大容量微波中继通信(3.6～4.2GHz,5.85～8.5GHz)
EHF(极高频)	30～300GHz	0.1～1cm	再入大气层时的通信,射电天文
亚毫米波	300～3000GHz	0.1～1mm	空间通信,遥感,6G 通信规划频段,射电天文

表 0.1.2 IEEE 标准对微波和毫米波频段的划分

频段	频率	波长	备注
P 波段	0.23～1GHz	30～130cm	最早的雷达波段称为 P 波段,P 为 Previous 的缩写
L 波段	1～2GHz	15～30cm	L 代表较长的波长(Long wavelength),请与“长波”区分
S 波段	2～4GHz	7.5～15cm	S 代表较短的波长(Short wavelength),请与“短波”区分
C 波段	4～8GHz	3.75～7.5cm	C(Compromise)表示处于 S 波段与 X 波段之间
X 波段	8～12.5GHz	2.4～3.75cm	X(Cross)表示瞄准镜中的“交叉线”,又名“叉丝”,起源于第二次世界大战时的火控雷达
Ku 波段	12.5～18GHz	1.67～2.4cm	Ku(Kurz-under)表示比“更短的波长”频率低一些(请参考 K 波段说明)
K 波段	18～26.5GHz	1.13～1.67cm	K(Kurz)在德语中的意思是“短”,可以认为它表示的是“更短的波长”
Ka 波段	26.5～40GHz	0.75～1.13cm	Ka(Kurz-above)表示比“更短的波长”频率高一些(请参考 K 波段说明)
Q 波段	33～50GHz	6.0～9.8mm	点对点移动通信
U 波段	40～60GHz	5.0～7.5mm	点对点移动通信
V 波段	50～75GHz	4.0～6.0mm	V(Very)表示“十分高的频段”,请与“甚高频”区分
E 波段	60～90GHz	3.3～5.0mm	5G 毫米波频段,车载雷达

续表

频　段	频　率	波　长	备　注
W 波段	75～110GHz	2.7～4.0mm	W 在字母表上紧随 V 之后，即紧随 V 波段之后
F 波段	90～140GHz	2.1～3.3mm	毫米波通信，大气窗口
D 波段	110～170GHz	1.8～2.7mm	毫米波通信
G 波段	140～220GHz	1.4～2.1mm	毫米波通信，遥感
Y 波段	170～260GHz	1.2～1.8mm	毫米波雷达
H 波段	220～325GHz	0.92～1.4mm	遥感，6G 通信规划频段（275～296GHz、306～313GHz、318～333GHz）

这里简要讨论频段的划分标准，因为频段严格对应于应用。这是电磁波走向应用必须考虑的问题。在实际应用中，频率不同，采用的技术会有很大差异。这也是工科课程需要注意的一个重要方面。另外，每个频段都对应着具体应用。电磁频谱实际上是非常稀缺的资源，在某些频段应用十分拥挤。例如，在超高频频段，已经存在很多通信系统，如移动通信、卫星通信，等等。在学习“电磁场与电磁波”课程的过程中，我们既要学习频谱资源相关知识，也要建立保护频谱资源的意识，更要培养合理合法使用频谱资源的职业规范，还要理解频谱资源对社会和人类生产生活的作用和影响。

电磁频段的命名与技术的发展密切相关，同时又是一个长期的标准化进程。例如，X 波段的命名就来自该频段在第二次世界大战时期用于火控雷达。瞄准镜中的交叉线就是用于辅助瞄准，因此将 8～12.5GHz 命名为 X 波段。

0.2　电磁场与电磁波的发展简史

电磁场与电磁波从理论走向应用，经过了漫长的现象观察、理论探索和技术发展过程。这些过程无不凝聚了国内外科学家的心血与智慧。可以说，电磁场与电磁波领域的成果是人类文明发展的共同财富。

早在公元前三四千年，我国的殷商甲骨文以及后来的金文就有“雷”和“电”的记载；东汉王充在《论衡》中就有“顿牟掇芥，磁石引针”等有关摩擦生电、铁磁材料的描述。英国科学家吉尔伯特（William Gilbert）于 1600 年发表了《论磁体》，标志着磁学的诞生；德国物理学家格里克（Otto von Guericke）于 1660 年发明马格德堡半球实验标志着人类第一台摩擦发电机的诞生；英国科学家高莱（Stephen Gray）于 1720 年发表了《关于一些新电学实验的说明》，标志着电学的诞生；1733 年，法国科学家迪菲（Diffie）首先根据吸引和排斥的原理把电荷分为两种，并以“玻璃电”和“琥珀电”命名带电物；1745 年，德国冯·克莱斯特（von Kleist）和荷兰莱顿地区的马森布洛克（Pieter von Musschenbrock）独立发明了存储电荷的瓶子；1752 年，美国富兰克林（Benjamin Franklin）通过风筝实验，提出正负电荷的概念。但是，定性描述很难让电磁学成为一门真正意义上的自然科学。

1785 年，法国物理学家库仑（Charles-Augustin de Coulomb）通过著名的“扭秤实验”提出了库仑定律。这是电磁学三大实验定律的第一个定律。库仑定律是关于两个点电荷之间作用力的定量描述。1820 年，法国物理学家安培（André-Marie Ampère）在大量实验的基础上，总结了安培定律。电磁学第二大实验定律由此产生。安培定律准确描述了静磁场与电流的关系，定量描述了电流产生磁场这一物理现象。1831 年，英国物理学家法拉第(Michael Faraday)总结出了电磁学第三大实验定律——法拉第电磁感应定律。法拉第电磁感应定律完美地描述了变化的磁场产生电场这一物理现象。三大实验定律的提出，跨越了近半个世纪。至此，静态电磁场理论得到了高度的总结。

之后，美国艺术家兼发明家塞缪尔·莫尔斯(Samuel Finley Breese Morse)于 1837 年发明了莫尔斯码。有线通信从此走向了实际应用。而在 1876 年，苏格兰人贝尔(Alexander Graham Bell)在美国发明了电话。有线通信从编码方式走向了实时语音通信。这两项发明都具有重大意义，影响深远，到目前仍在使用。

但是，电磁学三大实验定律并未完全解决电磁场中的一些关键问题。例如，安培环路定律对时变电磁场不成立。苏格兰物理学家麦克斯韦(James Clerk Maxwell)在耗费了近十年精力的基础上，提出了位移电流的概念，建立了麦克斯韦方程组，创立了经典电动力学，预言了电磁波的存在并提出了光是电磁波的设想。位移电流的提出，完美地解释了电生磁这一物理现象。麦克斯韦方程组定量且简洁地描述了各种电磁现象，并且基于此预言了电磁波的存在。麦克斯韦对经典电磁场理论作出了划时代的贡献。

1888 年，德国物理学家赫兹(Heinrich Rudolf Hertz)第一次人工产生了电磁波，验证了电磁波的存在。1901 年，俄国工程师波波夫(Alexander Stepanovich Popov)和意大利科学家马可尼(Guglielmo Marconi)第一次实现了跨洋通信。从此，利用电磁波的无线通信走上了历史舞台。在之后的百年里，无线通信经历了快速发展，电磁波的应用也遍布各个领域。

电磁场与电磁波存在于人们的周围，改变了大家的生活。但是，电磁场与电磁波的存在同样也会给人类带来负面影响，对人类的生存环境造成看不见的污染。电磁设备之间也存在着相互干扰。电磁兼容、环境电磁学、生物电磁学就是研究如何减小电磁场与电磁波的负面影响。未来，人类仍将继续发展电磁场与电磁波的相关理论和技术，仍将研究电磁场与电磁波的环境兼容性。利用好技术，同时减少技术带来的负面影响是工程教育必须面对的问题。

0.3 本课程的特点

“电磁场与电磁波”是一门需要较强数学和物理基础的专业基础课。“高等数学”“大学物理”“数学物理方法”或者“复变函数”是它的先修课程。它的主体内容包括必要的数学基础、静电场、恒定电场、恒定磁场、时变场，以及电磁波的传播、反射、透射、传导和辐射。静电场以及恒定场等部分在“大学物理”或者“电磁学”课程中也有讨论，在本课程中仍会加强。虽然有部分内容重复，但确实是必要的。尽管“电磁场与电磁波”课程仍然关心基本原理、基本方法，但是与“大学物理”和“电磁学”相比，本课程更关注实际应用、实际系统的共性分析方法。特别是矢量分析这一部分，在“计算电磁学”“天线原理”等课程中具有广泛的应用，它是需要重点强调的部分。与理学专业所修的“电动力学”相比，“电磁场与电磁波”保留了“电动力学”的主体内容，同时更注意课程的工程性和应用性。

“电磁场与电磁波”又是一门与实际应用紧密联系的专业基础课。在前面的论述中，提到了雷达、移动通信等应用。这些应用都需要学习“电磁场与电磁波”中的相关内容。在后续课程(比如“微波技术”“天线”“雷达原理”等课程)中，“电磁场与电磁波”中的相关内容基本是时时处处在运用。“移动通信”课程中的信道部分还需专门研究不同编码在不同环境下的电波传播问题。尤其是当前通信频率逐步升高，分布式效应以及电磁场效应十分明显，利用电磁场理论去设计、分析系统是必不可少的环节。由此发展起来的电磁仿真软件，如FEKO、HFSS、CST 采用的都是基于麦克斯韦方程组的数值解法。

“电磁场与电磁波”还是一门不太受欢迎的专业基础课。主要有以下原因。

难：本课程的内容具有一定的难度，主要体现在对数理基础的要求上。很多内容需要花费较大的努力才能够掌握。就这一点而言，不少学生对本课程有很大的排斥情绪。

繁：尽管有些内容不难，但是在求解过程中涉及大量的计算。这些计算过程对于求解又是必不可少的。繁杂的步骤也是本课程不受欢迎的原因之一。

玄：即便突破了难和繁的关卡，电磁场与电磁波看不见、摸不着。过于抽象的内容也容易让学生找不到学习的感觉。

“电磁场与电磁波”其实是一门趣味性很强的实践课程。随着各种应用的普及以及计算机仿真技术的发展，“电磁场与电磁波”课程也慢慢呈现出新态势。通过计算机视觉技术已经能够较好地展示课程中一些抽象的内容，让玄的部分能够入眼入脑。这种可视化技术的发展赋予了“电磁场与电磁波”课程教学新的意义。也正是由于计算机仿真技术的发展，原先一些数学计算复杂的部分可以通过计算机技术解决。另外，一些实验也可以通过虚拟现实技术完成，大大降低了课程的实验成本。特别是仿真技术的发展提高了设计的准确性，使得“电磁场与电磁波”课程中一些实践环节的可行性得到提高。实际上，生活中有很多与电磁场、电磁波相关的实例和应用，善于运用这些实例和应用为本课程服务是一个基本要求，也是一个需要深入研究的教改课题。

“电磁场与电磁波”更是一门充满育人元素的思政课。本课程涉及的很多知识点都蕴含了科学发展的过程，科学家的探索精神和思维方式是值得借鉴和传承的；涉及的关键技术与国家发展和社会进步息息相关；涉及的广泛应用是激发学生创新创业热情的良好载体。善于运用这些专业元素服务于立德树人根本任务是提升本课程时代意义的新基建。

因此，本书在内容的编排上充分考虑了各个因素。首先，保留了“电磁场与电磁波”课程中的主体内容，不因为内容的难、繁、玄而规避这些内容。其次，增加了仿真软件和可视化编程的介绍，通过计算机技术去体现一些抽象的内容。此外，增加了实践习题部分，让大家从生活中学习“电磁场与电磁波”这门课程，提高课程的趣味性。最后，充分融入了课程思政的内容，把科学精神、工程意识、工匠精神等一系列元素通过专业的知识点或者实例展现出来。

“电磁场与电磁波”课程主要讲电荷、电流、电场、磁场之间的关系，如图 0.3.1 所示。电荷产生电场归入静电场一章；电荷产生电流归入恒定电场一章；电流产生磁场归入恒定磁场一章；而电场与磁场之间的相互作用归入时变电磁场与电磁波部分，这部分讨论了时变电磁场的特性及基本规律，讨论了电磁波的传播、反射、透射以及传导和辐射；数学基础归入第 1 章，数学解法和数值解法以及现代仿真方法也安排了章节进行阐述。

0.4 如何学好本课程

没有一门课程是完全不能学好的。学好一门课程首先需要建立信心，相信自己通过努力、通过老师和同学的帮助，就一定能够学好它。同时也要了解课程的特征，掌握一些技巧，

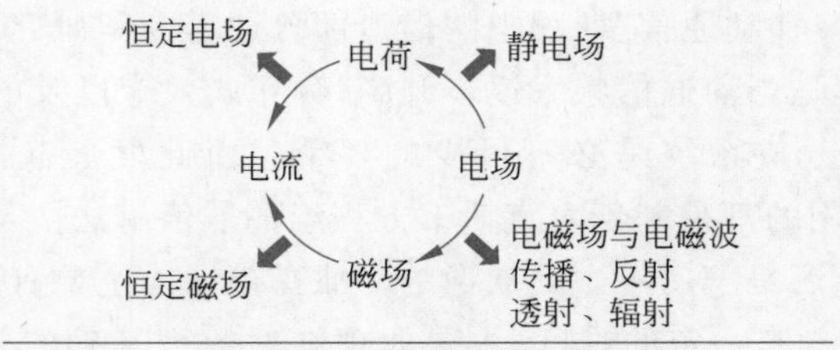

图 0.3.1 本课程的知识体系

借助一些必要的工具，达到准确理解基本概念，掌握基本原理和基本方法的程度。如果能够达到事半功倍的效果，那就更好了。

重基础：任何一门课程，理解并掌握基本概念、基本原理和基本方法都是必不可少的。"电磁场与电磁波"也是如此。数学基础包括矢量运算、梯度、散度和旋度计算。另外，坐标系以及一些特殊的函数也是需要提前掌握的。此外，电磁场的基本规律，包括三大实验定律、边界条件、麦克斯韦方程组、电磁波的传播等是本课程的主体内容。

多练习：理工科课程都是需要练习的，尤其是与数学关联密切的课程更是如此。没有一定量的练习很难达到深刻理解、熟练掌握的程度。

学工具：现在的电磁仿真工具已经可以很好地与教学结合。目前的仿真软件非常丰富，全波仿真的有 FEKO、HFSS、CST 等，高频仿真的有 GRASP 等，学会一两款电磁仿真工具，对于学习本课程以及未来的工程实践或者研究工作都是有好处的。甚至可以自己去编程解决一些简单的问题。但是，现阶段不能只靠软件去学习本课程，一是仿真软件无法代替理论课程；二是编写这些软件需要掌握扎实的理论基础；三是我国尚未有顶级的电磁仿真软件，仍需培养本领域的专业人员，以期他们能够掌握理论硬核，继而开发国产电磁仿真软件。

勤实践："电磁场与电磁波"有很多可以实践的内容，我国本科教育目前的投入也能够支持学生进行实践。在实践的基础上，不仅能够进一步理解理论，还可以紧密结合工程实际，提升自我的创新能力。

"电磁场与电磁波"是有用的，也是有趣的。其中之用，需要动脑动手，把所学融入生活和实践；而其中之趣，需要在学习和实践中慢慢挖掘和品味。

思考题

0.1 电磁波在真空中的速率是多少？光是不是一种电磁波？

0.2 电磁学三大实验定律是如何总结出来的？

0.3 请查找关于麦克斯韦总结麦克斯韦方程组的历程。

0.4 "电磁场与电磁波"这门课程在你生活中的应用有哪些？

0.5 不同频段的电磁波传播方式有哪些？

0.6 无线通信为什么一定要采用电磁波？

0.7 通信系统的工作频率有哪些？

0.8 电磁波除了为人类带来便利，也会造成电磁污染。你如何看待这个问题？

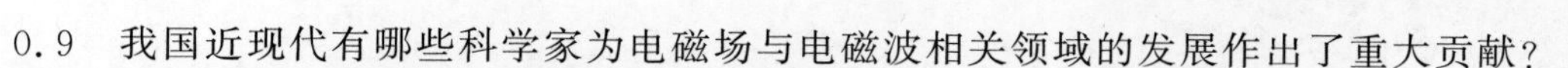

0.9 我国近现代有哪些科学家为电磁场与电磁波相关领域的发展作出了重大贡献？

0.10 我国在电磁场与电磁波相关领域取得了哪些成就？

第1章 电磁场理论中的数学基础

CHAPTER 1

电磁场理论中涉及的电场强度和磁场强度都是具有方向的物理量。因此，需要采用矢量分析(vector analysis)方法分析电磁场问题。另外，电位、电场强度和磁场强度等物理量往往都是随空间变化的，需要用场(field)的概念去描述。一个物理量的场是指在某一时刻该物理量在空间中的每个位置都有一个确定的值。通过矢量分析去研究电磁场的三维空间分布是电磁场理论中最基本的数学方法。

本章首先介绍标量、矢量的概念及其运算法则，之后介绍标量场的梯度、矢量场的散度和旋度以及它们对应的数学定理，随后介绍3种常用的坐标系，最后简要介绍格林定理和亥姆霍兹定理。

1.1 矢量运算

1.1.1 标量与矢量

任意一代数 a 都可以称为标量(scalar)。标量被赋予单位后就成为有物理意义的标量，也称为物理量。例如，电压 u(单位：V)、电荷 Q(单位：C)、功率 P(单位：W)都是标量。

一个具有大小和方向的量 $\boldsymbol{A}$ 称为矢量(vector)。矢量用黑斜体 $\boldsymbol{A}$ 表示，或者用带箭头的斜体 $\vec{A}$ 表示。本书采用印刷体，即黑斜体 $\boldsymbol{A}$ 表示。矢量在三维直角坐标系下可表示为

$$\boldsymbol{A}=\boldsymbol{e}_xA_x+\boldsymbol{e}_yA_y+\boldsymbol{e}_zA_z \tag{1.1.1}$$

其中，$\boldsymbol{e}_x$、$\boldsymbol{e}_y$、$\boldsymbol{e}_z$ 分别为沿 x、y、z 轴的单位矢量。通常用 A 表示该矢量的长度或模值(modulus)，即

$$A=|\boldsymbol{A}|=\sqrt{A_x^2+A_y^2+A_z^2} \tag{1.1.2}$$

矢量的方向则用其单位矢量(unit vector)表示

$$\boldsymbol{e}_A=\frac{\boldsymbol{A}}{A} \tag{1.1.3}$$

单位矢量 $\boldsymbol{e}_A$ 与 $\boldsymbol{A}$ 的方向相同，其大小为1。

矢量被赋予单位后就成为有物理意义的矢量。例如，电场强度 $\boldsymbol{E}$(单位：V/m)、磁场强度 $\boldsymbol{H}$(单位：A/m)、能流密度 $\boldsymbol{S}$(单位：$\mathrm{W/m^2}$)都是矢量。

在电磁场理论中，经常需要区分源点(source point)和场点(field point)。源点即存在电荷或电流的点，场点是需要研究其场分布的点(也可称为观察点)。对于它们的位置矢量

(position vector),用带撇号的坐标表示源点,用不带撇号的坐标表示场点。如在直角坐标系下,$\boldsymbol{r}$ 和 $\boldsymbol{r}'$分别表示场点和源点坐标。

$$\begin{cases}\boldsymbol{r}=\boldsymbol{e}_x x+\boldsymbol{e}_y y+\boldsymbol{e}_z z\\ \boldsymbol{r}'=\boldsymbol{e}_x x'+\boldsymbol{e}_y y'+\boldsymbol{e}_z z'\end{cases}\tag{1.1.4}$$

如图 1.1.1 所示,从源点到场点的矢量称为距离矢量(distance vector),表示为

$$\boldsymbol{R}=\boldsymbol{r}-\boldsymbol{r}'=\boldsymbol{e}_x(x-x')+\boldsymbol{e}_y(y-y')+\boldsymbol{e}_z(z-z')\tag{1.1.5}$$

对应的单位矢量为

$$\boldsymbol{e}_R=\frac{\boldsymbol{R}}{R}=\frac{\boldsymbol{e}_x(x-x')+\boldsymbol{e}_y(y-y')+\boldsymbol{e}_z(z-z')}{\sqrt{(x-x')^2+(y-y')^2+(z-z')^2}}\tag{1.1.6}$$

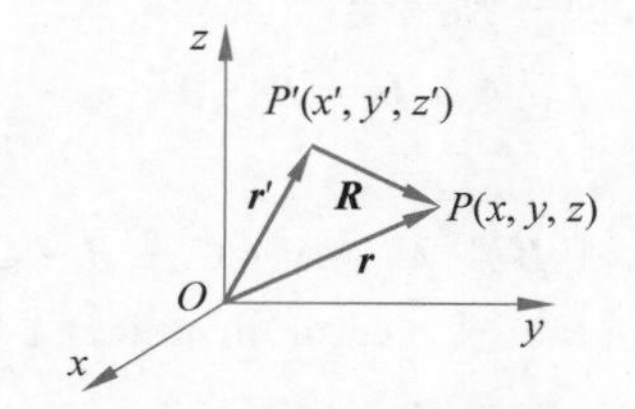

图 1.1.1 位置矢量与距离矢量

1.1.2 矢量的加减法

对于 $\boldsymbol{A}$、$\boldsymbol{B}$ 两个矢量

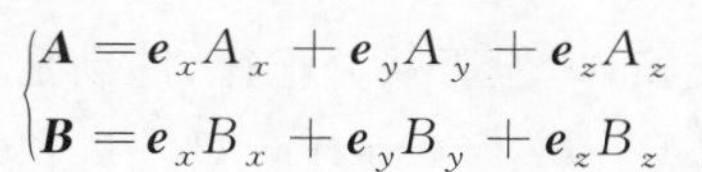

$$\begin{cases}\boldsymbol{A}=\boldsymbol{e}_x A_x+\boldsymbol{e}_y A_y+\boldsymbol{e}_z A_z\\ \boldsymbol{B}=\boldsymbol{e}_x B_x+\boldsymbol{e}_y B_y+\boldsymbol{e}_z B_z\end{cases}$$

其加减运算可以表示为

$$\boldsymbol{A}\pm\boldsymbol{B}=\boldsymbol{e}_x(A_x\pm B_x)+\boldsymbol{e}_y(A_y\pm B_y)+\boldsymbol{e}_z(A_z\pm B_z)\tag{1.1.7}$$

如果用矢量表示,加法运算表示的是由 $\boldsymbol{A}$、$\boldsymbol{B}$ 两个矢量所构成平行四边形的对角线,而减法运算是由 $\boldsymbol{A}$、$-\boldsymbol{B}$ 两个矢量所构成平行四边形的对角线,如图 1.1.2 所示。

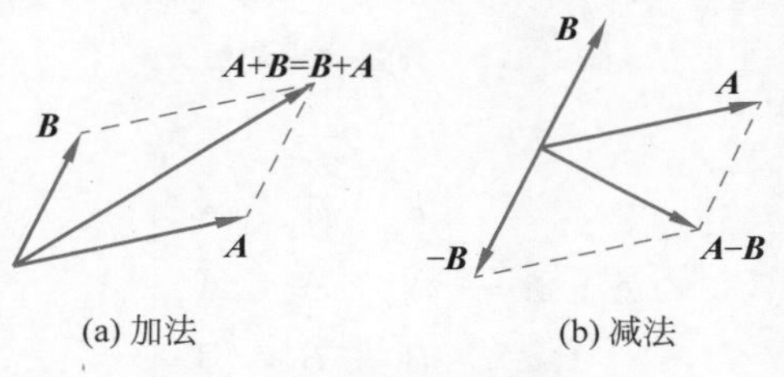

图 1.1.2 矢量的加减法运算

加法运算服从交换律和结合律,即分别满足

$$\boldsymbol{A}+\boldsymbol{B}=\boldsymbol{B}+\boldsymbol{A}\tag{1.1.8}$$

和

$$(\boldsymbol{A}+\boldsymbol{B})+\boldsymbol{C}=\boldsymbol{A}+(\boldsymbol{B}+\boldsymbol{C})\tag{1.1.9}$$

1.1.3 矢量的乘法

矢量的乘法运算分为两大类:标量与矢量的乘法运算以及矢量与矢量的乘法运算。一

个标量 a 与一个矢量 $\boldsymbol{A}$ 相乘，其结果仍然是一个矢量，为 $a\boldsymbol{A}$。其大小为 $|a|A$，而方向则与 a 的正负有关。当 $a>0$ 时，与 $\boldsymbol{A}$ 同向；当 $a<0$ 时，与 $\boldsymbol{A}$ 反向。矢量与矢量的乘法运算则包括点积（标积、点乘）和叉积（矢积、叉乘）。

矢量 $\boldsymbol{A}$ 和 $\boldsymbol{B}$ 的点积（**dot product** 或 **scalar product**）$\boldsymbol{A}\cdot\boldsymbol{B}$ 是一个标量，定义为

$$\boldsymbol{A}\cdot\boldsymbol{B}=AB\cos\theta \tag{1.1.10}$$

其中，θ 为矢量 $\boldsymbol{A}$ 和 $\boldsymbol{B}$ 较小的夹角，即 $0\leqslant\theta\leqslant\pi$，如图 1.1.3(a)所示。在直角坐标系下，点积可以表示为

$$\begin{aligned}\boldsymbol{A}\cdot\boldsymbol{B}&=(\boldsymbol{e}_xA_x+\boldsymbol{e}_yA_y+\boldsymbol{e}_zA_z)\cdot(\boldsymbol{e}_xB_x+\boldsymbol{e}_yB_y+\boldsymbol{e}_zB_z)\\&=A_xB_x+A_yB_y+A_zB_z\end{aligned} \tag{1.1.11}$$

矢量的点积服从交换律和分配律，即分别满足

$$\boldsymbol{A}\cdot\boldsymbol{B}=\boldsymbol{B}\cdot\boldsymbol{A} \tag{1.1.12}$$

和

$$(\boldsymbol{A}+\boldsymbol{B})\cdot\boldsymbol{C}=\boldsymbol{A}\cdot\boldsymbol{C}+\boldsymbol{B}\cdot\boldsymbol{C} \tag{1.1.13}$$

动画 2

矢量 $\boldsymbol{A}$ 和 $\boldsymbol{B}$ 的叉积（**cross product** 或 **vector product**）$\boldsymbol{A}\times\boldsymbol{B}$ 是一个矢量，定义为

$$\boldsymbol{A}\times\boldsymbol{B}=AB\sin\theta\boldsymbol{e}_{\mathrm{n}} \tag{1.1.14}$$

其中，θ 为矢量 $\boldsymbol{A}$ 按右手螺旋法则旋转到矢量 $\boldsymbol{B}$ 时的角度，即 $0\leqslant\theta\leqslant\pi$，而 $\boldsymbol{e}_{\mathrm{n}}$ 为旋转过程中大拇指所对应的方向，如图 1.1.3(b)所示。

由叉积的定义可以得到

$$\boldsymbol{A}\times\boldsymbol{B}=-\boldsymbol{B}\times\boldsymbol{A} \tag{1.1.15}$$

可以看出，矢量的叉积不服从交换律，但服从分配律，即满足

$$(\boldsymbol{A}+\boldsymbol{B})\times\boldsymbol{C}=\boldsymbol{A}\times\boldsymbol{C}+\boldsymbol{B}\times\boldsymbol{C} \tag{1.1.16}$$

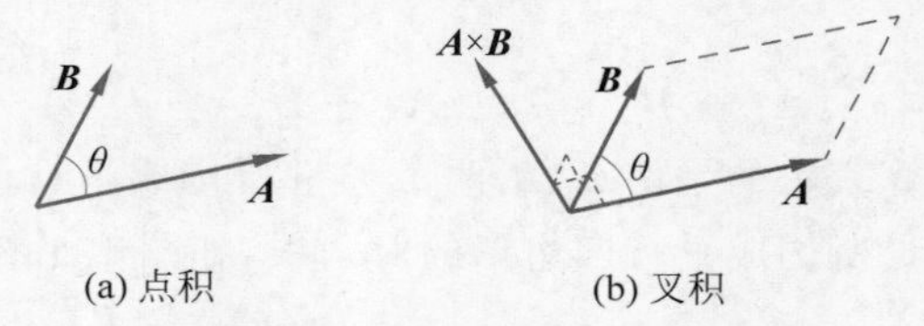

图 1.1.3　矢量的乘法运算

叉积运算可以表示为

$$\boldsymbol{A}\times\boldsymbol{B}=\begin{vmatrix}\boldsymbol{e}_x & \boldsymbol{e}_y & \boldsymbol{e}_z\\ A_x & A_y & A_z\\ B_x & B_y & B_z\end{vmatrix} \tag{1.1.17}$$

矢量的乘法运算还有两个重要的混合运算：标量三重积（**scalar triple product**）和矢量三重积（**vector triple product**）。

动画 3

标量三重积的定义为 $\boldsymbol{A}\cdot(\boldsymbol{B}\times\boldsymbol{C})$，它表示三个矢量所张成的棱柱体的体积，因而是个标量，且具有如下运算性质

$$\boldsymbol{A}\cdot(\boldsymbol{B}\times\boldsymbol{C})=\boldsymbol{B}\cdot(\boldsymbol{C}\times\boldsymbol{A})=\boldsymbol{C}\cdot(\boldsymbol{A}\times\boldsymbol{B}) \tag{1.1.18}$$

在三维直角坐标系下，可以表示为

$$\boldsymbol{A}\cdot(\boldsymbol{B}\times\boldsymbol{C})=\begin{vmatrix}A_x & A_y & A_z\\ B_x & B_y & B_z\\ C_x & C_y & C_z\end{vmatrix} \tag{1.1.19}$$

矢量三重积的定义为 $\boldsymbol{A}\times(\boldsymbol{B}\times\boldsymbol{C})$，是个矢量，且具有如下运算性质

$$\boldsymbol{A}\times(\boldsymbol{B}\times\boldsymbol{C})=\boldsymbol{B}(\boldsymbol{A}\cdot\boldsymbol{C})-\boldsymbol{C}(\boldsymbol{A}\cdot\boldsymbol{B}) \tag{1.1.20}$$

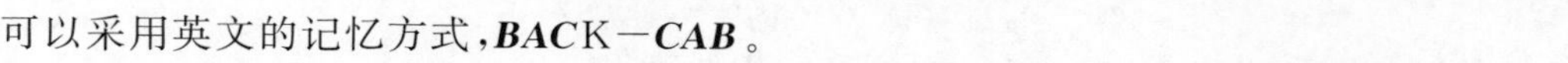
可以采用英文的记忆方式，$\boldsymbol{BAC}$K$-\boldsymbol{CAB}$。

动画 4

1.2　梯度、散度和旋度

电磁场理论是电场强度、磁场强度等物理量关于空间和时间的理论，它涉及场的概念。如果在某一空间区域内，某一物理量可以用一个空间和时间函数 $u(x,y,z,t)$ 描述，即在确定位置和确定时刻有确定的值，那么在此区域内就确定了该物理量的场。场占据了整个需要研究的区域，并且在该区域内只有有限个点或者表面是不连续的。因此，在大部分区域内都可以用微分方法去研究物理量的特性。这就是本节需要讨论的梯度、散度和旋度。

如果所研究的物理量是一标量，则该物理量构成一标量场(**scalar field**)；如果所研究的物理量是一矢量，则该物理量构成一矢量场(**vector field**)。标量场需要研究其梯度，而矢量场则需要研究其散度和旋度。如果物理量与时间无关，则称其对应的场为静态场；否则，称为时变场。梯度、散度和旋度的计算只涉及空间坐标，而不考虑时间相关性。在后面的章节中，对时变场的时间相关性会有专门的讨论。

1.2.1　标量场的梯度

视频 1

1. 等值面

在地势图中，通常采用等高线去表示海拔的分布。在电磁场理论中，由于物理量是三维分布的，因此采用等值面去描述电磁标量场的分布。对于任一常数 C，方程

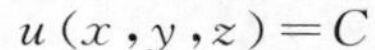

$$u(x,y,z)=C$$

就确定了一等值面(**isosurface**)。

如图 1.2.1 所示，当 C 取不同的值时，就确定了不同的等值面。标量场中的任意一点 $P_0(x_0,y_0,z_0)$，都有通过该点的等值面 $u(x,y,z)=u(x_0,y_0,z_0)$。由于电磁场在确定的空间位置有确定的值，因此 $u(x,y,z)$ 是单值函数，从而可知等值面互不相交，一个点只能位于一个等值面上。

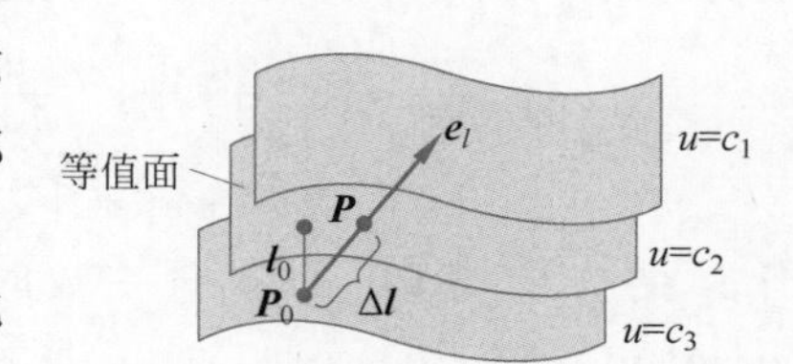

图 1.2.1　等值面及方向导数

2. 方向导数

等值面描述的是标量场的空间分布状况。但要研究标量场中任意一点 P_0 周围的变化情况，就需要借助方向导数和梯度。

如图 1.2.1 所示，从标量场中的某一点 P_0 出发，沿 $\boldsymbol{e}_l$ 移动 Δl 到达标量场中的另一点 P，当 $\Delta l\to 0$ 时，点 P 逐渐靠近点 P_0，记比值 $\dfrac{u(P)-u(P_0)}{\Delta l}$ 的极限为标量场 $u(P)$ 在点 P_0 处沿方向 $\boldsymbol{e}_l$ 的方向导数(**directional derivative**)，即

$$\left.\frac{\partial u}{\partial l}\right|_{P_0}=\lim_{\Delta l\to 0}\frac{u(P)-u(P_0)}{\Delta l} \tag{1.2.1}$$

从方向导数的定义可以看到，方向导数与点 P_0 有关，与方向 $\boldsymbol{e}_l$ 的选择有关。此外，方向导数涉及的计算都是标量计算，因此其结果与坐标系的选择是没有关系的。在直角坐标系下，方向 $\boldsymbol{e}_l$ 可表示为

$$\boldsymbol{e}_l=\boldsymbol{e}_x\cos\alpha+\boldsymbol{e}_y\cos\beta+\boldsymbol{e}_z\cos\gamma$$

其中，α、β 和 γ 分别为 $\boldsymbol{e}_l$ 与 $\boldsymbol{e}_x$、$\boldsymbol{e}_y$ 和 $\boldsymbol{e}_z$ 的夹角。因此可得

$$\begin{aligned}\left.\frac{\partial u}{\partial l}\right|_{P_0}&=\lim_{\Delta l\to 0}\frac{u(P)-u(P_0)}{\Delta l}\\&=\lim_{\Delta l\to 0}\frac{u(x_0+\Delta x,y_0+\Delta y,z_0+\Delta z)-u(x_0,y_0,z_0)}{\Delta l}\\&=\lim_{\Delta l\to 0}\frac{\frac{\partial u}{\partial x}\Delta x+\frac{\partial u}{\partial y}\Delta y+\frac{\partial u}{\partial z}\Delta z}{\Delta l}\\&=\frac{\partial u}{\partial x}\cos\alpha+\frac{\partial u}{\partial y}\cos\beta+\frac{\partial u}{\partial z}\cos\gamma\end{aligned}$$

3. 梯度

可以看到，P_0 点在不同的方向 $\boldsymbol{e}_l$ 上，其方向导数一般不同。那么，在哪个方向上方向导数最大呢？最大的方向导数等于多少呢？

为分析该问题，引入哈密尔顿算符（**Hamilton operator**）"∇"（读作"del"或者"Nabla"），在直角坐标系中

$$\nabla=\boldsymbol{e}_x\frac{\partial}{\partial x}+\boldsymbol{e}_y\frac{\partial}{\partial y}+\boldsymbol{e}_z\frac{\partial}{\partial z} \tag{1.2.2}$$

因此

$$\nabla u=\boldsymbol{e}_x\frac{\partial u}{\partial x}+\boldsymbol{e}_y\frac{\partial u}{\partial y}+\boldsymbol{e}_z\frac{\partial u}{\partial z}$$

该表达式与方向 $\boldsymbol{e}_l$ 无关。将该表达式代入方向导数的定义式

$$\begin{aligned}\frac{\partial u}{\partial l}&=\left(\boldsymbol{e}_x\frac{\partial u}{\partial x}+\boldsymbol{e}_y\frac{\partial u}{\partial y}+\boldsymbol{e}_z\frac{\partial u}{\partial z}\right)\cdot(\boldsymbol{e}_x\cos\alpha+\boldsymbol{e}_y\cos\beta+\boldsymbol{e}_z\cos\gamma)\\&=(\nabla u)\cdot\boldsymbol{e}_l=|\nabla u|\cos(\nabla u,\boldsymbol{e}_l)\end{aligned}$$

当 $\boldsymbol{e}_l$ 的方向与 ∇u 的方向一致时，方向导数的值最大，且等于 $|\nabla u|$。因此，把梯度（**gradient**）定义为

$$\mathbf{grad}\,u=\boldsymbol{e}_x\frac{\partial u}{\partial x}+\boldsymbol{e}_y\frac{\partial u}{\partial y}+\boldsymbol{e}_z\frac{\partial u}{\partial z}=\nabla u \tag{1.2.3}$$

它是标量场 u 在某一点具有最大值的方向导数。

其实，根据方向导数的定义式(1.2.1)可知，梯度可以看作是从一个等值面过渡到另外一个等值面沿最短路径的变化率。如图 1.2.1 所示，当从 $u=c_3$ 过渡到 $u=c_2$ 时，

$$u_l\big|_{P_0}\approx\frac{c_2-c_3}{\Delta l}\leqslant\frac{c_2-c_3}{l_0}$$

其中，l_0 为两曲面在 P_0 点处的垂直距离。因此，标量场 u 在某点的梯度与过该点的等值面

正交,亦即标量场 u 在某点的梯度方向为过该点的等值面在该点的法线方向。

下面证明梯度的一个恒等式$\nabla\times(\nabla u)\equiv 0$。给梯度取哈密尔顿算符的叉积,得

$$\begin{aligned}\nabla\times(\nabla u)&=\left(\boldsymbol{e}_x\frac{\partial}{\partial x}+\boldsymbol{e}_y\frac{\partial}{\partial y}+\boldsymbol{e}_z\frac{\partial}{\partial z}\right)\times\left(\frac{\partial u}{\partial x}\boldsymbol{e}_x+\boldsymbol{e}_y\frac{\partial u}{\partial y}+\boldsymbol{e}_z\frac{\partial u}{\partial z}\right)\\&=\boldsymbol{e}_x\left(\frac{\partial}{\partial y}\frac{\partial u}{\partial z}-\frac{\partial}{\partial z}\frac{\partial u}{\partial y}\right)+\boldsymbol{e}_y\left(\frac{\partial}{\partial z}\frac{\partial u}{\partial x}-\frac{\partial}{\partial x}\frac{\partial u}{\partial z}\right)+\boldsymbol{e}_z\left(\frac{\partial}{\partial x}\frac{\partial u}{\partial y}-\frac{\partial}{\partial y}\frac{\partial u}{\partial x}\right)\\&=0\end{aligned}\tag{1.2.4}$$

该结论涉及后续的无旋场。

例 1.2.1　已知距离矢量 $\boldsymbol{R}=\boldsymbol{e}_x(x-x')+\boldsymbol{e}_y(y-y')+\boldsymbol{e}_z(z-z')$,$R=|\boldsymbol{R}|$,求:

(1) ∇R;(2) $\nabla\frac{1}{R}$;(3) $\nabla f(R)$;(4) $-\nabla' f(R)$。

注:$\nabla=\boldsymbol{e}_x\frac{\partial}{\partial x}+\boldsymbol{e}_y\frac{\partial}{\partial y}+\boldsymbol{e}_z\frac{\partial}{\partial z}$,$\nabla'=\boldsymbol{e}_x\frac{\partial}{\partial x'}+\boldsymbol{e}_y\frac{\partial}{\partial y'}+\boldsymbol{e}_z\frac{\partial}{\partial z'}$。

解:(1) 由于 $R=|\boldsymbol{R}|=\sqrt{(x-x')^2+(y-y')^2+(z-z')^2}$

因此

$$\begin{aligned}\nabla R&=\boldsymbol{e}_x\frac{\partial R}{\partial x}+\boldsymbol{e}_y\frac{\partial R}{\partial y}+\boldsymbol{e}_z\frac{\partial R}{\partial z}\\&=\frac{\boldsymbol{e}_x(x-x')+\boldsymbol{e}_y(y-y')+\boldsymbol{e}_z(z-z')}{\sqrt{(x-x')^2+(y-y')^2+(z-z')^2}}=\frac{\boldsymbol{R}}{R}\end{aligned}$$

(2) 相似地

$$\begin{aligned}\nabla\frac{1}{R}&=\boldsymbol{e}_x\frac{\partial}{\partial x}\left(\frac{1}{R}\right)+\boldsymbol{e}_y\frac{\partial}{\partial y}\left(\frac{1}{R}\right)+\boldsymbol{e}_z\frac{\partial}{\partial z}\left(\frac{1}{R}\right)\\&=-\frac{1}{R^2}\left(\boldsymbol{e}_x\frac{\partial R}{\partial x}+\boldsymbol{e}_y\frac{\partial R}{\partial y}+\boldsymbol{e}_z\frac{\partial R}{\partial z}\right)\\&=-\frac{\nabla R}{R^2}=-\frac{\boldsymbol{R}}{R^3}\end{aligned}$$

(3) 利用复合函数微分原理

$$\begin{aligned}\nabla f(R)&=\boldsymbol{e}_x\frac{\partial f(R)}{\partial x}+\boldsymbol{e}_y\frac{\partial f(R)}{\partial y}+\boldsymbol{e}_z\frac{\partial f(R)}{\partial z}\\&=\frac{\mathrm{d}f(R)}{\mathrm{d}R}\left(\boldsymbol{e}_x\frac{\partial R}{\partial x}+\boldsymbol{e}_y\frac{\partial R}{\partial y}+\boldsymbol{e}_z\frac{\partial R}{\partial z}\right)\\&=\frac{\mathrm{d}f(R)}{\mathrm{d}R}\nabla R=\frac{\mathrm{d}f(R)}{\mathrm{d}R}\frac{\boldsymbol{R}}{R}\end{aligned}$$

(4) 利用和第(3)小题类似的步骤

$$\begin{aligned}-\nabla' f(R)&=-\frac{\mathrm{d}f(R)}{\mathrm{d}R}\nabla' R\\&=-\frac{\mathrm{d}f(R)}{\mathrm{d}R}\cdot\frac{-\boldsymbol{e}_x(x-x')-\boldsymbol{e}_y(y-y')-\boldsymbol{e}_z(z-z')}{\sqrt{(x-x')^2+(y-y')^2+(z-z')^2}}\\&=\frac{\mathrm{d}f(R)}{\mathrm{d}R}\nabla R=\frac{\mathrm{d}f(R)}{\mathrm{d}R}\frac{\boldsymbol{R}}{R}\end{aligned}$$

由此可知，$\nabla f(R)=-\nabla' f(R)$。

注意：本题中的结论在后续章节中会陆续用到。

视频 2

1.2.2 矢量场的散度

矢量场可以用一个矢量函数来表示

$$\boldsymbol{F}(x,y,z)=\boldsymbol{e}_x F_x(x,y,z)+\boldsymbol{e}_y F_y(x,y,z)+\boldsymbol{e}_z F_z(x,y,z)$$

其中，$F_x(x,y,z)$、$F_y(x,y,z)$和$F_z(x,y,z)$分别表示该矢量场沿 x、y、z 三个方向的分量。为了区别于“高等数学”中的偏导数，本书约定：带 x、y、z 下标表示矢量场在该方向的分量，如 $F_x(x,y,z)$；偏导数只用完整写法，比如$\frac{\partial F_x}{\partial x}$、$\frac{\partial F_x}{\partial y}$。

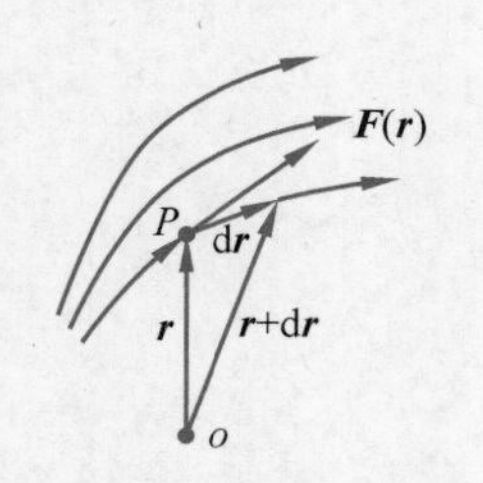

图 1.2.2 矢量线示意图

1. 矢量场的矢量线

矢量线（vector line）是为了形象地描述矢量场的空间分布而使用的虚假曲线，如图 1.2.2 所示。矢量线上任意一点的切线方向与该点场的方向相同，因此任意两根矢量线不相交，否则相交点场的方向无法唯一确定。

假设矢量场 $\boldsymbol{F}=\boldsymbol{e}_x F_x+\boldsymbol{e}_y F_y+\boldsymbol{e}_z F_z$，矢量线上任意一点 P 的位置矢量为

$$\boldsymbol{r}=\boldsymbol{e}_x x+\boldsymbol{e}_y y+\boldsymbol{e}_z z$$

对应的微分矢量为

$$\mathrm{d}\boldsymbol{r}=\boldsymbol{e}_x \mathrm{d}x+\boldsymbol{e}_y \mathrm{d}y+\boldsymbol{e}_z \mathrm{d}z$$

在点 P 处，$\mathrm{d}\boldsymbol{r}$ 与 $\boldsymbol{F}$ 共线，于是可以得到

$$\frac{\mathrm{d}x}{F_x}=\frac{\mathrm{d}y}{F_y}=\frac{\mathrm{d}z}{F_z} \tag{1.2.5}$$

式(1.2.5)即为矢量线方程。对于一些复杂的场分布，可以采用计算机编程去描绘矢量线。例如，位于 $\boldsymbol{r}_0$ 和$-\boldsymbol{r}_0$，带电量分别为 q 和$-q$ 的带电系统，其电场分布为

$$E(\boldsymbol{r})=\frac{q(\boldsymbol{r}-\boldsymbol{r}_0)}{4\pi\varepsilon\left|\boldsymbol{r}-\boldsymbol{r}_0\right|^3}-\frac{q(\boldsymbol{r}+\boldsymbol{r}_0)}{4\pi\varepsilon\left|\boldsymbol{r}+\boldsymbol{r}_0\right|^3}$$

利用 MATLAB 软件的 quiver()函数可以方便地作出其电场矢量线，具体过程留给读者自行完成。

2. 通量

矢量场具有方向，矢量线可以穿过一个曲面。通量（flux）就是描述矢量场穿过某一曲面的量。设空间一曲面 S，如图 1.2.3 所示，取曲面上一面元 $\mathrm{d}S$，面元的方向为 $\boldsymbol{e}_\mathrm{n}$。对于开曲面，$\boldsymbol{e}_\mathrm{n}$ 取沿其边缘曲线绕行后按右手螺旋法则定义的大拇指方向，而对于闭曲面，$\boldsymbol{e}_\mathrm{n}$ 为闭曲面的外法线方向。该面元可以表示成面元矢量的形式 $\mathrm{d}\boldsymbol{S}=\boldsymbol{e}_\mathrm{n}\mathrm{d}S$。矢量场 $\boldsymbol{F}$ 穿过曲面 S 的通量则可以表示为

$$\psi=\int_S \boldsymbol{F}\cdot\mathrm{d}S=\int_S \boldsymbol{F}\cdot\boldsymbol{e}_\mathrm{n}\mathrm{d}S \tag{1.2.6}$$

如果 S 是闭合曲面，则通过闭合曲面的通量为

$$\psi=\oint_S \boldsymbol{F}\cdot\mathrm{d}\boldsymbol{S}=\oint_S \boldsymbol{F}\cdot\boldsymbol{e}_\mathrm{n}\mathrm{d}S \tag{1.2.7}$$

通量包含三种情形：

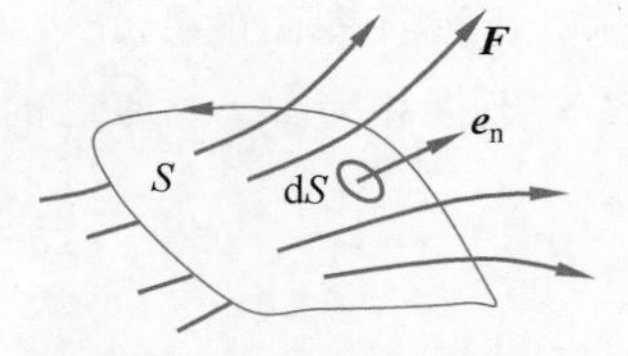

图 1.2.3 矢量场的通量

(1) $\psi<0$，矢量场由外向内，相当于矢量向闭合曲面 S 所包围的区域汇聚，类似于上班早高峰，人流净流入主城区，此时认为闭合区域内有负通量源；

(2) $\psi=0$，矢量场穿入和穿出闭合曲面 S 整体均衡，类似于上班时间段流入流出主城区的人流数基本相等，此时认为闭合区域内无通量源；

(3) $\psi>0$，矢量场由内向外，相当于矢量从闭合曲面 S 所包围的区域发散，类似于下班晚高峰，人流净流出主城区，此时认为闭合区域内有正通量源。

3. 散度

通量所反映的是矢量场通过闭合曲面 S 的整体积分特性。如果要研究场域内每一点的通量特性，则要引入矢量场散度（**divergence**）的概念。

在矢量场 $\boldsymbol{F}$ 内任意一点 P 周围取一包围该点的闭合曲面 S。当 S 所包围区域的体积 ΔV 以任意方式趋近于 0 时，将 $\dfrac{\oint_S \boldsymbol{F}\cdot\boldsymbol{e}_n \mathrm{d}S}{\Delta V}$ 的极限称为矢量场 $\boldsymbol{F}$ 在 P 点处的散度，记为 $\mathrm{div}\boldsymbol{F}$，即

$$\mathrm{div}\boldsymbol{F}=\lim_{\Delta V\to 0}\frac{\oint_S \boldsymbol{F}\cdot\boldsymbol{e}_n \mathrm{d}S}{\Delta V} \tag{1.2.8}$$

由式(1.2.8)可知，散度定义了点 P 周围单位体积内的通量，也就是通量密度（**flux density**）。如图 1.2.4 所示，它与通量的三种情形一一对应：$\mathrm{div}\boldsymbol{F}<0$ 意味着该点有负通量源；$\mathrm{div}\boldsymbol{F}=0$ 意味着该点无通量源；$\mathrm{div}\boldsymbol{F}>0$ 意味着该点有正通量源。

通量源的一个很重要的特点是矢量线具有起点和终点，体现了矢量线的汇聚性或发散性。在电磁场理论中，通常对应于电荷的分布。

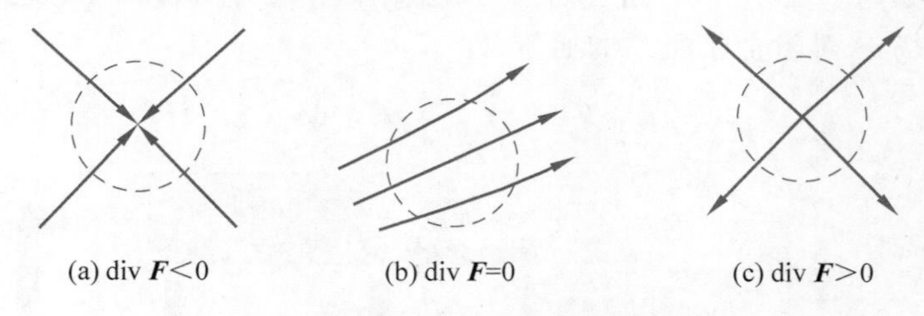

图 1.2.4 矢量场在不同情形下的散度

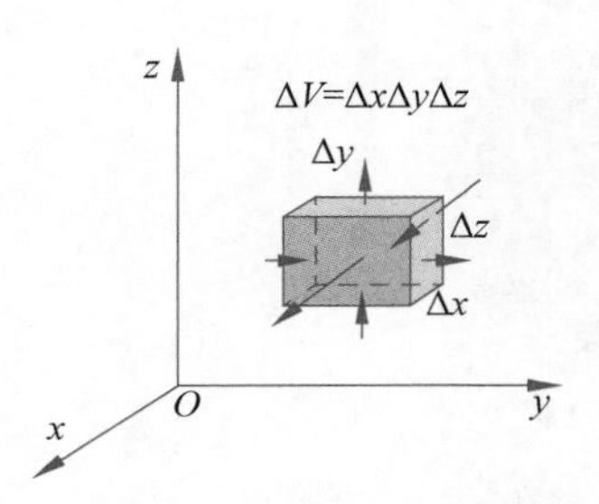

图 1.2.5 在直角坐标系下采用长方体计算散度

既然 S 所包围区域的体积 ΔV 可以以任意方式趋近于 0，就可以选择最简单的形状，比如在直角坐标系下采用长方体，如图 1.2.5 所示。长方体分为六个表面：前(Front)、后(Back)、左(Left)、右(Right)、上(Up)、下(Down)。可通过长方体表面的通量可以分解为对六个面的积分

$$\psi=\oint_S \boldsymbol{F}\cdot\mathrm{d}\boldsymbol{S}=\begin{pmatrix}\int_F+\int_L+\int_U+\\ \int_B+\int_R+\int_D\end{pmatrix}\boldsymbol{F}\cdot\mathrm{d}\boldsymbol{S}$$

以前后表面的积分为例，前后表面的 y、z 坐标不变，面积为 $\Delta y\Delta z$。前表面与后表面的 x 坐标相差 Δx。通过前后表面的只有 F_x 分量。因此，前后表面的通量和为

$$\int_{\mathrm{F}}\boldsymbol{F}\cdot\mathrm{d}\boldsymbol{S}+\int_{\mathrm{B}}\boldsymbol{F}\cdot\mathrm{d}\boldsymbol{S}\approx[F_x(x+\Delta x,y,z)-F_x(x,y,z)]\Delta y\Delta z$$

$$\approx\frac{\partial F_x(x,y,z)}{\partial x}\Delta x\Delta y\Delta z$$

同理可得

$$\int_{\mathrm{L}}\boldsymbol{F}\cdot\mathrm{d}\boldsymbol{S}+\int_{\mathrm{R}}\boldsymbol{F}\cdot\mathrm{d}\boldsymbol{S}\approx\frac{\partial F_y(x,y,z)}{\partial y}\Delta x\Delta y\Delta z$$

和

$$\int_{\mathrm{U}}\boldsymbol{F}\cdot\mathrm{d}\boldsymbol{S}+\int_{\mathrm{D}}\boldsymbol{F}\cdot\mathrm{d}\boldsymbol{S}\approx\frac{\partial F_z(x,y,z)}{\partial z}\Delta x\Delta y\Delta z$$

因此，所有面的通量之和为

$$\psi=\oint_{S}\boldsymbol{F}\cdot\mathrm{d}\boldsymbol{S}\approx\left(\frac{\partial F_x}{\partial x}+\frac{\partial F_y}{\partial y}+\frac{\partial F_z}{\partial z}\right)\Delta x\Delta y\Delta z$$

将其代入式(1.2.8)，并利用 $\Delta V=\Delta x\Delta y\Delta z$，可得

$$\mathrm{div}\boldsymbol{F}=\lim_{\Delta V\to 0}\frac{\oint_{S}\boldsymbol{F}\cdot\boldsymbol{e}_{\mathrm{n}}\mathrm{d}S}{\Delta V}=\frac{\partial F_x}{\partial x}+\frac{\partial F_y}{\partial y}+\frac{\partial F_z}{\partial z}\tag{1.2.9}$$

写成哈密尔顿算符的表达形式

$$\mathrm{div}\boldsymbol{F}=\left(\boldsymbol{e}_x\frac{\partial}{\partial x}+\boldsymbol{e}_y\frac{\partial}{\partial y}+\boldsymbol{e}_z\frac{\partial}{\partial z}\right)\cdot(\boldsymbol{e}_xF_x+\boldsymbol{e}_yF_y+\boldsymbol{e}_zF_z)=\nabla\cdot\boldsymbol{F}\tag{1.2.10}$$

4. 散度定理

散度定理(**divergence theorem**)也称为高斯定理，它建立了通量面积分与通量密度体积分之间的联系。如图 1.2.6 所示，闭合曲面 S 所包围区域的体积为 V，则通量密度对体积 V 的积分等于矢量场 $\boldsymbol{F}$ 对闭合曲面 S 的通量，即

$$\int_{V}\nabla\cdot\boldsymbol{F}\mathrm{d}V=\oint_{S}\boldsymbol{F}\cdot\mathrm{d}\boldsymbol{S}\tag{1.2.11}$$

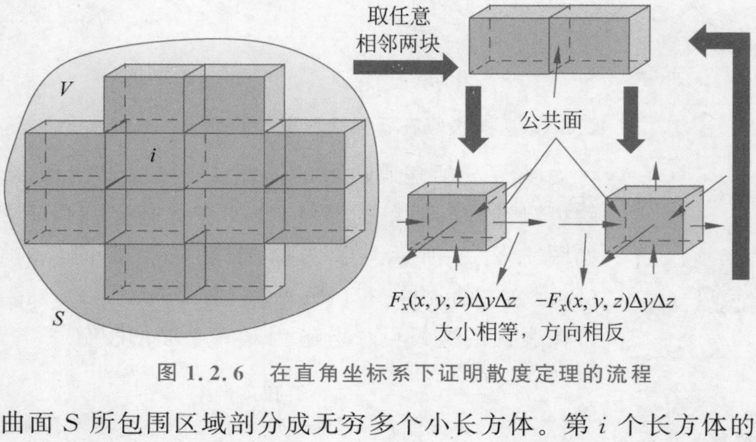

图 1.2.6 在直角坐标系下证明散度定理的流程

将闭合曲面 S 所包围区域剖分成无穷多个小长方体。第 i 个长方体的通量为

$$\oint_{S_i}\boldsymbol{F}\cdot\mathrm{d}\boldsymbol{S}=\nabla\cdot\boldsymbol{F}\mathrm{d}V_i,\quad i=1,2,\cdots\tag{1.2.12}$$

现在取任意相邻两块长方体，对每个小长方体，式(1.2.12)都成立，且有

$$\oint_{S_i+S_{i+1}} \boldsymbol{F}\cdot \mathrm{d}\boldsymbol{S}=\nabla\cdot \boldsymbol{F}\mathrm{d}V_i+\nabla\cdot \boldsymbol{F}\mathrm{d}V_{i+1}, i=1,2,\cdots$$

在左边通量的积分中，由于相邻两块长方体的公共面大小相等、方向相反，因此，左边的积分等于两块长方体合在一起时外表面的积分，如图 1.2.6 所示。以此类推，所有的长方体叠在一起时，外表面即为闭合曲面 S，即有

$$\oint_S \boldsymbol{F}\cdot \mathrm{d}\boldsymbol{S}\approx\oint_{\sum_i S_i} \boldsymbol{F}\cdot \mathrm{d}\boldsymbol{S}=\sum_i \nabla\cdot \boldsymbol{F}\mathrm{d}V_i, i=1,2,\cdots$$

当剖分的长方体的体积无限趋近于 0 时，右边的求和公式就收敛于对应积分值，亦即得到式(1.2.11)。

例 1.2.2 一点电荷 q 位于 $\boldsymbol{r}_0(x_0,y_0,z_0)$处，其电场强度的表达式为

$$\boldsymbol{E}(\boldsymbol{r})=\frac{q(\boldsymbol{r}-\boldsymbol{r}_0)}{4\pi\varepsilon|\boldsymbol{r}-\boldsymbol{r}_0|^3}$$

其中，$\boldsymbol{r}=\boldsymbol{e}_x x+\boldsymbol{e}_y y+\boldsymbol{e}_z z$，$\boldsymbol{r}_0=\boldsymbol{e}_x x_0+\boldsymbol{e}_y y_0+\boldsymbol{e}_z z_0$。当 $\boldsymbol{r}\neq\boldsymbol{r}_0$ 时，求 $\boldsymbol{E}(\boldsymbol{r})$的散度。

解：令 $\boldsymbol{R}=\boldsymbol{r}-\boldsymbol{r}_0$，$R=\sqrt{(x-x_0)^2+(y-y_0)^2+(z-z_0)^2}$

该电场表达式可写为

$$\boldsymbol{E}(\boldsymbol{r})=\frac{q(\boldsymbol{r}-\boldsymbol{r}_0)}{4\pi\varepsilon|\boldsymbol{r}-\boldsymbol{r}_0|^3}=\frac{q}{4\pi\varepsilon}\frac{\boldsymbol{R}}{R^3}$$

根据散度的定义

$$\begin{aligned}\nabla\cdot \boldsymbol{E}(\boldsymbol{r})&=\frac{q}{4\pi\varepsilon}\nabla\cdot\frac{\boldsymbol{R}}{R^3}=\frac{q}{4\pi\varepsilon}\frac{\nabla\cdot \boldsymbol{R}}{R^3}+\frac{q}{4\pi\varepsilon}\boldsymbol{R}\cdot\nabla\frac{1}{R^3}\\&=\frac{q}{4\pi\varepsilon}\frac{3}{R^3}-\frac{3q}{4\pi\varepsilon}\frac{\boldsymbol{R}\cdot\boldsymbol{R}}{R^5}=\frac{q}{4\pi\varepsilon}\frac{3}{R^3}-\frac{3q}{4\pi\varepsilon}\frac{1}{R^3}=0\end{aligned}$$

在 $\boldsymbol{r}_0$ 处，散度为无穷大，而在其他地方，散度为 0。

1.2.3 矢量场的旋度

视频 3

散度描述了通量源的分布情况，在电磁场理论中通常对应于电荷的分布情况，在后续章节中还将继续讨论。矢量场中的另外一个空间变化规律涉及环流和旋度，在电磁场理论中通常对应电流的分布情况。在本节中，先讨论环流和旋度的一些基本特性。

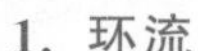
1. 环流

假设 C 为矢量场 $\boldsymbol{F}$ 中的一条闭合曲线，$\boldsymbol{F}$ 沿 C 的曲线积分为

$$\Gamma=\oint_C \boldsymbol{F}\cdot \mathrm{d}\boldsymbol{l}=\oint_C F\cos\theta\mathrm{d}l \tag{1.2.13}$$

称 Γ 为 $\boldsymbol{F}$ 沿闭合曲线 C 的环流(circulation)。如图 1.2.7 所示，$\mathrm{d}\boldsymbol{l}$ 为曲线中的积分线元，其方向为路径的切线方向，它与矢量场 $\boldsymbol{F}$ 的夹角为 θ。

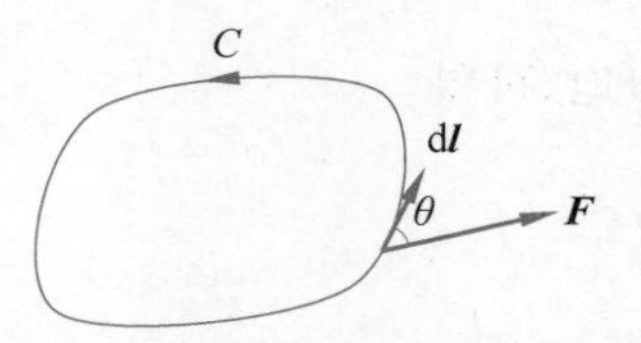

图 1.2.7 矢量场沿闭合曲线的积分

如果矢量场的环流量不为 0，说明矢量场存在一种沿闭合曲线的源，这种源的矢量线也必然是闭合曲线，通常称这种源为涡流源或者旋涡源。涡流源在自然界普遍

存在,比如水流旋涡、龙卷风、黑洞旋涡,以及本课程将讨论的磁场。

2. 旋度

和梯度、散度类似,希望知道场域中每一点附近的环流状态。在矢量场 $\boldsymbol{F}$ 中取任意一点 P,在该点附近取一包含该点的面元 ΔS,面元边界为 C、面元法向为 $\boldsymbol{e}_n$。记

$$\mathbf{rot}_n \boldsymbol{F} = \lim_{\Delta S \to 0} \frac{\oint_C \boldsymbol{F} \cdot \mathrm{d}\boldsymbol{l}}{\Delta S} \tag{1.2.14}$$

为矢量场 $\boldsymbol{F}$ 在点 P 沿方向 $\boldsymbol{e}_n$ 的环流密度。式(1.2.14)中,ΔS 可以以任意方式向点 P 缩小。

显然,环流密度与面元的法向 $\boldsymbol{e}_n$ 有关。因此,环流密度无法唯一地描述点 P 处的环流状态。为此,与梯度类似,定义旋度(**rotation** 或 **curl**)为矢量场 $\boldsymbol{F}$ 在点 P 处最大的环流密度,它的方向为使得环流密度最大的法向 $\boldsymbol{e}_n$,把旋度记为

$$\mathbf{rot}\boldsymbol{F} = \mathbf{curl}\boldsymbol{F} = \boldsymbol{e}_n \lim_{\Delta S \to 0} \frac{\left[\oint_C \boldsymbol{F} \cdot \mathrm{d}\boldsymbol{l}\right]_{\max}}{\Delta S} \tag{1.2.15}$$

如图 1.2.8 所示,沿法向 $\boldsymbol{e}_n$ 的环流密度与旋度直接的关系可表示为$\mathbf{rot}_n \boldsymbol{F} = \boldsymbol{e}_n \cdot \mathbf{rot}\boldsymbol{F}$。

那么,旋度应当如何计算呢?既然 ΔS 可以以任意的方式向点 P 缩小,就可以在直角坐标系下选择最简单的长方形闭合曲线,如图 1.2.9 所示。注意,旋度的大小与坐标系的选择无关,但是各个坐标系下表达式会有差异。

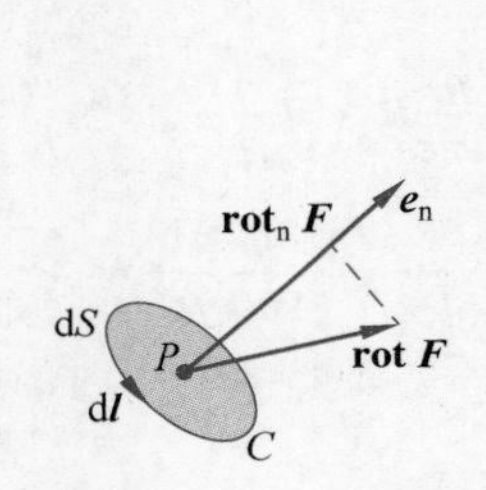

图 1.2.8　旋度的投影

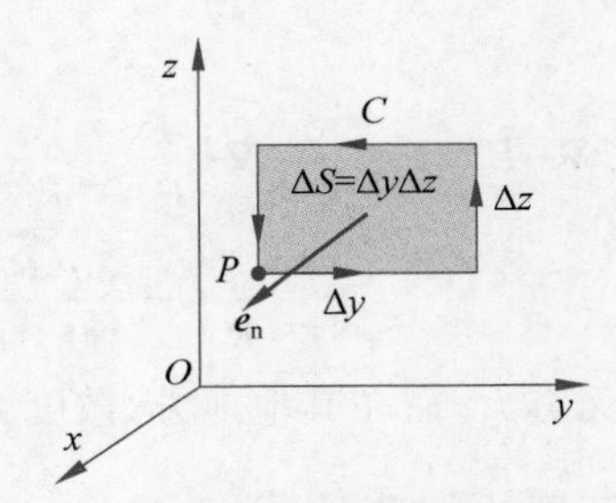

图 1.2.9　旋度的投影

$$\begin{aligned}\oint_C \boldsymbol{F} \cdot \mathrm{d}\boldsymbol{l} &= F_y \Delta y + \left(F_z + \frac{\partial F_z}{\partial y}\Delta y\right)\Delta z - \left(F_y + \frac{\partial F_y}{\partial z}\Delta z\right)\Delta y - F_z \Delta z \\ &= -\frac{\partial F_y}{\partial z}\Delta y \Delta z + \frac{\partial F_z}{\partial y}\Delta y \Delta z\end{aligned}$$

故

$$\mathbf{rot}_x \boldsymbol{F} = \lim_{\Delta S \to 0} \frac{\oint_C \boldsymbol{F} \cdot \mathrm{d}\boldsymbol{l}}{\Delta S} = \frac{\partial F_z}{\partial y} - \frac{\partial F_y}{\partial z}$$

类似地,可得

$$\mathbf{rot}_y \boldsymbol{F} = \frac{\partial F_x}{\partial z} - \frac{\partial F_z}{\partial x}$$

和

$$\mathbf{rot}_z \boldsymbol{F} = \frac{\partial F_y}{\partial x} - \frac{\partial F_x}{\partial y}$$

由此可以得到

$$\begin{aligned}\mathbf{rot}\boldsymbol{F} &= \boldsymbol{e}_x \mathbf{rot}_x \boldsymbol{F} + \boldsymbol{e}_y \mathbf{rot}_y \boldsymbol{F} + \boldsymbol{e}_z \mathbf{rot}_z \boldsymbol{F} \\ &= \boldsymbol{e}_x\left(\frac{\partial F_z}{\partial y} - \frac{\partial F_y}{\partial z}\right) + \boldsymbol{e}_y\left(\frac{\partial F_x}{\partial z} - \frac{\partial F_z}{\partial x}\right) + \boldsymbol{e}_z\left(\frac{\partial F_y}{\partial x} - \frac{\partial F_x}{\partial y}\right)\end{aligned} \tag{1.2.16}$$

或者写成哈密尔顿算符的形式

$$\mathbf{rot}\boldsymbol{F} = \left(\boldsymbol{e}_x \frac{\partial}{\partial x} + \boldsymbol{e}_y \frac{\partial}{\partial y} + \boldsymbol{e}_z \frac{\partial}{\partial z}\right) \times (\boldsymbol{e}_x F_x + \boldsymbol{e}_y F_y + \boldsymbol{e}_z F_z) = \nabla \times \boldsymbol{F} \tag{1.2.17}$$

另外，利用矢量叉积的表达形式，旋度还可以写成

$$\nabla \times \boldsymbol{F} = \begin{vmatrix} \boldsymbol{e}_x & \boldsymbol{e}_y & \boldsymbol{e}_z \\ \dfrac{\partial}{\partial x} & \dfrac{\partial}{\partial y} & \dfrac{\partial}{\partial z} \\ F_x & F_y & F_z \end{vmatrix} \tag{1.2.18}$$

下面证明旋度的一个恒等式，$\nabla \cdot (\nabla \times \boldsymbol{A}) \equiv 0$。直接对旋度取散度，得

$$\begin{aligned}\nabla \cdot (\nabla \times \boldsymbol{A}) &= \left(\boldsymbol{e}_x \frac{\partial}{\partial x} + \boldsymbol{e}_y \frac{\partial}{\partial y} + \boldsymbol{e}_z \frac{\partial}{\partial z}\right) \cdot \left[\boldsymbol{e}_x\left(\frac{\partial A_z}{\partial y} - \frac{\partial A_y}{\partial z}\right) + \boldsymbol{e}_y\left(\frac{\partial A_x}{\partial z} - \frac{\partial A_z}{\partial x}\right) + \right. \\ &\qquad \left. \boldsymbol{e}_z\left(\frac{\partial A_y}{\partial x} - \frac{\partial A_x}{\partial y}\right)\right] \\ &= \frac{\partial}{\partial x}\left(\frac{\partial A_z}{\partial y} - \frac{\partial A_y}{\partial z}\right) + \frac{\partial}{\partial y}\left(\frac{\partial A_x}{\partial z} - \frac{\partial A_z}{\partial x}\right) + \frac{\partial}{\partial z}\left(\frac{\partial A_y}{\partial x} - \frac{\partial A_x}{\partial y}\right) = 0\end{aligned}$$

该结论涉及后续的无散场。

3. 斯托克斯定理

散度定理建立的是通量面积分与通量密度体积分之间的联系。斯托克斯定理(**Stokes theorem**)将建立环流线积分与环流密度面积分之间的联系。

如图 1.2.10 所示，闭合曲线 C 所包围区域的面积为 S，则矢量场 $\boldsymbol{F}$ 的旋度对面积 S 的积分等于矢量场 $\boldsymbol{F}$ 对闭合曲线 C 的环流，即

$$\int_S (\nabla \times \boldsymbol{F}) \cdot \mathrm{d}\boldsymbol{S} = \oint_C \boldsymbol{F} \cdot \mathrm{d}\boldsymbol{l} \tag{1.2.19}$$

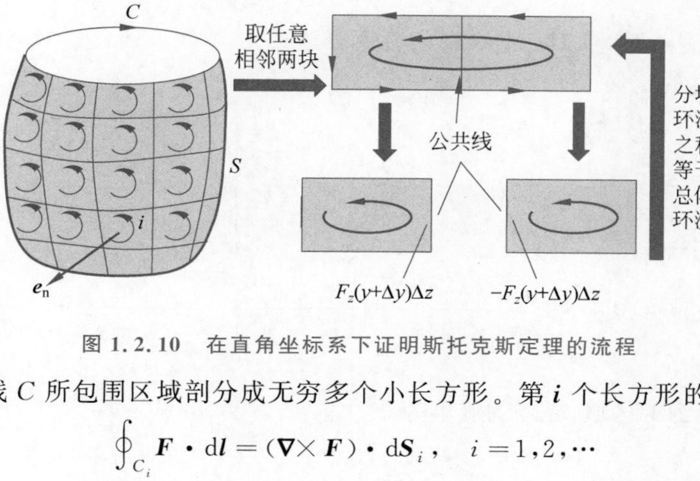

图 1.2.10 在直角坐标系下证明斯托克斯定理的流程

将闭合曲线 C 所包围区域剖分成无穷多个小长方形。第 $\boldsymbol{i}$ 个长方形的环流为

$$\oint_{C_i} \boldsymbol{F} \cdot \mathrm{d}\boldsymbol{l} = (\nabla \times \boldsymbol{F}) \cdot \mathrm{d}\boldsymbol{S}_i, \quad i = 1, 2, \cdots \tag{1.2.20}$$

现在取任意相邻两块长方形，对每个小长方形，式(1.2.20)都成立，且有

$$\oint_{C_i+C_{i+1}} \boldsymbol{F} \cdot \mathrm{d}\boldsymbol{l} = (\nabla\times \boldsymbol{F}) \cdot \mathrm{d}\boldsymbol{S}_i + (\nabla\times \boldsymbol{F}) \cdot \mathrm{d}\boldsymbol{S}_{i+1}, \quad i=1,2,\cdots$$

在左边环流的积分中，由于相邻两块长方形的公共线长度相等、方向相反，因此，左边的积分等于两块长方形合在一起时外曲线的积分。以此类推，所有的长方形叠在一起时，外曲线即为闭合曲线 C，即有

$$\oint_C \boldsymbol{F} \cdot \mathrm{d}\boldsymbol{l} \approx \oint_{\sum_i C_i} (\nabla\times \boldsymbol{F}) \cdot \mathrm{d}\boldsymbol{S} = \sum_i (\nabla\times \boldsymbol{F}) \cdot \mathrm{d}\boldsymbol{S}_i, \quad i=1,2,\cdots$$

当剖分的长方形的面积无限趋近于 0 时，右边的求和公式就收敛于对应积分值，亦即得到式(1.2.19)。

例 1.2.3 保持例 1.2.2 的条件不变，当 $\boldsymbol{r}\neq\boldsymbol{r}_0$ 时，求 $\boldsymbol{E}(\boldsymbol{r})$ 的旋度表达式。

解：根据旋度的定义

$$\begin{aligned}
\nabla\times \boldsymbol{E} &= \frac{q}{4\pi\varepsilon}\begin{vmatrix} \boldsymbol{e}_x & \boldsymbol{e}_y & \boldsymbol{e}_z \\ \dfrac{\partial}{\partial x} & \dfrac{\partial}{\partial y} & \dfrac{\partial}{\partial z} \\ (x-x_0)/R^3 & (y-y_0)/R^3 & (z-z_0)/R^3 \end{vmatrix} \\
&= \boldsymbol{e}_x \frac{3q}{4\pi\varepsilon}\frac{(z-z_0)(y-y_0)-(z-z_0)(y-y_0)}{R^5} + \\
&\quad \boldsymbol{e}_y \frac{3q}{4\pi\varepsilon}\frac{(z-z_0)(x-x_0)-(z-z_0)(x-x_0)}{R^5} + \\
&\quad \boldsymbol{e}_z \frac{3q}{4\pi\varepsilon}\frac{(y-y_0)(x-x_0)-(y-y_0)(x-x_0)}{R^5} \\
&= 0
\end{aligned}$$

说明当 $\boldsymbol{r}\neq\boldsymbol{r}_0$ 时，$\boldsymbol{E}(\boldsymbol{r})$ 的旋度为 0。

例 1.2.4 沿 z 轴放置电流为 I 的无限长直导线，其周围的磁场强度为

$$\boldsymbol{H}(x,y,z) = \frac{I}{2\pi}\frac{-\boldsymbol{e}_x y + \boldsymbol{e}_y x}{x^2+y^2}$$

当 x 和 y 不同时为 0 时，求 $\boldsymbol{H}(x,y,z)$ 的旋度表达式。

解：根据旋度的定义

$$\begin{aligned}
\nabla\times \boldsymbol{H} &= \frac{I}{2\pi}\begin{vmatrix} \boldsymbol{e}_x & \boldsymbol{e}_y & \boldsymbol{e}_z \\ \dfrac{\partial}{\partial x} & \dfrac{\partial}{\partial y} & \dfrac{\partial}{\partial z} \\ -y/(x^2+y^2) & x/(x^2+y^2) & 0 \end{vmatrix} \\
&= \boldsymbol{e}_x 0 + \boldsymbol{e}_y 0 + \boldsymbol{e}_z \frac{I}{2\pi}\left[\frac{-1}{x^2+y^2} + \frac{2y^2}{(x^2+y^2)^2} + \frac{-1}{x^2+y^2} + \frac{2x^2}{(x^2+y^2)^2}\right] \\
&= 0
\end{aligned}$$

可见，在没有电流源的区域，磁场的旋度为 0。

1.2.4　无旋场和无散场

从例 1.2.2 和例 1.2.3 可以看到，除了点电荷或电流所在区域，其他区域电场的散度或磁场的旋度都为 0。那么是否其他的电场或磁场分布也是如此？

1. 无旋场

如果一矢量场 $\boldsymbol{F}$ 的旋度处处为 0

$$\nabla\times\boldsymbol{F}\equiv 0 \tag{1.2.21}$$

则称该矢量场为无旋场（**irrotational field**），它由纯通量源产生。例如，静电荷所产生的静电场就满足旋度处处为 0 这一条件。

前面已经证明过，$\nabla\times(\nabla u)\equiv 0$。因此，对于无旋场 $\boldsymbol{F}$，它总可以表示成

$$\boldsymbol{F}=-\nabla u \tag{1.2.22}$$

即无旋场可以表示成一标量场的梯度。引入负号是因为在电磁场中，电场强度 $\boldsymbol{E}$ 与标量电位 φ 之间的关系符合这一特性。实际上，该标量场有无穷多个选择，$u'=u+C$ 都满足要求，因为常数 C 的梯度恒为 0。

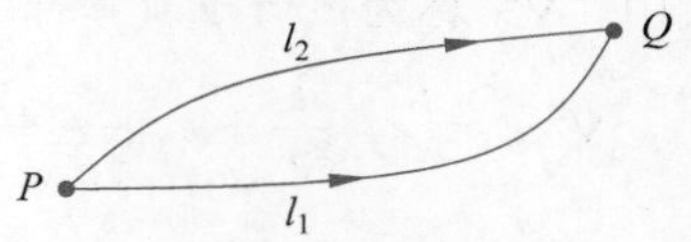

图 1.2.11　无旋场线积分

无旋场的积分与路径无关，只与起点 P 和终点 Q 相关，如图 1.2.11 所示。

$$\oint_C\boldsymbol{F}\cdot\mathrm{d}\boldsymbol{l}=\int_{l_1}\boldsymbol{F}\cdot\mathrm{d}\boldsymbol{l}+\int_{-l_2}\boldsymbol{F}\cdot\mathrm{d}\boldsymbol{l}=\int_{l_1}\boldsymbol{F}\cdot\mathrm{d}\boldsymbol{l}-\int_{l_2}\boldsymbol{F}\cdot\mathrm{d}\boldsymbol{l}=0$$

则有

$$\int_{l_1}\boldsymbol{F}\cdot\mathrm{d}\boldsymbol{l}=\int_{l_2}\boldsymbol{F}\cdot\mathrm{d}\boldsymbol{l}=\int_P^Q\boldsymbol{F}\cdot\mathrm{d}\boldsymbol{l}$$

将式(1.2.22)代入，得到

$$\int_P^Q\boldsymbol{F}\cdot\mathrm{d}\boldsymbol{l}=-\int_P^Q(\nabla u)\cdot\mathrm{d}\boldsymbol{l}=-\int_P^Q\frac{\partial u}{\partial l}\mathrm{d}l=-\int_P^Q\mathrm{d}u=u(P)-u(Q)$$

从上式可得

$$u(P)=\int_P^Q\boldsymbol{F}\cdot\mathrm{d}\boldsymbol{l}+u(Q)$$

意味着 P 点的取值与 Q 点的选取有关。如果选取 Q 点的值为某一常数 C，则有

$$u(P)=\int_P^Q\boldsymbol{F}\cdot\mathrm{d}\boldsymbol{l}+C \tag{1.2.23}$$

这一表达式的物理意义是静电场参考电位的选取。将式(1.2.22)代入式(1.2.23)，得到

$$u(P)=-\int_P^Q(\nabla u)\cdot\mathrm{d}\boldsymbol{l}+C \tag{1.2.24}$$

该式表明一个标量场可以由它的梯度和起始值完全确定。

2. 无散场

类似地，如果一矢量场 $\boldsymbol{F}$ 的散度处处为 0

$$\nabla\cdot\boldsymbol{F}\equiv 0 \tag{1.2.25}$$

则称该矢量场为无散场（**solenoidal field**），它由纯旋涡源产生。例如，恒定磁场就满足散度处处为 0 这一条件。

前面已经证明过，$\nabla\cdot(\nabla\times\boldsymbol{A})=0$。因此，对于无散场 $\boldsymbol{F}$，它总可以表示成

$$\boldsymbol{F}=\nabla\times\boldsymbol{A} \tag{1.2.26}$$

即无散场可以表示成一矢量场的旋度。磁感应强度 $\boldsymbol{B}$ 与矢量位 $\boldsymbol{A}$ 之间的关系符合这一特性。实际上，该矢量场有无穷多个选择，$\boldsymbol{A}'=\boldsymbol{A}+\boldsymbol{C}$ 都满足要求，因为常矢量 $\boldsymbol{C}$ 的旋度恒为 0。

利用散度定理

$$\oint_S \boldsymbol{F}\cdot \mathrm{d}\boldsymbol{S}=\int_V \nabla\cdot \boldsymbol{F}\mathrm{d}V=0$$

说明无散场对于闭合曲面的积分为 0。

1.2.5 拉普拉斯运算

对一标量场 u 先求梯度，再求散度，称为拉普拉斯运算，记为

$$\nabla\cdot(\nabla u)=\nabla^2 u$$

式中，“∇^2”称为拉普拉斯算符（**Laplace operator**）。在直角坐标系下，

$$\nabla^2 u=\left(\boldsymbol{e}_x\frac{\partial}{\partial x}+\boldsymbol{e}_y\frac{\partial}{\partial y}+\boldsymbol{e}_z\frac{\partial}{\partial z}\right)\cdot\left(\boldsymbol{e}_x\frac{\partial u}{\partial x}+\boldsymbol{e}_y\frac{\partial u}{\partial y}+\boldsymbol{e}_z\frac{\partial u}{\partial z}\right)=\frac{\partial^2 u}{\partial x^2}+\frac{\partial^2 u}{\partial y^2}+\frac{\partial^2 u}{\partial z^2} \tag{1.2.27}$$

拉普拉斯算符也可作用于矢量场，且有

$$\nabla^2\boldsymbol{F}=\boldsymbol{e}_x\nabla^2F_x+\boldsymbol{e}_y\nabla^2F_y+\boldsymbol{e}_z\nabla^2F_z \tag{1.2.28}$$

由于矢量场没有梯度的概念，因此该式的运算实际是针对各个分量进行的。该式的定义为

$$\nabla^2\boldsymbol{F}=\nabla(\nabla\cdot\boldsymbol{F})-\nabla\times(\nabla\times\boldsymbol{F}) \tag{1.2.29}$$

该式的证明是很直接的，在此不进行详细证明，留作本章习题进行练习。

1.3 三种常用坐标系

前面的讨论主要是基于直角坐标系（**rectangular coordinate** 或 **cartesian coordinate**）。求解电磁场问题时，不同的问题需要用到不同的坐标系。比如分析矩形波导宜采用直角坐标系，分析同轴电缆和圆波导最好采用圆柱坐标系（**circular cylindrical coordinate**），求解粒子散射时需要用到球坐标系（**spherical coordinate**）。尽管不同坐标系下得出的最终结果是唯一的，但采用合适的坐标系可以使问题大大简化。接下来主要分析圆柱坐标系和球坐标系以及它们与直角坐标系之间的关系。

视频 4

1.3.1 圆柱坐标系

1. 坐标

直角坐标系下的 3 个变量为 x、y、z，它们的变化范围为

$$-\infty< x,y,z<\infty$$

动画 5

而如图 1.3.1 所示的圆柱坐标系，它的 3 个变量为 ρ、ϕ、z，它们的变化范围为

$$0\leqslant\rho<\infty,\quad 0\leqslant\phi\leqslant 2\pi,\quad -\infty< z<\infty$$

空间中的一点 P 在直角坐标系下可表示为 $P(x,y,z)$，在圆柱坐标系下可表示为 $P(\rho,\phi,z)$，它们之间的变换关系为

$$\rho=\sqrt{x^2+y^2},\quad \phi=\arctan\frac{y}{x},\quad z=z \tag{1.3.1}$$

或

$$x=\rho\cos\phi,\quad y=\rho\sin\phi,\quad z=z \tag{1.3.2}$$

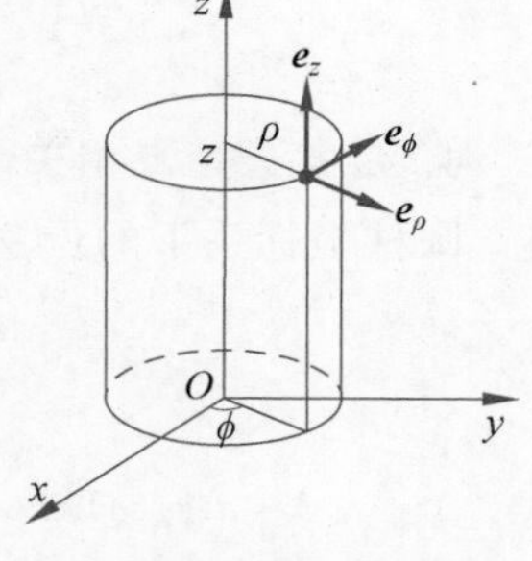

图 1.3.1　圆柱坐标系

2. 单位矢量

空间中任意一点可以用三个相互正交的单位矢量表示，在直角坐标系下这三个单位矢量为 $\boldsymbol{e}_x$、$\boldsymbol{e}_y$ 和 $\boldsymbol{e}_z$，在圆柱坐标系下为 $\boldsymbol{e}_\rho$、$\boldsymbol{e}_\phi$ 和 $\boldsymbol{e}_z$。这三个单位矢量符合右手螺旋法则

$$\boldsymbol{e}_\rho\times\boldsymbol{e}_\phi=\boldsymbol{e}_z,\quad \boldsymbol{e}_\phi\times\boldsymbol{e}_z=\boldsymbol{e}_\rho,\quad \boldsymbol{e}_z\times\boldsymbol{e}_\rho=\boldsymbol{e}_\phi \tag{1.3.3}$$

它们与直角坐标系下单位矢量的变换关系可以用如图 1.3.2 所示的单位圆法计算

$$\begin{cases}\boldsymbol{e}_\rho=\boldsymbol{e}_x\cos\phi+\boldsymbol{e}_y\sin\phi\\ \boldsymbol{e}_\phi=-\boldsymbol{e}_x\sin\phi+\boldsymbol{e}_y\cos\phi\\ \boldsymbol{e}_z=\boldsymbol{e}_z\end{cases} \tag{1.3.4}$$

其逆变换为

$$\begin{cases}\boldsymbol{e}_x=\boldsymbol{e}_\rho\cos\phi-\boldsymbol{e}_\phi\sin\phi\\ \boldsymbol{e}_y=\boldsymbol{e}_\rho\sin\phi+\boldsymbol{e}_\phi\cos\phi\\ \boldsymbol{e}_z=\boldsymbol{e}_z\end{cases} \tag{1.3.5}$$

需要注意的是，$\boldsymbol{e}_\rho$ 和 $\boldsymbol{e}_\phi$ 都是随 ϕ 变化的单位矢量，因此在日后的计算过程中需要考虑其微分关系

$$\begin{cases}\dfrac{\partial\boldsymbol{e}_\rho}{\partial\phi}=-\boldsymbol{e}_x\sin\phi+\boldsymbol{e}_y\cos\phi=\boldsymbol{e}_\phi\\ \dfrac{\partial\boldsymbol{e}_\phi}{\partial\phi}=-\boldsymbol{e}_x\cos\phi-\boldsymbol{e}_y\sin\phi=-\boldsymbol{e}_\rho\end{cases} \tag{1.3.6}$$

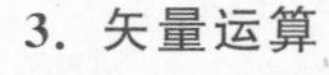

图 1.3.2　单位圆法

3. 矢量运算

圆柱坐标系下矢量的表达方式与直角坐标系下具有很大的差异。假设有 $\boldsymbol{A}$ 和 $\boldsymbol{B}$ 两个矢量

$$\begin{cases}\boldsymbol{A}=\boldsymbol{e}_{\rho A}A_\rho+\boldsymbol{e}_{\phi A}A_\phi+\boldsymbol{e}_zA_z\\ \boldsymbol{B}=\boldsymbol{e}_{\rho B}B_\rho+\boldsymbol{e}_{\phi B}B_\phi+\boldsymbol{e}_zB_z\end{cases}$$

由于单位矢量不同，因此加减运算为

$$\boldsymbol{A}\pm\boldsymbol{B}=(\boldsymbol{e}_{\rho A}A_\rho\pm\boldsymbol{e}_{\rho B}B_\rho)+(\boldsymbol{e}_{\phi A}A_\phi\pm\boldsymbol{e}_{\phi B}B_\phi)+\boldsymbol{e}_z(A_z\pm B_z)$$

注意：圆柱坐标系下的加减运算不能直接用坐标值进行加减，而必须带上单位矢量。

同样，$\boldsymbol{A}$ 和 $\boldsymbol{B}$ 的点积也需要带上单位矢量进行运算，为

$$\begin{aligned}\boldsymbol{A}\cdot\boldsymbol{B}=&A_\rho B_\rho\boldsymbol{e}_{\rho A}\cdot\boldsymbol{e}_{\rho B}+A_\rho B_\phi\boldsymbol{e}_{\rho A}\cdot\boldsymbol{e}_{\phi B}+A_\rho B_z\boldsymbol{e}_{\rho A}\cdot\boldsymbol{e}_z+\\ &A_\phi B_\rho\boldsymbol{e}_{\phi A}\cdot\boldsymbol{e}_{\rho B}+A_\phi B_\phi\boldsymbol{e}_{\phi A}\cdot\boldsymbol{e}_{\phi B}+A_\phi B_z\boldsymbol{e}_{\phi A}\cdot\boldsymbol{e}_z+\\ &A_zB_\rho\boldsymbol{e}_z\cdot\boldsymbol{e}_{\rho B}+A_zB_\phi\boldsymbol{e}_z\cdot\boldsymbol{e}_{\phi B}+A_zB_z\end{aligned}$$

$\boldsymbol{A}$ 和 $\boldsymbol{B}$ 的叉积为

$$\begin{aligned}\boldsymbol{A}\times\boldsymbol{B}=&(\boldsymbol{e}_{\rho A}A_\rho+\boldsymbol{e}_{\phi A}A_\phi+\boldsymbol{e}_zA_z)\times(\boldsymbol{e}_{\rho B}B_\rho+\boldsymbol{e}_{\phi B}B_\phi+\boldsymbol{e}_zB_z)\\ =&\boldsymbol{e}_{\rho A}\times\boldsymbol{e}_{\rho B}A_\rho B_\rho+\boldsymbol{e}_{\rho A}\times\boldsymbol{e}_{\phi B}A_\rho B_\phi+\boldsymbol{e}_{\rho A}\times\boldsymbol{e}_zA_\rho B_z+\end{aligned}$$

$$\boldsymbol{e}_{\phi A}\times\boldsymbol{e}_{\rho B}A_{\phi}B_{\rho}+\boldsymbol{e}_{\phi A}\times\boldsymbol{e}_{\phi B}A_{\phi}B_{\phi}+\boldsymbol{e}_{\phi A}\times\boldsymbol{e}_{z}A_{\phi}B_{z}+$$
$$\boldsymbol{e}_{z}\times\boldsymbol{e}_{\rho B}A_{z}B_{\rho}+\boldsymbol{e}_{z}\times\boldsymbol{e}_{\phi B}A_{z}B_{\phi}$$

4. 位置矢量及相关微分量

圆柱坐标系下的位置矢量为 $\boldsymbol{r}=\boldsymbol{e}_{\rho}\rho+\boldsymbol{e}_{z}z$,其微分元为

$$\begin{aligned}\mathrm{d}\boldsymbol{r}&=\mathrm{d}(\boldsymbol{e}_{\rho}\rho)+\mathrm{d}(\boldsymbol{e}_{z}z)=\boldsymbol{e}_{\rho}\mathrm{d}\rho+\mathrm{d}\boldsymbol{e}_{\rho}\rho+\boldsymbol{e}_{z}\mathrm{d}z\\&=\boldsymbol{e}_{\rho}\mathrm{d}\rho+\boldsymbol{e}_{\phi}\rho\mathrm{d}\phi+\boldsymbol{e}_{z}\mathrm{d}z\end{aligned}\tag{1.3.7}$$

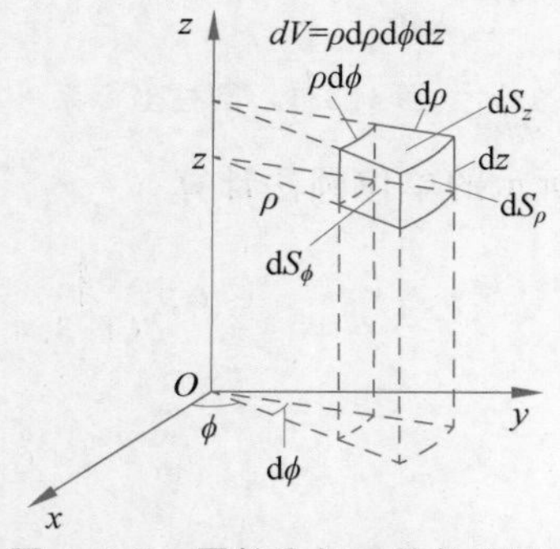

图 1.3.3　圆柱坐标系的长度元、面积元和体积元

由位置矢量的微分元可以看出,在 ρ、ϕ 和 z 三个方向的微分元分别是 $\mathrm{d}\rho$、$\rho\mathrm{d}\phi$ 和 $\mathrm{d}z$,说明这三个方向的微分元并不等于各自坐标的微分,这是圆柱坐标与直角坐标的差别之一,如图 1.3.3 所示。微分元 $\mathrm{d}\rho$、$\rho\mathrm{d}\phi$ 和 $\mathrm{d}z$ 与各自坐标微分的比值称为度量系数(**metric coefficient**)或拉梅系数(**Lame coefficient**),分别为

$$h_{\rho}=\frac{\mathrm{d}\rho}{\mathrm{d}\rho}=1,\quad h_{\phi}=\frac{\rho\mathrm{d}\phi}{\mathrm{d}\phi}=\rho,\quad h_{z}=\frac{\mathrm{d}z}{\mathrm{d}z}=1\tag{1.3.8}$$

相应地,与三个单位矢量垂直的三个面元分别为

$$\mathrm{d}S_{\rho}=\rho\mathrm{d}\phi\mathrm{d}z,\quad \mathrm{d}S_{\phi}=\mathrm{d}\rho\mathrm{d}z,\quad \mathrm{d}S_{z}=\rho\mathrm{d}\rho\mathrm{d}\phi$$

而整个体积元的体积为

$$\mathrm{d}V=\rho\mathrm{d}\rho\mathrm{d}\phi\mathrm{d}z$$

5. 梯度、散度、旋度及拉普拉斯计算

在圆柱坐标系下,场的梯度、散度、旋度和拉普拉斯计算与直角坐标系下都有很大的差别,其中梯度表达式为

$$\nabla u=\boldsymbol{e}_{\rho}\frac{\partial u}{\partial\rho}+\boldsymbol{e}_{\phi}\frac{1}{\rho}\frac{\partial u}{\partial\phi}+\boldsymbol{e}_{z}\frac{\partial u}{\partial z}\tag{1.3.9}$$

散度表达式为

$$\nabla\cdot\boldsymbol{F}=\frac{\partial(\rho F_{\rho})}{\rho\partial\rho}+\frac{\partial F_{\phi}}{\rho\partial\phi}+\frac{\partial F_{z}}{\partial z}\tag{1.3.10}$$

旋度表达式为

$$\nabla\times\boldsymbol{F}=\frac{1}{\rho}\begin{vmatrix}\boldsymbol{e}_{\rho}&\rho\boldsymbol{e}_{\phi}&\boldsymbol{e}_{z}\\\frac{\partial}{\partial\rho}&\frac{\partial}{\partial\phi}&\frac{\partial}{\partial z}\\F_{\rho}&\rho F_{\phi}&F_{z}\end{vmatrix}\tag{1.3.11}$$

展开后,为

$$\nabla\times\boldsymbol{F}=\boldsymbol{e}_{\rho}\left(\frac{\partial F_{z}}{\rho\partial\phi}-\frac{\partial F_{\phi}}{\partial z}\right)+\boldsymbol{e}_{\phi}\left(\frac{\partial F_{\rho}}{\partial z}-\frac{\partial F_{z}}{\partial\rho}\right)+\boldsymbol{e}_{z}\left[\frac{\partial(\rho F_{\phi})}{\rho\partial\rho}-\frac{\partial F_{\rho}}{\rho\partial\phi}\right]\tag{1.3.12}$$

拉普拉斯计算为

$$\nabla^{2}u=\frac{\partial}{\rho\partial\rho}\left(\rho\frac{\partial u}{\partial\rho}\right)+\frac{\partial^{2}u}{\rho^{2}\partial\phi^{2}}+\frac{\partial^{2}u}{\partial z^{2}}\tag{1.3.13}$$

1.3.2 球坐标系

视频 5

动画 6

1. 坐标

如图 1.3.4 所示，在球坐标系下，三个坐标变量为 r、θ 和 ϕ。它们的变化范围为

$$0 \leqslant r < \infty,\quad 0 \leqslant \theta \leqslant \pi,\quad 0 \leqslant \phi \leqslant 2\pi$$

空间中的一点 P 在球坐标系下可表示为 $P(r,\theta,\phi)$，它与直角坐标系之间的变换关系为

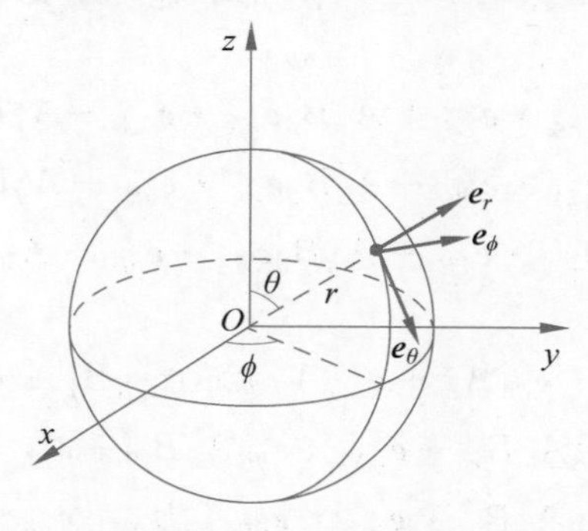

图 1.3.4 球坐标系

$$\begin{cases} r=\sqrt{x^2+y^2+z^2},\theta=\arccos\dfrac{z}{\sqrt{x^2+y^2+z^2}},\phi=\arctan\dfrac{y}{x} \\ x=r\sin\theta\cos\phi,y=r\sin\theta\sin\phi,z=r\cos\theta \end{cases} \tag{1.3.14}$$

2. 单位矢量

在球坐标系下，三个正交的单位矢量为 $\boldsymbol{e}_r$、$\boldsymbol{e}_\theta$ 和 $\boldsymbol{e}_\phi$。这三个单位矢量符合右手螺旋法则

$$\boldsymbol{e}_r \times \boldsymbol{e}_\theta = \boldsymbol{e}_\phi,\quad \boldsymbol{e}_\theta \times \boldsymbol{e}_\phi = \boldsymbol{e}_r,\quad \boldsymbol{e}_\phi \times \boldsymbol{e}_r = \boldsymbol{e}_\theta \tag{1.3.15}$$

它们与直角坐标系单位矢量的变换关系为

$$\begin{cases} \boldsymbol{e}_r = \boldsymbol{e}_x \sin\theta\cos\phi + \boldsymbol{e}_y \sin\theta\sin\phi + \boldsymbol{e}_z \cos\theta \\ \boldsymbol{e}_\theta = \boldsymbol{e}_x \cos\theta\cos\phi + \boldsymbol{e}_y \cos\theta\sin\phi - \boldsymbol{e}_z \sin\theta \\ \boldsymbol{e}_\phi = -\boldsymbol{e}_x \sin\phi + \boldsymbol{e}_y \cos\phi \end{cases} \tag{1.3.16}$$

其逆变换为

$$\begin{cases} \boldsymbol{e}_x = \boldsymbol{e}_r \sin\theta\cos\phi + \boldsymbol{e}_\theta \cos\theta\cos\phi - \boldsymbol{e}_\phi \sin\phi \\ \boldsymbol{e}_y = \boldsymbol{e}_r \sin\theta\sin\phi + \boldsymbol{e}_\theta \cos\theta\sin\phi + \boldsymbol{e}_\phi \cos\phi \\ \boldsymbol{e}_z = \boldsymbol{e}_r \cos\theta - \boldsymbol{e}_\theta \sin\theta \end{cases} \tag{1.3.17}$$

类似地，$\boldsymbol{e}_r$、$\boldsymbol{e}_\theta$ 和 $\boldsymbol{e}_\phi$ 都是随 θ 和 ϕ 变化的单位矢量，其微分关系为

$$\begin{cases} \dfrac{\partial \boldsymbol{e}_r}{\partial \theta} = \boldsymbol{e}_\theta, \dfrac{\partial \boldsymbol{e}_r}{\partial \phi} = \boldsymbol{e}_\phi \sin\theta \\ \dfrac{\partial \boldsymbol{e}_\theta}{\partial \theta} = -\boldsymbol{e}_r, \dfrac{\partial \boldsymbol{e}_\theta}{\partial \phi} = \boldsymbol{e}_\phi \cos\theta \\ \dfrac{\partial \boldsymbol{e}_\phi}{\partial \theta} = 0, \dfrac{\partial \boldsymbol{e}_\phi}{\partial \phi} = -\boldsymbol{e}_r \sin\theta - \boldsymbol{e}_\phi \cos\theta \end{cases} \tag{1.3.18}$$

3. 矢量运算

圆柱坐标系下矢量的加减计算同样需要代入单位矢量。假设有 $\boldsymbol{A}$ 和 $\boldsymbol{B}$ 两个矢量

$$\begin{cases}\boldsymbol{A}=\boldsymbol{e}_{rA}A_r+\boldsymbol{e}_{\theta A}A_\theta+\boldsymbol{e}_{\phi A}A_\phi\\ \boldsymbol{B}=\boldsymbol{e}_{rB}B_r+\boldsymbol{e}_{\theta B}B_\theta+\boldsymbol{e}_{\phi B}B_\phi\end{cases}$$

$\boldsymbol{A}$ 和 $\boldsymbol{B}$ 的加减为

$$\boldsymbol{A}\pm\boldsymbol{B}=(\boldsymbol{e}_{rA}A_r\pm\boldsymbol{e}_{rB}B_r)+(\boldsymbol{e}_{\theta A}A_\theta\pm\boldsymbol{e}_{\theta B}B_\theta)+(\boldsymbol{e}_{\phi A}A_\phi\pm\boldsymbol{e}_{\phi B}B_\phi)$$

$\boldsymbol{A}$ 和 $\boldsymbol{B}$ 的点积为

$$\begin{aligned}\boldsymbol{A}\cdot\boldsymbol{B}=&A_rB_r\boldsymbol{e}_{rA}\cdot\boldsymbol{e}_{rB}+A_rB_\theta\boldsymbol{e}_{rA}\cdot\boldsymbol{e}_{\theta B}+A_rB_\phi\boldsymbol{e}_{rA}\cdot\boldsymbol{e}_{\phi B}+\\&A_\theta B_r\boldsymbol{e}_{\theta A}\cdot\boldsymbol{e}_{rB}+A_\theta B_\theta\boldsymbol{e}_{rA}\cdot\boldsymbol{e}_{\theta B}+A_\theta B_\phi\boldsymbol{e}_{\theta A}\cdot\boldsymbol{e}_{\phi B}+\\&A_\phi B_r\boldsymbol{e}_{\phi A}\cdot\boldsymbol{e}_{rB}+A_\phi B_\theta\boldsymbol{e}_{\phi A}\cdot\boldsymbol{e}_{\theta B}+A_\phi B_\phi\boldsymbol{e}_{\phi A}\cdot\boldsymbol{e}_{\phi B}\end{aligned}$$

$\boldsymbol{A}$ 和 $\boldsymbol{B}$ 的叉积为

$$\begin{aligned}\boldsymbol{A}\times\boldsymbol{B}&=(\boldsymbol{e}_{rA}A_r+\boldsymbol{e}_{\theta A}A_\theta+\boldsymbol{e}_{\phi A}A_\phi)\times(\boldsymbol{e}_{rB}B_r+\boldsymbol{e}_{\theta B}B_\theta+\boldsymbol{e}_{\phi B}B_\phi)\\&=\boldsymbol{e}_{rA}\times\boldsymbol{e}_{rB}A_rB_r+\boldsymbol{e}_{rA}\times\boldsymbol{e}_{\theta B}A_rB_\theta+\boldsymbol{e}_{rA}\times\boldsymbol{e}_{\phi B}A_rB_\phi+\\&\quad\boldsymbol{e}_{\theta A}\times\boldsymbol{e}_{rB}A_\theta B_r+\boldsymbol{e}_{\theta A}\times\boldsymbol{e}_{\theta B}A_\theta B_\theta+\boldsymbol{e}_{\theta A}\times\boldsymbol{e}_{\phi B}A_\theta B_\phi+\\&\quad\boldsymbol{e}_{\phi A}\times\boldsymbol{e}_{rB}A_\phi B_r+\boldsymbol{e}_{\phi A}\times\boldsymbol{e}_{\theta B}A_\phi B_\theta+\boldsymbol{e}_{\phi A}\times\boldsymbol{e}_{\phi B}A_\phi B_\phi\end{aligned}$$

4. 位置矢量及相关微分量

如图 1.3.5 所示，球坐标系下的位置矢量为 $\boldsymbol{r}=\boldsymbol{e}_r r$，其微分元为

$$\mathrm{d}\boldsymbol{r}=\mathrm{d}(\boldsymbol{e}_r r)=\boldsymbol{e}_r\mathrm{d}r+r\mathrm{d}\boldsymbol{e}_r=\boldsymbol{e}_r\mathrm{d}r+\boldsymbol{e}_\theta r\mathrm{d}\theta+\boldsymbol{e}_\phi r\sin\theta\mathrm{d}\phi \tag{1.3.19}$$

由位置矢量的微分元可以看出，在 r、θ 和 ϕ 三个方向的微分元分别是 $\mathrm{d}r$、$r\mathrm{d}\theta$ 和 $r\sin\theta\mathrm{d}\phi$，三个方向的度量系数分别为

$$h_r=1,\quad h_\theta=r,\quad h_\phi=r\sin\theta \tag{1.3.20}$$

相应地，与三个单位矢量垂直的三个面元分别为

$$\mathrm{d}S_r=r^2\sin\theta\mathrm{d}\theta\mathrm{d}\phi,\quad \mathrm{d}S_\theta=r\sin\theta\mathrm{d}r\mathrm{d}\phi,\quad \mathrm{d}S_\phi=r\mathrm{d}r\mathrm{d}\theta$$

而整个体积元的体积为

$$\mathrm{d}V=r^2\sin\theta\mathrm{d}r\mathrm{d}\theta\mathrm{d}\phi$$

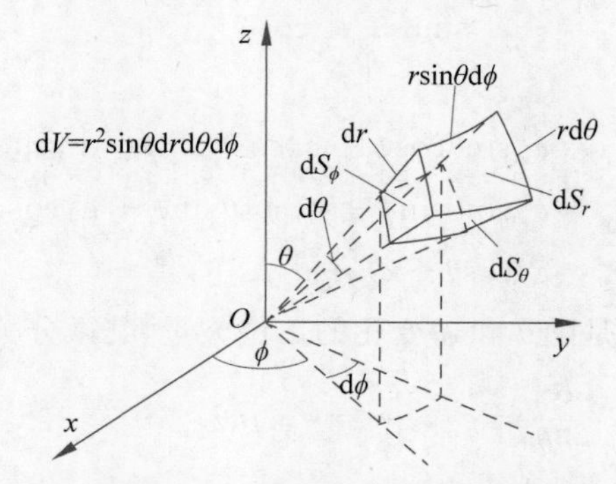

图 1.3.5　圆柱坐标系的长度元、面积元和体积元

5. 梯度、散度、旋度及拉普拉斯计算

在球坐标系下，梯度表达式为

$$\nabla u = \boldsymbol{e}_r \frac{\partial u}{\partial r} + \boldsymbol{e}_\theta \frac{1}{r}\frac{\partial u}{\partial \theta} + \boldsymbol{e}_\phi \frac{\partial u}{r\sin\theta\partial\phi} \tag{1.3.21}$$

散度表达式为

$$\nabla\cdot \boldsymbol{F} = \frac{\partial(r^2 F_r)}{r^2\partial r} + \frac{\partial(\sin\theta F_\theta)}{r\sin\theta\partial\theta} + \frac{\partial F_\phi}{r\sin\theta\partial\phi} \tag{1.3.22}$$

旋度表达式为

$$\nabla\times \boldsymbol{F} = \frac{1}{r^2\sin\theta}\begin{vmatrix} \boldsymbol{e}_r & r\boldsymbol{e}_\theta & r\sin\theta\boldsymbol{e}_\phi \\ \dfrac{\partial}{\partial r} & \dfrac{\partial}{\partial\theta} & \dfrac{\partial}{\partial\phi} \\ F_r & rF_\theta & r\sin\theta F_\phi \end{vmatrix} \tag{1.3.23}$$

展开后,为

$$\nabla\times \boldsymbol{F} = \boldsymbol{e}_r \frac{1}{r\sin\theta}\left[\frac{\partial(\sin\theta F_\phi)}{\partial\theta} - \frac{\partial F_\theta}{\partial\phi}\right] + \boldsymbol{e}_\theta \frac{1}{r}\left[\frac{1}{\sin\theta}\frac{\partial F_r}{\partial\phi} - \frac{\partial(rF_\phi)}{\partial r}\right] + \boldsymbol{e}_\phi \frac{1}{r}\left[\frac{\partial(rF_\theta)}{\partial r} - \frac{\partial F_r}{\partial\theta}\right] \tag{1.3.24}$$

拉普拉斯计算为

$$\nabla^2 u = \frac{\partial}{r^2\partial r}\left(r^2\frac{\partial u}{\partial r}\right) + \frac{\partial}{r^2\sin\theta\partial\theta}\left(\sin\theta\frac{\partial u}{\partial\theta}\right) + \frac{\partial^2 u}{r^2\sin\theta\partial\phi^2} \tag{1.3.25}$$

1.4 格林定理与亥姆霍兹定理*

这里先简单介绍两个定理：格林定理(**Green theorem**)与亥姆霍兹定理(**Helmholtz theorem**)。格林定理是证明唯一性定理的重要数学基础。唯一性定理我们放在后续章节讨论。亥姆霍兹定理则给出了矢量场在给定条件下的唯一性表达式。它们都是电磁场问题求解过程中的重要定理。

1.4.1 格林定理

格林定理或格林恒等式是由散度定理导出的重要数学恒等式。由散度定理

$$\int_V \nabla\cdot \boldsymbol{F}\,\mathrm{d}V = \oint_S \boldsymbol{F}\cdot \mathrm{d}\boldsymbol{S}$$

假设 φ 和 ψ 是体积 V 内两个任意的标量函数,且令 $\boldsymbol{F}=\varphi\nabla\psi$,则有

$$\int_V \nabla\cdot(\varphi\nabla\psi)\,\mathrm{d}V = \oint_S (\varphi\nabla\psi)\cdot\mathrm{d}\boldsymbol{S} = \oint_S (\varphi\nabla\psi)\cdot\boldsymbol{e}_\mathrm{n}\,\mathrm{d}S$$

由于

$$\begin{cases} \nabla\cdot(\varphi\nabla\psi) = \nabla\varphi\cdot\nabla\psi + \varphi\nabla^2\psi \\ (\varphi\nabla\psi)\cdot\boldsymbol{e}_\mathrm{n} = \varphi\dfrac{\partial\psi}{\partial n} \end{cases}$$

可得

$$\int_V (\nabla\varphi \cdot \nabla\psi + \varphi\,\nabla^2\psi)\,\mathrm{d}V = \oint_S \varphi\,\frac{\partial\psi}{\partial n}\mathrm{d}S \tag{1.4.1}$$

式中，$\frac{\partial\psi}{\partial n}$是闭合曲面 S 上的外法向导数。式(1.4.1)为格林第一恒等式。

再定义另外一函数 $\boldsymbol{G}=\psi\,\nabla\varphi$，利用格林第一恒等式可得

$$\int_V (\nabla\psi \cdot \nabla\varphi + \psi\,\nabla^2\varphi)\,\mathrm{d}V = \oint_S \psi\,\frac{\partial\varphi}{\partial n}\mathrm{d}S \tag{1.4.2}$$

将式(1.4.1)与式(1.4.2)相减，则得到格林第二恒等式。

$$\int_V (\varphi\,\nabla^2\psi - \psi\,\nabla^2\varphi)\,\mathrm{d}V = \oint_S \left(\varphi\,\frac{\partial\psi}{\partial n} - \psi\,\frac{\partial\varphi}{\partial n}\right)\mathrm{d}S \tag{1.4.3}$$

进一步地，假设函数 G 是泊松方程的基本解

$$\nabla^2 G(\boldsymbol{r},\boldsymbol{r}') = \delta(\boldsymbol{r}-\boldsymbol{r}') \tag{1.4.4}$$

式中，$\delta(\boldsymbol{r}-\boldsymbol{r}')$为狄拉克函数。在三维坐标系下，

$$G(\boldsymbol{r},\boldsymbol{r}') = -\frac{1}{4\pi|\boldsymbol{r}-\boldsymbol{r}'|} = G(\boldsymbol{r}',\boldsymbol{r}) \tag{1.4.5}$$

将其代入格林第二恒等式，并转换到对源点坐标系下操作，得

$$\int_{V'} (G\,\nabla'^2\psi - \psi\,\nabla'^2 G)\,\mathrm{d}V' = \oint_{S'} \left(G\,\frac{\partial\psi}{\partial n'} - \psi\,\frac{\partial G}{\partial n'}\right)\mathrm{d}S'$$

因此

$$\psi = \int_{V'} G\,\nabla'^2\psi\,\mathrm{d}V' - \oint_{S'} \left(G\,\frac{\partial\psi}{\partial n'} - \psi\,\frac{\partial G}{\partial n'}\right)\mathrm{d}S' \tag{1.4.6}$$

该式即为格林第三恒等式。

格林恒等式是由英国数学家乔治·格林(George Green，1793—1841)发现的。乔治·格林是自学成才的数学家，他于 1828 年发表《论应用数学分析于电磁学》(*An Essay on the Applications of Mathematical Analysis to the Theories of Electricity and Magnetism*)。这篇论文引入了许多重要概念，包括格林定理、位函数和格林函数。

1.4.2 亥姆霍兹定理

前面讨论过无旋场和无散场，那么对于一般的矢量场 $\boldsymbol{F}$，它可以由一个无旋场 $\boldsymbol{F}_\mathrm{i}$ 和一个无散场 $\boldsymbol{F}_\mathrm{s}$ 合成。如果令 $\boldsymbol{F}_\mathrm{i}=-\nabla u(\boldsymbol{r})$、$\boldsymbol{F}_\mathrm{s}=\nabla\times\boldsymbol{A}(\boldsymbol{r})$，则在闭合曲面 S 限定的区域 V 内，矢量场 $\boldsymbol{F}$ 可以写成

$$\boldsymbol{F} = \boldsymbol{F}_\mathrm{i} + \boldsymbol{F}_\mathrm{s} = -\nabla u(\boldsymbol{r}) + \nabla\times\boldsymbol{A}(\boldsymbol{r}) \tag{1.4.7}$$

其中，

$$\begin{cases} u(\boldsymbol{r}) = \dfrac{1}{4\pi}\displaystyle\int_V \dfrac{\nabla'\cdot\boldsymbol{F}(\boldsymbol{r})}{|\boldsymbol{r}-\boldsymbol{r}'|}\mathrm{d}V' - \dfrac{1}{4\pi}\oint_S \dfrac{\boldsymbol{e}'_\mathrm{n}\cdot\boldsymbol{F}(\boldsymbol{r})}{|\boldsymbol{r}-\boldsymbol{r}'|}\mathrm{d}S' \\ A(\boldsymbol{r}) = \dfrac{1}{4\pi}\displaystyle\int_V \dfrac{\nabla'\times\boldsymbol{F}(\boldsymbol{r})}{|\boldsymbol{r}-\boldsymbol{r}'|}\mathrm{d}V' - \dfrac{1}{4\pi}\oint_S \dfrac{\boldsymbol{e}'_\mathrm{n}\times\boldsymbol{F}(\boldsymbol{r})}{|\boldsymbol{r}-\boldsymbol{r}'|}\mathrm{d}S' \end{cases} \tag{1.4.8}$$

这就是亥姆霍兹定理。

亥姆霍兹定理表明：

(1) 一个矢量场 $\boldsymbol{F}$ 可以由一个无旋场(标量函数的梯度)和一个无散场(矢量函数的旋

度)合成。

(2) 标量函数由 $\boldsymbol{F}$ 的散度和 $\boldsymbol{F}$ 在边界 S 上的法向分量完全确定；矢量函数由 $\boldsymbol{F}$ 的旋度和 $\boldsymbol{F}$ 在边界 S 上的切向分量完全确定。

(3) 在有界区域 V 内,矢量场 $\boldsymbol{F}$ 的散度和旋度可以同时处处为 0。此时 $\boldsymbol{F}$ 由其在边界 S 上的场分布完全确定。

(4) 在无界区域内,矢量场 $\boldsymbol{F}$ 的散度和旋度不可以同时处处为 0。在物理系统中,不存在没有源的场。该结论留作习题供大家练习。

(5) 亥姆霍兹定理适用于矢量场 $\boldsymbol{F}$ 连续的区域。不连续的区域由于不存在散度和旋度,也就不能用散度和旋度进行分析。

本章知识结构

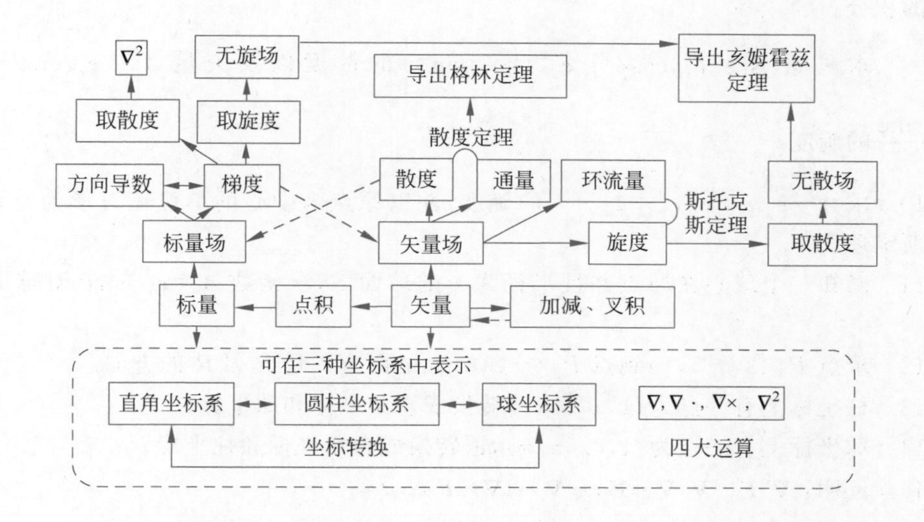

习题

1.1 给定 $\boldsymbol{A}$、$\boldsymbol{B}$ 和 $\boldsymbol{C}$ 三个矢量

$$\begin{cases}\boldsymbol{A}=\boldsymbol{e}_x 2+\boldsymbol{e}_y+\boldsymbol{e}_z 3\\ \boldsymbol{B}=\boldsymbol{e}_x 4+\boldsymbol{e}_y+\boldsymbol{e}_z\\ \boldsymbol{C}=\boldsymbol{e}_x 3-\boldsymbol{e}_z 2\end{cases}$$

求：

(1) $\boldsymbol{A}$、$\boldsymbol{B}$ 和 $\boldsymbol{C}$；

(2) $\boldsymbol{A}$、$\boldsymbol{B}$ 和 $\boldsymbol{C}$ 的单位矢量；

(3) 矢量 $\boldsymbol{A}-\boldsymbol{B}$ 的大小和方向；

(4) 矢量 $\boldsymbol{A}$ 和 $\boldsymbol{B}$ 的点积和夹角；

(5) $\boldsymbol{A}\times\boldsymbol{B}$、$\boldsymbol{B}\times\boldsymbol{A}$ 和 $\boldsymbol{B}\times\boldsymbol{C}$；

(6) $\boldsymbol{A}\cdot(\boldsymbol{B}\times\boldsymbol{C})$ 和 $(\boldsymbol{A}\times\boldsymbol{B})\cdot\boldsymbol{C}$；

(7) $\boldsymbol{A}\times(\boldsymbol{B}\times\boldsymbol{C})$和$(\boldsymbol{A}\times\boldsymbol{B})\times\boldsymbol{C}$。

1.2　利用标量三重积证明$\boldsymbol{A}\times\boldsymbol{B}$与矢量$\boldsymbol{A}$和$\boldsymbol{B}$都垂直。

1.3　矢量三重积$\boldsymbol{A}\times(\boldsymbol{B}\times\boldsymbol{C})$的三个分量中，矢量$\boldsymbol{B}$和$\boldsymbol{C}$可以张成一平面$P$。证明：矢量$\boldsymbol{A}$只有平行于平面$P$的分量参与运算。

1.4　证明：对于任意的矢量$\boldsymbol{A}$都有$\boldsymbol{A}\cdot\boldsymbol{B}=\boldsymbol{A}\cdot\boldsymbol{C}$，以及$\boldsymbol{A}\times\boldsymbol{B}=\boldsymbol{A}\times\boldsymbol{C}$，那么$\boldsymbol{B}=\boldsymbol{C}$。

1.5　求函数$f(x,y,z)=x\mathrm{e}^{-x^2-y^2}$的梯度，并求其在点(1,0,0)处的梯度方向。

1.6　求标量函数$f(\rho,\phi,z)=\left(\dfrac{a}{\rho}\right)\sin\phi+b\rho z^3\cos(3\phi)$的梯度。

1.7　求$\boldsymbol{A}=\boldsymbol{e}_x x^2+\boldsymbol{e}_y(xy)^2+\boldsymbol{e}_z 24x^2y^2z^3$的散度，并以原点为中心的单位立方体为对象验证高斯定律。

1.8　求矢量$\boldsymbol{A}=\boldsymbol{e}_r r$对一个球心在原点半径为$a$的球表面的积分，并计算$\boldsymbol{A}$的散度对球体积的积分。

1.9　求矢量$\boldsymbol{A}=\boldsymbol{e}_r\rho\cos\phi+\boldsymbol{e}_z\left[\left(\dfrac{z}{\rho}\right)\sin\phi\right]$的散度以及矢量$\boldsymbol{A}=\boldsymbol{e}_r r\sin\theta\cos\phi+\boldsymbol{e}_\theta\dfrac{\cos\theta\sin\phi}{r^2}$的旋度。

1.10　求$\boldsymbol{A}=\boldsymbol{e}_x x+\boldsymbol{e}_y x^2+\boldsymbol{e}_z y^2 z$的旋度，并以原点为中心的单位正方形为对象验证斯托克斯定理。

1.11　已知一个球心在原点并且半径为4的球面S，求函数$\boldsymbol{A}=\boldsymbol{e}_r 3\sin\theta$对球面$S$的积分。

1.12　求点$P_1(3,-5,7)$到点$P_2(-2,5,4)$的距离矢量$\boldsymbol{R}$及$\boldsymbol{R}$的方向。

1.13　柱坐标上有一点为$(1,\pi,3)$，请转换成直角坐标和球坐标。

1.14　球坐标上有一点为$(1,0.5\pi,\pi)$，请转换成直角坐标和柱坐标。

1.15　证明：$\nabla^2\boldsymbol{F}=\nabla(\nabla\cdot\boldsymbol{F})-\nabla\times(\nabla\times\boldsymbol{F})$。

1.16　证明：$\nabla\cdot(f\boldsymbol{A})=f\,\nabla\cdot\boldsymbol{A}+\boldsymbol{A}\cdot\nabla f$。

1.17　证明：$\nabla\times(f\boldsymbol{A})=f\,\nabla\times\boldsymbol{A}+\nabla f\times\boldsymbol{A}$。

1.18　证明：$\nabla\cdot(\boldsymbol{A}\times\boldsymbol{B})=\boldsymbol{B}\cdot(\nabla\times\boldsymbol{A})-\boldsymbol{A}\cdot(\nabla\times\boldsymbol{B})$。

1.19　证明标量三重积：$\boldsymbol{A}\cdot(\boldsymbol{B}\times\boldsymbol{C})=\boldsymbol{B}\cdot(\boldsymbol{C}\times\boldsymbol{A})=\boldsymbol{C}\cdot(\boldsymbol{A}\times\boldsymbol{B})$。

1.20　证明矢量三重积：$\boldsymbol{A}\times(\boldsymbol{B}\times\boldsymbol{C})=\boldsymbol{B}(\boldsymbol{A}\cdot\boldsymbol{C})-\boldsymbol{C}(\boldsymbol{A}\cdot\boldsymbol{B})$。

1.21　有一标量函数$f(\rho,\phi,z)=\rho\cos\phi$，求该函数在柱坐标下的梯度，并求其在$0\leqslant\rho\leqslant1,0.5\pi\leqslant\phi\leqslant1.5\pi,0\leqslant z\leqslant1$范围内的积分。

1.22　有一标量函数$f(r,\theta,\phi)=\sin^2\theta$，求该函数在球坐标下的梯度，并求其在$0\leqslant r\leqslant1,0\leqslant\theta\leqslant\pi,0\leqslant\phi\leqslant2\pi$范围内的积分。

1.23　证明矢量$\boldsymbol{A}=\boldsymbol{e}_x 2-\boldsymbol{e}_y 3-\boldsymbol{e}_z 4$与$\boldsymbol{B}=\boldsymbol{e}_x 2-\boldsymbol{e}_y 4+\boldsymbol{e}_z 4$相互垂直。

1.24　证明矢量$\boldsymbol{A}=\boldsymbol{e}_x 2-\boldsymbol{e}_y 3-\boldsymbol{e}_z 4$与$\boldsymbol{B}=\boldsymbol{e}_x 0.5-\boldsymbol{e}_y 0.75-\boldsymbol{e}_z$相互平行。

1.25　求矢量场$\boldsymbol{E}=\boldsymbol{e}_x x+\boldsymbol{e}_y y$从点(1,4,1)到点(2,16,1)的路径积分$\int\boldsymbol{E}\cdot\mathrm{d}\boldsymbol{l}$。

(1) 沿抛物线$y=4x^2$积分；

(2) 沿直线积分；

（3）请问该矢量场是保守场吗？

1.26　已知球坐标系下的矢量场为 $\boldsymbol{E}=\boldsymbol{e}_r\dfrac{50}{\boldsymbol{r}^2}$，在直角坐标系中点 $P(-2,4,-\sqrt{5})$ 处，求：

（1）$|\boldsymbol{E}|$ 和 E_x；

（2）$\boldsymbol{E}$ 与矢量 $\boldsymbol{A}=\boldsymbol{e}_x+\boldsymbol{e}_y+\boldsymbol{e}_z\sqrt{5}$ 构成的夹角。

1.27　求圆柱坐标和球坐标系下单位矢量的散度和旋度。

1.28　试推导圆柱坐标系下的散度计算公式 $\nabla\cdot\boldsymbol{F}=\dfrac{\partial(\rho F_\rho)}{\rho\partial\rho}+\dfrac{\partial F_\phi}{\rho\partial\phi}+\dfrac{\partial F_z}{\partial z}$。

1.29　判断下列矢量哪个是无散场，哪个是无旋场。

（1）$\boldsymbol{F}_1=\boldsymbol{e}_\rho z^2\sin\phi+\boldsymbol{e}_\phi z^2\cos\phi+\boldsymbol{e}_z 2\rho\sin\phi$；

（2）$\boldsymbol{F}_2=\boldsymbol{e}_x(3y^2-2x)+\boldsymbol{e}_y x^2+\boldsymbol{e}_z 2z$。

第 2 章 静电场

CHAPTER 2

静电场(electrostatic)是电磁场理论的重要组成部分,主要探讨的是电荷之间力的作用、电荷的电场分布、电场的能量分布、介质在电场中的特性以及电场的边界条件等等。本章还将讨论电偶极子以及导体的电容等一些与实际工程应用有紧密联系的内容。

此外,静电场的讨论在方法上具有很好的启发性。后面章节中的恒定电场和恒定磁场与本章内容在编排上联系紧密,不少定理也有类比性。

视频 6

动画 7

2.1 库仑定律与电场强度

2.1.1 库仑定律

库仑定律(Column's law)是由法国物理学家库仑于 1785 年通过扭秤实验总结发现的实验定律。库仑定律是经典电磁场理论的第一个实验定律。在后面的章节中,还将讨论另外两个实验定律,即法拉第电磁感应定律和安培环路定律。库仑定律指出,真空中两个点电荷(point charge)[1]之间的作用力所遵循的规律可表示为

$$\boldsymbol{F}_{1\to 2}=\boldsymbol{F}_{12}=\boldsymbol{e}_{R_{12}}\frac{q_1q_2}{4\pi\varepsilon_0R_{12}^2} \tag{2.1.1}$$

即真空中的点电荷 q_1 对 q_2 的作用力 $\boldsymbol{F}_{1\to 2}$(或 $\boldsymbol{F}_{12}$)[2],其大小与 q_1 和 q_2 成正比,与它们之间的距离 R_{12} 的平方成反比,并且力的方向沿着它们的连线方向。式中,$R_{12}=|\boldsymbol{r}_2-\boldsymbol{r}_1|$,为电荷 q_1 和 q_2 之间的距离;$\boldsymbol{e}_{R_{12}}=\dfrac{\boldsymbol{R}_{12}}{R_{12}}$为 q_1 到 q_2 的单位矢量;ε_0 为真空中的介电常数,

$$\varepsilon_0=\frac{10^{-9}}{36\pi}\approx 8.854\times 10^{-12}\,(\mathrm{F/m})。$$

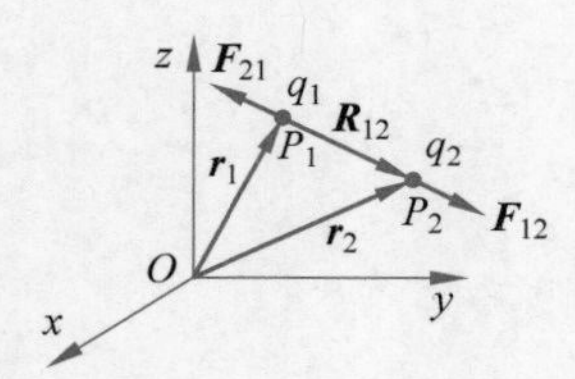

图 2.1.1 点电荷的库仑力

静电力符合作用力与反作用力的规律,即点电荷 q_2 对 q_1 的作用力 $\boldsymbol{F}_{2\to 1}$($\boldsymbol{F}_{21}$)与点电荷 q_1 对 q_2 的作用力 $\boldsymbol{F}_{1\to 2}$(或 $\boldsymbol{F}_{12}$)大小相等,方向相反,如图 2.1.1 所示。

1 点电荷在理想情况没有大小,但在实际情况中,当电荷的间距远大于电荷所占空间大小时就可以认为该电荷为点电荷。

2 有的教材采用 $\boldsymbol{F}_{2\leftarrow 1}$($\boldsymbol{F}_{21}$)表示点电荷 1 对点电荷 2 的作用力,请注意不同教材可能存在差异。

$$\boldsymbol{F}_{2\to1}=\boldsymbol{F}_{21}=\boldsymbol{e}_{R_{21}}\frac{q_1q_2}{4\pi\varepsilon_0R_{12}^2}=-\boldsymbol{F}_{1\to2}=-\boldsymbol{F}_{12}=-\boldsymbol{e}_{R_{12}}\frac{q_1q_2}{4\pi\varepsilon_0R_{12}^2}$$

2.1.2 电场强度

电荷在空间中会产生电场(electric field)。电场也是场的一种，而描述它的基本场量称为电场强度(electric field intensity)。它的定义为：电场中某一试验电荷 q 受到的力为 $\boldsymbol{F}$ 时，该点的电场强度为 $\boldsymbol{E}$(单位：V/m)

$$\boldsymbol{E}=\frac{\boldsymbol{F}}{q}$$

图 2.1.2 点电荷的电场

如图 2.1.2 所示，在真空中，源电荷 q' 对 q 的作用力为

$$\boldsymbol{F}=\boldsymbol{e}_R\frac{q'q}{4\pi\varepsilon_0R^2}$$

因此，点电荷 q 所在位置的电场强度为

$$\boldsymbol{E}=\frac{\boldsymbol{F}}{q}=\boldsymbol{e}_R\frac{q'}{4\pi\varepsilon_0R^2} \tag{2.1.2}$$

注意：在以后的章节中，带撇号的量为源相关的量，不带撇号的量为场相关的量。例如，q' 为源电荷，q 为场点电荷；带撇号的坐标表示源点坐标，不带撇号的坐标为场点坐标。源点到场点之间的距离矢量和距离为

$$\begin{cases}\boldsymbol{R}=\boldsymbol{r}-\boldsymbol{r}'=\boldsymbol{e}_x(x-x')+\boldsymbol{e}_y(y-y')+\boldsymbol{e}_z(z-z')\\ R=|\boldsymbol{r}-\boldsymbol{r}'|=\sqrt{(x-x')^2+(y-y')^2+(z-z')^2}\end{cases}$$

因此，该点的电场强度为

$$\boldsymbol{E}=\left.\frac{\boldsymbol{F}}{q}\right|_{q\to0}=\frac{q'}{4\pi\varepsilon_0R^2}\cdot\frac{\boldsymbol{R}}{R}=\frac{q'\boldsymbol{R}}{4\pi\varepsilon_0R^3}=\frac{q'(\boldsymbol{r}-\boldsymbol{r}')}{4\pi\varepsilon_0|\boldsymbol{r}-\boldsymbol{r}'|^3} \tag{2.1.3}$$

由此可见，点电荷的电场强度与源电荷成正比，与观察场点到源电荷距离的平方成反比。

2.1.3 电场的叠加原理

根据电场的特性，当真空中存在多个点电荷时，可利用矢量叠加原理来求电场强度。如图 2.1.3 所示，假设空间中存在三个点电荷 q'_1、q'_2 和 q'_3，点电荷 q 受到的合力为

$$\boldsymbol{F}=\boldsymbol{F}_1+\boldsymbol{F}_2+\boldsymbol{F}_3=\boldsymbol{e}_{R_1}\frac{q'_1q}{4\pi\varepsilon_0R_1^2}+\boldsymbol{e}_{R_2}\frac{q'_2q}{4\pi\varepsilon_0R_2^2}+\boldsymbol{e}_{R_3}\frac{q'_3q}{4\pi\varepsilon_0R_3^2}$$

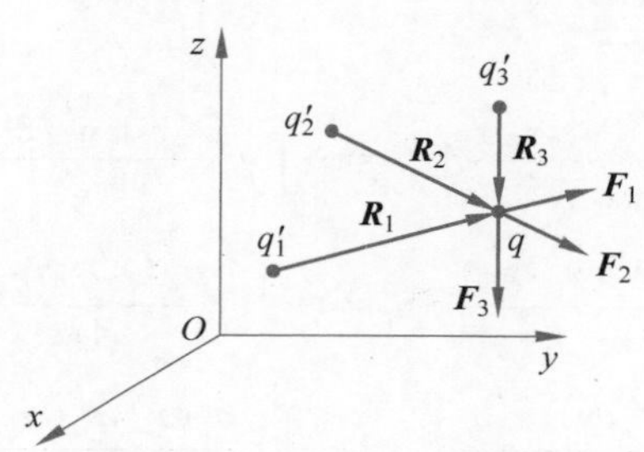

图 2.1.3 库仑力的矢量叠加

因此,该点的电场强度为

$$\boldsymbol{E}=\left.\frac{\boldsymbol{F}}{q}\right|_{q\to 0}=\left.\frac{\boldsymbol{F}_1+\boldsymbol{F}_2+\boldsymbol{F}_3}{q}\right|_{q\to 0}=\boldsymbol{e}_{R_1}\frac{q'_1}{4\pi\varepsilon_0 R_1^2}+\boldsymbol{e}_{R_2}\frac{q'_2}{4\pi\varepsilon_0 R_2^2}+\boldsymbol{e}_{R_3}\frac{q'_3}{4\pi\varepsilon_0 R_3^2}$$

由此可得,当空间存在 N 个点电荷时,电场强度的表达式为

$$\boldsymbol{E}=\sum_{i=1}^{N}\boldsymbol{e}_{R_i}\frac{q'_i}{4\pi\varepsilon_0 R_i^2}=\sum_{i=1}^{N}\frac{q'_i(\boldsymbol{r}-\boldsymbol{r}'_i)}{4\pi\varepsilon_0|\boldsymbol{r}-\boldsymbol{r}'_i|^3} \tag{2.1.4}$$

电场叠加原理可推广到电荷连续分布的情形,如图 2.1.4 所示。体电荷分布时,假设体电荷密度为 $\rho(x',y',z')$,单位为 $\mathrm{C/m^3}$,体积元为 $\mathrm{d}V'$,则该体积元所带电荷产生的电场强度为

$$\mathrm{d}\boldsymbol{E}=\boldsymbol{e}_R\frac{\rho(x',y',z')\,\mathrm{d}V'}{4\pi\varepsilon_0 R^2}$$

于是,整个体积内的电荷产生的电场强度为

$$\boldsymbol{E}=\int_{V'}\boldsymbol{e}_R\frac{\rho(x',y',z')}{4\pi\varepsilon_0 R^2}\mathrm{d}V' \tag{2.1.5}$$

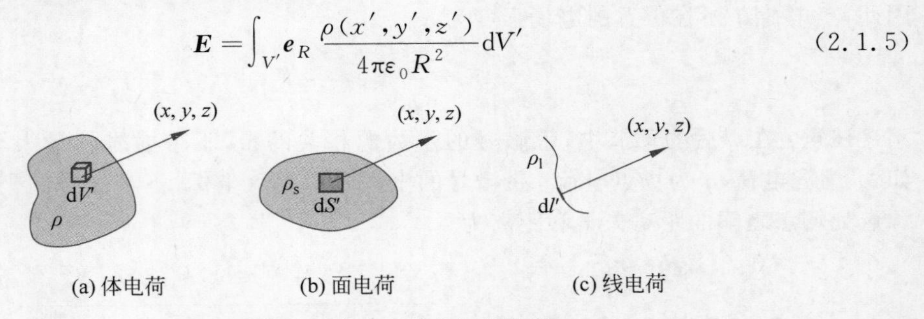

图 2.1.4 电荷连续分布的电场矢量叠加

相似地,面电荷分布和线电荷分布所产生的电场强度可表示为

$$\begin{cases}\boldsymbol{E}=\int_{S'}\boldsymbol{e}_R\dfrac{\rho_s(x',y',z')}{4\pi\varepsilon_0 R^2}\mathrm{d}S'\\[2ex]\boldsymbol{E}=\int_{l'}\boldsymbol{e}_R\dfrac{\rho_l(x',y',z')}{4\pi\varepsilon_0 R^2}\mathrm{d}l'\end{cases} \tag{2.1.6}$$

式中,面电荷密度为 $\rho_s(x',y',z')$,单位为 $\mathrm{C/m^2}$,面积元为 $\mathrm{d}S'$;线电荷密度为 $\rho_l(x',y',z')$,单位为 C/m,线元为 $\mathrm{d}l'$。另外,考虑到以下恒等式(请复习例 1.1.1)

$$\frac{\boldsymbol{e}_R}{R^2}=\frac{\boldsymbol{R}}{R^3}=-\nabla\left(\frac{1}{R}\right)=-\nabla\left(\frac{1}{\sqrt{x^2+y^2+z^2}}\right)$$

以上各种情形的电场强度可改写为

$$\begin{cases}\boldsymbol{E}=\int_{V'}\boldsymbol{e}_R\dfrac{\rho(x',y',z')}{4\pi\varepsilon_0 R^2}\mathrm{d}V'=-\int_{V'}\dfrac{\rho(x',y',z')}{4\pi\varepsilon_0}\nabla\left(\dfrac{1}{R}\right)\mathrm{d}V'\\[2ex]\boldsymbol{E}=\int_{S'}\boldsymbol{e}_R\dfrac{\rho_s(x',y',z')}{4\pi\varepsilon_0 R^2}\mathrm{d}S'=-\int_{S'}\dfrac{\rho_s(x',y',z')}{4\pi\varepsilon_0}\nabla\left(\dfrac{1}{R}\right)\mathrm{d}S'\\[2ex]\boldsymbol{E}=\int_{l'}\boldsymbol{e}_R\dfrac{\rho_l(x',y',z')}{4\pi\varepsilon_0 R^2}\mathrm{d}l'=-\int_{l'}\dfrac{\rho_l(x',y',z')}{4\pi\varepsilon_0}\nabla\left(\dfrac{1}{R}\right)\mathrm{d}l'\end{cases} \tag{2.1.7}$$

以上算子表达式,不仅仅是为了数学上的简便运算,在计算电磁学中也具有很重要的应用。

例 2.1.1 如图 2.1.5 所示，一长为 l 的有限长直线上电荷均匀分布，线电荷密度为 ρ_1，求线外任意一点的电场强度。

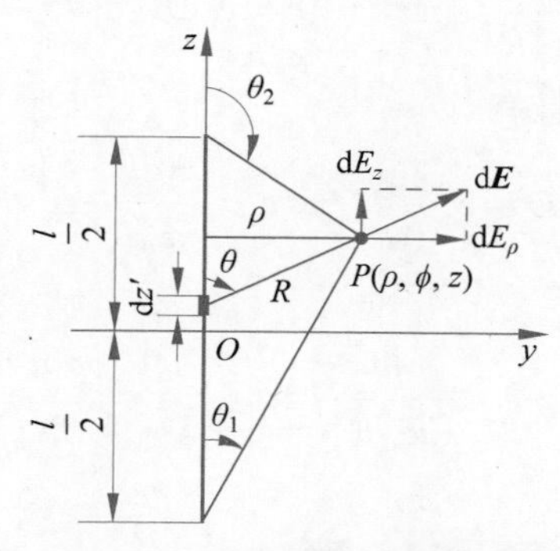

图 2.1.5 有限长线电流的电场分布

解：取任意一线元 $\mathrm{d}z'$，可以得到

$$\mathrm{d}E_\rho=\mathrm{d}E\sin\theta=\frac{\rho_1\mathrm{d}z'}{4\pi\varepsilon_0R^2}\sin\theta,\quad \mathrm{d}E_z=\mathrm{d}E\cos\theta=\frac{\rho_1\mathrm{d}z'}{4\pi\varepsilon_0R^2}\cos\theta,\quad \mathrm{d}E_\phi=0$$

由于 $z'=z-\rho\cot\theta$，因此 $\mathrm{d}z'=\rho\csc^2\theta\mathrm{d}\theta$。同时，考虑到 $R=\rho/\sin\theta$，可得

$$\begin{cases}\mathrm{d}E_\rho=\dfrac{\rho_1\rho\csc^2\theta\mathrm{d}\theta}{4\pi\varepsilon_0\rho^2\csc^2\theta}\sin\theta=\dfrac{\rho_1\sin\theta\mathrm{d}\theta}{4\pi\varepsilon_0\rho}\\[2ex]\mathrm{d}E_z=\dfrac{\rho_1\rho\csc^2\theta\mathrm{d}\theta}{4\pi\varepsilon_0\rho^2\csc^2\theta}\cos\theta=\dfrac{\rho_1\cos\theta\mathrm{d}\theta}{4\pi\varepsilon_0\rho}\end{cases}$$

因此

$$\begin{cases}E_\rho=\displaystyle\int_{\theta_1}^{\theta_2}\frac{\rho_1\sin\theta\mathrm{d}\theta}{4\pi\varepsilon_0\rho}=\frac{\rho_1(\cos\theta_1-\cos\theta_2)}{4\pi\varepsilon_0\rho}\\[2ex]E_z=\displaystyle\int_{\theta_1}^{\theta_2}\frac{\rho_1\cos\theta\mathrm{d}\theta}{4\pi\varepsilon_0\rho}=\frac{\rho_1(\sin\theta_2-\sin\theta_1)}{4\pi\varepsilon_0\rho}\end{cases}$$

例 2.1.2 如图 2.1.6 所示，半径为 a 的圆环上均匀分布着线电荷密度为 ρ_1 的电荷，求环的中心轴上任意一点的电场强度。

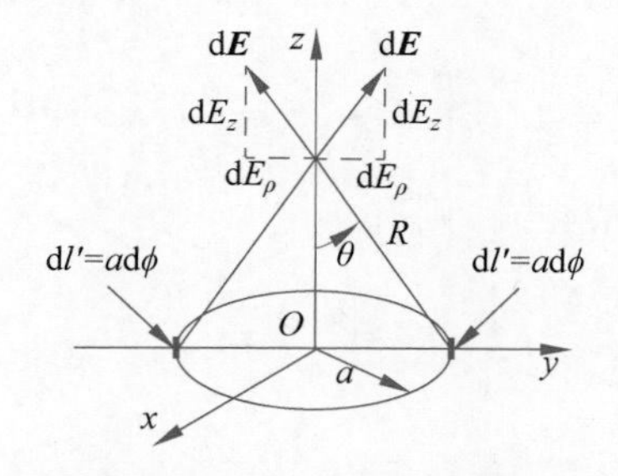

图 2.1.6 电荷均匀分布圆环的电场分布

解：取任意一个线元 $\mathrm{d}l'=a\,\mathrm{d}\phi$，该线元产生的电场分布为

$$\mathrm{d}E_\rho=\mathrm{d}E\sin\theta=\frac{\rho_1\mathrm{d}l'}{4\pi\varepsilon_0R^2}\sin\theta,\quad \mathrm{d}E_z=\mathrm{d}E\cos\theta=\frac{\rho_1\mathrm{d}l'}{4\pi\varepsilon_0R^2}\cos\theta,\quad \mathrm{d}E_\phi=0$$

由于圆环的对称性,故一定存在一个圆对称的线元,该对称线元所产生的电场分布为

$$\mathrm{d}E_\rho=-\mathrm{d}E\sin\theta=-\frac{\rho_1\mathrm{d}l'}{4\pi\varepsilon_0R^2}\sin\theta,\quad \mathrm{d}E_z=\mathrm{d}E\cos\theta=\frac{\rho_1\mathrm{d}l'}{4\pi\varepsilon_0R^2}\cos\theta,\quad \mathrm{d}E_\phi=0$$

因此,总的电场方向沿 z 轴,并且有

$$\mathrm{d}\boldsymbol{E}=\boldsymbol{e}_z2\mathrm{d}E_z=\boldsymbol{e}_z\frac{\rho_1\mathrm{d}l'}{2\pi\varepsilon_0R^2}\cos\theta$$

故

$$\boldsymbol{E}=\int_0^\pi\boldsymbol{e}_z\frac{\rho_1a}{2\pi\varepsilon_0R^2}\cos\theta\mathrm{d}\varphi=\boldsymbol{e}_z\frac{\rho_1a\cos\theta}{2\varepsilon_0R^2}$$

视频 7

2.2 静电场的散度和旋度

2.2.1 电通量和高斯定律

电通量(**electric flux**)描述的是电场通过某一曲面的程度。与矢量的通量定义相似,电通量定义为

$$\psi_\mathrm{e}=\int_S\boldsymbol{E}\cdot\mathrm{d}\boldsymbol{S}=\int_S\boldsymbol{E}\cdot\boldsymbol{e}_\mathrm{n}\mathrm{d}S\tag{2.2.1}$$

现在考虑真空中一闭合曲面 S 内部包含一点电荷 q',如图 2.2.1 所示,则通过该封闭曲面的电通量可表示为

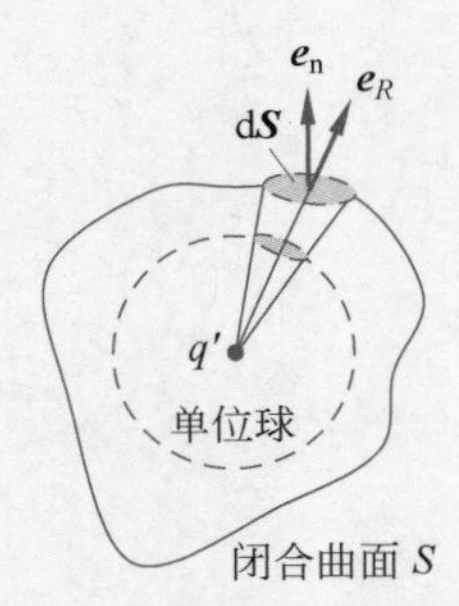

图 2.2.1 点电荷的电通量

$$\psi_\mathrm{e}=\oint_S\boldsymbol{E}\cdot\mathrm{d}\boldsymbol{S}=\frac{q'}{4\pi\varepsilon_0}\oint_S\frac{\boldsymbol{e}_R\cdot\mathrm{d}\boldsymbol{S}}{R^2}$$

由于 $\mathrm{d}\Omega=\dfrac{\boldsymbol{e}_R\cdot\mathrm{d}\boldsymbol{S}}{R^2}$ 为小面元 d$\boldsymbol{S}$ 对点电荷 q' 所张成的立体角(**solid angle**),因此

$$\psi_\mathrm{e}=\frac{q'}{4\pi\varepsilon_0}\oint_S\frac{\boldsymbol{e}_R\cdot\mathrm{d}\boldsymbol{S}}{R^2}=\frac{q'}{4\pi\varepsilon_0}\oint_S\mathrm{d}\Omega=\frac{q'}{4\pi\varepsilon_0}\times4\pi=\frac{q'}{\varepsilon_0}$$

式中,$\oint_S\mathrm{d}\Omega=4\pi$,表示闭合曲面对点电荷 q' 所张的立体角为 4π。上式表明

$$\oint_S\boldsymbol{E}\cdot\mathrm{d}\boldsymbol{S}=\frac{q'}{\varepsilon_0}$$

如果闭合曲面内部包含了多个点电荷,则有

$$\oint_S\boldsymbol{E}\cdot\mathrm{d}\boldsymbol{S}=\sum_{i=1}^N\frac{q'_i}{\varepsilon_0}\tag{2.2.2}$$

对于连续电荷分布,则应当有

$$\oint_S\boldsymbol{E}\cdot\mathrm{d}\boldsymbol{S}=\int_V\frac{\rho}{\varepsilon_0}\mathrm{d}V\tag{2.2.3}$$

式(2.2.2)和式(2.2.3)即为真空中高斯定律的积分形式。又由于

$$\oint_S\boldsymbol{E}\cdot\mathrm{d}\boldsymbol{S}=\int_V\nabla\cdot\boldsymbol{E}\mathrm{d}V=\int_V\frac{\rho}{\varepsilon_0}\mathrm{d}V$$

故有

$$\nabla \cdot \boldsymbol{E} = \frac{\rho}{\varepsilon_0} \tag{2.2.4}$$

即为真空中高斯定律的微分形式。由高斯定律可知，真空中静电场的散度等于电荷体密度除以 ε_0，因此，静电场是有源场，即为有散场。

例 2.2.1 如图 2.2.2 所示，一半径为 r_0 的均匀带电球体，其带电总量为 Q。请利用高斯定律计算球内和球外的电场。

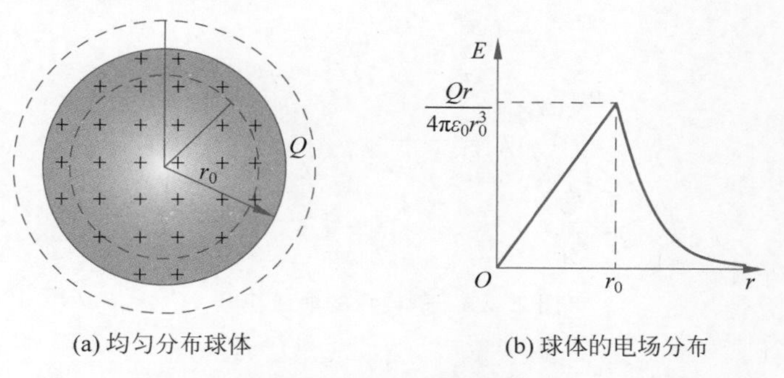

(a) 均匀分布球体　　(b) 球体的电场分布

图 2.2.2　电荷均匀分布球体及其电场分布

解：可分为两部分求解，球体内部和球体外部。球体的电荷密度为

$$\rho = \frac{3Q}{4\pi r_0^3}$$

当 $r < r_0$ 时，作一个半径为 r 的球面，球面上的电场强度处处相等，这是由于球面的对称性和球面所包围区域电荷均匀分布的特性所导致的。因此

$$\oint_S \boldsymbol{E} \cdot d\boldsymbol{S} = 4\pi E r^2$$

另外，根据高斯定律有

$$\oint_S \boldsymbol{E} \cdot d\boldsymbol{S} = \int_V \nabla \cdot \boldsymbol{E} dV = \int_V \frac{\rho}{\varepsilon_0} dV = \frac{\rho}{\varepsilon_0} \frac{4\pi}{3} r^3 = \frac{Qr^3}{\varepsilon_0 r_0^3}$$

故

$$E = \frac{Qr}{4\pi\varepsilon_0 r_0^3}$$

当 $r > r_0$ 时，球面包含的电荷为 Q。故有

$$E = \frac{Q}{4\pi\varepsilon_0 r^2}$$

电场强度随半径变化如图 2.2.2 所示。

2.2.2 静电场的旋度

考虑真空中一点电荷 q' 产生的电场，如图 2.2.3 所示，沿一曲线从 A 点到 B 点进行积分

$$\int_A^B \boldsymbol{E} \cdot d\boldsymbol{l} = \frac{q'}{4\pi\varepsilon_0} \int_A^B \frac{\boldsymbol{e}_R \cdot d\boldsymbol{l}}{R^2} = \frac{q'}{4\pi\varepsilon_0} \int_{R_A}^{R_B} \frac{dR}{R^2} = \frac{q'}{4\pi\varepsilon_0} \left(\frac{1}{R_A} - \frac{1}{R_B} \right)$$

由此可见，静电场的线积分只与积分起点和终点到点电荷的距离有关，而与积分路径无关。对于一闭合曲线，起点与终点重合，因此

$$\oint \boldsymbol{E} \cdot \mathrm{d}\boldsymbol{l} = 0$$

即为静电场无旋特性的积分形式，说明静电场为无旋场，亦即

$$\nabla \times \boldsymbol{E} = 0 \tag{2.2.5}$$

即为静电场无旋特性的微分形式。

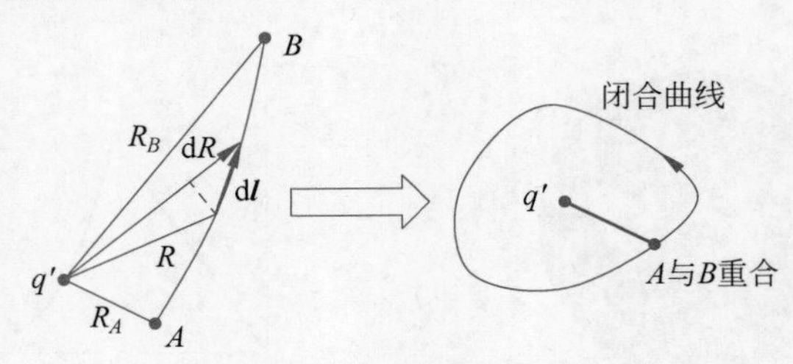

图 2.2.3　静电场的曲线积分

视频 8

2.3　电位及其方程

2.3.1　电位

在第 1 章讨论过，无旋场（也称为保守场）的矢量可以用一个标量的梯度代替。由于静电场也是无旋场，因此静电场的电场强度也可以写成

$$\boldsymbol{E} = -\nabla\varphi = -\boldsymbol{e}_x \frac{\partial\varphi}{\partial x} - \boldsymbol{e}_y \frac{\partial\varphi}{\partial y} - \boldsymbol{e}_z \frac{\partial\varphi}{\partial z} \tag{2.3.1}$$

把标量 φ 称为电位或者电势（electric potential）。在这里，负号的引入是为了在物理意义上更加明显，即电场强度的方向刚好与电位的梯度方向相反。

由此可以得到

$$\boldsymbol{E} \cdot \mathrm{d}\boldsymbol{l} = -(\nabla\varphi) \cdot \mathrm{d}\boldsymbol{l} = -[(\nabla\varphi) \cdot \boldsymbol{e}_l]\,\mathrm{d}l = -\frac{\partial\varphi}{\partial l}\mathrm{d}l = -\mathrm{d}\varphi$$

故有

$$\int_A^B \boldsymbol{E} \cdot \mathrm{d}\boldsymbol{l} = -\int_A^B \mathrm{d}\varphi = \varphi_A - \varphi_B \tag{2.3.2}$$

该式的物理意义十分明显，即电场 $\boldsymbol{E}$ 的线积分只与起始点、终点的电位差有关，而与积分路径无关。假设把 B 点作为零电位参考点，则有

$$\varphi_A = \int_A^B \boldsymbol{E} \cdot \mathrm{d}\boldsymbol{l} \tag{2.3.3}$$

此时任意一点电位的计算，得以简化为电场 $\boldsymbol{E}$ 从该点到电位参考点的线积分。上式也表明，空间任意一点的电位就是将单位正试验电荷从该点移至指定参考点时，电场力对电荷所做的功。通常情况下把无穷远处设定为零电位参考点，即 $R_B = \infty$。于是，点电荷在无限大真空中引起的电位可以写为

$$\varphi = \frac{q'}{4\pi\varepsilon_0} \frac{1}{R}$$

电位同样满足叠加原理

$$\varphi=\sum_{i=1}^{N}\frac{q'_i}{4\pi\varepsilon_0}\frac{1}{R_i}$$

其中,R_i 为第 i 个点电荷到观测点的距离。

对于连续电荷分布的情形,可以采用以下公式计算

(1) 体电荷分布:

$$\varphi=\int_{V'}\frac{\rho(x',y',z')}{4\pi\varepsilon_0 R}\mathrm{d}V' \tag{2.3.4}$$

(2) 面电荷分布:

$$\varphi=\int_{S'}\frac{\rho_s(x',y',z')}{4\pi\varepsilon_0 R}\mathrm{d}S' \tag{2.3.5}$$

(3)线电荷分布:

$$\varphi=\int_{l'}\frac{\rho_l(x',y',z')}{4\pi\varepsilon_0 R}\mathrm{d}l' \tag{2.3.6}$$

引入电位的目的是简化计算。电位的积分与距离是反比关系,而电场的积分与距离的平方成反比。这在复杂系统的计算中特别有效,如在计算电磁学领域,能大大减少计算量。当然,对简单的问题并不一定能简化计算。

例 2.3.1 针对例 2.1.1 的情形,求任意一点的电位,取无穷远处为零电位参考点。并利用电场强度与电位的关系求电场分布。

解:取任意一线元 $\mathrm{d}z'$,可以得到

$$\mathrm{d}\varphi=\frac{\rho_l\mathrm{d}z'}{4\pi\varepsilon_0 R}=\frac{\rho_l\mathrm{d}z'}{4\pi\varepsilon_0\sqrt{\rho^2+(z'-z)^2}}$$

于是得到

$$\begin{aligned}\varphi&=\int_{-\frac{l}{2}}^{\frac{l}{2}}\frac{\rho_l\mathrm{d}z'}{4\pi\varepsilon_0\sqrt{\rho^2+(z'-z)^2}}=\frac{\rho_l}{4\pi\varepsilon_0}\ln\left[\sqrt{(z'-z)^2+\rho^2}+(z'-z)\right]\Bigg|_{-\frac{l}{2}}^{\frac{l}{2}}\\&=\frac{\rho_l}{4\pi\varepsilon_0}\ln\left|\frac{\sqrt{(l/2-z)^2+\rho^2}+(l/2-z)}{\sqrt{(l/2+z)^2+\rho^2}-(l/2+z)}\right|\end{aligned}$$

在圆柱坐标系下

$$\nabla\varphi=\boldsymbol{e}_\rho\frac{\partial\varphi}{\partial\rho}+\boldsymbol{e}_\varphi\frac{1}{\rho}\frac{\partial\varphi}{\partial\varphi}+\boldsymbol{e}_z\frac{\partial\varphi}{\partial z}$$

于是得到

$$\begin{aligned}\boldsymbol{E}&=-\nabla\varphi=-\boldsymbol{e}_\rho\frac{\partial\varphi}{\partial\rho}-\boldsymbol{e}_\varphi\frac{1}{\rho}\frac{\partial\varphi}{\partial\varphi}-\boldsymbol{e}_z\frac{\partial\varphi}{\partial z}\\&=\boldsymbol{e}_\rho\frac{\rho_l}{4\pi\varepsilon_0\rho}\left[\frac{l/2+z}{\sqrt{(l/2+z)^2+\rho^2}}-\frac{l/2-z}{\sqrt{(l/2-z)^2+\rho^2}}\right]+\\&\quad\boldsymbol{e}_z\frac{\rho_l}{4\pi\varepsilon_0\rho}\left[\frac{\rho}{\sqrt{(l/2+z)^2+\rho^2}}-\frac{\rho}{\sqrt{(l/2-z)^2+\rho^2}}\right]\\&=\boldsymbol{e}_\rho\frac{\rho_l(\cos\theta_1-\cos\theta_2)}{4\pi\varepsilon_0\rho}+\boldsymbol{e}_z\frac{\rho_l(\sin\theta_2-\sin\theta_1)}{4\pi\varepsilon_0\rho}\end{aligned}$$

该方法得到的结果与例 2.1.1 的结果一致。

2.3.2 泊松方程及拉普拉斯方程

由电场强度和电位的关系可知 $\boldsymbol{E}=-\nabla\varphi$,再结合高斯定律 $\nabla\cdot\boldsymbol{E}=\frac{\rho}{\varepsilon_0}$,可以得到

$$\nabla\cdot\boldsymbol{E}=\nabla\cdot(-\nabla\varphi)=-\nabla^2\varphi=\frac{\rho}{\varepsilon_0}$$

于是,当真空中有空间电荷分布时,电位满足的微分方程为

$$\nabla^2\varphi=-\frac{\rho}{\varepsilon_0} \tag{2.3.7}$$

即泊松方程(**Poisson's equation**)。如果无空间电荷分布,则有

$$\nabla^2\varphi=0 \tag{2.3.8}$$

该式即为拉普拉斯方程(**Laplace's equation**)。可以通过求解泊松方程或者拉普拉斯方程求解有限区域内的场分布。但是如果不限定条件,则有可能产生无穷多个解。因此,求解具有边界条件的泊松方程或者拉普拉斯方程是电磁场理论的重要组成部分。特别是在计算电磁学领域,泊松方程和拉普拉斯方程都具有特殊的意义。

2.3.3 点电荷的 δ 函数及格林函数

现在有一个问题,理论上点电荷的体积为无穷小,亦即其电荷密度为无穷大。如何把离散点电荷的泊松方程表示成函数的形式呢?这就需要引入 δ 函数解决。

可以令

$$\rho(\boldsymbol{r})=q'\delta(\boldsymbol{r}-\boldsymbol{r}')$$

由于对于任意函数 $f(\boldsymbol{r})$,都有

$$\int_V f(\boldsymbol{r})\delta(\boldsymbol{r}-\boldsymbol{r}')\,\mathrm{d}V=f(\boldsymbol{r}')$$

则有

$$\oint_S\boldsymbol{E}\cdot\mathrm{d}\boldsymbol{S}=\int_V\frac{\rho(\boldsymbol{r})}{\varepsilon_0}\mathrm{d}V=\int_V\frac{q'\delta(\boldsymbol{r}-\boldsymbol{r}')}{\varepsilon_0}\mathrm{d}V=\frac{q'}{\varepsilon_0}$$

δ 函数的引入,很好地解决了离散电荷与连续电荷的统一表达问题。因此,离散电荷也可以用泊松方程来表示,即

$$\nabla^2\varphi=-\frac{q'\delta(\boldsymbol{r}-\boldsymbol{r}')}{\varepsilon_0} \tag{2.3.9}$$

在这里,引入无界空间中的格林函数(**Green function**)

$$G(\boldsymbol{r},\boldsymbol{r}')=\frac{1}{4\pi|\boldsymbol{r}-\boldsymbol{r}'|} \tag{2.3.10}$$

即格林函数是电量为 1 的点电荷的电位与 ε_0 的乘积,故有

$$\nabla^2G(\boldsymbol{r},\boldsymbol{r}')=-\delta(\boldsymbol{r}-\boldsymbol{r}') \tag{2.3.11}$$

格林函数是一个十分重要的概念,在很多领域都有应用。例如,计算电磁学中利用格林函数可以将微分方程化为积分方程,以有效规避奇点问题。

2.4 电偶极子

电偶极子(electric dipole)是两个等量异号、间距 l 很小的点电荷组成的系统。电偶极子是电介质理论和原子物理学的重要模型,从稳恒电磁场作用下电介质的色散和吸收,到天线辐射等现象,都要用到电偶极子的概念。

2.4.1 电偶极子的电位和电场

视频 9

电偶极子的模型如图 2.4.1 所示,定义描述电偶极子的物理量电偶极矩(electric dipole moment)为

$$\boldsymbol{p}=q\boldsymbol{l} \tag{2.4.1}$$

其中,$\boldsymbol{l}$ 是由负电荷到正电荷的矢量。电偶极矩的单位是 C・m。

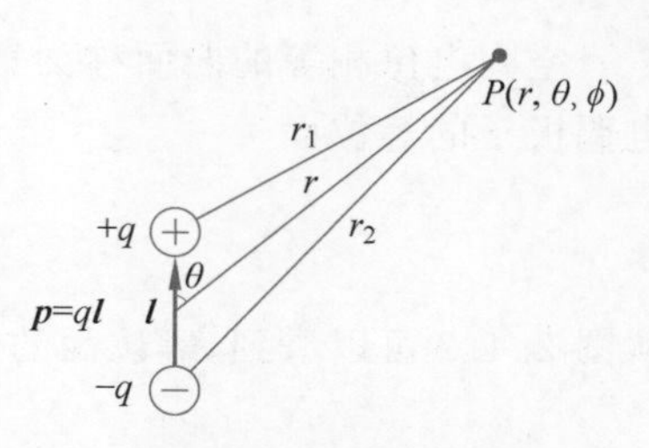

图 2.4.1 电偶极子

对于如图 2.4.1 所示的置于坐标原点的电偶极子,建立球坐标系,则任意一观察点 $P(r,\theta,\varphi)$,其电位是正负电荷电位之和,即

$$\varphi=\frac{q}{4\pi\varepsilon_0 r_1}-\frac{q}{4\pi\varepsilon_0 r_2}=\frac{q(r_2-r_1)}{4\pi\varepsilon_0 r_1 r_2} \tag{2.4.2}$$

根据余弦定理,可得

$$\begin{cases} r_1=\sqrt{r^2+\left(\dfrac{l}{2}\right)^2-rl\cos\theta} \\ r_2=\sqrt{r^2+\left(\dfrac{l}{2}\right)^2+rl\cos\theta} \end{cases}$$

如果采用该表达式直接计算,那么电偶极子的很多基本特性就很难体现出来,所以需要对该表达式进行简化。当观察点离电偶极子很远,且满足 $r>>l$ 时,

$$\begin{cases} r_1=\sqrt{r^2+\left(\dfrac{l}{2}\right)^2-rl\cos\theta}\approx r\left[1+\dfrac{1}{2}\left(\dfrac{l}{2r}\right)^2-\dfrac{l}{2r}\cos\theta\right]\approx r-\dfrac{l}{2}\cos\theta \\ r_2=\sqrt{r^2+\left(\dfrac{l}{2}\right)^2+rl\cos\theta}\approx r\left[1+\dfrac{1}{2}\left(\dfrac{l}{2r}\right)^2+\dfrac{l}{2r}\cos\theta\right]\approx r+\dfrac{l}{2}\cos\theta \end{cases}$$

于是可以得到

$$\begin{cases} r_2-r_1\approx l\cos\theta \\ r_1 r_2\approx r^2-\left(\dfrac{l}{2}\cos\theta\right)^2\approx r^2 \end{cases}$$

以及

$$\varphi=\frac{q(r_2-r_1)}{4\pi\varepsilon_0 r_1 r_2}=\frac{ql\cos\theta}{4\pi\varepsilon_0 r^2}$$

考虑到 $\boldsymbol{p}\cdot\boldsymbol{r}=q\boldsymbol{l}\cdot\boldsymbol{r}=qlr\cos\theta$,电偶极子的电位最终可以表示为

$$\varphi=\frac{ql\cos\theta}{4\pi\varepsilon_0 r^2}=\frac{p\cos\theta}{4\pi\varepsilon_0 r^2}=\frac{\boldsymbol{p}\cdot\boldsymbol{r}}{4\pi\varepsilon_0 r^3} \tag{2.4.3}$$

利用电场强度与电位的关系可求得

$$\boldsymbol{E}=-\nabla\varphi=-\left(\frac{\partial\varphi}{\partial r}\boldsymbol{e}_r+\frac{\partial\varphi}{r\partial\theta}\boldsymbol{e}_\theta\right)=\frac{2p\cos\theta}{4\pi\varepsilon_0 r^3}\boldsymbol{e}_r+\frac{p\sin\theta}{4\pi\varepsilon_0 r^3}\boldsymbol{e}_\theta \tag{2.4.4}$$

也可以通过电场叠加求电偶极子的电场，但是过程要复杂得多。另外，这里采用了大量的近似计算，在工程问题中这是合理的。实际上，工程上的近似是一种常用的处理方法，只要在误差允许的范围内，近似处理能大大简化问题，并且能体现主要特征。

2.4.2 电偶极子的等电位线和电场线

空间电位相等的曲面称为等位面(**equal potential surface**)。令电位等于恒值就可求得电偶极子的等位面

$$r=\sqrt{\frac{p\cos\theta}{4\pi\varepsilon_0\varphi}}=C_1\sqrt{\cos\theta} \tag{2.4.5}$$

从图 2.4.2 可以看到，等位面的剖面图是一系列的 8 字形曲线(图中的实线)。

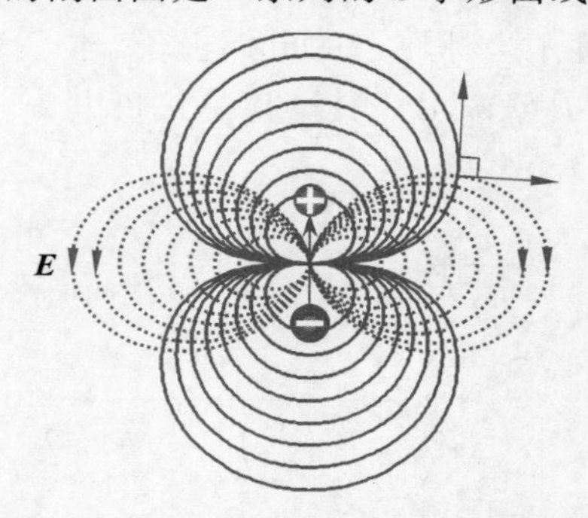

图 2.4.2 电偶极子的等电位线和电场线

再讨论电场线的画法。由于电场线的切线 $\mathrm{d}\boldsymbol{l}=(\mathrm{d}r, r\mathrm{d}\theta, r\sin\theta\mathrm{d}\varphi)$ 与电场 $\boldsymbol{E}$ 平行，即

$$\frac{\mathrm{d}r}{E_r}=\frac{r\mathrm{d}\theta}{E_\theta}=\frac{r\sin\theta\mathrm{d}\varphi}{E_\varphi}$$

注意，电偶极子的场不存在 E_φ，于是得到

$$\frac{\mathrm{d}r}{2\cos\theta}=\frac{r\mathrm{d}\theta}{\sin\theta}$$

积分得到

$$r=C_2\sin^2\theta \tag{2.4.6}$$

这就是电偶极子电场线的参数方程。从图 2.4.2 可以看到，电场线的剖面图是一系列的倒 8 字形曲线(图中的虚线)。

可以证明，电场线与等电位线相互垂直。等电位线和电场线的切线分别可表示为

$$\begin{cases}\mathrm{d}\boldsymbol{l}_V=\left(-C_1\dfrac{\sin\theta\mathrm{d}\theta}{2\sqrt{\cos\theta}}, C_1\sqrt{\cos\theta}\,\mathrm{d}\theta\right)\\ \mathrm{d}\boldsymbol{l}_E=(2C_2\sin\theta\cos\theta\mathrm{d}\theta, C_2\sin^2\theta\mathrm{d}\theta)\end{cases}$$

即

$$\mathrm{d}\boldsymbol{l}_V\cdot\mathrm{d}\boldsymbol{l}_E=-C_1\frac{\sin\theta\mathrm{d}\theta}{2\sqrt{\cos\theta}}2C_2\sin\theta\cos\theta\mathrm{d}\theta+C_1\sqrt{\cos\theta}\,\mathrm{d}\theta C_2\sin^2\theta\mathrm{d}\theta=0$$

2.5 静电场中的介质

在“大学物理”课程或者“电磁学”课程中已经讨论过静电场中的理想导体等问题。理想导体存在大量自由电荷，静电平衡时导体内部电场为 0，因此理想导体的电位处处相等。又由于电场线垂直于等电位面，因此电场线必定垂直于理想导体表面。那么，静电场中的介质会有哪些特性呢？

将介质置于电场中时，介质中的电场会发生变化。这是由于介质会在电场作用下发生极化，产生极化电荷(**polarized charge**)[或称为束缚电荷(**bound charge**)]。极化电荷有时也表示成电偶极子，电偶极子产生的电场将叠加到外电场，从而使电场发生改变。介质极化共有三种现象：电子极化、取向极化和离子极化。

当不存在外界电场作用时，电子云层相对于原子核呈现均匀分布，从而，原子总体上呈电中性的状态，如图 2.5.1(a)所示。但当施加外电场后，原子的电子云层相对于原子核有小尺度的位移，使得从整体上看，正负电荷的电中心形成一个电偶极子，并且其方向与外电场方向平行，这种现象称为**电子极化**(**electronic polarization**)。电子极化是最常见的一种极化现象。

另外一种极化称为**取向极化**(**orientational polarization**)或**偶极子极化**(**dipole polarization**)。取向极化主要存在于由正负电荷中心不重合的极性分子组成的物质中。比如，水分子是由一个氧原子和两个氢原子组成。三个分子不在同一条直线上，因而使得水分子从整体上来看如同一个电偶极子，如图 2.5.1(b)所示。当没有外加电场时，这些电偶极子呈无序分布，因而总体上对外显现电中性。当施加了电场之后，这些电偶极子开始在电场的作用下重新排列，使得其方向与外电场方向平行。

离子极化(**ionic polarisation**)主要存在于离子晶体中。离子晶体由带正电的正离子和带负电的负离子交错成的周期性结构组成。在无外加电场时，这种周期结构保持稳定与平衡的状态，使物体在整体上显现电中性，如图 2.5.1(c)所示。但当施加电场后，正负电荷会朝着与电场相同或相对的方向偏移，产生极化现象。

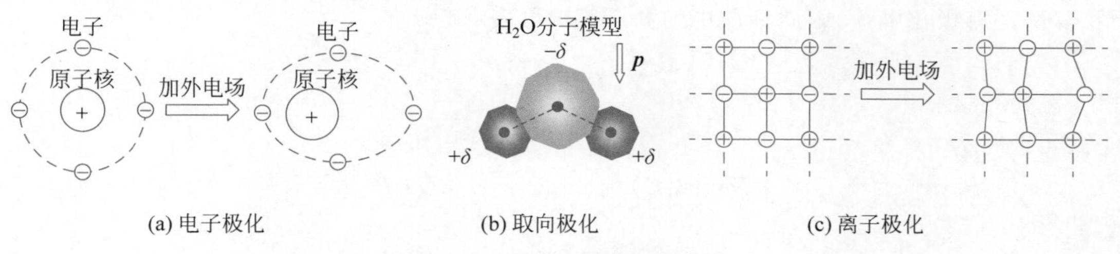

(a) 电子极化　　(b) 取向极化　　(c) 离子极化

图 2.5.1　几种不同的极化方式

单个电偶极子是一种微观现象，而从宏观上讨论极化现象可以引入**极化强度** $\boldsymbol{P}$(**electric polarization**)，单位为 $\mathrm{C/m^2}$。它定义为单位体积内所有电偶极矩的矢量和

$$\boldsymbol{P}=\lim_{\Delta V'\to 0}\left[\frac{1}{\Delta V'}\sum_{i=1}^{N}\boldsymbol{p}_i\right] \tag{2.5.1}$$

式中，$\Delta V'$为介质中的一个体积元，N 为体积元内的总电偶极子数，而 $\boldsymbol{p}_i$ 为体积元中第 i 个电偶极子的电偶极矩，如图 2.5.2 所示。当介质中的极化强度已知时，可以计算整个极化介

质产生的电位为

$$\varphi=\int_{V'}\frac{\boldsymbol{P}\cdot\boldsymbol{e}_R\,\mathrm{d}V'}{4\pi\varepsilon_0 R^2}=\frac{1}{4\pi\varepsilon_0}\int_{V'}\boldsymbol{P}\cdot\left(-\nabla\frac{1}{R}\right)\mathrm{d}V'=\frac{1}{4\pi\varepsilon_0}\int_{V'}\boldsymbol{P}\cdot\left(\nabla'\frac{1}{R}\right)\mathrm{d}V' \tag{2.5.2}$$

考虑到恒等式

$$\nabla\cdot(f\boldsymbol{A})=f\,\nabla\cdot\boldsymbol{A}+\boldsymbol{A}\cdot\nabla f$$

则有

$$\begin{aligned}\varphi&=\frac{1}{4\pi\varepsilon_0}\int_{V'}\left(\nabla'\cdot\frac{\boldsymbol{P}}{R}-\frac{\nabla'\cdot\boldsymbol{P}}{R}\right)\mathrm{d}V'\\&=\frac{1}{4\pi\varepsilon_0}\int_{V'}\nabla'\cdot\frac{\boldsymbol{P}}{R}\mathrm{d}V'+\frac{1}{4\pi\varepsilon_0}\int_{V'}\frac{-\nabla'\cdot\boldsymbol{P}}{R}\mathrm{d}V'\\&=\frac{1}{4\pi\varepsilon_0}\int_{S'}\frac{\boldsymbol{P}\cdot\boldsymbol{e}_\mathrm{n}}{R}\mathrm{d}S'+\frac{1}{4\pi\varepsilon_0}\int_{V'}\frac{-\nabla'\cdot P}{R}\mathrm{d}V'\end{aligned}$$

对比分布电荷产生的电位的积分求解式，可以将上式积分的两部分分别看成介质表面极化电荷和介质内极化电荷产生的电位，即可引入极化电荷面密度 ρ_{ps} 和体密度 ρ_p 的一般形式的表达式（一般形式表达式忽略源点坐标系中的撇号）为

$$\begin{cases}\rho_{\mathrm{ps}}=\boldsymbol{P}\cdot\boldsymbol{e}_\mathrm{n}\\\rho_\mathrm{p}=-\nabla\cdot\boldsymbol{P}\end{cases} \tag{2.5.3}$$

式中，$\boldsymbol{e}_\mathrm{n}$ 为介质表面外法线方向的单位矢量。

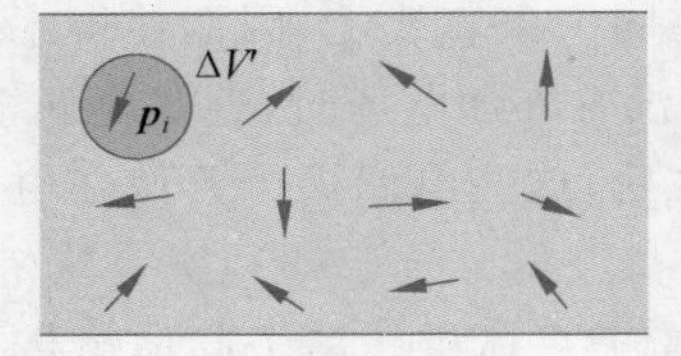

(a) 介质中的电偶极矩

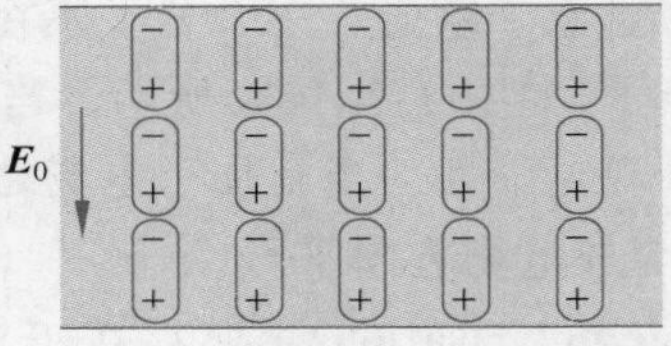

(b) 外电场作用下的偶极子排列

图 2.5.2 电偶极矩及其在外电场作用下的排列

考虑到介质内部和介质表面都会产生极化电荷，则介质内部电场 $\boldsymbol{E}$ 的场源除了自由电荷之外，还有极化电荷，因此介质中的高斯定律可表示为

$$\nabla\cdot\boldsymbol{E}=\frac{\rho+\rho_\mathrm{p}}{\varepsilon_0}$$

上式可改写为

$$\nabla\cdot(\varepsilon_0\boldsymbol{E})=\rho+\rho_\mathrm{p}=\rho-\nabla\cdot\boldsymbol{P}$$

因此

$$\nabla\cdot(\varepsilon_0\boldsymbol{E}+\boldsymbol{P})=\rho$$

定义

$$\boldsymbol{D}=\varepsilon_0\boldsymbol{E}+\boldsymbol{P} \tag{2.5.4}$$

该物理量称为电位移矢量（**electric displacement vector**）或电通量密度（**electric flux density**），其单位为 $\mathrm{C/m^2}$。于是有

$$\nabla\cdot\boldsymbol{D}=\rho \tag{2.5.5}$$

这是用电位移矢量表示的介质中高斯定律的微分形式，其对应的积分式可表示为

$$\oint_S \boldsymbol{D} \cdot \mathrm{d}\boldsymbol{S} = Q \tag{2.5.6}$$

现在进一步讨论极化强度 $\boldsymbol{P}$ 与电场强度 $\boldsymbol{E}$ 的关系。对于均匀线性各向同性的介质，极化强度正比于电场强度

$$\boldsymbol{P} = \varepsilon_0 \chi_e \boldsymbol{E} \tag{2.5.7}$$

式中，χ_e 为极化率（polarizability），为无量纲的量。于是，电位移矢量可以改写为

$$\boldsymbol{D} = \varepsilon_0 \boldsymbol{E} + \boldsymbol{P} = \varepsilon_0 (1 + \chi_e) \boldsymbol{E} = \varepsilon_0 \varepsilon_r \boldsymbol{E} = \varepsilon \boldsymbol{E} \tag{2.5.8}$$

式中，ε_r 为相对介电常数（**relative dielectric constant** 或 relative permittivity），为无量纲的量，而 $\varepsilon = \varepsilon_0 \varepsilon_r$ 为介电常数，单位为 F/m。到此为止，讨论的都是在静电场作用下的情形，此时的介电常数也称为静介电常数（**static dielectric constant**），用于区分在不同频率下的介电特性。室温下一些常见介质的相对静介电常数如表 2.5.1 所示。

表 2.5.1　室温下一些常见介质的相对静介电常数

材　料	相对静介电常数	材　料	相对静介电常数
真空	1	石墨	10～15
空气	1.0006	混凝土	4.5
冰	3.2	液态氨	22
水	81	甲醇	30
聚四氟乙烯	2.1	甲酰胺	84
泡沫聚苯乙烯	1.03	二氧化钛	86～173
干土	3	锗	16
石英	4	硅	12
玻璃	5～10	锑化铟	18
三氧化二铁（Fe_2O_3）	12～16	砷化铟	14.5
金刚石	5.5～10	磷化铟	14
盐	3～15	锑化镓	15
橡胶	7	砷化镓	13

对于各向异性的介质，电位移矢量与电场强度方向并非在同一个方向。此时，介电常数就不是一个单一的值，而是在不同的方向上有不同的值。这种情形下可以用一个二维张量来表示

$$\begin{bmatrix} D_x \\ D_y \\ D_z \end{bmatrix} = \begin{bmatrix} \varepsilon_{xx} & \varepsilon_{xy} & \varepsilon_{xz} \\ \varepsilon_{yx} & \varepsilon_{yy} & \varepsilon_{yz} \\ \varepsilon_{zx} & \varepsilon_{zy} & \varepsilon_{zz} \end{bmatrix} \cdot \begin{bmatrix} \boldsymbol{E}_x \\ \boldsymbol{E}_y \\ \boldsymbol{E}_z \end{bmatrix} \tag{2.5.9}$$

对于物理可实现的介质，一般存在如下关系

$$\varepsilon_{ij} = \varepsilon_{ji}^*, \quad i,j = x,y,z$$

在这种情形下，电位移矢量与电场强度可表示为

$$\boldsymbol{D} = \bar{\bar{\varepsilon}} \cdot \boldsymbol{E} \tag{2.5.10}$$

其中，$\bar{\bar{\varepsilon}}$ 表示张量形式的介电常数，以区分各向同性物质的介电常数。

有了介电常数的概念，可以把极化电荷的体密度用介电常数表示

$$\boldsymbol{P} = \boldsymbol{D} - \varepsilon_0 \boldsymbol{E} = \left(1 - \frac{1}{\varepsilon_r}\right) \boldsymbol{D} \tag{2.5.11}$$

也就可以得到

$$
\begin{aligned}
\rho_{\mathrm{p}} &= -\nabla\cdot \boldsymbol{P} = -\nabla\cdot\left[\left(1-\frac{1}{\varepsilon_{\mathrm{r}}}\right)\boldsymbol{D}\right] \\
&= -\left(1-\frac{1}{\varepsilon_{\mathrm{r}}}\right)\nabla\cdot \boldsymbol{D} - \boldsymbol{D}\cdot\nabla\left(1-\frac{1}{\varepsilon_{\mathrm{r}}}\right) \\
&= -\left(1-\frac{1}{\varepsilon_{\mathrm{r}}}\right)\rho - \boldsymbol{D}\cdot\nabla\left(1-\frac{1}{\varepsilon_{\mathrm{r}}}\right)
\end{aligned}
\tag{2.5.12}
$$

该式表明，当介质中存在自由电荷 $\boldsymbol{\rho}$ 时，或者介质不均匀时，极化电荷体密度不为 $\mathbf{0}$，即净电荷不为 $\mathbf{0}$。而对于极化电荷面密度

$$
\rho_{\mathrm{ps}} = \boldsymbol{P}\cdot\boldsymbol{e}_{\mathrm{n}} = \left(1-\frac{1}{\varepsilon_{\mathrm{r}}}\right)\boldsymbol{D}\cdot\boldsymbol{e}_{\mathrm{n}} = \varepsilon_0(\varepsilon_{\mathrm{r}}-1)\boldsymbol{E}\cdot\boldsymbol{e}_{\mathrm{n}}
\tag{2.5.13}
$$

可见，在所有情形下，两介质分界面都存在束缚电荷。

需要说明的是，当介质中的电场过大时，束缚电荷就能脱离分子成为自由电荷，这种现象称为介质击穿。介质所能承载的最大场强称为击穿场强。例如，空气的击穿场强为 3000kV/m，而玻璃的击穿场强为 30 000kV/m。避雷针就是利用了这一原理保护高层建筑。如图 2.5.3 所示，当带电云层靠近避雷针时，地面的负电荷向接闪器（尖端结构）靠近。当达到空气击穿电压时，云层与接闪器形成通道，云层的电荷就通过引线流向地球，从而避免更大的雷击。在我国南北朝时期即出现了为防止雷击而在建筑物上安装的“避雷室”。法国旅行家卡勃里欧别·戴马甘兰 1688 年所著的《中国新事》一书中记载：中国屋脊两头，都有一个仰起的龙头，龙口吐出曲折的金属舌头，伸向天空，舌根连接一根细的铁丝，直通地下。这种装置就是我国古代建筑上的避雷针。

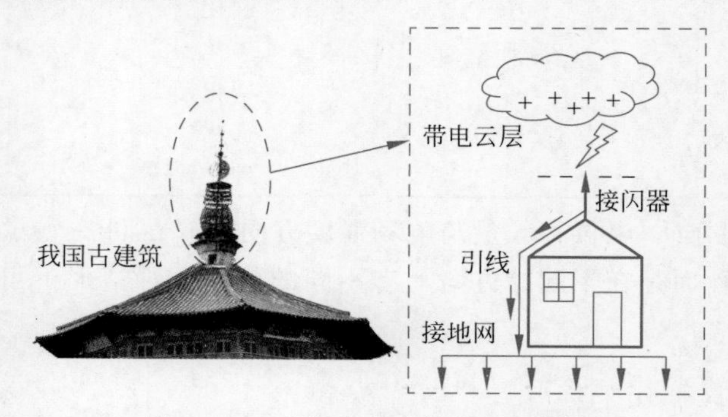

图 2.5.3 我国古代建筑的避雷结构

视频 11

2.6 边界条件

边界条件(boundary condition)讨论的是电场、电位移矢量和电位在介质分界面上的规律。它是求解电磁场问题的约束性条件，是电磁场理论中十分重要的部分。任何一个矢量在分界面上的方向都可能是任意的。为了便于分析，可以将该矢量在分界面上分解成法向分量和切向分量。例如，电位移矢量和电场强度可表示为

$$
\begin{cases}
\boldsymbol{D} = \boldsymbol{e}_{\mathrm{n}}D_{\mathrm{n}} + \boldsymbol{e}_{\mathrm{t}}D_{\mathrm{t}} \\
\boldsymbol{E} = \boldsymbol{e}_{\mathrm{n}}\boldsymbol{E}_{\mathrm{n}} + \boldsymbol{e}_{\mathrm{t}}\boldsymbol{E}_{\mathrm{t}}
\end{cases}
\tag{2.6.1}
$$

下面将从介质分界面和理想导体分界面两个角度分别讨论静电场条件下 $\boldsymbol{D}$ 和 $\boldsymbol{E}$ 的法向分量和切向分量的边界条件。电位为标量，将通过相关量导出。

2.6.1 介质分界面上的边界条件

如图 2.6.1(a)所示，对于法向分量，取分界面上由介质 2 指向介质 1 的方向为法向正方向，并记为 $\boldsymbol{e}_n$。假设分界面上自由电荷的面密度为 ρ_s，取分界面上的一个小圆柱，圆柱的高度为 h，上下表面的面积为 ΔS，并且令 h 趋近于 0。根据介质中高斯定律的积分形式

$$\oint_S \boldsymbol{D}\cdot \mathrm{d}\boldsymbol{S}=D_{1n}\Delta S-D_{2n}\Delta S=\rho_s\Delta S$$

由此可得

$$D_{1n}-D_{2n}=\rho_s \quad 或 \quad (\boldsymbol{D}_1-\boldsymbol{D}_2)\cdot \boldsymbol{e}_n=\rho_s \tag{2.6.2}$$

由于 h 趋近于 0，故侧面的面积分可以认为等于 0。式(2.6.2)表明，当分界面上存在自由电荷时，电位移矢量的法向分量不连续。式(2.6.2)也可用电场强度表示为

$$\varepsilon_1 E_{1n}-\varepsilon_2 E_{2n}=\rho_s \quad 或 \quad (\varepsilon_1\boldsymbol{E}_1-\varepsilon_2\boldsymbol{E}_2)\cdot \boldsymbol{e}_n=\rho_s \tag{2.6.3}$$

还可以用电位表示为

$$-\varepsilon_1\frac{\partial \varphi_1}{\partial n}+\varepsilon_2\frac{\partial \varphi_2}{\partial n}=\rho_s \tag{2.6.4}$$

假设分界面上不存在自由电荷，则有

$$D_{1n}=D_{2n} \quad 或 \quad (\boldsymbol{D}_1-\boldsymbol{D}_2)\cdot \boldsymbol{e}_n=0 \tag{2.6.5}$$

以及

$$\varepsilon_1 E_{1n}-\varepsilon_2 E_{2n}=0 \quad 或 \quad (\varepsilon_1\boldsymbol{E}_1-\varepsilon_2\boldsymbol{E}_2)\cdot \boldsymbol{e}_n=0 \tag{2.6.6}$$

表明当分界面上不存在自由电荷时，电位移矢量的法向分量连续。

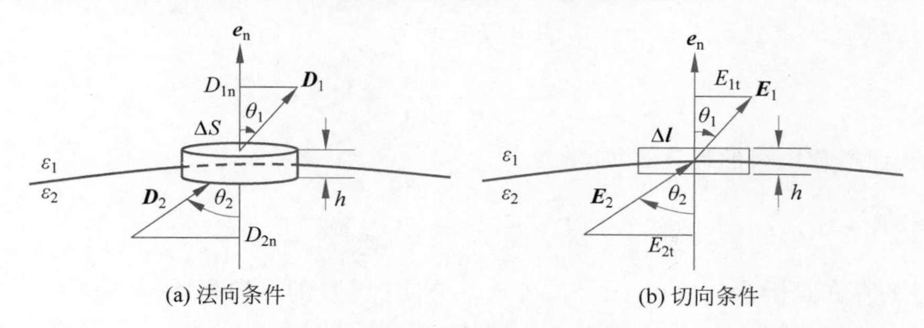

图 2.6.1 电位移矢量的法向边界条件

对于切向分量，如图 2.6.1(b)所示，取分界面上的一矩形回路 l，回路方向取顺时针方向为正，短边为 h，长边为 Δl，并且令 h 趋近于 0。根据静电场是保守场的特性

$$\oint_C \boldsymbol{E}\cdot \mathrm{d}\boldsymbol{l}=E_{1t}\Delta l-E_{2t}\Delta l=0$$

由于 h 趋近于 0，故侧边的线积分可以认为等于 0。因此得到

$$E_{1t}=E_{2t} \quad 或 \quad (\boldsymbol{E}_1-\boldsymbol{E}_2)\times \boldsymbol{e}_n=0 \tag{2.6.7}$$

表明分界面两侧电场强度的切向分量相等。也可以用电位移矢量表示成

$$\frac{D_{1t}}{\varepsilon_1}=\frac{D_{2t}}{\varepsilon_2} \tag{2.6.8}$$

对于分界面的电位变化，利用 h 趋近于 0 这一条件，分界面两侧的电位差可表示为

$$\Delta\varphi\big|_{h\to 0}=\int \boldsymbol{E}\cdot \mathrm{d}\boldsymbol{h}=(E_{1\mathrm{n}}+E_{2\mathrm{n}})h/2=0$$

因此，在分界面两侧电位相等，即

$$\varphi_1=\varphi_2 \tag{2.6.9}$$

例 2.6.1 对如图 2.6.2 所示的系统，求两种情况下介质表面的极化电荷。

(1) 接通电源并插入介质块；

(2) 接通电源后断开，再插入介质块。

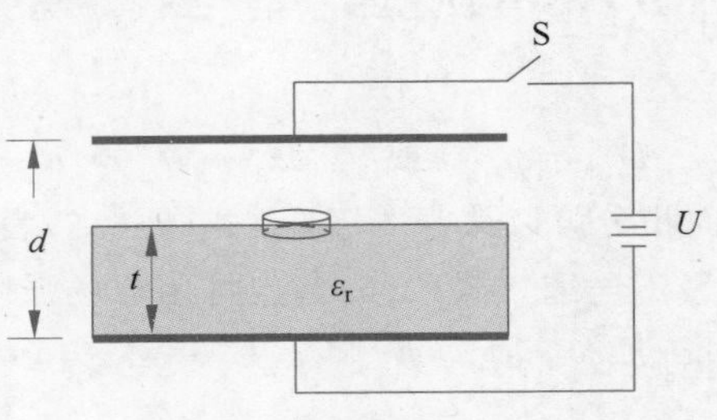

图 2.6.2 部分填充平行板

解：不考虑平行板边缘效应，介质板内场强均匀。设空气为介质 1，其中的场强和电位移矢量分别为 $\boldsymbol{E}_0$ 和 $\boldsymbol{D}_0$；介质块为介质 2，其中的场强和电位移矢量分别为 $\boldsymbol{E}$ 和 $\boldsymbol{D}$，方向皆为上极板指向下极板。

(1) 当电源接通时，电压保持不变，即

$$E_0(d-t)+Et=U$$

空气与介质分界面上无自由电荷，根据分界面法向边界条件，有 $D_0=D_{0\mathrm{n}}=D_\mathrm{n}=D$，即有 $\varepsilon_0E_0=\varepsilon_0\varepsilon_\mathrm{r}E$，代入上式可求得介质中的电场强度为

$$E=\frac{U}{\varepsilon_\mathrm{r}(d-t)+t}$$

根据介质表面极化电荷的计算式可知

$$\rho_{\mathrm{ps}}=\boldsymbol{P}\cdot\boldsymbol{e}_\mathrm{n}=\varepsilon_0(\varepsilon_\mathrm{r}-1)\boldsymbol{E}\cdot\boldsymbol{e}_\mathrm{n}=-\varepsilon_0(\varepsilon_\mathrm{r}-1)E=-\frac{\varepsilon_0(\varepsilon_\mathrm{r}-1)U}{\varepsilon_\mathrm{r}(d-t)+t}$$

其中，负号的存在是因为 $\boldsymbol{e}_\mathrm{n}$ 为介质 2 的外法线方向，与 $\boldsymbol{E}$ 的方向相反。

(2) 当电源未断开且介质未插入之前，电场强度

$$\boldsymbol{E}_0=U/d$$

电源断开后再插入介质，上下极板上的电荷总量不变，分布也不变。根据导体分界面上的法向边界条件，上极板的电荷分布面密度等于空气中的电位移矢量，故空气中的电场强度 $\boldsymbol{E}_0$ 保持不变。

考虑空气与介质分界面上无自由电荷，由法向边界条件可知，$D_0=D_{0\mathrm{n}}=D_\mathrm{n}=D$，即有 $\varepsilon_0E_0=\varepsilon_0\varepsilon_\mathrm{r}E$，可得

$$E=\frac{U}{d\varepsilon_\mathrm{r}}$$

而介质表面极化电荷面密度为

$$\rho_{ps}=\varepsilon_0(\varepsilon_r-1)\boldsymbol{E}\cdot\boldsymbol{e}_n=-\varepsilon_0(\varepsilon_r-1)E=-\frac{\varepsilon_0(\varepsilon_r-1)U}{\varepsilon_r d}$$

2.6.2 理想导体分界面上的边界条件

考虑介质 2 为导体，由于静电平衡，理想导体内部不存在电场，即 D_{2n} 和 E_{2t} 都为 0，因此分界面的法向边界条件退化为

$$D_{1n}=\rho_s,\quad \varepsilon_1 E_{1n}=\rho_s,\quad -\varepsilon_1\frac{\partial\varphi_1}{\partial n}=\rho_s \tag{2.6.10}$$

表明导体表面可以存在法向电场。另外

$$E_{1t}=0,\quad D_{1t}=0 \tag{2.6.11}$$

表明导体表面不存在切向电场。由 $\Delta\varphi=\int\boldsymbol{E}\cdot d\boldsymbol{l}=\int E_{1t}dl=0$ 可知，整个导体是一个等势体。

表 2.6.1 对静电场在介质分界面和金属分界面的边界条件进行了总结。

表 2.6.1 静电场分界面的边界条件小结

	介质分界面		理想导体分界面
	存在表面自由电荷	不存在表面自由电荷	
法向分量	$\begin{cases}D_{1n}-D_{2n}=\rho_s\\(\boldsymbol{D}_1-\boldsymbol{D}_2)\cdot\boldsymbol{e}_n=\rho_s\end{cases}$ $\begin{cases}\varepsilon_1E_{1n}-\varepsilon_2E_{2n}=\rho_s\\(\varepsilon_1\boldsymbol{E}_1-\varepsilon_2\boldsymbol{E}_2)\cdot\boldsymbol{e}_n=\rho_s\end{cases}$ $-\varepsilon_1\frac{\partial\varphi_1}{\partial n}+\varepsilon_2\frac{\partial\varphi_2}{\partial n}=\rho_s$ $\varphi_1=\varphi_2$	$\begin{cases}D_{1n}=D_{2n}\\(\boldsymbol{D}_1-\boldsymbol{D}_2)\cdot\boldsymbol{e}_n=0\end{cases}$ $\begin{cases}\varepsilon_1E_{1n}=\varepsilon_2E_{2n}\\(\varepsilon_1\boldsymbol{E}_1-\varepsilon_2\boldsymbol{E}_2)\cdot\boldsymbol{e}_n=0\end{cases}$ $\varepsilon_1\frac{\partial\varphi_1}{\partial n}=\varepsilon_2\frac{\partial\varphi_2}{\partial n}$ $\varphi_1=\varphi_2$	$D_{1n}=\rho_s$ $\varepsilon_1E_{1n}=\rho_s$ $-\varepsilon_1\frac{\partial\varphi_1}{\partial n}=\rho_s$
切向分量	$\begin{cases}E_{1t}=E_{2t}\\(\boldsymbol{E}_1-\boldsymbol{E}_2)\cdot\boldsymbol{e}_t=0\\(\boldsymbol{E}_1-\boldsymbol{E}_2)\times\boldsymbol{e}_n=0\end{cases},\quad\frac{D_{1t}}{\varepsilon_1}=\frac{D_{2t}}{\varepsilon_2}$		$E_{1t}=0$ $D_{1t}=0$
结论	-分界面两侧电位相等； -分界面两侧切向电场强度相等； -电位移矢量的法向分量不连续	-分界面两侧电位相等； -分界面两侧切向电场强度相等； -电位移矢量的法向分量连续	-内部不存在电场，导体为等势体； -导体表面可以存在法向电场； -导体表面不存在切向电场

2.7 导体系统的电容

视频 12

平行板电容器是典型的双导体系统，其电容为 C，正极板带电量为 q_+，负极板带电量为 q_-。假设正极板电位为 φ_+，负极板电位为 φ_-，则正负极板带电量为

$$\begin{cases}q_+=C(\varphi_+-\varphi_-)\\q_-=C(\varphi_--\varphi_+)\end{cases} \tag{2.7.1}$$

因此，每个导体的带电量都是电容与相对电位的乘积。

单导体系统也具有电容，把无穷远处的电位设为零电位，则 $C=q/\varphi$。例如，半径为 R、带电量为 q 的导体球，其电容等于

$$C=\frac{q}{\varphi}=4\pi\varepsilon R \tag{2.7.2}$$

电容是系统的固有属性，而系统的带电量不仅与电容大小有关，还与系统的相对电位有关。由此，可以定义多导体的电容。

如图 2.7.1 所示，在由三个导体和地构成的静电独立系统中，导体 1 上的电荷由几部分组成，一是它与地面形成的电位差所引起的电荷，二是由导体 2 所感应的电荷，三是由导体 3 感应的电荷。因此，各个导体上的电荷可以表达为

$$\begin{cases}q_1=C_{11}(\varphi_1-0)+C_{12}(\varphi_1-\varphi_2)+C_{13}(\varphi_1-\varphi_3)\\ q_2=C_{21}(\varphi_2-\varphi_1)+C_{22}(\varphi_2-0)+C_{23}(\varphi_2-\varphi_3)\\ q_3=C_{31}(\varphi_3-\varphi_1)+C_{32}(\varphi_3-\varphi_2)+C_{33}(\varphi_3-0)\end{cases} \tag{2.7.3}$$

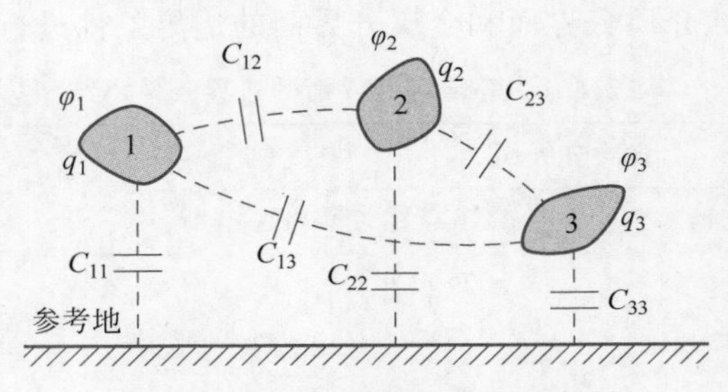

图 2.7.1　多导体系统的电容

该式为导体的带电量与电位之间的关系式。对于 N 个导体的系统，有

$$\begin{cases}q_1=C_{11}(\varphi_1-0)+C_{12}(\varphi_1-\varphi_2)+\cdots+C_{1N}(\varphi_1-\varphi_N)\\ q_2=C_{21}(\varphi_2-\varphi_1)+C_{22}(\varphi_2-0)+\cdots+C_{2N}(\varphi_2-\varphi_N)\\ \vdots\\ q_N=C_{N1}(\varphi_N-\varphi_1)+C_{N2}(\varphi_N-\varphi_2)+\cdots+C_{NN}(\varphi_N-0)\end{cases} \tag{2.7.4}$$

式中，$C_{ij}(i,j=1,2,\cdots,N)$称为部分电容。它表明任何导体与地之间、任意两导体间都可能存在电容，除非两导体之间被静电屏蔽，无电场线往来。由于电容是系统的固有属性，所以若系统保持不变，则部分电容保持不变。如图 2.7.1 所示的多导体系统，在一定工作频率下，它可以由 6 个部分电容相连接的电路系统来等效，从而简化分析和计算。

2.8　静电场能量与静电力

2.8.1　静电场能量

电场对运动的电荷要做功。可见，静电场中存储着能量，称之为静电场能量。电场的建立实际上是通过电荷累积形成的，在电荷累积过程中需要将其他形式的能量转化成电场能。那么电场建立后其静电场能量是多少呢？

考虑线性介质中一个导体，其所带电荷为 q，最终的电位为 φ。由于是线性介质，使电荷量达到最终值 q 需做的功是一定的，与实现充电的过程无关。因此可以选择这样一种充

电方式，使得任何瞬间导体的带电量和电位同比例增长。令此比例为 α，且 $0\leqslant\alpha\leqslant1$。假设某一时刻，导体的电量为 αq，此时的电位为 $\alpha\varphi$。现在，把一非常小的电荷 $q\,\mathrm{d}\alpha$ 从无穷远处移到导体上，那么克服电场力所作的功为 $\alpha q\varphi\,\mathrm{d}\alpha$，这一部分功也就转变成了静电场能量。于是当该导体的电荷达到 q 时，积分得到总的静电场能量为

$$W_{\mathrm{e}}=\int_0^1\alpha\varphi\,\mathrm{d}\alpha q=\frac{q\varphi}{2} \tag{2.8.1}$$

如果是多个带电系统，则表示为

$$W_{\mathrm{e}}=\frac{1}{2}\sum q_i\varphi_i \tag{2.8.2}$$

推广到任意分布的电荷系统，若体积 V 中的电荷密度为 $\rho(\boldsymbol{r})$，电位为 $\varphi(\boldsymbol{r})$时，则该系统的静电场能量为

$$W_{\mathrm{e}}=\frac{1}{2}\int_V\rho(\boldsymbol{r})\varphi(\boldsymbol{r})\,\mathrm{d}V \tag{2.8.3}$$

利用$\nabla\cdot\boldsymbol{D}=\rho(\boldsymbol{r})$，可得

$$\begin{aligned}W_{\mathrm{e}}&=\frac{1}{2}\int_V\nabla\cdot\boldsymbol{D}\varphi(\boldsymbol{r})\,\mathrm{d}V\\&=\frac{1}{2}\int_V\nabla\cdot[\boldsymbol{D}\varphi(\boldsymbol{r})]\,\mathrm{d}V+\frac{1}{2}\int_V-\boldsymbol{D}\cdot\nabla\varphi(\boldsymbol{r})\,\mathrm{d}V\\&=\frac{1}{2}\oint_S\boldsymbol{D}\varphi(\boldsymbol{r})\cdot\mathrm{d}\boldsymbol{S}+\frac{1}{2}\int_V\boldsymbol{D}\cdot\boldsymbol{E}\,\mathrm{d}V\end{aligned}$$

由前面的介绍可知，$\boldsymbol{D}\propto\frac{1}{R^2}$，$\varphi(\boldsymbol{r})\propto\frac{1}{R}$，故 $\boldsymbol{D}\varphi(\boldsymbol{r})\propto\frac{1}{R^3}$。当把体积 V 的闭合面 S 扩大到无穷大时(把没有电荷，贡献为 0 的区域纳入)并不影响积分结果。此时 $R\to\infty$时，闭合面的面积按 R^2 量级增长，故第一项积分

$$\oint_S\boldsymbol{D}\varphi(\boldsymbol{r})\cdot\mathrm{d}\boldsymbol{S}\propto\frac{1}{R^3}\times R^2\Big|_{R\to\infty}\to0$$

从而得到

$$W_{\mathrm{e}}=\frac{1}{2}\int_V\boldsymbol{D}\cdot\boldsymbol{E}\,\mathrm{d}V=\frac{1}{2}\int_V\varepsilon\boldsymbol{E}\cdot\boldsymbol{E}\,\mathrm{d}V=\frac{1}{2}\int_V\varepsilon E^2\,\mathrm{d}V \tag{2.8.4}$$

上式表明：不是只有电荷分布的地方才有电场能量分布，而是有电场的地方就有电场能量分布。定义电场能量密度

$$w_{\mathrm{e}}=\frac{1}{2}\boldsymbol{D}\cdot\boldsymbol{E}=\frac{1}{2}\varepsilon E^2 \tag{2.8.5}$$

2.8.2　静电力*

在静电场中，导体表面会受到静电力的作用，此静电力实际上是由其他带电体产生电场而施加在导体表面电荷上的力。静电力的求解有两种方法。一种叫求电场法，即通过先计算导体表面的电场，再计算导体表面的电荷分布来求静电力的方法。这种方法虽然思路简单，但是对于复杂系统，计算比较烦琐。另一种是从做功的角度考虑这一问题。由假想带电系统中某一带电体产生位移时所引起能量的改变，推算出作用于该导体的力，这种方法称为

虚位移法。

方法 1：求电场法

如图 2.8.1 所示，假设正负极板面电荷密度分别为 $+\rho_s$ 和 $-\rho_s$，极板无穷大。负极板在正极板处产生的电场为 $-\dfrac{\rho_s}{2\varepsilon}$，因此，正极板单位面积所受到的力为 $-\dfrac{\rho_s^2}{2\varepsilon}$。注意，这只是一个非常简单的例子，仅仅为了说明概念。

方法 2：虚位移法

虚位移法存在两种情况，即等电荷系统和等电位系统。如图 2.8.1 所示，若该系统与外电源断开，此时上下极板的电荷量保持不变，则系统为等电荷系统。设正负极板面电荷密度分别为 $+\rho_s$ 和 $-\rho_s$，极板面积为 A。假设在电场力 $\boldsymbol{F}$ 的作用下，上极板虚位移为 $\mathrm{d}x$，此时上下极板的电位会发生变化，电场力 $\boldsymbol{F}$ 所做的功等于系统静电场能量的减少量

$$F\mathrm{d}x=-\mathrm{d}W_e$$

即

$$F=-\frac{\mathrm{d}W_e}{\mathrm{d}x} \tag{2.8.6}$$

注意：这里规定 $\boldsymbol{F}$ 的正方向为虚位移 x 增加的方向。其中

$$W_e=\frac{q^2}{2C}=\frac{(A\rho_s)^2}{2\varepsilon A/x}=\frac{A\rho_s^2}{2\varepsilon}x$$

于是

$$F=-\left.\frac{\mathrm{d}W_e}{\mathrm{d}x}\right|_{\text{电荷不变}}=-\frac{A\rho_s^2}{2\varepsilon}$$

这与方法 1 的结果一致，其中负号表示力的方向为 $-x$ 方向。单位面积所受力的大小为

$$f=\frac{|F|}{A}=\frac{\rho_s^2}{2\varepsilon}=\frac{1}{2}\varepsilon\left(\frac{\rho_s}{\varepsilon}\right)^2=\frac{1}{2}\varepsilon E^2$$

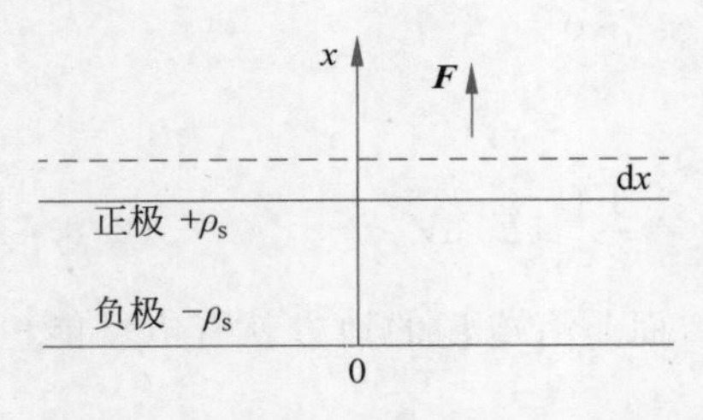

图 2.8.1　平行板电容器的虚位移法

可见，导体表面所受的力的面密度等于静电场能量密度。

对上述系统，若下极板接地，上、下极板间加有电压 U 不变，此时系统为等电位系统。仍然假设上极板在电场力作用下产生了虚位移 $\mathrm{d}x$，则上、下极板上的电荷量会发生变化。若上极板电荷变化量为 $\mathrm{d}q$，则外源提供的能量为 $\mathrm{d}qU$，它一部分转化为上极板的机械能 $\boldsymbol{F}\mathrm{d}x$，另一部分转化为系统静电场能量的增量 $\mathrm{d}W_e=\dfrac{1}{2}\mathrm{d}qU$。可见，系统静电场能量的增量只占外源提供能量的一半，即 $F\mathrm{d}x=\mathrm{d}W_e$。由于 $W_e=\dfrac{CU^2}{2}=\dfrac{\varepsilon AU^2}{2x}$，所以得到

$$F=\left.\frac{\mathrm{d}W_e}{\mathrm{d}x}\right|_{\text{电位不变}}=-\frac{A\varepsilon U^2}{2x^2}=-\frac{A\varepsilon}{2}E^2 \tag{2.8.7}$$

虚位移法应用于上述平行板电容器系统时，不论系统是等电位系统还是等电荷系统，所求的静电力都是一样的。

本章知识结构

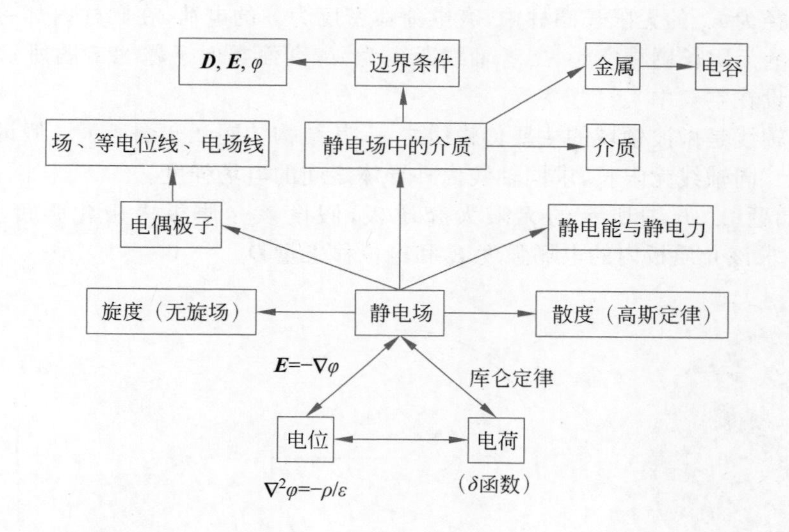

习题

2.1 利用例 2.1.1 中的结果，当线长为无穷大时，求任意一点的电场强度，线电荷密度 ρ_l。

2.2 利用例 2.1.2 中的结果，求均匀带电、内径为 a、外径为 b 的圆盘轴线上任意一点的电场强度，面电荷密度 ρ_s，如题 2.2 图所示。

2.3 利用例 2.1.2 中的结果，求均匀带电无穷大平面外任意一点的电场强度，面电荷密度 ρ_s，如题 2.3 图所示。

2.4 利用例 2.1.2 中的结果，求半径为 a 的均匀带电球面外任意一点的电场强度，面电荷密度 ρ_s，如题 2.4 图所示。

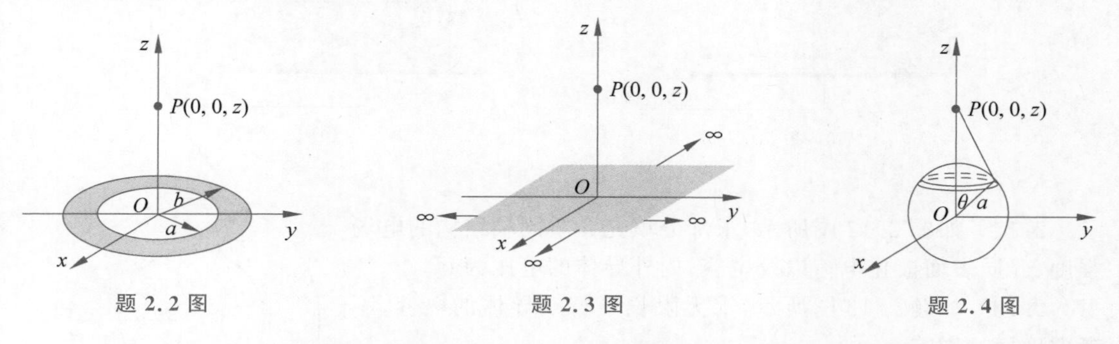

题 2.2 图　　题 2.3 图　　题 2.4 图

2.5 利用习题 2.2 中的结果，求半径为 a 的均匀带电球体外任意一点的电场强度，体电荷密度 ρ。

2.6 假设一半径为 r_0 的球体，其电荷密度分布为 $\rho_0(1-r^2/r_0^2)$，利用高斯定律求球内外电场分布。

2.7 如题 2.7 图所示结构，一半径为 r_0、电荷密度为 ρ 的均匀带电球体，内部有一半

径为 r_1 的空腔。空腔的圆心与球体的圆心相距 $d<r_0-r_1$。求球体内、空腔内和球体外的电场强度。

2.8 半径为 r_0 的无限长圆柱中，有电荷体密度为 ρ 的电荷，在圆柱内部有一与它偏轴的半径为 r_1 的无限长圆柱空洞，二者轴线距离为 d，剖面类似于题 2.7 图所示。求空洞内的电场强度（设在空气中）。

2.9 同轴线是微波领域的主要传输线之一，其结构如题 2.9 图所示。假设同轴线内外导体电压为 U，同轴线无限长，求同轴线内外导体之间的电场强度。

2.10 如题 2.10 图所示的无限大介质板，假设该介质板内极化强度为 $\boldsymbol{P}=e_z P_0$ $(0<z<d)$，求该介质板内的电场强度 $\boldsymbol{E}$ 和电位移矢量 $\boldsymbol{D}$。

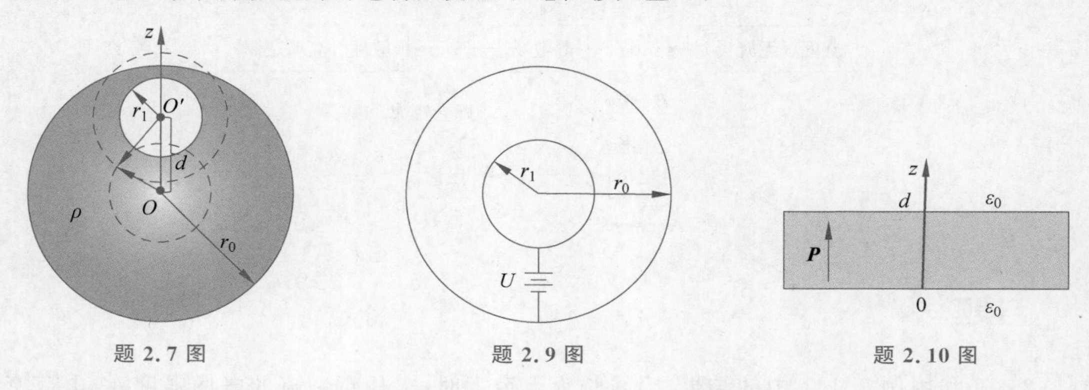

题 2.7 图　　题 2.9 图　　题 2.10 图

2.11 求题 2.11 图中两种情况下介质表面和电容板的电荷密度、介质的极化电荷和系统电容。极板宽度为 1m。

（1）接通电源并插入介质块；

（2）接通电源后断开，再插入介质块。

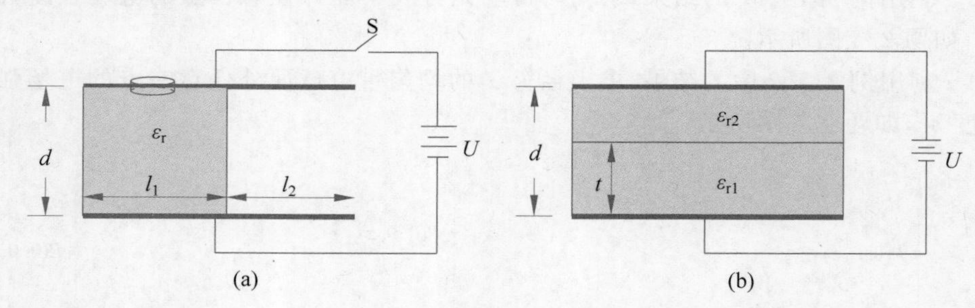

题 2.11 图

2.12 如题 2.12 图所示，求部分填充介质同轴结构的电场强度、介质表面极化电荷以及电容，内外导体的电压为 U。

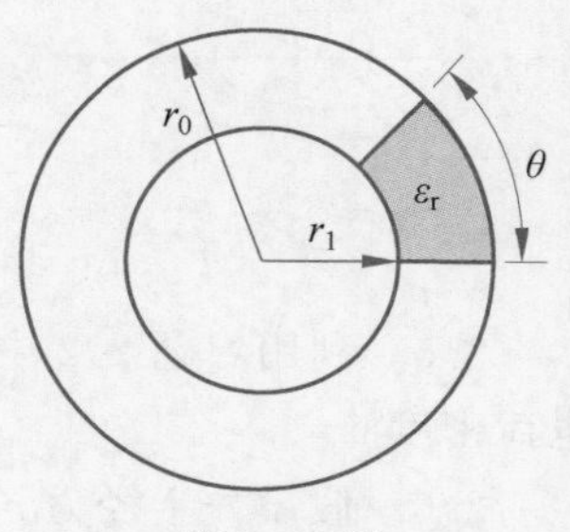

题 2.12 图

2.13 如题 2.13 图所示，求无限长平行双导体的电容，不考虑地面的影响。

2.14 如题 2.14 图所示，介质块的相对介电常数为 ε_r。计算当开关闭合与切断情况下，

（1）极板上的电荷密度；

（2）系统的电容；

(3) 介质所受的力。

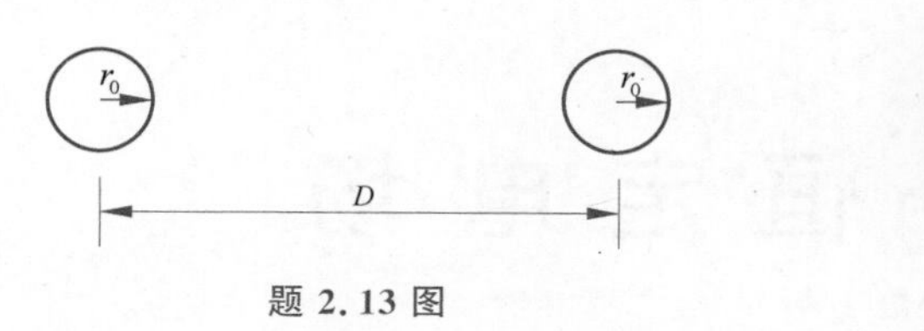

题 2.13 图

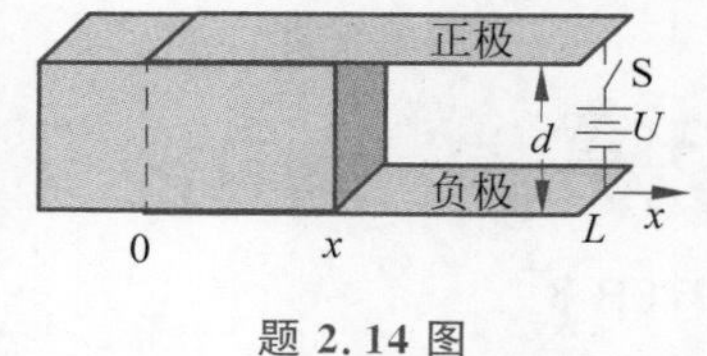

题 2.14 图

2.15 如题 2.15 图所示，假设一半径为 a 的半球体埋在介电常数为 ε 的土壤中，求其电容。

2.16 求同轴电缆单位长度的电容，同轴电缆剖面图如题 2.16 图所示。

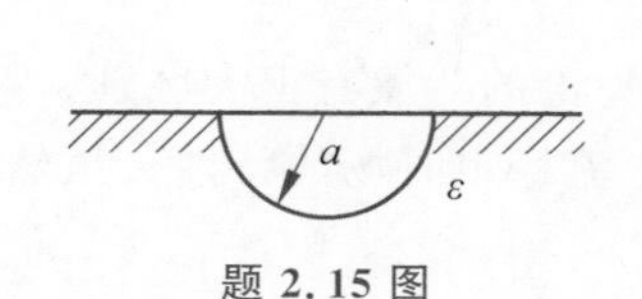

题 2.15 图

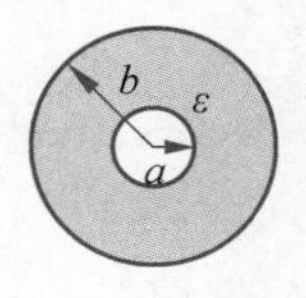

题 2.16 图

2.17 高压同轴线的最佳尺寸设计——高压同轴圆柱电缆，外导体的内半径为 2cm，内外导体间电介质的击穿电场强度为 200kV/m。内导体的半径为 a，其值可以自由选定但有一最佳值。试问 a 为何值时，该电缆能承受最大电压？并求此最大电压值。

2.18 两个电容 C_1 和 C_2 各充以电荷 q_1 和 q_2，然后移去电源，再将两电容器并联，问总的能量是否减少？减少了多少？到哪里去了？

2.19 说明多导体系统中部分电容与等效电容的含义，并以计及地面影响的二线输电线为例说明二者的区别（注：等效电容是指在多导体静电独立系统中，把两导体作为电容器的极板，设在这两个电极间加上已知电压 U，极板上所带电荷分别为 $\pm q$，则把比值 q/U 叫作这两导体间的等效电容）。

2.20 用 8mm 厚、$\varepsilon_r=5$ 的电介质隔开的两片金属盘，形成一电容为 1pF 的平行板电容器，并接到 1kV 电源中。如果不计摩擦，则要把电介质片从两金属盘间移出来，问在下列两种情况下各需做多少功？

(1) 移动前，电源已断开；

(2) 移动中，电源一直连着。

2.21 板间距为 d，电压为 U_0 的两平行电极，浸于介电常数为 ε 的液态介质中，如题 2.21 图所示。已知介质液体的质量密度是 ρ_m，问两极板间的液体将升高多少？

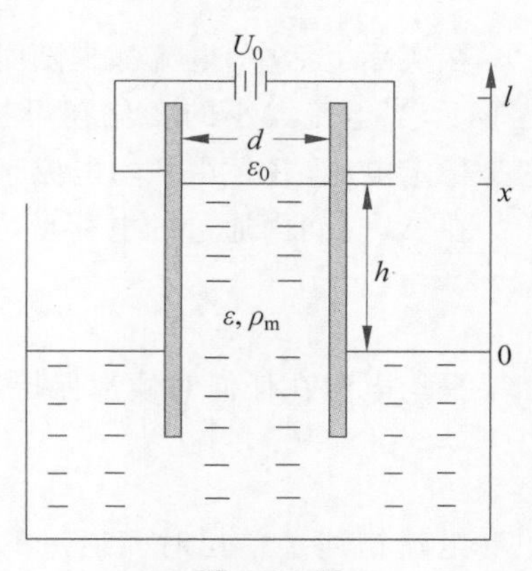

题 2.21 图

2.22 应用虚位移法，计算如题 2.22 图中平行板电容器中两种介质分界面上每单位面积所受的力。

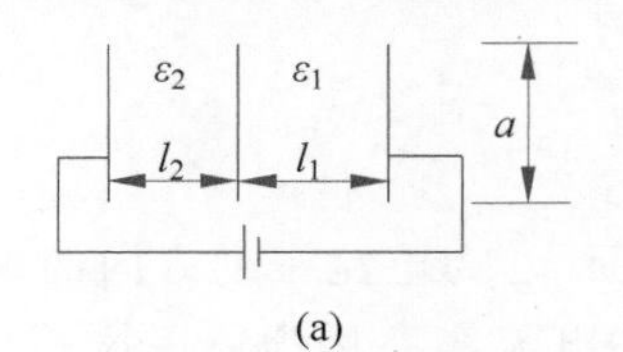

(a)

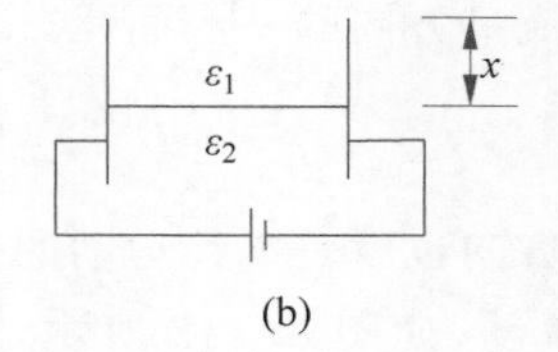

(b)

题 2.22 图

第3章 CHAPTER 3 恒定电场

恒定电场(steady electric field)与静电场讨论的对象有很大区别。静电场主要讨论静态电荷产生的电场特性,而恒定电场讨论的是电流稳定时场的特性。虽然对象不同,但两种电场在形式上具有很多相似性。

在静电平衡条件下,导体内部不存在电场。但是在恒定电场条件下,导体内部是存在电场的,只是导体内的稳恒电场必须依靠电源才能维持。在外电源的维持下,导体内部不再是等位体,表面也不再是等位面。在恒定电场条件下,电荷的分布是稳定的,因此电场也是稳定的。这种现象是导致恒定电场与静电场特性相似的原因。

本章将讨论电流密度、电流连续性方程、导电介质的传导方程以及恒定电场与静电场的比拟。

视频 13

3.1 电流密度

3.1.1 电流密度的定义

在实际生活中,电流都是随时间变化的。只是在很多情形下,当电流大小的变化在可接受范围之内时,就认为它是稳定电流,并且用平均电流来表示,如图 3.1.1 所示。

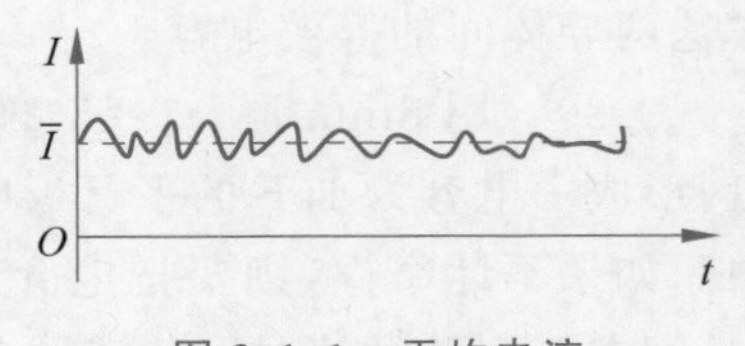

图 3.1.1 平均电流

在 Δt 时间内通过的电荷量为 Δq,则平均电流为

$$\bar{I}=\frac{\Delta q}{\Delta t}(\mathrm{A}) \tag{3.1.1}$$

如果平均电流在任何时候都保持不变,则称其为稳恒电流,

$$I=\frac{\Delta q}{\Delta t}(\mathrm{A}) \tag{3.1.2}$$

电流描述了单位时间通过的电荷总量,它没有体现电荷在导体内每一点的流动情况。为了更好地讨论恒定电场,引入电流密度(current density)的概念。它定义为流过的电流 ΔI 与在垂直电流流过方向的一小面元 ΔS 之比

$$\boldsymbol{J}=\boldsymbol{e}_{\mathrm{n}}\lim_{\Delta S\to 0}\frac{\Delta I}{\Delta S}(\mathrm{A/m^2}) \tag{3.1.3}$$

其中,电流密度的方向也就是电荷运动的方向,而 $\boldsymbol{e}_{\mathrm{n}}$ 为电流密度方向的单位矢量。此时的电流在一空间内流动,如图 3.1.2 所示,对应的电流密度称为体电流密度(volume current density),简称电流密度。注意,图 3.1.2 中电荷密度为 ρ,电荷运动速度为 $\boldsymbol{v}$,Δt 时间内的位移为 $\Delta l=\boldsymbol{v}\Delta t$,$\boldsymbol{e}_{\mathrm{n}}$ 与 ΔS 垂直,且与 $\boldsymbol{v}$ 的方向一致。

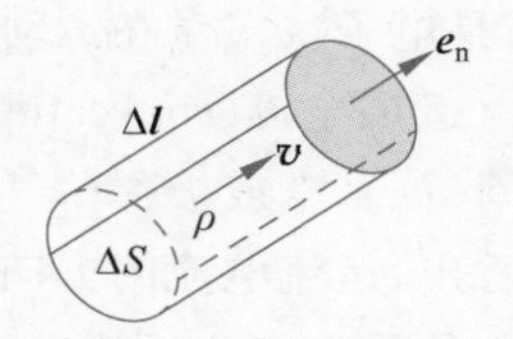

图 3.1.2 体电流密度示意图

由于

$$\Delta I=\frac{\Delta q}{\Delta t}=\frac{\rho \Delta l \Delta S}{\Delta t}=\rho v \Delta S$$

故

$$\boldsymbol{J}=\rho v \boldsymbol{e}_{\mathrm{n}}=\rho v \tag{3.1.4}$$

假设存在不同的电荷,则总电流密度就等于这些电荷所产生的电流密度的矢量和

$$\boldsymbol{J}=\sum_{i} \rho_{i} \boldsymbol{v}_{i} \tag{3.1.5}$$

因此,对于体分布电流,流过任意截面 S 的体电流大小与电流密度的关系为

$$I=\int_{S} \boldsymbol{J} \cdot \mathrm{d}\boldsymbol{S} \tag{3.1.6}$$

当电流在一表面流动时,如图 3.1.3(a)所示,此时的电流密度称为面电流密度(surface current density),定义为流过的电流 ΔI 与在垂直电流流过方向的一小线元 Δl 之比,且类比体电流密度的计算,可得

$$J_{\mathrm{S}}=\boldsymbol{e}_{\mathrm{n}} \lim_{\Delta l \rightarrow 0} \frac{\Delta I}{\Delta l}=\rho_{\mathrm{s}} v \quad (\mathrm{A/m}) \tag{3.1.7}$$

其中,ρ_{s} 为面电荷密度。此时,流过任意线段 l 的面电流大小与面电流密度的关系为

$$I=\int_{l} \boldsymbol{J}_{\mathrm{S}} \cdot \boldsymbol{e}_{1} \mathrm{d} l \tag{3.1.8}$$

其中,ρ_{1} 为线电荷密度,$\boldsymbol{e}_{1}$ 为垂直于元线段 $\mathrm{d}l$ 方向上的单位矢量。

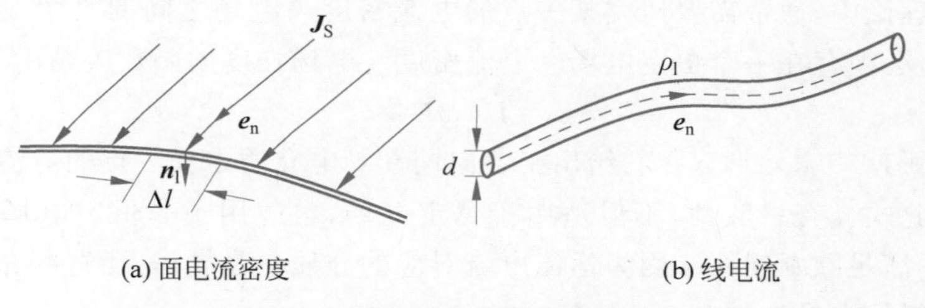

图 3.1.3 面电流密度和线电流示意图

如图 3.1.3(b)所示,当电荷在一根很细的导线中流过时,或电流束的横截面很小时,可考虑线电流(line current)的概念。此时,电流密度已经无意义。但是线电流的大小和线电荷密度的关系可写为

$$\boldsymbol{e}_{\mathrm{n}} I=\rho_{1} \boldsymbol{v} \tag{3.1.9}$$

在实际应用中,线天线的电流可认为是线电流的典型实例。

3.1.2 传导电流和运流电流

传导电流(conduction current)是指导电介质中的电流,用 $\boldsymbol{J}_{\mathrm{C}}$ 表示,并且有 $\boldsymbol{J}_{\mathrm{C}}=\rho \boldsymbol{v}$。通过总结实验还发现,在电导率为 σ 的导体中,有 $\boldsymbol{J}_{\mathrm{C}}=\sigma \boldsymbol{E}$(在 3.1.3 节会继续讨论)。注意,在大部分情况下,下标"C"可以忽略不写。在金属导体中,是带负电的电子在运动;在半导体

中，是电子空穴对在运动；在导电溶液中，是正负离子对在运动。

运流电流(convection current)又称作对流电流或徙动电流，是指带电粒子在不导电的空间，如真空或极稀薄气体中定向运动所形成的电流，用 $\boldsymbol{J}_{\mathrm{V}}$ 表示，并且有 $\boldsymbol{J}_{\mathrm{V}}=\rho\boldsymbol{v}$ 。由此可以看出，运流电流的方向就是带电粒子运动的方向。例如，等离子体气流就是运流电流的一种。传导电流和运流电流统称为自由电流(free current)。

3.1.3 欧姆定律

欧姆定律(Ohm's law)表述的是流过一段导体的电流 I 与导体两端电压 U 之间的关系。下面推导电路理论中的欧姆定律。设一段长为 l 的直导线，横截面均匀且面积为 S，则导线中的恒定电场 $\boldsymbol{E}$ 在导线上的电压降为

$$U=\int_l \boldsymbol{E}\cdot \mathrm{d}\boldsymbol{l}=El=\frac{Jl}{\sigma}=\frac{Il}{S\sigma}=IR$$

该式称为欧姆定律的积分形式。其中，

$$R=\frac{l}{S\sigma} \tag{3.1.10}$$

为该段导线的电阻，而 σ 是导体的电导率，单位是 S/m(西门子/米)。如果该段导线的横截面不均匀，那么每一段的电阻 $\mathrm{d}R$ 可表示为

$$\mathrm{d}R=\frac{\mathrm{d}l}{S\sigma}$$

此时，该段导线的总电阻可表示为

$$R=\int_l \frac{\mathrm{d}l}{S\sigma} \tag{3.1.11}$$

在电磁场理论中，通常需要研究某一点的电流密度与电场之间的关系。在导电介质中维持恒定电流，必须存在一个恒定电场。电流密度与电场强度的函数关系由实验得到，为

$$\boldsymbol{J}=\sigma\boldsymbol{E} \tag{3.1.12}$$

该式称为欧姆定律的微分形式。它给出了各向同性导电介质中任一点的电流密度与电场强度间的关系。此式具有一般性，不但适用于恒定电场，也适用于非恒定电场。需要说明的是，运流电流不满足欧姆定律。因为运流电流对应的介质不是导体，而这些介质没有等效电导率。部分材料的电导率如表 3.1.1 所示。

表 3.1.1 部分材料的电导率

材料	电导率/(S/m)	材料	电导率/(S/m)	材料	电导率/(S/m)
银	6.17×10^{7}	湿土	0.005～0.015	去离子水	2×10^{-4}
铜	5.8×10^{7}	25%氯化钙	0.178	干土	1×10^{-5}
金	4.1×10^{7}	参杂硅	2.6×10^{3}	干木材	10^{-7}～10^{-9}
铝	3.54×10^{7}	掺杂砷化镓	2.0×10^{3}	玻璃	10^{-12}
黄铜	1.57×10^{7}	掺杂碳化硅	10^{-4}～10	陶瓷	10^{-13}
青铜	1×10^{7}	铁氧体	10^{2}	橡胶	10^{-15}
铁	1×10^{7}	海水	4	熔融石英	10^{-17}

例 3.1.1 假设铜导线和铝导线的直径均为 1mm，长度为 1km。铜的电导率为 5.8×10^{7} S/m，铝的电导率为 3.54×10^{7} S/m。求两种导线的直流电阻 R。

解：由于 $R=\frac{l}{S\sigma}$，对于铜导线

$$R=\frac{10^3}{\pi(10^{-3}/2)^2\times 5.8\times 10^7}\approx 21.95(\Omega)$$

而对于铝导线

$$R=\frac{10^3}{\pi(10^{-3}/2)^2\times 3.54\times 10^7}\approx 35.96(\Omega)$$

3.1.4 焦耳定律

在导体介质中，需要电源去维持恒定电场，这意味着导体会存在损耗。这种损耗称为焦耳损耗。实际上，焦耳损耗的微观机制是自由电子在运动过程中与原子碰撞，从而造成电子能量损耗，而使得原子的热运动加剧。

在电路理论中，焦耳损耗是通过导体内电场力所做的功来计算的。假设导体两端的电压为 U，当电荷 Q 通过这段导线时，电场力所做的功为

$$W=QU(\mathrm{J}) \tag{3.1.13}$$

功的单位为 J(焦耳)。考虑到电荷 $Q=\int_0^t I\,\mathrm{d}t$，因此可得

$$W=\int_0^t IU\mathrm{d}t \tag{3.1.14}$$

这是焦耳定律(**Joule's law**)的积分形式。对于稳恒电流，可得 $W=IUt$ 。由此可以定义单位时间内所做的功，即功率 $P=IU$ 。

在电磁场理论中，通常考虑利用电场去表达焦耳定律。设电荷 $\rho\Delta V$ 在 Δt 时间内在电场作用下沿电场方向位移 Δl ，电场对电荷做的功 W 为

$$W=\boldsymbol{F}\cdot\Delta l=Q\boldsymbol{E}\cdot\Delta\boldsymbol{l}=\rho\Delta VE\Delta l$$

单位体积内的功率为

$$p=\frac{W}{\Delta V\Delta t}=\rho E\ \frac{\Delta l}{\Delta t}=\rho vE=\boldsymbol{J}_{\mathrm{C}}\cdot\boldsymbol{E}=\sigma E^2(\mathrm{W/m^3}) \tag{3.1.15}$$

这就是焦耳定律的微分形式。理想导体内部的电场强度为 0，因此功率损耗为 0。但是对于非理想导体，其内部是存在功率损耗的。

需要说明的是，对于运流电流，电场力对电荷所做的功会被转换成电荷的动能。因此，焦耳定律对运流电流也不成立。

3.1.5 电动势

电源的作用是把电荷从势能低处往势能高处移动。考查电荷沿闭合路径所做的功

$$A=\oint_C \boldsymbol{F}\cdot\mathrm{d}\boldsymbol{l} \tag{3.3.16}$$

如图 3.1.4 所示，在电源外部和内部，电场力分别为 $\boldsymbol{F}=q\boldsymbol{E}$ 和 $\boldsymbol{F}=q(\boldsymbol{E}'+\boldsymbol{E})$，其中，$\boldsymbol{E}$ 为库仑场，$\boldsymbol{E}'=\boldsymbol{f}_{\mathrm{e}}/q$ 为局外场，可以通过电源将正负电荷分离开的局外力 $\boldsymbol{f}_{\mathrm{e}}$ 等效得到，故

$$A=q\int_{电源内}(\boldsymbol{E}'+\boldsymbol{E})\cdot\mathrm{d}\boldsymbol{l}+q\int_{电源外}\boldsymbol{E}\cdot\mathrm{d}\boldsymbol{l}$$

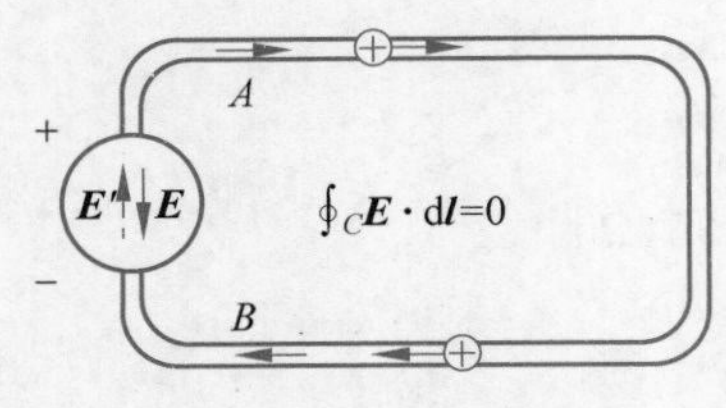

图 3.1.4　电动势示意图

$$=q\int_{\text{电源内}}\boldsymbol{E}'\cdot \mathrm{d}\boldsymbol{l}+q\oint_C \boldsymbol{E}\cdot \mathrm{d}\boldsymbol{l}$$

$$=q\int_{\text{电源内}}\boldsymbol{E}'\cdot \mathrm{d}\boldsymbol{l}$$

这里，利用了 $\oint_C \boldsymbol{E}\cdot \mathrm{d}\boldsymbol{l}=0$。由于电源外 $\boldsymbol{E}'=0$，故有

$$\boldsymbol{A}=q\int_{\text{电源内}}\boldsymbol{E}'\cdot \mathrm{d}\boldsymbol{l}=q\oint_C \boldsymbol{E}'\cdot \mathrm{d}\boldsymbol{l}$$

说明电源内部的电场为非保守场，电源外部的电场是保守场。因此，定义电动势为

$$\mathscr{E}=\frac{\boldsymbol{A}}{q}=\oint_C \boldsymbol{E}'\cdot \mathrm{d}\boldsymbol{l} \tag{3.1.17}$$

视频 14

3.2　电流连续性方程

要讨论电流的恒定电场条件，首先要研究电流与电荷的关系。根据电荷守恒原理，电流密度对闭合曲面的积分等于闭合曲面内电荷的减少量，即

$$\oint_S \boldsymbol{J}\cdot \mathrm{d}\boldsymbol{S}=-\frac{\mathrm{d}q}{\mathrm{d}t}$$

利用散度定理，可以得到

$$\int_V \nabla\cdot \boldsymbol{J}\,\mathrm{d}V=-\frac{\mathrm{d}}{\mathrm{d}t}\int_V \rho\,\mathrm{d}V$$

亦即

$$\int_V \nabla\cdot \boldsymbol{J}\,\mathrm{d}V=-\int_V \frac{\partial\rho}{\partial t}\mathrm{d}V$$

或表示为

$$\int_V \left(\nabla\cdot \boldsymbol{J}+\frac{\partial\rho}{\partial t}\right)\mathrm{d}V=0 \tag{3.2.1}$$

式(3.2.1)便是电流连续性方程。

将电流连续性方程写成微分形式

$$\nabla\cdot \boldsymbol{J}+\frac{\partial\rho}{\partial t}=0 \tag{3.2.2}$$

这是任何电流都必须满足的形式。对于稳恒电流，由于要求电流不随时间变化，因此电场亦不能随时间变化。电场归根到底是由电荷产生的，因此恒定电场要求电荷分布不能随时间变化，即要求 $\frac{\partial\rho}{\partial t}=0$。由此，稳恒电流的特性为

$$\oint_S \boldsymbol{J}\cdot \mathrm{d}\boldsymbol{S}=0 \tag{3.2.3}$$

或写为微分形式

$$\nabla\cdot \boldsymbol{J}=0 \tag{3.2.4}$$

注意：电荷分布不随时间变化并不意味着没有电荷运动，而是进入封闭区域的电荷等于离开的电荷。因此这是一种动态平衡，从宏观上看也就是电荷分布不随时间变化。恒定电场示意图如图 3.2.1 所示，不管电荷如何运动，曲面 S 所包围区域中的电荷分布不变。

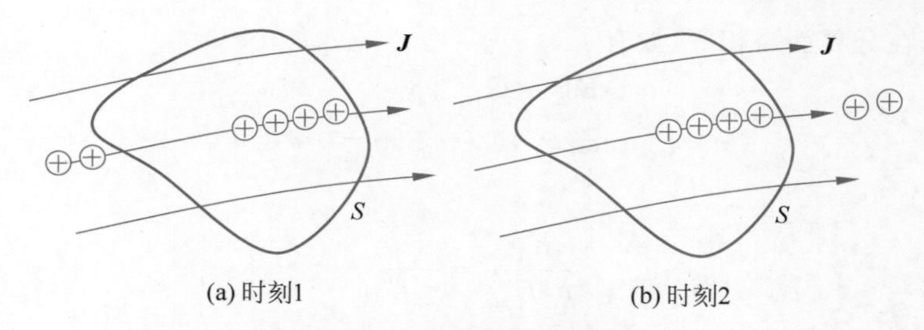

图 3.2.1 恒定电场示意图

如果电荷分布不随时间变化,那么这种状态就如同静电场。静电场的保守场特性也就适用于恒定电场,即

$$\begin{cases}\oint \boldsymbol{E} \cdot \mathrm{d}\boldsymbol{l}=0 \\ \nabla \times \boldsymbol{E}=0\end{cases} \tag{3.2.5}$$

同样,恒定电场可以用电位梯度表示

$$\boldsymbol{E}=-\nabla \varphi \tag{3.2.6}$$

3.3 恒定电场的边界条件

视频 15

在导体边界,取厚度为 h、面积为 ΔS 的小体积元,如图 3.3.1 所示。当厚度 h 趋近于无穷小时,根据恒定电流的特性方程 $\oint_S \boldsymbol{J} \cdot \mathrm{d}\boldsymbol{S}=0$,可得 $J_{1\mathrm{n}} \Delta S-J_{2\mathrm{n}} \Delta S=0$,亦即 $J_{1\mathrm{n}}=J_{2\mathrm{n}}$。另外,根据电位移矢量的边界条件,可以得到

$$\begin{cases}J_{1\mathrm{n}}=J_{2\mathrm{n}} \\ \boldsymbol{e}_{\mathrm{n}} \cdot (\boldsymbol{D}_1-\boldsymbol{D}_2)=\rho_{\mathrm{s}}\end{cases} \tag{3.3.1}$$

说明电流密度的法向分量是相等的,另外也说明两种导体的交界面可能存在表面电荷。

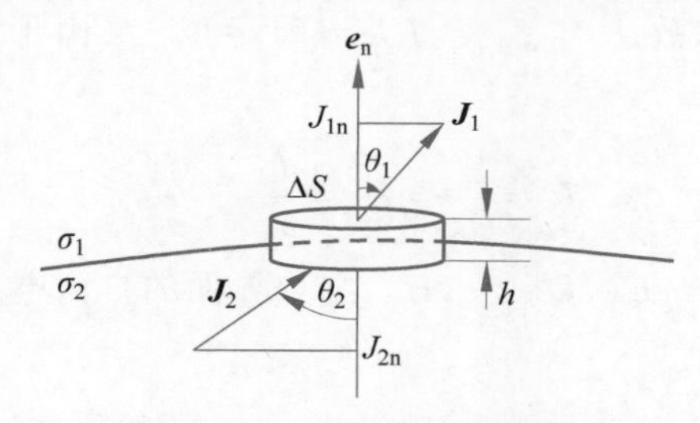

图 3.3.1 边界条件示意图

此外,根据 $\boldsymbol{J}=\sigma \boldsymbol{E}$,以及导体分界面两侧的电位相等,可得

$$\begin{cases}\sigma_1 E_{1\mathrm{n}}=\sigma_2 E_{2\mathrm{n}} \\ \varphi_1=\varphi_2\end{cases} \tag{3.3.2}$$

再利用电位与电场的关系,可将上式写为

$$\begin{cases}\sigma_1 \dfrac{\partial \varphi_1}{\partial n}=\sigma_2 \dfrac{\partial \varphi_2}{\partial n} \\ \varphi_1=\varphi_2\end{cases} \tag{3.3.3}$$

由于切向电场在分界面需相等，故有

$$\begin{cases} E_{1t} = E_{2t} \\ \boldsymbol{e}_n \times (\boldsymbol{E}_1 - \boldsymbol{E}_2) = 0 \end{cases} \tag{3.3.4}$$

于是得到

$$\frac{E_{1t}}{\sigma_1 E_{1n}} = \frac{E_{2t}}{\sigma_2 E_{2n}} \tag{3.3.5}$$

也就是

$$\frac{\tan\theta_1}{\sigma_1} = \frac{\tan\theta_2}{\sigma_2} \tag{3.3.6}$$

或者

$$\frac{\tan\theta_1}{\tan\theta_2} = \frac{\sigma_1}{\sigma_2} \tag{3.3.7}$$

例 3.3.1 如图 3.3.2 所示的单位面积平行板，求该结构的电阻。另外求两种介质的交界面是否有自由电荷存在，电荷密度为多少？

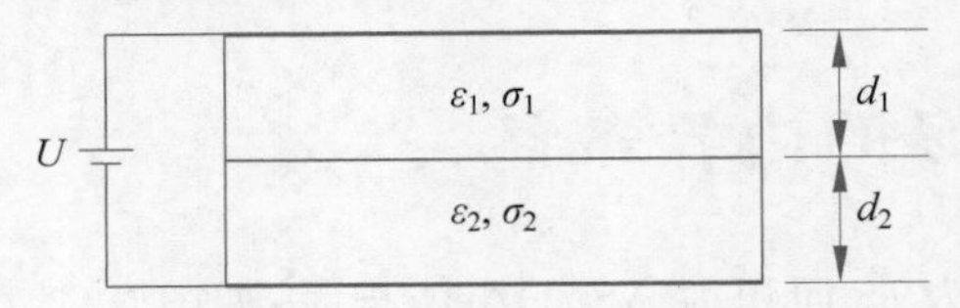

图 3.3.2 例 3.3.1 示意图

解：忽略极板边缘效应，设导体 1 和导体 2 内部电场强度分别为 E_1 和 E_2，则极板电压

$$U = E_1 d_1 + E_2 d_2$$

又因为 $\boldsymbol{J} = \sigma \boldsymbol{E}$，可以得到

$$U = \frac{J_1}{\sigma_1} d_1 + \frac{J_2}{\sigma_2} d_2$$

在本例中，电流垂直交界面，故 $J_1 = J_{1n} = J_{2n} = J_2 = J$。又由于该结构为单位面积，故该结构的电阻 R 为

$$R = \frac{U}{I} = \frac{U}{J} = \frac{d_1}{\sigma_1} + \frac{d_2}{\sigma_2}$$

在导体 1 和导体 2 内，$D_1 = \varepsilon_1 E_1$、$D_2 = \varepsilon_2 E_2$，则分界面的自由电荷密度为

$$\rho_s = D_1 - D_2 = \varepsilon_1 E_1 - \varepsilon_2 E_2 = \left(\frac{\varepsilon_1}{\sigma_1} - \frac{\varepsilon_2}{\sigma_2}\right) J = \left(\frac{\varepsilon_1}{\sigma_1} - \frac{\varepsilon_2}{\sigma_2}\right) \frac{U}{R} = \frac{\left(\frac{\varepsilon_1}{\sigma_1} - \frac{\varepsilon_2}{\sigma_2}\right) U}{\frac{d_1}{\sigma_1} + \frac{d_2}{\sigma_2}}$$

视频 16

3.4 导体中恒定电场与静电场的比拟

恒定电场与静电场有很多相似的地方，可以把这些相似的地方称为类比或者比拟。表 3.4.1 和表 3.4.2 总结了两种情形的比拟量、比拟关系和边界条件。利用这种比拟关系，可以求比拟量。

表 3.4.1 静电场与恒定电场各比拟量

静电场(E-D)		恒定电场(E-J)	
电位移矢量	$\boldsymbol{D}$	电流密度	$\boldsymbol{J}$
介电常数	ε	直流电导率	σ
电位	φ	电位	φ
电压	U	电压	U
电荷	q	电流	I
电容	C	电导	G

表 3.4.2 静电场与恒定电场各比拟量的表达式和边界条件

静电场(E-D)	恒定电场(E-J)
$\begin{cases}\nabla\times\boldsymbol{E}=0\,(\boldsymbol{E}=-\nabla\varphi)\\ \nabla\cdot\boldsymbol{D}=0\\ \nabla^2\varphi=0\\ D_{1\mathrm{n}}=D_{2\mathrm{n}}\\ E_{1\mathrm{t}}=E_{2\mathrm{t}}\\ q=\oint_S\boldsymbol{D}\cdot\mathrm{d}\boldsymbol{S}\\ \boldsymbol{D}=\varepsilon\boldsymbol{E}\end{cases}$	$\begin{cases}\nabla\times\boldsymbol{E}=0\,(\boldsymbol{E}=-\nabla\varphi)\\ \nabla\cdot\boldsymbol{J}=0\\ \nabla^2\varphi=0\\ J_{1\mathrm{n}}=J_{2\mathrm{n}}\\ E_{1\mathrm{t}}=E_{2\mathrm{t}}\\ I=\int_S\boldsymbol{J}\cdot\mathrm{d}\boldsymbol{S}\\ \boldsymbol{J}=\sigma\boldsymbol{E}\end{cases}$

例如,电容的求解公式为

$$C=\frac{q}{U}=\frac{\oint_S\boldsymbol{D}\cdot\mathrm{d}\boldsymbol{S}}{\int_1^2\boldsymbol{E}\cdot\mathrm{d}\boldsymbol{l}}=\frac{\varepsilon\oint_S\boldsymbol{E}\cdot\mathrm{d}\boldsymbol{S}}{\int_1^2\boldsymbol{E}\cdot\mathrm{d}\boldsymbol{l}} \tag{3.4.1}$$

而电导的计算公式为

$$G=\frac{I}{U}=\frac{\int_S\boldsymbol{J}\cdot\mathrm{d}\boldsymbol{S}}{\int_1^2\boldsymbol{E}\cdot\mathrm{d}\boldsymbol{l}}=\frac{\sigma\int_S\boldsymbol{E}\cdot\mathrm{d}\boldsymbol{S}}{\int_1^2\boldsymbol{E}\cdot\mathrm{d}\boldsymbol{l}} \tag{3.4.2}$$

假设两种结构相似,在已知一个比拟量表达式的情形下,可以采用类比的方法求解另一对应的量。

例 3.4.1 如图 3.4.1 所示的同轴线,外加电源电压为 U ,内外导体半径为 a 和 b,填充非理想介质 $\sigma\neq 0$,因而有漏电流,求单位长度的漏电导。

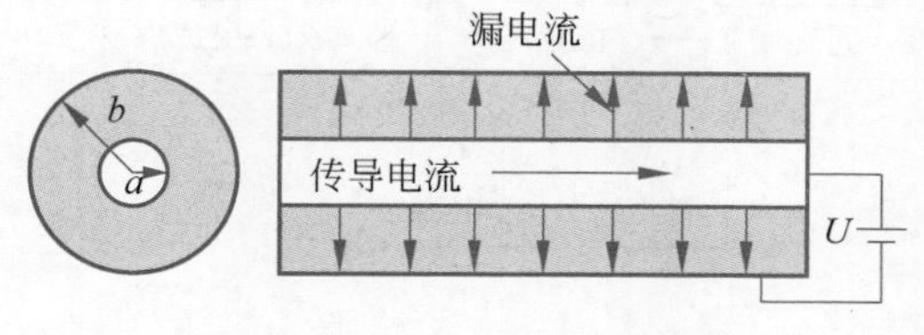

图 3.4.1 例 3.4.1 示意图

解:假设单位长度的漏电流为 I,则介质中离对称轴 r 的地方电流密度 J 为

$$J=\frac{I}{2\pi r}$$

于是得到

$$E=\frac{J}{\sigma}=\frac{I}{2\pi r\sigma}$$

取外导体为电位0点，则电压为

$$U=\int_a^b E\,\mathrm{d}r=\int_a^b \frac{I}{2\pi r\sigma}\mathrm{d}r=\frac{I}{2\pi\sigma}\ln\frac{b}{a}$$

则单位长度的漏电导为

$$G=\frac{I}{U}=\frac{2\pi\sigma}{\ln\dfrac{b}{a}}$$

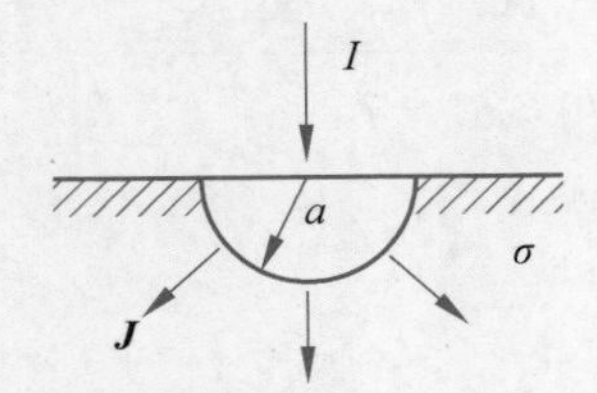

图 3.4.2　例 3.4.2 示意图

例 3.4.2　如图 3.4.2 所示的半径为 a 的金属半球埋入电导率为 σ 的土壤中，求金属半球的接地电阻。

解：土壤中任意一点离球心为 r 时，电流密度为

$$J=\frac{I}{2\pi r^2}$$

因此该点的电场强度为

$$E=\frac{J}{\sigma}=\frac{I}{2\pi r^2\sigma}$$

取无限远处为电位0点，则球面上的电位为

$$U=\int_a^{+\infty} E\,\mathrm{d}r=\int_a^{+\infty} \frac{I}{2\pi r^2\sigma}\mathrm{d}r=\frac{I}{2\pi a\sigma}$$

于是得到

$$R=\frac{U}{I}=\frac{1}{2\pi a\sigma}$$

本章知识结构

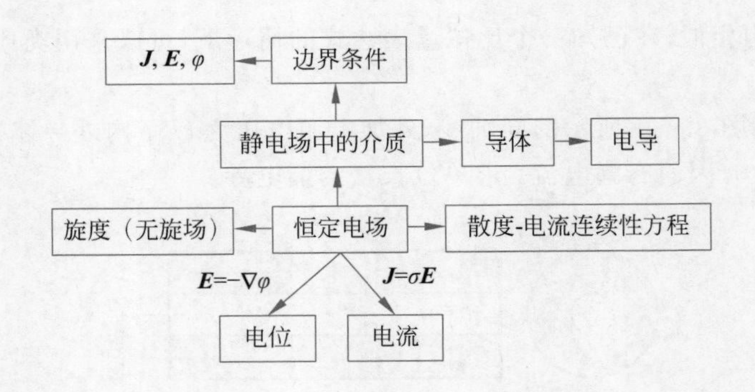

习题

3.1　半导体器件中存在电子和空穴两种载流子。假设单个电子和空穴的带电量分别 $-q$ 和 q，且本征半导体的载流子密度为 n_i，电子和空穴在电压 U 作用下的运动速度分别为

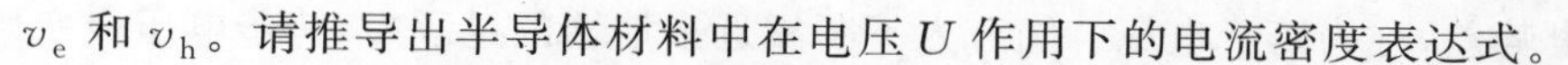

v_e 和 v_h。请推导出半导体材料中在电压 U 作用下的电流密度表达式。

3.2 设一段环形导电介质，电导率为 σ，其尺寸和形状如题 3.2 图所示，求两个端面的电阻。

3.3 求例 3.3.1 的功率损耗。

3.4 利用类比法求解例 3.4.1 的电导。

3.5 利用类比法求解例 3.4.2 的接地电阻。

3.6 同心球面如题 3.6 图所示，求同心球面之间的电阻，其中 $\sigma=\sigma_0(1+k/r)$。

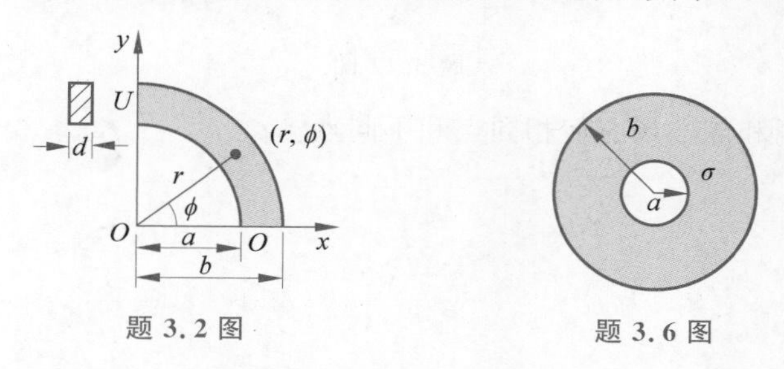

题 3.2 图　　　　题 3.6 图

3.7 请从电流连续性方程推导基尔霍夫电流定律，见题 3.7 图。推导前请自行复习电路原理相关知识。

3.8 请计算如题 3.8 图所示的平行双导线的单位长度的电导，导线半径为 a，导线中心距离为 D，导向位于介电常数为 ε、电导率为 σ 的介质中。

3.9 存在恒定电场的情况下，分析两种不同导电介质分界面上的衔接条件，说明在什么情况下分界面上自由电荷面密度为 0。

3.10 金属球形电极 A 和平板电极 B 的周围为空气，已知其电容为 C。若将该系统周围的空气全部换为电导率为 σ 的均匀导电介质，且在两极间加直流电压 U_0，则极板间导电介质损耗的功率是多少？

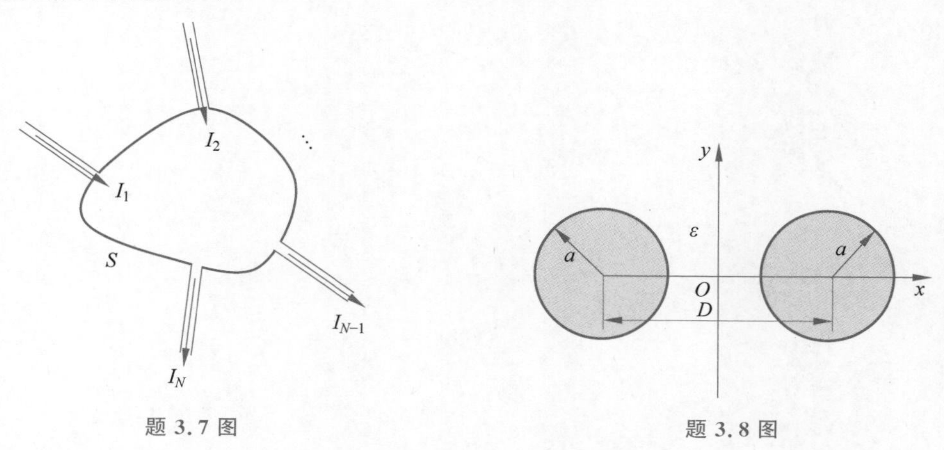

题 3.7 图　　　　题 3.8 图

3.11 对于半径为 a 的深埋球形接地器，假设地的电导率为 σ。

(1) 求接地电阻，并给出减少接地电阻的措施；

(2) 若为浅埋接地器，说明分析方法。

3.12 如题 3.12 图所示的浅埋接地器，由于其附近存在接地电阻，人在附近行走时，两腿间会存在一定的电势差,称为跨步电压。随着人不断靠近接地器的过程中,跨步电压会变大。为了安全起见,有必要在接地器的附近划定安全区域。请分析影响安全区域大小的因素。

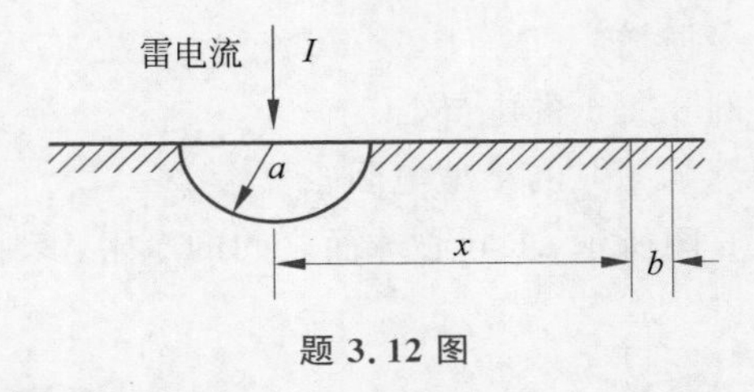

题 3.12 图

3.13　恒定电场和静电场有何相同点和不同点?

第 4 章 恒定磁场

CHAPTER 4

第 2 章讨论了电荷产生静电场，第 3 章讨论的是恒定电场下电流与电荷的关系。本章将要讨论磁场与电流之间的关系。

恒定电流产生的磁场称为恒定磁场（**steady magnetic field**）或静磁场（**static magnetic field**）。恒定磁场不随时间改变，并且与静电场具有完全不同的性质。本章首先讨论安培力定律与毕奥-沙伐尔定律。接下来分析磁场的无散场特性，即非保守场特性。此外，对应于静电场的内容，本章还将讨论矢量磁位、磁介质的特性、边界条件、电感以及磁场能量。

4.1 安培力定律与毕奥-沙伐尔定律

4.1.1 安培力定律

安培力定律是法国物理学家安培通过实验于 1820 年发现的两个电流回路的相互作用力关系定律，是经典电磁场理论的第二大实验定律。如图 4.1.1 所示，真空中两个通有恒定电流的闭合线圈，它们之间存在相互作用力。安培通过大量实验，得出线圈 C_1 对线圈 C_2 的作用力 $\boldsymbol{F}_{12}$ 为

$$\boldsymbol{F}_{12}=\frac{\mu_0}{4\pi}\oint_{C_2}\oint_{C_1}\frac{I_2\mathrm{d}\boldsymbol{l}_2\times(I_1\mathrm{d}\boldsymbol{l}_1\times\boldsymbol{e}_R)}{R^2} \tag{4.1.1}$$

式中，$\mu_0=4\pi\times10^{-7}$ H/m（亨/米），为真空中的磁导率；$\boldsymbol{r}_1$ 和 $\boldsymbol{r}_2$ 分别为电流元 $I_1\mathrm{d}\boldsymbol{l}_1$ 和 $I_2\mathrm{d}\boldsymbol{l}_2$ 对应的位置矢量；两电流元间的距离矢量为 $\boldsymbol{R}$，且 $R=|\boldsymbol{r}_2-\boldsymbol{r}_1|$，$\boldsymbol{e}_R=(\boldsymbol{r}_2-\boldsymbol{r}_1)/|\boldsymbol{r}_2-\boldsymbol{r}_1|$。

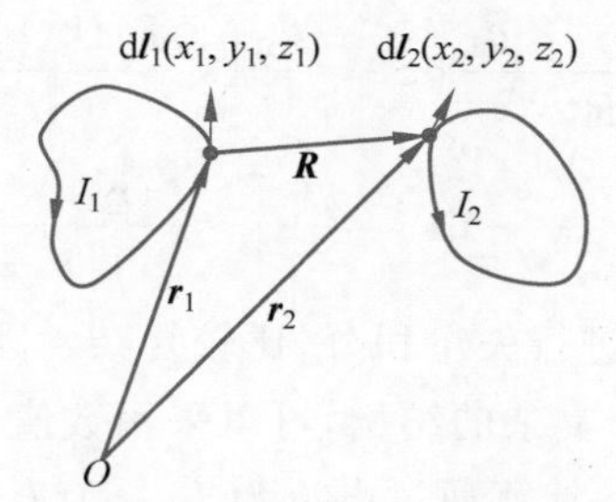

图 4.1.1 两电流回路的安培力

另外,线圈 C_2 对线圈 C_1 的作用力 $\boldsymbol{F}_{21}$ 为

$$\boldsymbol{F}_{21}=\frac{\mu_0}{4\pi}\oint_{C_1}\oint_{C_2}\frac{I_1\mathrm{d}\boldsymbol{l}_1\times[I_2\mathrm{d}\boldsymbol{l}_2\times(-\boldsymbol{e}_R)]}{R^2}=-\frac{\mu_0}{4\pi}\oint_{C_1}\oint_{C_2}\frac{I_1\mathrm{d}\boldsymbol{l}_1\times(I_2\mathrm{d}\boldsymbol{l}_2\times\boldsymbol{e}_R)}{R^2} \tag{4.1.2}$$

可以证明 $\boldsymbol{F}_{21}=-\boldsymbol{F}_{12}$,即闭合回路之间的安培力满足牛顿第三定律。但是请注意,电流元之间的相互作用力并不满足牛顿第三定律。

取线圈 C_2 上的一段电流元 $I_2\mathrm{d}\boldsymbol{l}_2$,线圈 C_1 对该电流元所施加的力为

$$\mathrm{d}\boldsymbol{F}_{12}=\frac{\mu_0}{4\pi}\oint_{C_1}\frac{I_2\mathrm{d}\boldsymbol{l}_2\times(I_1\mathrm{d}\boldsymbol{l}_1\times\boldsymbol{e}_R)}{R^2}=I_2\mathrm{d}\boldsymbol{l}_2\times\frac{\mu_0}{4\pi}\oint_{C_1}\frac{I_1\mathrm{d}\boldsymbol{l}_1\times\boldsymbol{e}_R}{R^2}$$

因此,$\boldsymbol{F}_{12}$ 又可以写为

$$\boldsymbol{F}_{12}=\frac{\mu_0}{4\pi}\oint_{C_2}\oint_{C_1}\frac{I_2\mathrm{d}\boldsymbol{l}_2\times(I_1\mathrm{d}\boldsymbol{l}_1\times\boldsymbol{e}_R)}{R^2}=\oint_{C_2}I_2\mathrm{d}\boldsymbol{l}_2\times\left(\frac{\mu_0}{4\pi}\oint_{C_1}\frac{I_1\mathrm{d}\boldsymbol{l}_1\times\boldsymbol{e}_R}{R^2}\right) \tag{4.1.3}$$

视频 17

4.1.2 毕奥-沙伐尔定律

式(4.1.3)中最右端括号中的表达式可看成线圈 C_1 在电流元 $I_2\mathrm{d}\boldsymbol{l}_2$ 所在位置产生的效应。这种效应用 $\boldsymbol{B}$ 表示,称为磁感应强度(**magnetic induction intensity**),它是表征磁场特性的基本场量,单位是 T(特斯拉)或 $\mathrm{Wb/m^2}$(韦伯/平方米),其表达式为

$$\boldsymbol{B}=\frac{\mu_0}{4\pi}\oint_{C'}\frac{I\mathrm{d}\boldsymbol{l}'\times\boldsymbol{e}_R}{R^2}=\frac{\mu_0}{4\pi}\oint_{C'}\frac{I\mathrm{d}\boldsymbol{l}'\times(\boldsymbol{r}-\boldsymbol{r}')}{|\boldsymbol{r}-\boldsymbol{r}'|^3} \tag{4.1.4}$$

式中,$\boldsymbol{r}$ 为场点,而 $\boldsymbol{r}'$ 为源点。回路上电流元 $I\mathrm{d}\boldsymbol{l}'$ 产生的磁感应强度为

$$\mathrm{d}\boldsymbol{B}=\frac{\mu_0}{4\pi}\frac{I\mathrm{d}\boldsymbol{l}'\times\boldsymbol{e}_R}{R^2}=\frac{\mu_0}{4\pi}\frac{I\mathrm{d}\boldsymbol{l}'\times(\boldsymbol{r}-\boldsymbol{r}')}{|\boldsymbol{r}-\boldsymbol{r}'|^3} \tag{4.1.5}$$

式(4.1.4)和式(4.1.5)都称为毕奥-沙伐尔定律(**Biot-Savart's law**)。毕奥-沙伐尔定律是在1820 年由法国物理学家毕奥和沙伐尔建立的。

如果电流分布在表面 S' 上,面电流密度为 $\boldsymbol{J}_S(\boldsymbol{r}')$,或者电流分布在体积 V' 里,体电流密度为 $\boldsymbol{J}(\boldsymbol{r}')$,则可以采用对面电流元 $\boldsymbol{J}_S(\boldsymbol{r}')\mathrm{d}S'$ 和体电流元 $\boldsymbol{J}(\boldsymbol{r}')\mathrm{d}V'$ 进行积分,由此可得面电流和体电流产生的磁感应强度表示式分别为

$$\boldsymbol{B}=\frac{\mu_0}{4\pi}\int_{S'}\frac{\boldsymbol{J}_S(\boldsymbol{r}')\times\boldsymbol{e}_R}{R^2}\mathrm{d}S'=\frac{\mu_0}{4\pi}\int_{S'}\frac{\boldsymbol{J}_S(\boldsymbol{r}')\times(\boldsymbol{r}-\boldsymbol{r}')}{|\boldsymbol{r}-\boldsymbol{r}'|^3}\mathrm{d}S' \tag{4.1.6}$$

$$\boldsymbol{B}=\frac{\mu_0}{4\pi}\int_{V'}\frac{\boldsymbol{J}(\boldsymbol{r}')\times\boldsymbol{e}_R}{R^2}\mathrm{d}V'=\frac{\mu_0}{4\pi}\int_{V'}\frac{\boldsymbol{J}(\boldsymbol{r}')\times(\boldsymbol{r}-\boldsymbol{r}')}{|\boldsymbol{r}-\boldsymbol{r}'|^3}\mathrm{d}V' \tag{4.1.7}$$

可见,求解磁感应强度需要进行矢量积分,比较复杂。因此在一般情况下只有比较简单的结构才可得到解析结果。对于复杂的结构,可以采用数值计算方法求解。

例 4.1.1 如图 4.1.2 所示,计算通过电流为 I、长为 l 的直导线所产生的磁感应强度。

解:取直线上一电流元 $\mathrm{d}\boldsymbol{l}'=\boldsymbol{e}_z\mathrm{d}z'$。由于直线电流具有旋转对称性,因此可以取场点坐标为 $(\rho,0,z)$。此时,电流元到场点的单位矢量为 $\boldsymbol{e}_R=\boldsymbol{e}_z\sin\alpha+\boldsymbol{e}_\rho\cos\alpha$。于是得到

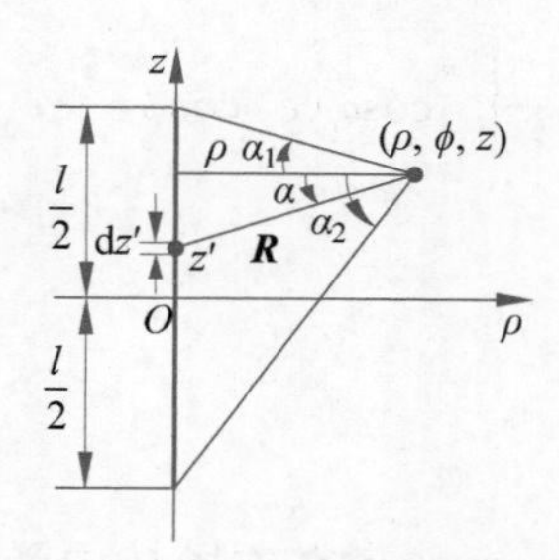

图 4.1.2 计算直线电流的磁感应强度

$$\mathrm{d}\boldsymbol{l}' \times \boldsymbol{e}_R = \begin{vmatrix} \boldsymbol{e}_\rho & \boldsymbol{e}_\varphi & \boldsymbol{e}_z \\ 0 & 0 & \mathrm{d}z' \\ \cos\alpha & 0 & \sin\alpha \end{vmatrix} = \boldsymbol{e}_\phi \cos\alpha \,\mathrm{d}z'$$

由于 $z-z'=\rho\tan\alpha$，于是 $\mathrm{d}z'=-\rho\sec^2\alpha\,\mathrm{d}\alpha$，且

$$\mathrm{d}\boldsymbol{l}' \times \boldsymbol{e}_R = \boldsymbol{e}_\phi \cos\alpha\,\mathrm{d}z' = -\boldsymbol{e}_\phi \rho \sec^2\alpha\cos\alpha\,\mathrm{d}\alpha$$

因此

$$\begin{aligned} \boldsymbol{B} &= \frac{\mu_0}{4\pi}\int_{l'} \frac{I\,\mathrm{d}\boldsymbol{l}' \times \boldsymbol{e}_R}{R^2} \\ &= -\frac{\mu_0}{4\pi}\int_{\alpha_1}^{\alpha_2} \boldsymbol{e}_\phi \frac{I\rho\sec^2\alpha\cos\alpha\,\mathrm{d}\alpha}{R^2} \\ &= -\frac{\mu_0}{4\pi}\int_{\alpha_1}^{\alpha_2} \boldsymbol{e}_\phi \frac{I\cos\alpha\,\mathrm{d}\alpha}{\rho} \\ &= \boldsymbol{e}_\phi \frac{\mu_0 I}{4\pi\rho}(\sin\alpha_1 - \sin\alpha_2) \end{aligned}$$

式中，α_1 和 α_2 取顺时针为正方向。如果该线电流无限长，则有 $\alpha_1=\pi/2$、$\alpha_2=-\pi/2$。于是得到无限长直线电流的磁感应强度为

$$\boldsymbol{B} = \boldsymbol{e}_\phi \frac{\mu_0 I}{2\pi\rho}$$

例 4.1.2 如图 4.1.3 所示，计算通过电流为 I、半径为 a 的细圆环在其旋转对称轴上所产生的磁感应强度。

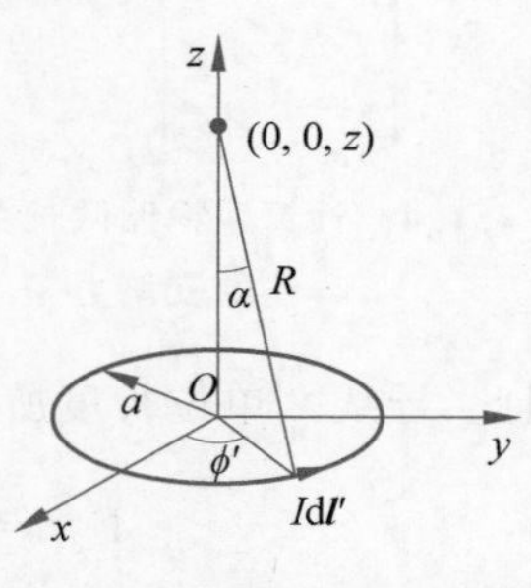

图 4.1.3 计算圆环电流的磁感应强度

解：取圆环上的一个小线元 $\mathrm{d}\boldsymbol{l}'=\boldsymbol{e}_{\phi'} a\,\mathrm{d}\phi'$，取 z 轴上一点 $(0,0,z)$。此时，电流元到场点的单位矢量为 $\boldsymbol{e}_R=\boldsymbol{e}_z\cos\alpha-\boldsymbol{e}_\rho\sin\alpha$，于是得到

$$\mathrm{d}\boldsymbol{l}' \times \boldsymbol{e}_R = \begin{vmatrix} \boldsymbol{e}_\rho & \boldsymbol{e}_\phi & \boldsymbol{e}_z \\ 0 & a\,\mathrm{d}\phi' & 0 \\ -\sin\alpha & 0 & \cos\alpha \end{vmatrix} = \boldsymbol{e}_z a\sin\alpha\,\mathrm{d}\phi' + \boldsymbol{e}_\rho a\cos\alpha\,\mathrm{d}\phi'$$

故

$$\boldsymbol{B} = \frac{\mu_0 I a}{4\pi R^2}\int_0^{2\pi} \boldsymbol{e}_z \sin\alpha\,\mathrm{d}\phi' + \boldsymbol{e}_\rho \cos\alpha\,\mathrm{d}\phi'$$

$$= \boldsymbol{e}_z \frac{\mu_0 I a^2}{2R^3} + \int_0^{2\pi} \cos\alpha (\boldsymbol{e}_x \cos\phi' + \boldsymbol{e}_y \sin\phi') \mathrm{d}\phi'$$

$$= \boldsymbol{e}_z \frac{\mu_0 I a^2}{2R^3}$$

4.1.3 洛伦兹力

由前面的分析可知，任意一电流元 $I\mathrm{d}\boldsymbol{l}$ 在磁场 $\boldsymbol{B}$ 中受到的安培力（磁场力）为

$$\mathrm{d}\boldsymbol{F} = I\mathrm{d}\boldsymbol{l} \times \boldsymbol{B}$$

受力方向与电流元的电流方向垂直，与磁感应强度方向也垂直。如果是一长电流线，则其所受的安培力为

$$\boldsymbol{F} = \int_l I\mathrm{d}\boldsymbol{l} \times \boldsymbol{B}$$

由于电流是由运动电荷产生的，且有

$$I = \frac{\mathrm{d}q}{\mathrm{d}t}, \quad \mathrm{d}\boldsymbol{l} = v\mathrm{d}t$$

故

$$\mathrm{d}\boldsymbol{F} = I\mathrm{d}\boldsymbol{l} \times \boldsymbol{B} = \frac{\mathrm{d}q}{\mathrm{d}t} \times v\mathrm{d}t \times \boldsymbol{B} = \mathrm{d}q\boldsymbol{v} \times \boldsymbol{B}$$

因此，运动电荷 q 在磁场中受到的力为

$$\boldsymbol{F} = q\boldsymbol{v} \times \boldsymbol{B} \tag{4.1.8}$$

该力称为洛伦兹力（**Lorentz force**）。如果空间同时存在电场和磁场，则电荷受到的合力为

$$\boldsymbol{F} = q(\boldsymbol{E} + \boldsymbol{v} \times \boldsymbol{B}) \tag{4.1.9}$$

式(4.1.9)称为洛伦兹公式。有的文献也将式(4.1.9)称为洛伦兹力，它由电场力和磁场力两部分组成。

例 4.1.3 通常情况下，110kV 输电线路的电流为 600～1200A。如图 4.1.4 所示，假设采用直流高压输电，高压线可以看成两根无限长的平行导线，分别载有方向相反的电流，两根导线的间距为 2m。求单位长度高压线之间的力。

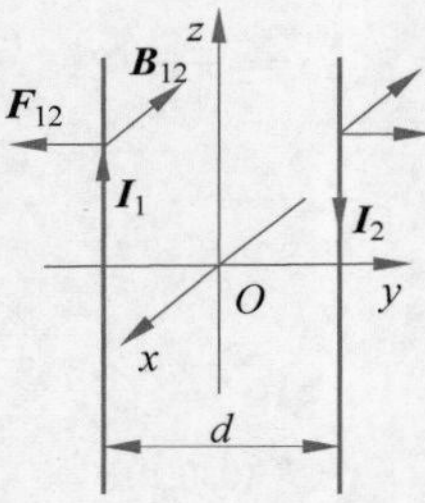

图 4.1.4 计算两根无限长平行导线的安培力

解：无限长导线 1 在导线 2 处产生的磁感应强度为

$$\boldsymbol{B}_{21} = -\boldsymbol{e}_x \frac{\mu_0 I}{2\pi d}$$

因此，导线 2 单位长度所受到的安培力为

$$\boldsymbol{F}_{21} = \boldsymbol{I}_2 \times \boldsymbol{B}_{21} = -\boldsymbol{e}_z I_2 \times \left(-\boldsymbol{e}_x \frac{\mu_0 I_1}{2\pi d}\right) = \boldsymbol{e}_y \frac{\mu_0 I_1 I_2}{2\pi d}$$

同样可以求得导线 1 单位长度所受到的安培力为

$$\boldsymbol{F}_{12} = \boldsymbol{I}_1 \times \boldsymbol{B}_{12} = \boldsymbol{e}_z I_1 \times \left(-\boldsymbol{e}_x \frac{\mu_0 I_2}{2\pi d}\right) = -\boldsymbol{e}_y \frac{\mu_0 I_1 I_2}{2\pi d}$$

将电流代入，可得

$$F_{21}=F_{12}=\frac{\mu_0 I_1 I_2}{2\pi d}=\frac{4\pi\times10^{-7}\times600\times600}{4\pi}=0.36(\text{N})$$

当电流为 1200A 时，$F_{21}=F_{12}=1.44(\text{N})$。

例 4.1.4 发电机的结构示意图如图 4.1.5 所示，假设线圈的长宽分别为 a 和 b，磁感应强度为 $\boldsymbol{B}=\boldsymbol{e}_z B_0$，线圈以角速度 ω 绕 x 轴旋转，线圈电流为 $I_0\cos(\omega t)$。求在任意一时刻转动线圈各个边所受到的力。

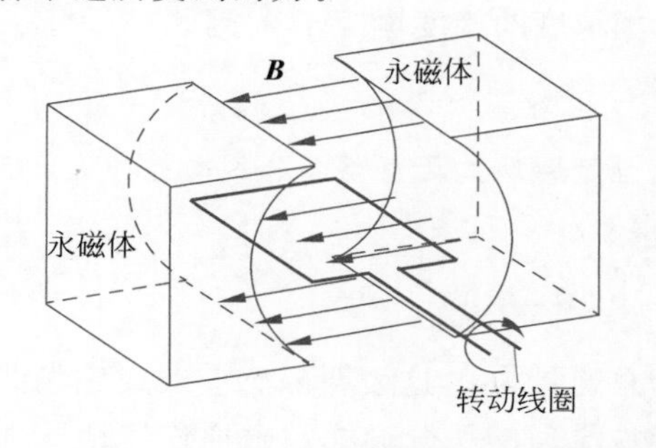

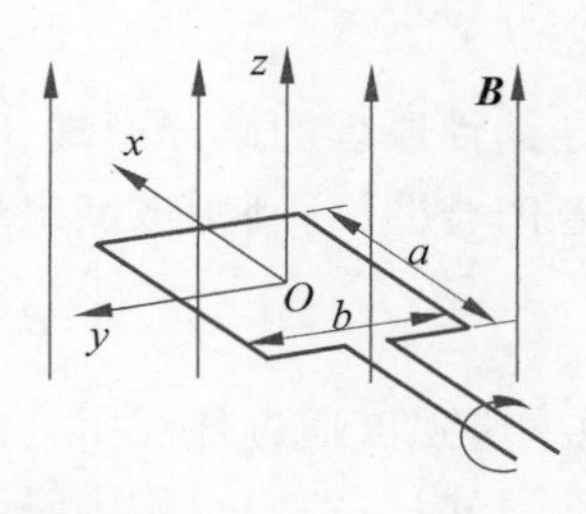

图 4.1.5 发电机示意图和等效计算模型

解：沿长边的电流方向相反，因此力的方向也相反，但是大小相等。由于沿长边的电流始终与 x 轴平行，此时

$$\boldsymbol{F}_a=a\boldsymbol{I}\times\boldsymbol{B}=\boldsymbol{e}_x aI_0\cos(\omega t)\times\boldsymbol{e}_z B_0=-\boldsymbol{e}_y aI_0B_0\cos(\omega t)$$

同样，沿短边的电流方向相反，因此力的方向也相反，但是大小相等，为

$$\boldsymbol{F}_b=b\boldsymbol{I}\times\boldsymbol{B}$$

但是，沿短边的电流方向与 y 轴的夹角 α 随时间变化。假设 $\alpha=\omega t$，则电流为

$$\boldsymbol{I}=I_0\cos(\omega t)(\boldsymbol{e}_y\cos(\omega t)+\boldsymbol{e}_z\sin(\omega t))$$

因此可得

$$\boldsymbol{F}_b=b\boldsymbol{I}\times\boldsymbol{B}=bI_0\cos(\omega t)(\boldsymbol{e}_y\cos(\omega t)+\boldsymbol{e}_z\sin(\omega t))\times\boldsymbol{e}_z B_0=\boldsymbol{e}_x bI_0B_0\cos^2(\omega t)$$

4.2 恒定磁场的基本方程、矢量磁位

散度和旋度是描述矢量场的重要工具，恒定磁场的特性可以通过其散度和旋度确定。对应于散度和旋度，其积分形式则是通量和环流量，这里将一并讨论。

4.2.1 恒定磁场的散度、磁通连续性原理

对真空中体电流产生的磁感应强度两端取散度，有

$$\nabla\cdot\boldsymbol{B}=\nabla\cdot\left(\frac{\mu_0}{4\pi}\int_{V'}\frac{\boldsymbol{J}\times\boldsymbol{e}_R}{R^2}\mathrm{d}V'\right)=\frac{\mu_0}{4\pi}\int_{V'}\nabla\cdot\frac{\boldsymbol{J}\times\boldsymbol{e}_R}{R^2}\mathrm{d}V'$$

另外

$$\nabla\cdot\frac{\boldsymbol{J}\times\boldsymbol{e}_R}{R^2}=\frac{\boldsymbol{e}_R}{R^2}\cdot(\nabla\times\boldsymbol{J})-\boldsymbol{J}\cdot\left(\nabla\times\frac{\boldsymbol{e}_R}{R^2}\right)$$

式中，$\boldsymbol{J}=\boldsymbol{J}(x',y',z')$，$\nabla=\boldsymbol{e}_x\frac{\partial}{\partial x}+\boldsymbol{e}_y\frac{\partial}{\partial y}+\boldsymbol{e}_z\frac{\partial}{\partial z}$。因此得到$\nabla\times\boldsymbol{J}=0$，进而得到

$$\nabla\cdot\frac{\boldsymbol{J}\times\boldsymbol{e}_R}{R^2}=-\boldsymbol{J}\cdot\left(\nabla\times\frac{\boldsymbol{e}_R}{R^2}\right)$$

以及

$$\nabla\cdot\boldsymbol{B}=\frac{\mu_0}{4\pi}\int_V-\boldsymbol{J}\cdot\left(\nabla\times\frac{\boldsymbol{e}_R}{R^2}\right)\mathrm{d}V'=\frac{\mu_0}{4\pi}\int_V\boldsymbol{J}\cdot\nabla\times\left(\nabla\frac{1}{R}\right)\mathrm{d}V'$$

式中，应用了$\nabla\frac{1}{R}=-\frac{\boldsymbol{e}_R}{R^2}$。考虑到任何标量场梯度的旋度恒等于0，因此

$$\nabla\cdot\boldsymbol{B}=0\tag{4.2.1}$$

这就是磁通连续性原理的微分形式，它表明恒定磁场为无散场。

对于任意闭合曲面，利用散度定理，可得

$$\oint_S\boldsymbol{B}\cdot\mathrm{d}\boldsymbol{S}=\int_V\nabla\cdot\boldsymbol{B}\,\mathrm{d}V=0\tag{4.2.2}$$

该式表明，磁感应强度通过任意闭合曲面的总通量为0，这表明磁感应线或磁场线是无头无尾的封闭曲线。式(4.2.2)也称为磁通连续性原理的积分形式。磁通连续性原理表明自然界中不存在孤立的磁荷。

4.2.2 恒定磁场的旋度、安培环路定理

对真空中体电流产生的磁感应强度取旋度运算，可得

$$\nabla\times\boldsymbol{B}=\nabla\times\left(\frac{\mu_0}{4\pi}\int_{V'}\frac{\boldsymbol{J}\times\boldsymbol{e}_R}{R^2}\mathrm{d}V'\right)=\frac{\mu_0}{4\pi}\int_{V'}\nabla\times\frac{\boldsymbol{J}\times\boldsymbol{e}_R}{R^2}\mathrm{d}V'$$

考虑到

$$\nabla\times\frac{\boldsymbol{J}\times\boldsymbol{e}_R}{R^2}=\boldsymbol{J}\nabla\cdot\frac{\boldsymbol{e}_R}{R^2}-\frac{\boldsymbol{e}_R}{R^2}\nabla\cdot\boldsymbol{J}=\boldsymbol{J}\nabla\cdot\frac{\boldsymbol{e}_R}{R^2}$$

则有

$$\begin{aligned}\nabla\times\boldsymbol{B}&=\frac{\mu_0}{4\pi}\int_{V'}\boldsymbol{J}\nabla\cdot\frac{\boldsymbol{e}_R}{R^2}\mathrm{d}V'=\frac{\mu_0}{4\pi}\int_{V'}-\boldsymbol{J}\nabla\cdot\left(\nabla\frac{1}{R}\right)\mathrm{d}V'\\&=\frac{\mu_0}{4\pi}\int_{V'}-\boldsymbol{J}\nabla^2\frac{1}{R}\mathrm{d}V'=\frac{\mu_0}{4\pi}\int_{V'}\boldsymbol{J}\left(-\nabla^2\frac{1}{R}\right)\mathrm{d}V'\\&=\frac{\mu_0}{4\pi}\int_{V'}\boldsymbol{J}(\boldsymbol{r}')4\pi\delta(\boldsymbol{r}-\boldsymbol{r}')\,\mathrm{d}V'\\&=\mu_0\boldsymbol{J}(\boldsymbol{r})\end{aligned}\tag{4.2.3}$$

式中，应用了$\nabla\frac{1}{R}=-\frac{\boldsymbol{e}_R}{R^2}$以及$-\nabla^2\frac{1}{|\boldsymbol{r}-\boldsymbol{r}'|}=4\pi\delta(\boldsymbol{r}-\boldsymbol{r}')$。该结果表明，恒定磁场是有旋场，恒定电流是产生恒定磁场的涡旋源，该式也称为真空中安培环路定理的微分形式。

对任意闭合曲线，利用斯托克斯定理，可得

$$\oint_C\boldsymbol{B}\cdot\mathrm{d}\boldsymbol{l}=\int_S\nabla\times\boldsymbol{B}\cdot\mathrm{d}\boldsymbol{S}=\int_S\mu_0\boldsymbol{J}(\boldsymbol{r})\cdot\mathrm{d}\boldsymbol{S}=\mu_0 I\tag{4.2.4}$$

该式表明，磁感应强度对任意闭合曲线的环流量等于穿过该闭合曲线所围区域的总电流乘以μ_0，该式也称为真空中安培环路定理的积分形式。

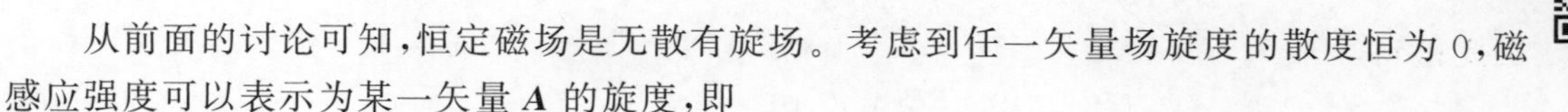

4.2.3 矢量磁位

从前面的讨论可知，恒定磁场是无散有旋场。考虑到任一矢量场旋度的散度恒为0，磁感应强度可以表示为某一矢量 $\boldsymbol{A}$ 的旋度，即

$$\boldsymbol{B}(\boldsymbol{r})=\nabla\times\boldsymbol{A} \tag{4.2.5}$$

矢量 $\boldsymbol{A}$ 称为矢量磁位或磁矢位(**vector potential**)，单位为 T·m(特斯拉·米)。

考虑到

$$\boldsymbol{J}(\boldsymbol{r}')\times\frac{\boldsymbol{e}_R}{R^2}=\boldsymbol{J}(\boldsymbol{r}')\times\left(-\nabla\frac{1}{R}\right)=\nabla\times\frac{\boldsymbol{J}(\boldsymbol{r}')}{R}-\frac{1}{R}\nabla\times\boldsymbol{J}(\boldsymbol{r}')=\nabla\times\frac{\boldsymbol{J}(\boldsymbol{r}')}{R}$$

此处，用到了$\nabla\frac{1}{R}=-\frac{\boldsymbol{e}_R}{R^2}$以及$\nabla\times\boldsymbol{J}(\boldsymbol{r}')=0$，于是式(4.1.7)可改写为

$$\boldsymbol{B}(\boldsymbol{r})=\frac{\mu_0}{4\pi}\int_{V'}\nabla\times\frac{\boldsymbol{J}(\boldsymbol{r}')}{R}\mathrm{d}V'=\nabla\times\left[\frac{\mu_0}{4\pi}\int_{V'}\frac{\boldsymbol{J}(\boldsymbol{r}')}{R}\mathrm{d}V'\right] \tag{4.2.6}$$

对比式(4.2.5)和式(4.2.6)，可得

$$\boldsymbol{A}=\frac{\mu_0}{4\pi}\int_{V'}\frac{\boldsymbol{J}(\boldsymbol{r}')}{R}\mathrm{d}V' \tag{4.2.7}$$

而对于面电流和线电流的情形，可以分别写出

$$\boldsymbol{A}=\frac{\mu_0}{4\pi}\int_{S'}\frac{\boldsymbol{J}_S(\boldsymbol{r}')}{R}\mathrm{d}S' \tag{4.2.8}$$

$$\boldsymbol{A}=\frac{\mu_0}{4\pi}\int_{l'}\frac{I}{R}\mathrm{d}\boldsymbol{l}' \tag{4.2.9}$$

可见，电流元产生的矢量磁位与此电流元的方向相同。对比直接计算 $\boldsymbol{B}$ 的式(4.1.4)、式(4.1.6)和式(4.1.7)，很显然计算 $\boldsymbol{A}$ 要简单得多。实际上，矢量磁位并不是唯一的，要唯一确定该矢量，需要同时确定其旋度和散度。对于恒定磁场，一般情况下采用库仑规范，即规定

$$\nabla\cdot\boldsymbol{A}=0 \tag{4.2.10}$$

这种人为的规范唯一地确定了矢量磁位 $\boldsymbol{A}$。

另外，

$$\nabla\times\boldsymbol{B}=\nabla\times\nabla\times\boldsymbol{A}=\nabla\cdot(\nabla\cdot\boldsymbol{A})-\nabla^2\boldsymbol{A}=\mu_0\boldsymbol{J}(\boldsymbol{r}) \tag{4.2.11}$$

考虑到库仑规范，得到

$$\nabla^2\boldsymbol{A}=-\mu_0\boldsymbol{J}(\boldsymbol{r}) \tag{4.2.12}$$

表明在库仑规范下，$\boldsymbol{A}$ 满足矢量形式的泊松方程。

例 4.2.1 计算图 4.2.1 中的矢量磁位，并利用矢量磁位计算磁感应强度。

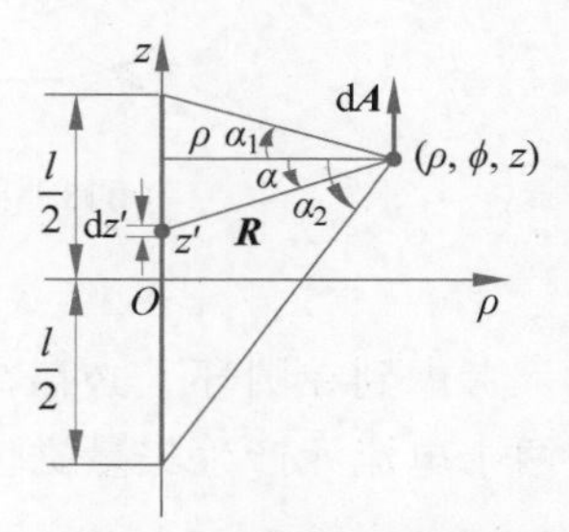

图 4.2.1 计算直线电流矢量磁位及磁感应强度

解：由于电流只沿 z 轴，故矢量磁位只有 A_z 分量

$$\boldsymbol{A}=\boldsymbol{e}_zA_z=\boldsymbol{e}_z\frac{\mu_0}{4\pi}\int_{-\frac{l}{2}}^{\frac{l}{2}}\frac{I}{R}\mathrm{d}z'$$

由于 $R=\sqrt{(z-z')^2+\rho^2}$，故

$$\boldsymbol{A}=\boldsymbol{e}_z\frac{\mu_0}{4\pi}\int_{-\frac{l}{2}}^{\frac{l}{2}}\frac{I}{\sqrt{(z-z')^2+\rho^2}}\mathrm{d}z'=\boldsymbol{e}_z\frac{\mu_0 I}{4\pi}\ln\frac{\sqrt{(l/2-z)^2+\rho^2}+(l/2-z)}{\sqrt{(l/2+z)^2+\rho^2}-(l/2+z)}$$

因此得到

$$\begin{aligned}\boldsymbol{B}=\nabla\times\boldsymbol{A}&=-\boldsymbol{e}_\phi\frac{\partial A_z}{\partial\phi}\\&=\boldsymbol{e}_\phi\frac{\mu_0 I}{4\pi\rho}\left[\frac{l/2-z}{\sqrt{(l/2-z)^2+\rho^2}}+\frac{l/2+z}{\sqrt{(l/2+z)^2+\rho^2}}\right]\\&=\boldsymbol{e}_\phi\frac{\mu_0 I}{4\pi\rho}(\sin\alpha_1-\sin\alpha_2)\end{aligned}$$

这种方法得出的结果与例 4.1.1 的结果完全相同。

4.3 磁偶极子

虽然自然界中不存在磁荷，但存在磁偶极子（magnetic dipole），它是指面积很小的任意形状的平面载流回路。如图 4.3.1 所示，定义描述磁偶极子的物理量为

$$\boldsymbol{p}_{\mathrm{m}}=I\boldsymbol{S} \tag{4.3.1}$$

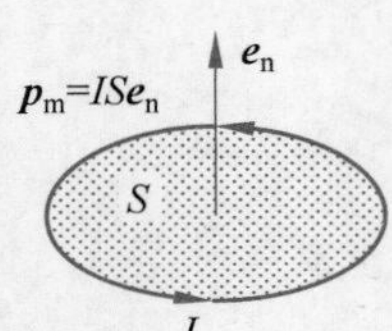

图 4.3.1 磁偶极矩示意图

称为磁偶极矩（magnetic dipole moment）。它的方向为载流回路围成面积 S 的法向，与回路电流 I 正方向符合右手螺旋法则，大小为电流乘以面积。

假设磁偶极子是由半径为 a 的圆环构成，置于 xy 平面上，如图 4.3.2(a)所示。环形电流具有旋转对称性，因此取 yz 平面上的场点 $P(r,\theta,\phi=\pi/2)$ 并不会失去一般性。圆环上电流元 $I\mathrm{d}\boldsymbol{l}'$ 在该点所产生的矢量磁位为

$$\mathrm{d}\boldsymbol{A}=\frac{\mu_0}{4\pi}\frac{I\mathrm{d}\boldsymbol{l}'}{R}=\boldsymbol{e}_{\phi'}\frac{\mu_0}{4\pi}\frac{Ia\mathrm{d}\phi'}{R}$$

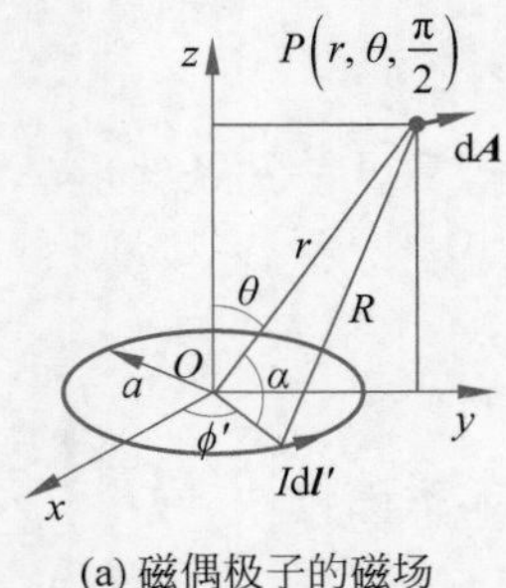

(a) 磁偶极子的磁场

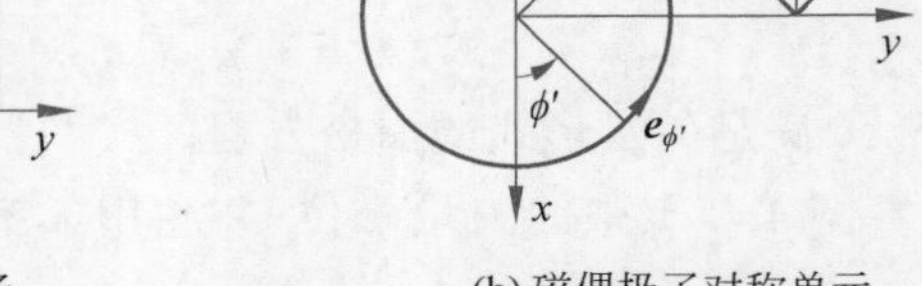

(b) 磁偶极子对称单元

图 4.3.2 磁偶极子示意图

考虑到在圆环上必存在另一电流元与电流元 $I\mathrm{d}\boldsymbol{l}'$ 关于 y 轴对称，如图 4.3.2(b)所示，则两个电流元产生矢量磁位的合成量为

$$\mathrm{d}A_\phi=2\mathrm{d}A\sin\phi'=\frac{\mu_0}{2\pi}\frac{Ia\sin\phi'\mathrm{d}\phi'}{R}$$

由于 $R=(r^2+a^2-2ra\cos\alpha)^{1/2}$，而 $a\ll r$，故得到

$$\frac{1}{R}=\frac{1}{r}\left(1+\frac{a^2}{r^2}-2\frac{a}{r}\cos\alpha\right)^{-1/2}\approx\frac{1}{r}\left(1+\frac{a}{r}\cos\alpha\right)$$

另外，$\boldsymbol{r}\cdot\boldsymbol{a}=ra\cos\alpha$。又考虑到

$$\begin{cases}\boldsymbol{a}=a(\boldsymbol{e}_x\cos\phi'+\boldsymbol{e}_y\sin\phi')\\ \boldsymbol{r}=\boldsymbol{e}_y y+\boldsymbol{e}_z z\end{cases}$$

于是 $\boldsymbol{r}\cdot\boldsymbol{a}=ya\sin\phi'$，那么就有

$$\cos\alpha=\frac{y}{r}\sin\phi'=\sin\theta\sin\phi'$$

以及

$$\frac{1}{R}\approx\frac{1}{r}\left(1+\frac{a}{r}\sin\theta\sin\phi'\right)$$

所以

$$\mathrm{d}A_\phi=\frac{\mu_0 Ia}{2\pi r}\sin\phi'\left(1+\frac{a}{r}\sin\theta\sin\phi'\right)\mathrm{d}\phi'$$

最终可得

$$\begin{aligned}\boldsymbol{A}=\boldsymbol{e}_\phi A_\phi&=\boldsymbol{e}_\phi\frac{\mu_0 Ia}{2\pi r}\int_{-\frac{\pi}{2}}^{\frac{\pi}{2}}\left(\sin\phi'+\frac{a}{r}\sin\theta\sin^2\phi'\right)\mathrm{d}\phi'\\&=\boldsymbol{e}_\phi\frac{\mu_0 I\pi a^2\sin\theta}{4\pi r^2}=\boldsymbol{e}_\phi\frac{\mu_0 IS\sin\theta}{4\pi r^2}\end{aligned}\tag{4.3.2}$$

式中，$S=\pi a^2$。将式(4.3.1)代入式(4.3.2)，可得

$$\boldsymbol{A}=\boldsymbol{e}_\phi\frac{\mu_0 p_{\mathrm{m}}\sin\theta}{4\pi r^2}=\frac{\mu_0}{4\pi r^2}\boldsymbol{p}_{\mathrm{m}}\times\boldsymbol{e}_r\tag{4.3.3}$$

对 $\boldsymbol{A}$ 求旋度，就得到磁感应强度

$$\begin{aligned}\boldsymbol{B}=\nabla\times\boldsymbol{A}&=\begin{vmatrix}\dfrac{\boldsymbol{e}_r}{r^2\sin\theta} & \dfrac{\boldsymbol{e}_\theta}{r\sin\theta} & \dfrac{\boldsymbol{e}_\phi}{r}\\ \dfrac{\partial}{\partial r} & \dfrac{\partial}{\partial\theta} & \dfrac{\partial}{\partial\phi}\\ 0 & 0 & r\sin\theta\left(\dfrac{\mu_0 IS\sin\theta}{4\pi r^2}\right)\end{vmatrix}\\&=\boldsymbol{e}_r\frac{\mu_0 IS\cos\theta}{2\pi r^3}+\boldsymbol{e}_\theta\frac{\mu_0 IS\sin\theta}{4\pi r^3}\end{aligned}\tag{4.3.4}$$

对比第 2 章给出的电偶极子的电场

$$\boldsymbol{E}=\boldsymbol{e}_r\frac{Il\cos\theta}{2\pi\varepsilon_0 r^3}+\boldsymbol{e}_\theta\frac{Il\sin\theta}{4\pi\varepsilon_0 r^3}\tag{4.3.5}$$

可以看出，磁偶极子的磁感应强度与电偶极子的电场强度具有对偶特性。

视频 19

动画 9

4.4 恒定磁场中的磁介质

以上讨论的是自由空间中的磁场。实际上,物质在磁场中一般都会产生磁化现象,即产生磁偶极矩。磁偶极矩产生的磁场将叠加到原磁场,从而使原磁场发生变化。在讨论物质的磁效应时,我们就称物质为磁介质。

为了描述磁化对原磁场的影响,引入磁化强度(**magnetic intensity**)$\boldsymbol{M}$ 这一物理量,并将其定义为单位体积内磁偶极矩的矢量和

$$\boldsymbol{M}=\lim_{\Delta V'\to 0^+}\frac{\sum_{i=1}^{N}\boldsymbol{p}_{\mathrm{m}i}}{\Delta V'} \tag{4.4.1}$$

式中,$\Delta V'$是磁介质中的一个小体积元,N 为该体积元内的磁偶极矩总数,$\boldsymbol{p}_{\mathrm{m}i}$ 为该体积元内的第 i 个磁偶极矩。因此,$\boldsymbol{M}$ 表示磁偶极矩的体密度,其单位为 A/m(安培/米)。

物质中的磁偶极矩可以用分子电流模型(安培模型)来解释,即分子的极矩来源于分子中电荷的运动。由于分子电流只能绕分子运动,因此也称为束缚电流。当没有外加磁场时,磁偶极矩的取向是随机的,因此对外不显现宏观电流。当施加外磁场时,磁偶极矩沿磁场方向排列,就有可能在介质内部或表面产生宏观束缚电流,如图 4.4.1 所示。由于该电流是因为外加磁场诱导产生的,因此也称为磁化电流(**magnetization current**)。

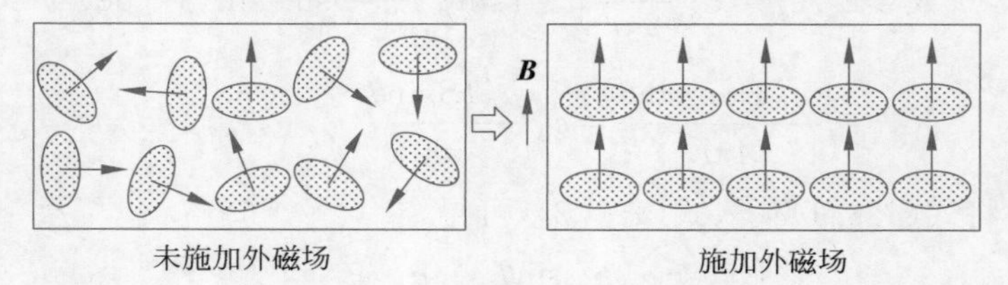

图 4.4.1 磁化强度产生的原理

现在来推导磁化电流体密度和面密度的表达式。根据式(4.3.4),由微小体积元 $\mathrm{d}V'$中的磁偶极矩产生的矢量磁位 $\mathrm{d}\boldsymbol{A}$ 为

$$\mathrm{d}\boldsymbol{A}=\frac{\mu_0\boldsymbol{M}\times\boldsymbol{e}_R\,\mathrm{d}V'}{4\pi R^2}$$

故整个介质体积 V'内产生的矢量磁位可通过积分求得

$$\boldsymbol{A}=\int_{V'}\frac{\mu_0\boldsymbol{M}\times\boldsymbol{e}_R\,\mathrm{d}V'}{4\pi R^2} \tag{4.4.2}$$

考虑到$\frac{\boldsymbol{e}_R}{R^2}=-\boldsymbol{\nabla}\frac{1}{R}=\boldsymbol{\nabla}'\frac{1}{R}$,可得

$$\begin{aligned}\boldsymbol{A}&=\frac{\mu_0}{4\pi}\int_{V'}\boldsymbol{M}\times\boldsymbol{\nabla}'\frac{1}{R}\mathrm{d}V'\\&=\frac{\mu_0}{4\pi}\left(\int_{V'}\frac{\boldsymbol{\nabla}'\times\boldsymbol{M}}{R}\mathrm{d}V'-\int_{V'}\boldsymbol{\nabla}'\times\frac{\boldsymbol{M}}{R}\mathrm{d}V'\right)\\&=\frac{\mu_0}{4\pi}\left(\int_{V'}\frac{\boldsymbol{\nabla}'\times\boldsymbol{M}}{R}\mathrm{d}V'+\int_{S'}\frac{\boldsymbol{M}\times\boldsymbol{e}_{\mathrm{n}}\mathrm{d}S'}{R}\right)\end{aligned} \tag{4.4.3}$$

将式(4.4.3)与式(4.2.7)和式(4.2.8)进行比较,可得磁化电流体密度和面密度的一般形式表达式(一般形式表达式忽略源点坐标系中的撇号)分别为

$$\boldsymbol{J}_{\mathrm{m}}(\boldsymbol{r})=\nabla\times\boldsymbol{M} \tag{4.4.4}$$

$$\boldsymbol{J}_{\mathrm{m}S}=\boldsymbol{M}\times\boldsymbol{e}_{\mathrm{n}} \tag{4.4.5}$$

如果磁介质是均匀磁化且无传导电流,那么磁介质体内不会存在磁化电流,在非均匀磁化时则会存在磁化电流。由式(4.4.5)可知,对于磁介质表面,一定会存在磁化面电流。表面磁化电流的方向可借助图 4.4.2 来确定。

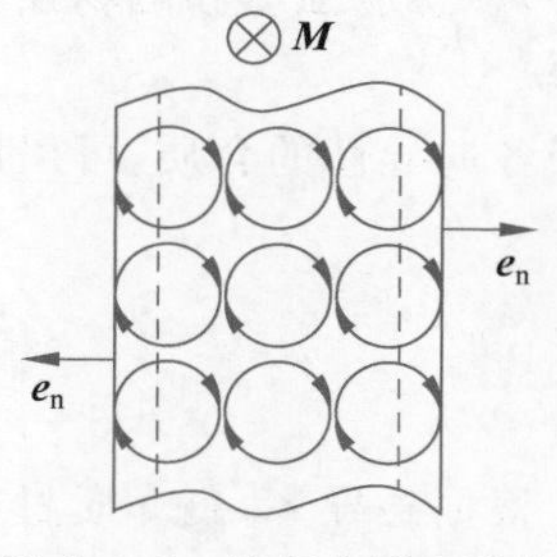

图 4.4.2 均匀介质中磁化电流示意图

由式(4.4.3)~式(4.4.5)可见,磁化介质产生的附加磁场可以由磁化电流在真空中产生的磁场来等效计算。所以,在既有传导电流,又有磁介质的情况下,式(4.2.4)可以表示为

$$\int_S \nabla\times\boldsymbol{B}\cdot\mathrm{d}\boldsymbol{S}=\int_S \mu_0\left[\boldsymbol{J}(\boldsymbol{r})+\nabla\times\boldsymbol{M}\right]\cdot\mathrm{d}\boldsymbol{S}$$

亦即

$$\int_S \nabla\times\left(\frac{\boldsymbol{B}}{\mu_0}-\boldsymbol{M}\right)\cdot\mathrm{d}\boldsymbol{S}=\int_S \boldsymbol{J}(\boldsymbol{r})\cdot\mathrm{d}\boldsymbol{S} \tag{4.4.6}$$

$$\nabla\times\left(\frac{\boldsymbol{B}}{\mu_0}-\boldsymbol{M}\right)=\boldsymbol{J}(\boldsymbol{r}) \tag{4.4.7}$$

由此可以看出,$\dfrac{\boldsymbol{B}}{\mu_0}-\boldsymbol{M}$ 只与传导电流密度有关。在此引入一个新的矢量,令

$$\boldsymbol{H}=\frac{\boldsymbol{B}}{\mu_0}-\boldsymbol{M} \tag{4.4.8}$$

该矢量称为磁场强度(**magnetic intensity**),单位为 A/m(安培/米)。于是有

$$\nabla\times\boldsymbol{H}=\boldsymbol{J}(\boldsymbol{r}) \tag{4.4.9}$$

即介质中安培环路定理的微分形式。其积分形式为

$$\oint_C \boldsymbol{H}\cdot\mathrm{d}\boldsymbol{l}=I \tag{4.4.10}$$

实验表明,除铁磁物质以外,在其他各向同性的均匀线性的磁介质中,磁化强度与磁场强度成正比,即

$$\boldsymbol{M}=\chi_{\mathrm{m}}\boldsymbol{H} \tag{4.4.11}$$

式中,χ_{m} 是磁极化率(**magnetic susceptibility**)。由此,磁感应强度与磁场强度的关系可以表示为

$$\boldsymbol{B}=\mu_0(\boldsymbol{H}+\chi_{\mathrm{m}}\boldsymbol{H})=\mu_0(1+\chi_{\mathrm{m}})\boldsymbol{H} \tag{4.4.12}$$

进而,可定义磁导率 μ 和相对磁导率 μ_{r} 为

$$\begin{cases}\mu=\mu_0(1+\chi_{\mathrm{m}})\\ \mu_r=1+\chi_{\mathrm{m}}\end{cases} \tag{4.4.13}$$

由此,可以将介质中的安培环路定理和磁通连续方程的积分形式和微分形式写为

$$\begin{cases}\oint_C \boldsymbol{H}\cdot\mathrm{d}\boldsymbol{l}=I\\ \nabla\times\boldsymbol{H}=\boldsymbol{J}\end{cases} \tag{4.4.14}$$

和

$$\begin{cases}\oint_S \boldsymbol{B}\cdot \mathrm{d}\boldsymbol{S}=0\\ \nabla\cdot \boldsymbol{B}=0\end{cases} \tag{4.4.15}$$

另外，磁感应强度和磁场强度的本构关系为

$$\boldsymbol{B}=\mu\boldsymbol{H}$$

对于各向异性的介质，可以用二维张量 $\bar{\boldsymbol{\mu}}$ 来表示，并且得到 $\boldsymbol{B}=\bar{\boldsymbol{\mu}}\cdot\boldsymbol{H}$，亦即

$$\begin{bmatrix}B_x\\B_y\\B_z\end{bmatrix}=\begin{bmatrix}\mu_{xx}&\mu_{xy}&\mu_{xz}\\\mu_{yx}&\mu_{yy}&\mu_{yz}\\\mu_{zx}&\mu_{zy}&\mu_{zz}\end{bmatrix}\cdot\begin{bmatrix}H_x\\H_y\\H_z\end{bmatrix} \tag{4.4.16}$$

根据磁导率，磁介质材料大概可以分为三类：

(1) $\mu_r<1$，抗磁性材料。抗磁性由原子内电子的轨道运动产生。抗磁性在所有材料中都有，但是一般情况下抗磁性比较弱。

(2) $\mu_r>1$，顺磁性材料。顺磁性是自旋电子的磁偶极矩产生的，并且与温度有关。

(3) $\mu_r>>1$，铁磁材料。铁磁性可以用磁畴来描述，在这里不进行深入讨论。

例 4.4.1 如图 4.4.3 所示，同轴空心磁性材料的半径为 a 和 b，磁导率为 μ，磁性材料内部轴向的电流密度为 $\boldsymbol{J}$。求材料空心部分、内部及外部的磁场强度和磁化电流体密度。

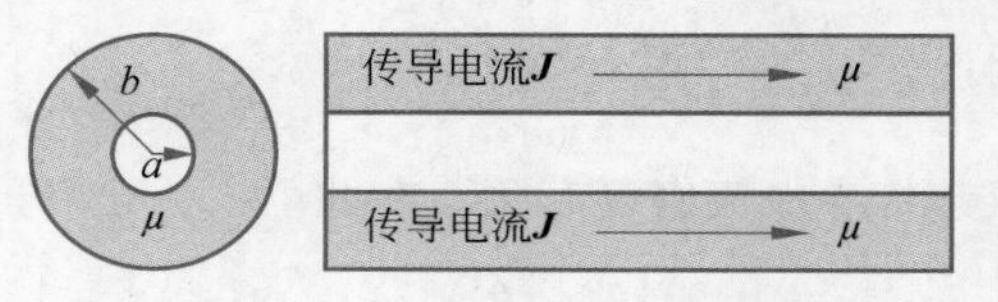

图 4.4.3 求解空心磁性材料磁场强度

解：(1) 当 $0\leqslant\rho\leqslant a$ 时，由于内部不存在传导电流，利用 $\oint_C \boldsymbol{H}\cdot\mathrm{d}\boldsymbol{l}=I$，可知该部分磁场强度为 0。由于 $\boldsymbol{J}_\mathrm{m}=\nabla\times\boldsymbol{M}$，即

$$\boldsymbol{J}_\mathrm{m}=\nabla\times\left[\left(\frac{\mu}{\mu_0}-1\right)\boldsymbol{H}\right]$$

因该区域内 $\mu=\mu_0$，故该区域内不存在磁化电流。

(2) 当 $a<\rho<b$ 时，由于结构的轴对称性，半径相同处的磁场强度大小相等，方向都为 $\boldsymbol{e}_\phi$ 方向。利用

$$\oint_C \boldsymbol{H}\cdot\mathrm{d}\boldsymbol{l}=\int_S \boldsymbol{J}\cdot\mathrm{d}\boldsymbol{S}$$

得到

$$2\pi\rho H=J(\pi\rho^2-\pi a^2)$$

于是

$$\boldsymbol{H}=\boldsymbol{e}_\phi\frac{J(\rho^2-a^2)}{2\rho}$$

因此

$$\boldsymbol{J}_\mathrm{m}=\nabla\times\left[\left(\frac{\mu}{\mu_0}-1\right)\boldsymbol{H}\right]=\boldsymbol{e}_zJ\left(\frac{\mu}{\mu_0}-1\right)$$

(3) 当 $\rho>b$ 时,用相似的求解过程可得

$$H=e_{\phi}\frac{J(b^2-a^2)}{2\rho}$$

因该区域内 $\mu=\mu_0$,故该区域内也不存在磁化电流。

4.5 恒定磁场的边界条件

与静电场相似,在不同磁介质的分界面,磁感应强度、磁场强度以及矢量磁位都需要满足一定的条件,即恒定磁场的边界条件。

4.5.1 磁感应强度、磁场强度以及矢量磁位的边界条件

取磁介质分界面上的一个圆柱形小体积,该小圆柱的高度为 h,底面积为 ΔS,如图 4.5.1(a)所示。当 $h\to 0$ 时,根据磁通连续性原理,有

$$\oint_S \boldsymbol{B}\cdot d\boldsymbol{S}=B_{1n}\Delta S-B_{2n}\Delta S=0$$

于是得到

$$B_{1n}=B_{2n} \quad 或 \quad \boldsymbol{e}_n\cdot(\boldsymbol{B}_1-\boldsymbol{B}_2)=0 \tag{4.5.1}$$

表明分界面两侧磁感应强度的法向分量是连续的。由此也就得到

$$\mu_1 H_{1n}=\mu_2 H_{2n}$$

取边界上一矩形环,矩形环长为 Δl,宽为 h,如图 4.5.1(b)所示。当 $h\to 0$ 时,利用安培环路定理,有

$$\oint_l \boldsymbol{H}\cdot d\boldsymbol{l}=H_{1t}\Delta l-H_{2t}\Delta l=J_{Sn}\Delta l$$

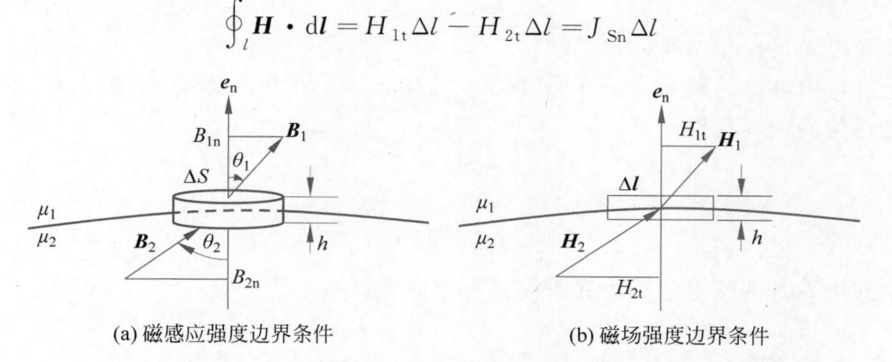

(a) 磁感应强度边界条件 (b) 磁场强度边界条件

图 4.5.1 磁感应强度及磁场强度的边界条件示意图

于是得到

$$H_{1t}-H_{2t}=J_{Sn} \quad 或 \quad \boldsymbol{e}_n\times(\boldsymbol{H}_1-\boldsymbol{H}_2)=\boldsymbol{J}_S \tag{4.5.2}$$

其中,J_{Sn} 表示垂直于矩形环围成的面的电流分量。如果不存在表面传导电流 $\boldsymbol{J}_S$,则有

$$H_{1t}=H_{2t} \quad 或 \quad \boldsymbol{e}_n\times(\boldsymbol{H}_1-\boldsymbol{H}_2)=0 \tag{4.5.3}$$

表明磁场强度的切向分量是连续的。

对于矢量磁位,由于采用了库仑规范,即$\nabla\cdot\boldsymbol{A}=0$,因此其法向分量与磁感应强度法向分量具有相同的边界条件

$$A_{1n}=A_{2n} \quad 或 \quad \boldsymbol{e}_n\cdot(\boldsymbol{A}_1-\boldsymbol{A}_2)=0 \tag{4.5.4}$$

又由于

$$\oint_l \boldsymbol{A} \cdot \mathrm{d}\boldsymbol{l} = \int_S \nabla \times \boldsymbol{A} \cdot \mathrm{d}\boldsymbol{S} = \int_S \boldsymbol{B} \cdot \mathrm{d}\boldsymbol{S}$$

即

$$A_{1\mathrm{t}} \cdot \Delta l - A_{2\mathrm{t}} \cdot \Delta l = \boldsymbol{B} \cdot \boldsymbol{e}_{\Delta S} \Delta l h$$

其中，$\boldsymbol{e}_{\Delta S}$ 表示矩形环的法向方向。于是得到

$$A_{1\mathrm{t}} - A_{2\mathrm{t}} = \boldsymbol{B} \cdot \boldsymbol{e}_{\Delta S} h$$

当 $h \to 0$ 时，$\boldsymbol{B} \cdot \boldsymbol{e}_{\Delta S} h \to 0$，于是得到

$$A_{1\mathrm{t}} = A_{2\mathrm{t}} \quad 或 \quad \boldsymbol{e}_{\mathrm{n}} \times (\boldsymbol{A}_1 - \boldsymbol{A}_2) = 0 \tag{4.5.5}$$

考虑到 $A_{1\mathrm{n}} = A_{2\mathrm{n}}$、$A_{1\mathrm{t}} = A_{2\mathrm{t}}$，故有

$$\boldsymbol{A}_1 = \boldsymbol{A}_2 \tag{4.5.6}$$

说明矢量磁位在磁介质分界面上连续。

4.5.2 标量磁位及其边界条件

若所研究区域不存在自由电流，则该区域内满足 $\nabla \times \boldsymbol{H} = 0$。根据任何标量场梯度的旋度等于 0，磁场强度可以表示为一标量场的梯度，即

$$\boldsymbol{H} = -\nabla \varphi_{\mathrm{m}} \tag{4.5.7}$$

式中，φ_{m} 称为标量磁位或磁标位（**scalar potential**）。而下标 m 代表“磁”的意思，以区分于电位。另外

$$\nabla \cdot \boldsymbol{B} = \nabla \cdot (\mu \boldsymbol{H}) = -\mu \nabla^2 \varphi_{\mathrm{m}} = 0$$

即

$$\nabla^2 \varphi_{\mathrm{m}} = 0 \tag{4.5.8}$$

说明标量磁位满足拉普拉斯方程。

在没有自由电流的磁介质交界面，由 $\boldsymbol{e}_{\mathrm{n}} \times (\boldsymbol{H}_1 - \boldsymbol{H}_2) = 0$ 以及 $\boldsymbol{e}_{\mathrm{n}} \cdot (\boldsymbol{B}_1 - \boldsymbol{B}_2) = 0$，可以得到标量磁位的边界条件

$$\begin{cases} \varphi_{\mathrm{m}1} = \varphi_{\mathrm{m}2} \\ \mu_1 \dfrac{\partial \varphi_{\mathrm{m}1}}{\partial n} = \mu_2 \dfrac{\partial \varphi_{\mathrm{m}2}}{\partial n} \end{cases} \tag{4.5.9}$$

标量磁位的边界条件与电位的边界条件具有相似性。

视频 20

4.6 电感

电流回路 C_1 在其周围产生磁场 $\boldsymbol{B}$，且磁场的大小与电流 I 成正比。如果另一回路 C_2 位于该磁场周围，则通过该回路的磁通量 ψ 也与电流的大小成正比。通常采用磁通量与激励电流的比值定义为电感。电感分为自感和互感。

4.6.1 自感

当回路的磁场是本身的电流所产生时，回路的磁链（磁通量）与电流的比值为

$$L = \frac{\psi}{I} \tag{4.6.1}$$

该比值称为回路的自感系数，简称自感，单位为 H(亨利)。

对于导体，通常需要将自感分为内自感 L_i 和外自感 L_o。内自感是指导体内部的磁场只与部分电流相交链，即导体内的磁场与电流交链的关系。而外自感是指全部在导体外部的磁链与电流的比值。为了说明内自感和外自感，以图 4.6.1 为例，C_i 为导线内环，C_o 为导线外环。C_i 与 C_o 围成的区域是导体内部，该区域的磁链称为内磁链 ψ_i；而 C_i 所围成的区域为导体外部，该区域的磁链称为外磁链 ψ_o。

内自感 L_i 和外自感 L_o 分别可表示为

$$L_i = \frac{\psi_i}{I} \quad 和 \quad L_o = \frac{\psi_o}{I}$$

因此，回路的自感为

$$L = L_i + L_o = \frac{\psi_i}{I} + \frac{\psi_o}{I} \tag{4.6.2}$$

例 4.6.1 如图 4.6.2 所示，求半径为 a 的无限长导线单位长度的自感。

解：在导线内部，其磁感应强度为

$$B = \frac{\mu_0 I\rho}{2\pi a^2}$$

通过单位长度小面元的磁通量为

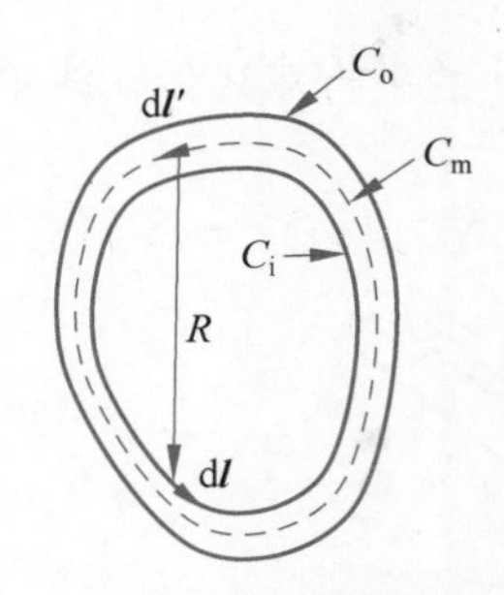

图 4.6.1 内自感和外自感示意图

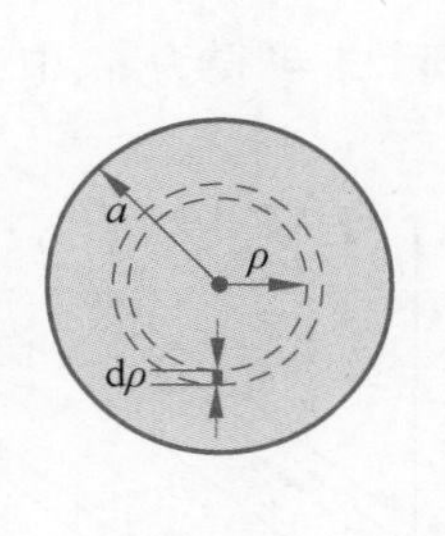

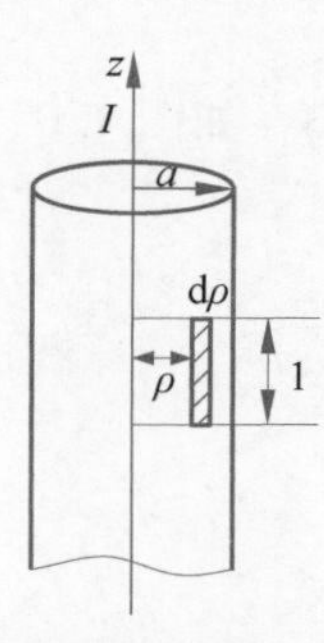

图 4.6.2 无限长导线单位长度的自感求解示意图

$$d\Phi_i = B\,d\rho$$

这部分磁通量并不与所有的电流交链，因此可以等效为与所有电流交链

$$d\psi_i = \frac{\rho^2}{a^2} d\Phi_i = \frac{\mu_0 I\rho^3}{2\pi a^4} d\rho$$

因此可得

$$\psi_i = \int_0^a B\,d\rho = \int_0^a \frac{\mu_0 I\rho^3}{2\pi a^4} d\rho = \frac{\mu_0 I}{8\pi}$$

得到单位长度导线的内自感为

$$L_i = \frac{\psi_i}{I} = \frac{\mu_0}{8\pi}$$

说明单位长度导线的内自感与导线半径无关。

例 4.6.2 如图 4.6.3 所示，求内径为 a、外径为 b 的同轴电缆单位长度的自感。

解：自感分为内自感和外自感。由例 4.6.1 可知，单位长度内导线的内自感为 $L_i =$

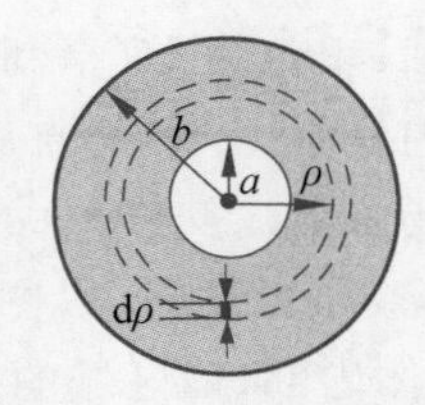

图 4.6.3　单位长度同轴电缆自感求解示意图

$\mu_0/(8\pi)$。因此，只需求解外自感。在内导体与外导体之间的区域，磁感应强度为

$$B=\frac{\mu_0 I}{2\pi\rho}$$

类似地

$$\psi_o=\int_a^b B\,\mathrm{d}\rho=\int_a^b \frac{\mu_0 I}{2\pi\rho}\mathrm{d}\rho=\frac{\mu_0 I}{2\pi}\ln\frac{b}{a}$$

所以外自感为

$$L_o=\frac{\psi_o}{I}=\frac{\mu_0}{2\pi}\ln\frac{b}{a}$$

因此可求得同轴线单位长度的自感为

$$L=L_i+L_o=\frac{\mu_0}{8\pi}+\frac{\mu_0}{2\pi}\ln\frac{b}{a}$$

例 4.6.3　如图 4.6.4 所示，求半径为 a、中心距离为 D 的平行双线传输线单位长度的自感。

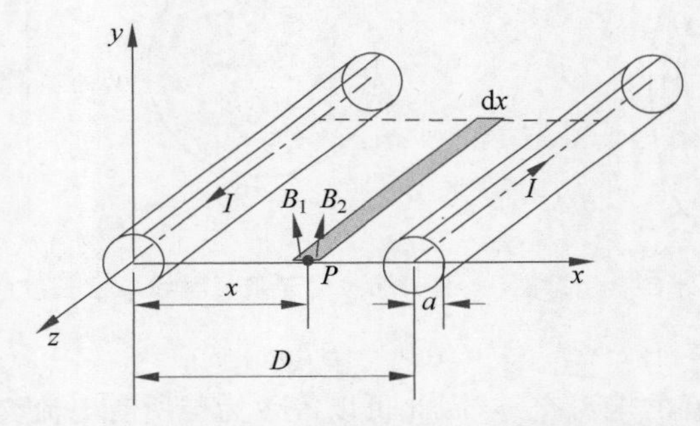

图 4.6.4　平行双线传输线单位长度的自感求解示意图

解：在 P 点，由两根导线产生磁场，分别为

$$B_1=\frac{\mu_0 I}{2\pi x}$$

和

$$B_2=\frac{\mu_0 I}{2\pi(D-x)}$$

由于 B_1 和 B_2 方向相同，可得总的磁感应强度为

$$B=B_1+B_2=\frac{\mu_0 I}{2\pi x}+\frac{\mu_0 I}{2\pi(D-x)}$$

因此，可得其外自感为

$$L_o = \frac{\psi_o}{I} = \frac{1}{I}\int_a^{D-a} B\,dx = \frac{\mu_0}{2\pi}\int_a^{D-a}\left(\frac{1}{x} + \frac{1}{D-x}\right)dx = \frac{\mu_0}{\pi}\ln\frac{D-a}{a}$$

考虑到单位长度导线的内自感为 $L_i = \mu_0/(8\pi)$，因此两根导线的总内自感为 $L_i = \mu_0/(4\pi)$。由此求得平行双线传输线单位长度的自感

$$L = L_i + L_o = \frac{\mu_0}{4\pi} + \frac{\mu_0}{\pi}\ln\frac{D-a}{a}$$

4.6.2 互感

回路之间将产生相交磁链。如图 4.6.5 所示，闭合回路 C_1 将在闭合回路 C_2 处产生磁场 $\boldsymbol{B}$，该磁场与闭合回路 C_2 将有磁链相交，称之为闭合回路 C_1 与闭合回路 C_2 的互感磁链，记为 ψ_{12}。定义

$$M_{12} = \frac{\psi_{12}}{I_1} \tag{4.6.3}$$

称为回路 C_1 对回路 C_2 的互感系数，简称互感，单位为 H（亨利）。而回路 C_2 对回路 C_1 的互感系数记为

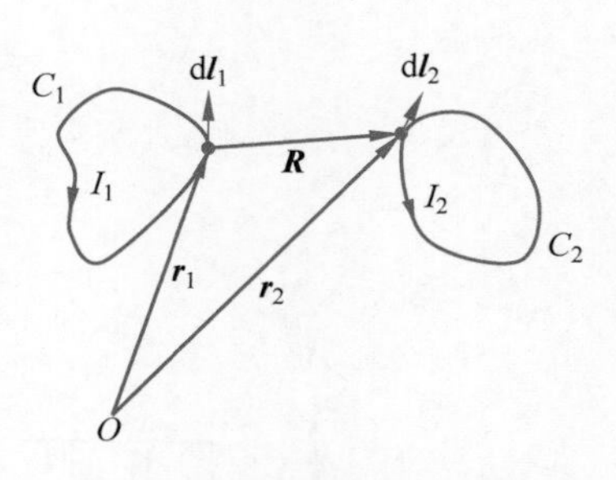

图 4.6.5 两回路之间的互感

$$M_{21} = \frac{\psi_{21}}{I_2}$$

由于回路 C_1 在回路 C_2 处产生的互感磁链为

$$\begin{aligned}\psi_{12} &= \int_{S_2} \boldsymbol{B}_1 \cdot d\boldsymbol{S} = \int_{S_2} (\nabla\times\boldsymbol{A}_1)\cdot d\boldsymbol{S} = \oint_{C_2} \boldsymbol{A}_1 \cdot d\boldsymbol{l}_2 \\ &= \oint_{C_2}\left[\frac{\mu}{4\pi}\oint_{C_1}\frac{I_1 d\boldsymbol{l}_1}{|\boldsymbol{r}_2 - \boldsymbol{r}_1|}\right]\cdot d\boldsymbol{l}_2 \\ &= \frac{\mu}{4\pi}\oint_{C_2}\oint_{C_1}\frac{I_1 d\boldsymbol{l}_1 \cdot d\boldsymbol{l}_2}{|\boldsymbol{r}_2 - \boldsymbol{r}_1|}\end{aligned}$$

因此

$$M_{12} = \frac{\psi_{12}}{I_1} = \frac{\mu}{4\pi}\oint_{C_2}\oint_{C_1}\frac{d\boldsymbol{l}_1 \cdot d\boldsymbol{l}_2}{|\boldsymbol{r}_2 - \boldsymbol{r}_1|}$$

相似地

$$M_{21} = \frac{\psi_{21}}{I_2} = \frac{\mu}{4\pi}\oint_{C_2}\oint_{C_1}\frac{d\boldsymbol{l}_1 \cdot d\boldsymbol{l}_2}{|\boldsymbol{r}_2 - \boldsymbol{r}_1|}$$

说明 $M_{12} = M_{21}$，即两个回路之间只有一个互感值。上式也称为纽曼公式（**Neumann formula**），可直接用于求解互感。

例 4.6.4 如图 4.6.6 所示，长导线与矩形回路共面，求两者之间的互感。

解：由于互感与求解方法无关，因此，采用求矩形回路的磁通量来求互感。长导线在 x 处所产生的磁感应强度为

$$\boldsymbol{B}_1 = \boldsymbol{e}_y \frac{\mu_0 I}{2\pi x}$$

穿过矩形回路的磁通量为

$$\psi_{12}=\int_{S_2}\boldsymbol{B}_1\cdot \mathrm{d}\boldsymbol{S}=\int_a^{a+b}\frac{\mu_0 Ic}{2\pi x}\mathrm{d}x=\frac{\mu_0 Ic}{2\pi}\ln\frac{a+b}{a}$$

则长导线与矩形回路之间的互感为

$$M=\frac{\psi_{12}}{I}=\frac{\mu_0 c}{2\pi}\ln\frac{a+b}{a}$$

例 4.6.5 两平行的圆形回路如图 4.6.7 所示，回路 1 和回路 2 的半径分别为 a_1 和 a_2。两圆形回路的圆心都位于 z 轴上且间距为 d。请求解两个线圈之间的互感。

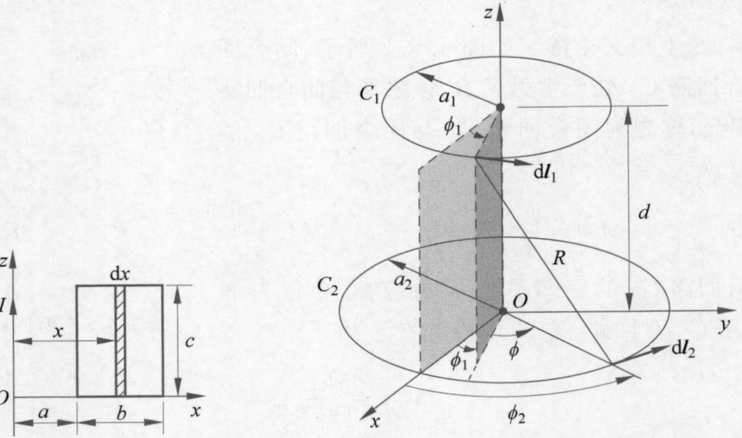

图 4.6.6 长导线与矩形回路之间的互感　　图 4.6.7 两圆形回路之间的互感

解：观察两个回路之间的关系，采用矢量磁位积分更加方便。因此，利用纽曼公式

$$M=\frac{\mu_0}{4\pi}\oint_{C_1}\oint_{C_2}\frac{\mathrm{d}\boldsymbol{l}_2\cdot \mathrm{d}\boldsymbol{l}_1}{|\boldsymbol{r}_2-\boldsymbol{r}_1|}$$

其中，$\mathrm{d}\boldsymbol{l}_1=a_1\mathrm{d}\phi_1\boldsymbol{e}_{\phi_1}$、$\mathrm{d}\boldsymbol{l}_2=a_2\mathrm{d}\phi_2\boldsymbol{e}_{\phi_2}$、$\mathrm{d}\boldsymbol{l}_1\cdot\mathrm{d}\boldsymbol{l}_2=a_1a_2\mathrm{d}\phi_1\mathrm{d}\phi_2\boldsymbol{e}_{\phi_1}\cdot\boldsymbol{e}_{\phi_2}=a_1a_2\mathrm{d}\phi_1\mathrm{d}\phi_2\cos(\phi_2-\phi_1)$。

另外，

$$R=|\boldsymbol{r}_2-\boldsymbol{r}_1|=\sqrt{d^2+a_1^2+a_2^2-2a_1a_2\cos(\phi_2-\phi_1)}$$

令 $\phi=\phi_2-\phi_1$，于是可得

$$\begin{aligned}M&=\frac{\mu_0}{4\pi}\int_0^{2\pi}\int_0^{2\pi}\frac{a_1a_2\cos(\phi_2-\phi_1)\,\mathrm{d}\phi_1\mathrm{d}\phi_2}{\sqrt{d^2+a_1^2+a_2^2-2a_1a_2\cos(\phi_2-\phi_1)}}\\&=\frac{\mu_0a_1a_2}{4\pi}\int_0^{2\pi}\int_0^{2\pi}\frac{\cos\phi\,\mathrm{d}\phi_1\mathrm{d}\phi}{\sqrt{d^2+a_1^2+a_2^2-2a_1a_2\cos\phi}}\\&=\frac{\mu_0a_1a_2}{2}\int_0^{2\pi}\frac{\cos\phi\,\mathrm{d}\phi}{\sqrt{d^2+a_1^2+a_2^2-2a_1a_2\cos\phi}}\end{aligned}$$

这是一个椭圆积分函数，需要利用数值法求解。但是对于一些特殊的情形，可以进行简化，例如，当 $d>>a_1$、$d>>a_2$ 时，

$$\frac{1}{R}\approx\frac{1}{\sqrt{d^2+a_1^2+a_2^2}}\left(1+\frac{a_1a_2\cos\phi}{d^2+a_1^2+a_2^2}\right)$$

于是可得

$$M \approx \frac{\mu_0 a_1 a_2}{2\sqrt{d^2 + a_1^2 + a_2^2}} \int_0^{2\pi} \left(1 + \frac{a_1 a_2 \cos\phi}{d^2 + a_1^2 + a_2^2}\right) \cos\phi \, d\phi = \frac{\mu_0 \pi a_1^2 a_2^2}{2(d^2 + a_1^2 + a_2^2)^{3/2}}$$

4.7 磁场能量和磁场力

磁场建立的过程也是能量累积的过程，同时电流回路之间会有力的作用。磁场建立过程的能量由电源提供。本节将讨论磁场能量和磁场力。

4.7.1 磁场能量及能量密度

如图 4.7.1 所示，假设有 N 个固定不动的电流回路，即机械能不发生改变，同时假设电流回路的欧姆损耗为 0，那么电源对系统所做的功全部转化成磁能。根据法拉第电磁感应定律（在后面的章节中会进一步详细讨论），第 j 个回路中的感应电动势为

$$\mathscr{E}_j = -\frac{d\psi_j}{dt} \tag{4.7.1}$$

因此，电源用于克服电磁感应所需要的外加电压为

$$u_j = -\mathscr{E}_j = \frac{d\psi_j}{dt}$$

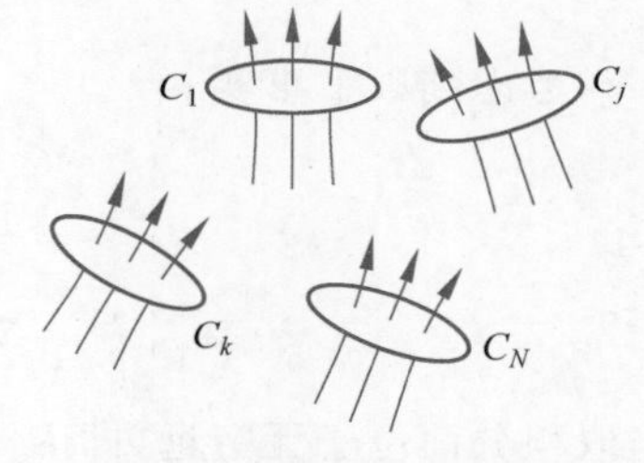

图 4.7.1 N 个电流回路

外加电源在 dt 时间内所做的功为

$$dW_j = u_j dq_j = \frac{d\psi_j}{dt} i_j dt = i_j d\psi_j$$

所以，外加电源对整个系统所做的功（即系统磁能的增加）为

$$dW_m = \sum_{j=1}^{N} i_j d\psi_j$$

此时，第 j 个回路的磁链为

$$\psi_j = L_j i_j + \sum_{k=1,k\neq j}^{N} M_{kj} i_k$$

因此得到

$$dW_m = \sum_{j=1}^{N} i_j d\left(L_j i_j + \sum_{k=1,k\neq j}^{N} M_{kj} i_k\right) = \sum_{j=1}^{N} L_j i_j di_j + \sum_{j=1}^{N} \sum_{k=1,k\neq j}^{N} M_{kj} i_j di_k$$

假定在某一时刻，$i_j = \alpha I_j$，α 是个比例值，且 $0 < \alpha \leqslant 1$，那么

$$dW_m = \sum_{j=1}^{N} L_j I_j^2 \alpha d\alpha + \sum_{j=1}^{N} \sum_{k=1,k\neq j}^{N} M_{kj} I_j I_k \alpha d\alpha$$

对左右两端积分可得

$$W_m = \int_0^1 \left(\sum_{j=1}^{N} L_j I_j^2 + \sum_{j=1}^{N} \sum_{k=1,k\neq j}^{N} M_{kj} I_j I_k\right) \alpha d\alpha = \frac{1}{2}\sum_{j=1}^{N} L_j I_j^2 + \frac{1}{2}\sum_{j=1}^{N} \sum_{k=1,k\neq j}^{N} M_{kj} I_j I_k \tag{4.7.2}$$

当所有回路的电流达到最大值时，即 $i_j = I_j$ 时，第 j 个回路的磁链为

$$\psi_j = L_j I_j + \sum_{k=1, k\neq j}^{N} M_{kj} I_k$$

考虑到 $\psi_j = \oint_{C_j} \boldsymbol{A} \cdot \mathrm{d}\boldsymbol{l}_j$,式(4.7.2)可简化为

$$W_{\mathrm{m}} = \frac{1}{2}\sum_{j=1}^{N} I_j \psi_j = \frac{1}{2}\sum_{j=1}^{N} I_j \oint_{C_j} \boldsymbol{A} \cdot \mathrm{d}\boldsymbol{l}_j \tag{4.7.3}$$

上述结果适用于离散电流环情形时的电磁能。对于更加一般的情形,线电流元 $I_j \mathrm{d}\boldsymbol{l}_j$ 应当用体电流元 $\boldsymbol{J}\mathrm{d}V$ 代替,于是得到

$$W_{\mathrm{m}} = \frac{1}{2}\int_V \boldsymbol{A} \cdot \boldsymbol{J}\mathrm{d}V$$

利用 $\nabla\times\boldsymbol{H}=\boldsymbol{J}$,以及 $\nabla\cdot(\boldsymbol{A}\times\boldsymbol{H})=\boldsymbol{H}\cdot(\nabla\times\boldsymbol{A})-\boldsymbol{A}\cdot(\nabla\times\boldsymbol{H})$,上式可写为

$$\begin{aligned} W_{\mathrm{m}} &= \frac{1}{2}\int_V \boldsymbol{A}\cdot(\nabla\times\boldsymbol{H})\,\mathrm{d}V \\ &= \frac{1}{2}\int_V [\boldsymbol{H}\cdot(\nabla\times\boldsymbol{A}) - \nabla\cdot(\boldsymbol{A}\times\boldsymbol{H})]\,\mathrm{d}V \\ &= \frac{1}{2}\int_V [\boldsymbol{H}\cdot\boldsymbol{B} - \nabla\cdot(\boldsymbol{A}\times\boldsymbol{H})]\,\mathrm{d}V \end{aligned}$$

考虑到以下事实

$$\begin{cases} A \sim \dfrac{1}{R}, H \sim \dfrac{1}{R^2}, |\boldsymbol{A}\times\boldsymbol{H}| \sim \dfrac{1}{R^3} \\ \dfrac{1}{2}\displaystyle\int_V \nabla\cdot(\boldsymbol{A}\times\boldsymbol{H})\,\mathrm{d}V = \dfrac{1}{2}\oint_S \boldsymbol{A}\times\boldsymbol{H}\,\mathrm{d}S \sim \dfrac{1}{R} \end{cases}$$

当取积分面位于无穷远,即 $R\to\infty$ 时,

$$\frac{1}{2}\int_V \nabla\cdot(\boldsymbol{A}\times\boldsymbol{H})\,\mathrm{d}V \sim \frac{1}{R} \to 0$$

需要说明的是,取积分面位于无穷远是合理的,因为必须包含整个空间的磁场能量。最终,可以得到

$$W_{\mathrm{m}} = \frac{1}{2}\int_V \boldsymbol{H}\cdot\boldsymbol{B}\,\mathrm{d}V = \frac{1}{2}\int_V \mu H^2\,\mathrm{d}V \tag{4.7.4}$$

对于局部的能量分布,可以采用磁场能量密度表示,即

$$w_{\mathrm{m}} = \frac{1}{2}\boldsymbol{H}\cdot\boldsymbol{B} = \frac{1}{2}\mu H^2 \tag{4.7.5}$$

4.7.2 磁场力*

与静电场相似,电流回路之间也存在力的作用。如果采用安培力定律计算,当然可以直接求得磁场力。但是有不少复杂的情形,如果直接用安培力定律计算会比较困难。在这里,利用虚位移法分两种情形讨论磁场力的计算,这与静电场的虚位移法十分相似。为方便起见,假设有两电流回路 C_1 和 C_2。

(1) 两电流回路的磁链 ψ_1 和 ψ_2 不发生改变。假设仅回路 C_1 在磁场力 F 作用下产生了虚位移 Δx,则两回路中的电流 I_1 和 I_2 必然发生改变,才能维持两电流回路的磁链不变。因此系统的磁能变化量为

$$\Delta W_m = \frac{1}{2}(\Delta I_1 \psi_1 + \Delta I_2 \psi_2)$$

由于磁通量没有变,因此回路中无感应电动势。那么系统磁场能的减少量用于磁场力做功,即

$$F\Delta x = -\Delta W_m$$

于是得到磁场力为

$$F = -\left.\frac{\partial W_m}{\partial x}\right|_{\psi不变} \tag{4.7.6}$$

(2) 两电流回路的电流 I_1 和 I_2 不发生改变。仍假设仅回路 C_1 在磁场力 F 作用下产生了虚位移 Δx,则两回路中的磁链 ψ_1 和 ψ_2 必然发生改变,从而使得两回路产生感应电动势。因此,外电源必须做功以保证两回路的电流不发生改变,且所做功的大小为

$$I_1\Delta\psi_1 + I_2\Delta\psi_2 = 2\Delta W_m$$

因此,外电源做功所提供的能量一部分用于增加系统的磁能 ΔW_m,而另一部分 ΔW_m 用于磁场力做功,即

$$F\Delta x = \Delta W_m$$

于是得到磁场力为

$$F = \left.\frac{\partial W_m}{\partial x}\right|_{I不变} \tag{4.7.7}$$

对于双电流回路系统,$W_m = \frac{1}{2}L_1 I_1^2 + \frac{1}{2}L_2 I_2^2 + M_{12} I_1 I_2$,于是

$$F = \left.\frac{\partial W_m}{\partial x}\right|_{I不变} = I_1 I_2 \frac{\partial M_{12}}{\partial x}$$

上式说明恒电流系统中磁能的改变是由互感变化造成的,同时也间接说明自感与电流回路本身特性相关,互感与电流回路之间的相对位置有关。

例 4.7.1 如图 4.7.2 中的电磁铁,上部分电磁铁有 N 匝线圈,且通过的电流为 I。电流在磁铁中产生的磁通量为 ψ。磁铁的横截面为 S。求磁铁与衔铁之间的力。

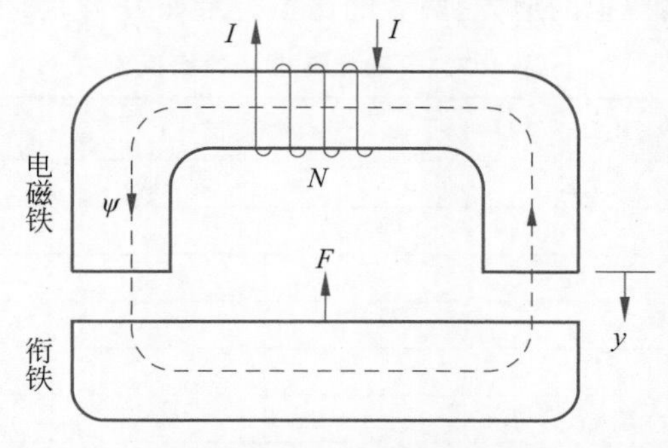

图 4.7.2 N 个电流回路的电磁铁与衔铁之间的力

解:令衔铁产生一个虚位移 $\mathrm{d}y$,即 y 轴上的微分增量,同时调整源以保持磁通量为恒定。衔铁位移只会改变空气隙的长度。因此,位移只是改变了两个空气隙中存储的磁能。

$$\Delta W_m = 2\left(\frac{B^2}{2\mu_0}S\,\mathrm{d}y\right) = \frac{\psi^2}{\mu_0 S}\mathrm{d}y$$

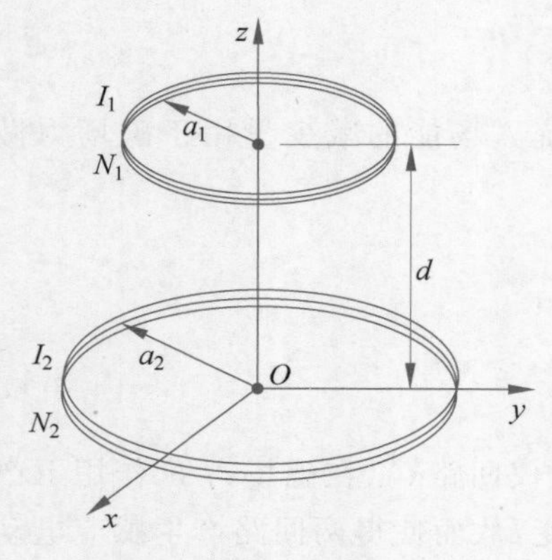

图 4.7.3 N 个电流回路

如果 ψ 恒定,那么增加空气隙长度(dy 为正),也就增加了存储的磁能。

$$F = -\boldsymbol{e}_y \frac{\mathrm{d}W_\mathrm{m}}{\mathrm{d}y} = -\boldsymbol{e}_y \frac{\psi^2}{\mu_0 S}$$

这里,负号表示这个力企图减小空气隙长度,也就是说,它是一种吸引力。

例 4.7.2 如图 4.7.3 所示,求两个同轴圆形线圈之间的磁场力。两个线圈的半径分别为 a_1 和 a_2,电流分别为 I_1 和 I_2,匝数分别为 N_1 和 N_2。线圈相距为 d,且满足 $d>>a_1$、$d>>a_2$。

解:首先,求两个线圈之间的互感。从例 4.6.5 可知,两个单匝线圈之间的互感为

$$M \approx \frac{\mu_0 \pi a_1^2 a_2^2}{2(d^2 + a_1^2 + a_2^2)^{3/2}}$$

考虑到线圈的匝数后,本题中的互感为(d 改为虚位移 z 后)

$$M = \frac{\mu_0 \pi N_1 N_2 a_1^2 a_2^2}{2(z^2 + a_1^2 + a_2^2)^{3/2}}$$

由此得,线圈 2 对线圈 1 所产生的磁场力为

$$\boldsymbol{F}_{2\to1} = \boldsymbol{e}_z I_1 I_2 \frac{\mathrm{d}M}{\mathrm{d}z}\bigg|_{z=d} = -\boldsymbol{e}_z I_1 I_2 \frac{3\mu_0 \pi N_1 N_2 d a_1^2 a_2^2}{2(d^2 + a_1^2 + a_2^2)^{5/2}}$$

考虑到 $d>>a_1$、$d>>a_2$,磁场力可以简化为

$$\boldsymbol{F}_{2\to1} = -\boldsymbol{e}_z I_1 I_2 \frac{3\mu_0 \pi N_1 N_2 a_1^2 a_2^2}{2d^4}$$

如果两个线圈的电流方向相同,则是具有相互吸引力;如果两个线圈的电流方向相反,则是具有相互排斥力。

磁场与电场存在很多比拟的地方,两者的比拟关系如表 4.7.1 所示。

表 4.7.1 磁场与电场的比拟

	电　场	磁　场
物理量	$\boldsymbol{E}$	$\boldsymbol{H}$
	$\boldsymbol{D}$	$\boldsymbol{B}$
	φ	A, φ_m
	ε	μ
	C	L
	$\boldsymbol{P} = \varepsilon_0 \chi_\mathrm{e} \boldsymbol{E}$	$\boldsymbol{M} = \chi_\mathrm{m} \boldsymbol{H}$
	$\rho_\mathrm{ps} = -\nabla \cdot \boldsymbol{P}, \rho_\mathrm{ps} = \boldsymbol{e}_\mathrm{n} \cdot \boldsymbol{P}$	$\boldsymbol{J}_\mathrm{m}(r) = \nabla \times \boldsymbol{M}, \boldsymbol{J}_\mathrm{mS} = \boldsymbol{M} \times \boldsymbol{e}_\mathrm{n}$
本构关系	$\boldsymbol{D} = \varepsilon \boldsymbol{E}$	$\boldsymbol{B} = \mu \boldsymbol{H}$
能量	$w_\mathrm{e} = \frac{1}{2}\boldsymbol{D} \cdot \boldsymbol{E} = \frac{1}{2}\varepsilon E^2$	$w_\mathrm{m} = \frac{1}{2}\boldsymbol{B} \cdot \boldsymbol{H} = \frac{1}{2}\mu H^2$

本章知识结构

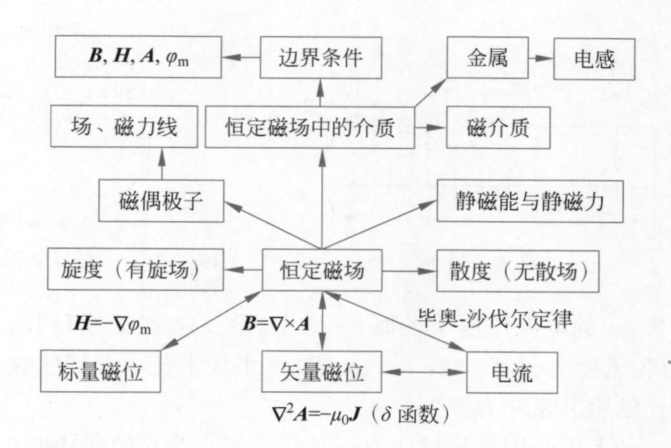

习题

4.1 求题 4.1 图中三种情况在 O 点处的磁感应强度。

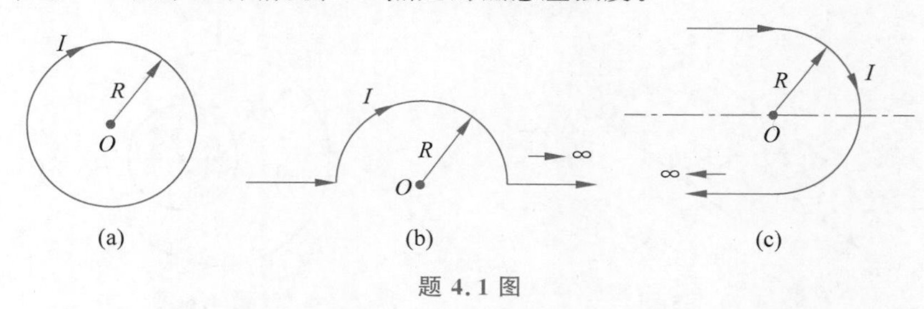

题 4.1 图

4.2 根据例 4.1.1 的计算结果，求解外接圆半径为 R 的正 4 边形、正 5 边形和正 6 边形中心的磁感应强度，如题 4.2 图所示。试写出正 n 边形中心的磁感应强度。对比当 n 接近无穷大时，磁感应强度与题 4.1 中第一种情形的结果。

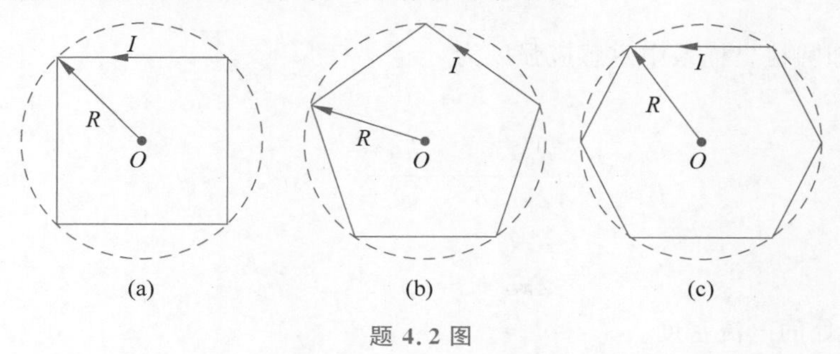

题 4.2 图

4.3 如题 4.3 图所示，一 N 匝紧密排列通有电流 I 的空心螺线管，其内径为 a、长度为 L，且有 $L>>a$。求管内中心轴线上任意一点的磁感应强度。

4.4 一个半径为 a 的导体球面带电量为 q，如题 4.4 图所示，当导体球以角速度 ω 绕 z

轴(直径)匀速旋转时,求球心 O 点处的磁感应强度。

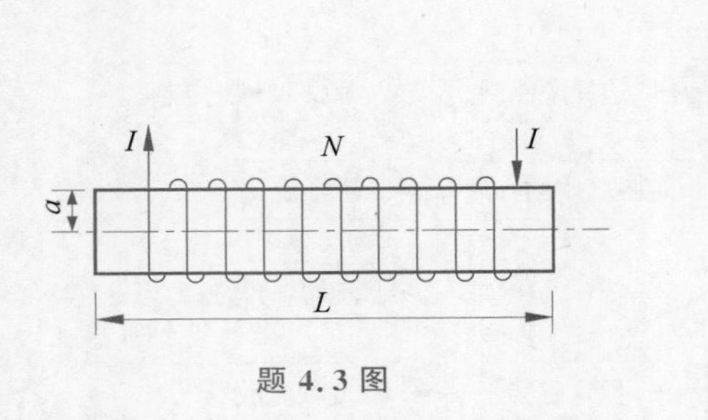

题 4.3 图

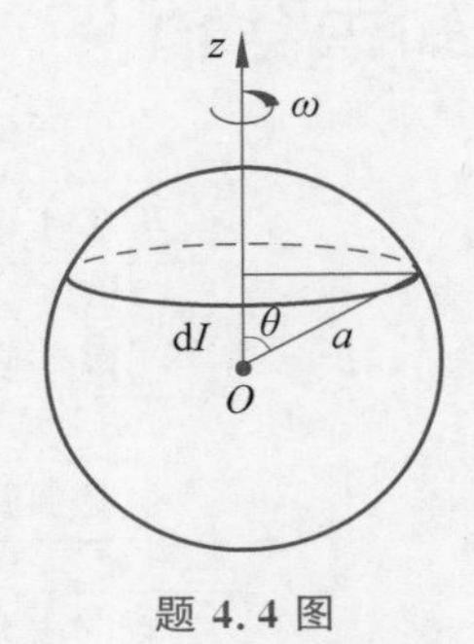

题 4.4 图

4.5 一宽度为 $2a$ 的电流片位于平面 $z=0$ 上,沿 x 方向无线延长,如题 4.5 图所示。已知电流片表面电流密度为 $\boldsymbol{J}_{\mathrm{S}}=-2\boldsymbol{e}_x\ \mathrm{A/m}$,求 yz 平面上任一点处的磁感应强度$\boldsymbol{B}$。当条带无限宽时,请问其磁感应强度为多少?

4.6 半径为 a 的无限长圆柱导体中有一平行的半径为 b 的圆柱形空腔,圆柱导体和圆柱空腔轴线之间的距离为 d,且导体中存在均匀分布的电流密度 $\boldsymbol{J}=\boldsymbol{e}_z J$,如题 4.6 图所示,求空腔内的磁感应强度 $\boldsymbol{B}$,并判断 $\boldsymbol{B}$ 是否均匀。

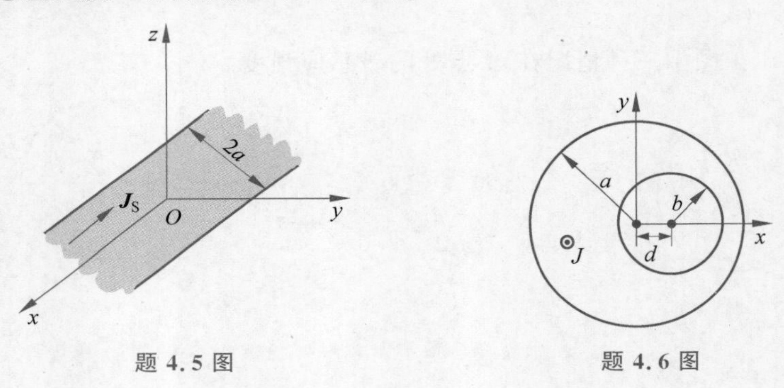

题 4.5 图　　题 4.6 图

4.7 已知半径为 a 的无限长圆柱导体中 $\boldsymbol{J}=\boldsymbol{e}_z J_0\left(1-\dfrac{\rho}{2a}\right)$,求空间各点处的磁感应强度。

4.8 已知圆柱坐标系中磁感应强度为

$$B=\begin{cases}0, & 0<\rho<a\\ \boldsymbol{e}_\phi\,\dfrac{\mu_0 I(\rho^2-a^2)}{2\pi\rho(b^2-a^2)}, & a<\rho<b\\ \boldsymbol{e}_\phi\,\dfrac{\mu_0 I}{2\pi\rho}, & \rho>b\end{cases}$$

求空间各处的电流密度。

4.9 如题 4.9 图所示,无限长平行双线通有相反方向的电流,间距为 $2d$,求在任意一点 P 所产生的矢量磁位,并根据矢量磁位求磁感应强度。

4.10 一个位于坐标原点的磁化球,半径为 a,若球内的磁化强度为 $\boldsymbol{M}=\boldsymbol{e}_z(2z^2+4)$,求球内及球面上的磁化电流密度。

4.11 一磁导率为 μ 的磁棒插入电流为 I 的密绕螺线管中，如题 4.11 图所示，若单位长度螺线管的匝数为 N，磁棒半径为 a，螺线管内径为 $b(b>a)$，求磁棒内以及磁棒与螺线管间的磁感应强度、磁场强度以及磁化强度。

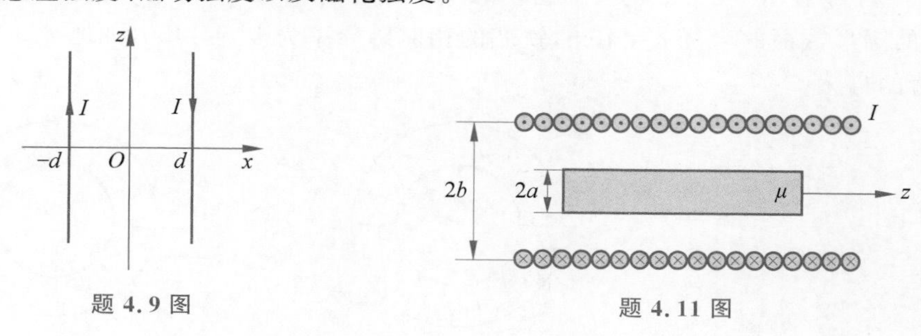

题 4.9 图　　　　题 4.11 图

4.12 一半径为 0.1m 的长直圆柱导体，导体中的电流密度为 $\boldsymbol{J}_V=\boldsymbol{e}_x\mathrm{e}^{-0.5\rho}\,(\mathrm{A/m^2})$，试求空间任一点的磁场强度。

4.13 一矩形线圈中通有电流 I，其边长分别为 a 和 b，如题 4.13 图所示，试证明 P 点的矢量磁位 $\boldsymbol{A}\approx\dfrac{\mu_0}{4\pi}\nabla\times\dfrac{\boldsymbol{p}_\mathrm{m}}{r}$。

4.14 下面的矢量函数中，哪些是可能的磁场分布？如果是，求出相应的电流源 $\boldsymbol{J}$。

(1) $\boldsymbol{B}=-\boldsymbol{e}_x ky+\boldsymbol{e}_y kx$

(2) $\boldsymbol{B}=\boldsymbol{e}_\phi kr$（球坐标系）

(3) $\boldsymbol{B}=\boldsymbol{e}_\rho k\rho$（圆柱坐标系）

4.15 一无限长直线电流垂直于磁导率分别为 $\mu_1=\mu_0$ 和 $\mu_2=\mu$ 的两种磁介质的分界面，如题 4.15 图所示，试求：

(1) 各区域的磁感应强度；

(2) 磁化电流分布。

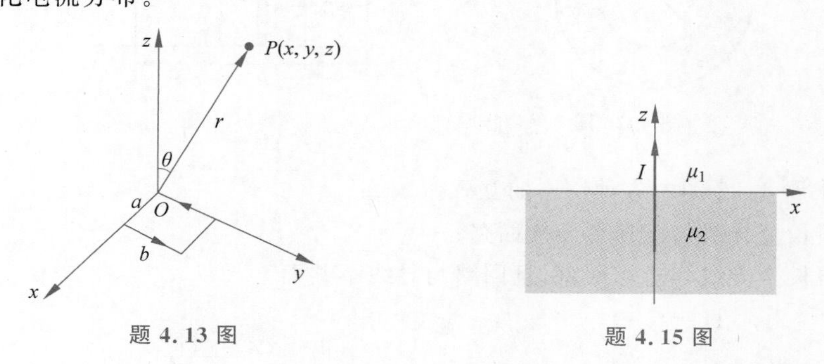

题 4.13 图　　　　题 4.15 图

4.16 将一根无限长直线电流 I 放置于两种半无限大的磁介质分界面内，如题 4.16 图所示，求两种介质中的磁感应强度和磁场强度。

4.17 一无限大载流导体薄片位于 $z=0$ 处，其上电流密度为 $\boldsymbol{J}_\mathrm{S}=\boldsymbol{e}_x 3(\mathrm{kA/m})$，在 $z>0$ 的区域中，磁场强度为 $\boldsymbol{H}_1=\boldsymbol{e}_x 2-\boldsymbol{e}_y 3+\boldsymbol{e}_z 6(\mathrm{kA/m})$，其相对磁导率为 $\mu_{\mathrm{r1}}=2$。若 $z<0$ 的区域中的相对磁导率为 $\mu_{\mathrm{r2}}=4$，求 $z<0$ 区域中的磁场强度 $\boldsymbol{H}_2$。

4.18 同轴电缆内外导体通有等量反向电流 I，在内外导体间填有两种不同的介质，填充情况如题 4.18 图所示。已知其内外导体半径分别为 a 和 b，求：

（1）各区域的磁场强度；

（2）单位长度的电感。

4.19　一个半径 $R=20\text{cm}$ 的环形密绕螺线管通有电流 $I=0.5\text{A}$，环上共绕 2000 匝线圈，已知管的圆形截面的半径 $a=1\text{cm}$，铁芯的相对磁导率为 $\mu_r=1400$，如题 4.19 图所示。试求螺线管的自感。

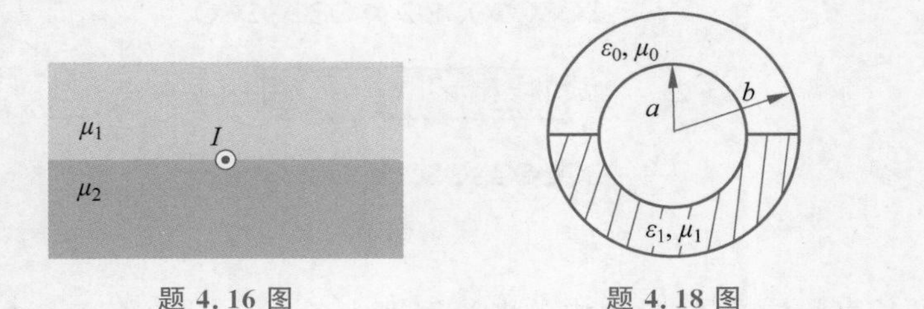

题 4.16 图　　题 4.18 图

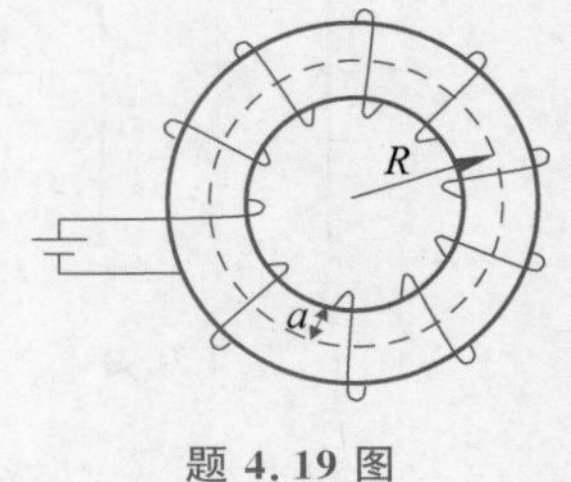

题 4.19 图

4.20　内外半径分别为 a 和 b 的无限长空心圆柱导体上通有传导电流 I，如题 4.20 图所示，已知介质的磁导率为 μ_0，求空心圆柱导体单位长度的内自感。

4.21　在无限长的双导线之间有一个矩形线圈，且双导线和矩形线圈在同一平面内。已知双导线的线径为 r，通有反向电流 I。双导线和矩形线圈的相对位置如题 4.21 图所示，试求：

（1）该双导线单位长度的自感；

（2）双导线与线圈之间的互感。

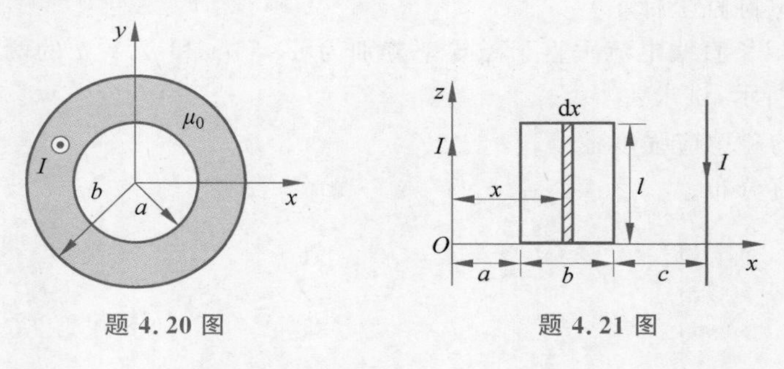

题 4.20 图　　题 4.21 图

4.22　求题 4.22 图中各种情形的互感。

（1）无限长直导线与三角形导线回路；

（2）无限长直导线与矩形回路，且回路与导线不共面。

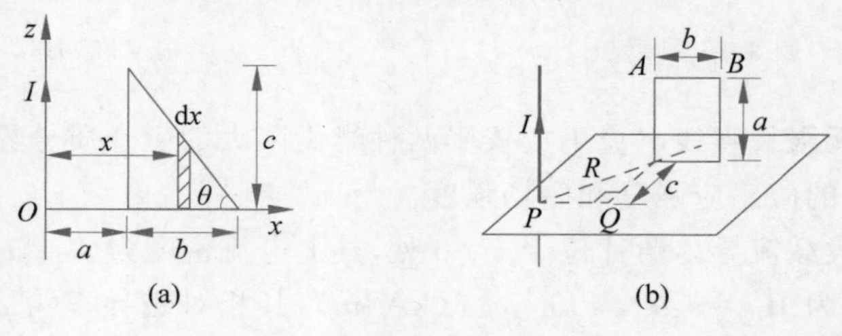

题 4.22 图

4.23 同轴线的内外导体半径分别为 a 和 b(其厚度可忽略不计),通有电流 I。

(1) 求同轴线单位长度内存储的磁场能量,并根据磁场能量求出同轴线的电感;

(2) 若同轴线厚度不忽略,即其内导体半径为 a,外导体的内、外半径分别为 b 和 c,试求此同轴电缆中单位长度储存的磁场能量。

4.24 长直螺线管单位长度上均匀密绕着 N 匝线圈,线圈中通有电流 I,截面积为 S,如题 4.24 图所示,图中左边铁芯的磁导率为 μ,求作用在铁芯截面上的力。

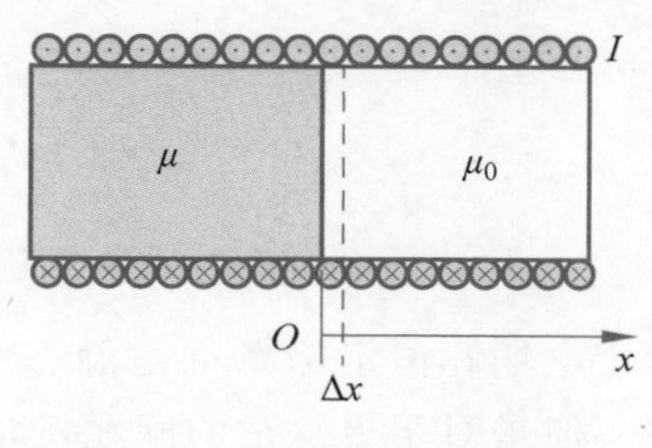

题 4.24 图

第 5 章 静态场的边值问题及其解法

CHAPTER 5

前面几章讨论的静电场、恒定电场和恒定磁场都是静态场。简单的静态场问题可采用库仑定律、安培力定律进行求解。但是对于更复杂的问题,这些求解方法就很难胜任。讨论静态场边值问题及其解法的意义就在于,为一些复杂的静态场问题提供简单的或者可行的解法。另外,静态场的解必须是唯一的才有实际意义。因此,静态场边值问题的内涵是:在边值确定的情形下,求得静态场的唯一解。不管采用哪种方法,唯一性定理都是其理论基础。

本章将讨论边值问题的分类,证明唯一性定理,讨论镜像法和分离变量法,简单讨论数值解法中的有限差分法。复变函数法和保角变换法在本书中不作讨论。其他数值解法将在第 10 章作概要性说明。

5.1 静态场的边值问题及唯一性定理

5.1.1 边值问题的分类

已知电荷源、电流源的分布去求解场,这类问题称为分布问题(**distribution problem**)。但有很多情形,只能得知场域 V 的边界面 S 上某些场量的值,即边值或边界值(**boundary value**)。通过边值求解场域内的场量则称为边值问题(**boundary-value problem**)。静态场的边值问题可以分为三类:

(1) 已知位函数 $\varphi(\boldsymbol{r}_S)$ 在场域 V 的边界面 S 上各点的值,称之为第一类边界条件,也称之为狄利克雷(Dirichlet)边界条件;

(2) 已知位函数 $\varphi(\boldsymbol{r}_S)$ 在场域 V 的边界面 S 上各点法向导数值 $\left.\dfrac{\partial\varphi(\boldsymbol{r})}{\partial n}\right|_{\boldsymbol{r}=\boldsymbol{r}_S}$,称之为第二类边界条件,也称之为纽曼(Neumann)边界条件;

(3) 已知部分边界面 S_1 上位函数 $\varphi(\boldsymbol{r}_{S_1})$ 的值,而另一部分边界面 S_2 上已知位函数的法向导数值 $\left.\dfrac{\partial\varphi(\boldsymbol{r})}{\partial n}\right|_{\boldsymbol{r}=\boldsymbol{r}_{S_2}}$,且 $S=S_1+S_2$,称之为第三类边界条件,也称之为混合边界条件。

对于某些问题,场域可能要延伸到无穷远。此时,还需要考虑场量在无穷远处的条件,这类条件称为自然边界条件。例如,电位函数在无穷远处需要满足 $\lim\limits_{r\to\infty} r\varphi\to$ 有限值。对于轴对称的情形,例如同轴电缆,需要考虑周期性边界条件 $\varphi(\phi+2n\pi)=\varphi(\phi)$。另外,场量还

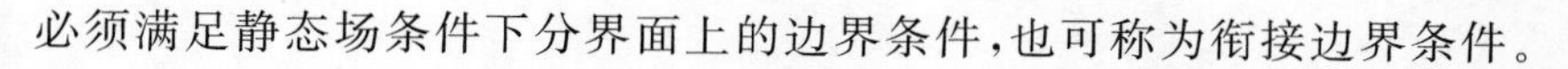

必须满足静态场条件下分界面上的边界条件，也可称为衔接边界条件。

5.1.2 唯一性定理

唯一性定理(**uniqueness theorem**)指出：在给定边界条件下(同时还应当满足自然边界条件和分界面上边界条件)，满足拉普拉斯方程(或泊松方程)的解是唯一的。也就是说，不管采用哪种方法求解，静态场的解唯一。下面用反证法证明唯一性定理。

假设场域 V 内的解不唯一，即存在两个位函数 φ_1 和 φ_2 都满足泊松方程

$$\nabla^2\varphi_1=-\frac{\rho}{\varepsilon}\quad 和\quad \nabla^2\varphi_2=-\frac{\rho}{\varepsilon}$$

令 $\varphi_0=\varphi_1-\varphi_2$，于是在场域 V 内有

$$\nabla^2\varphi_0=\nabla^2\varphi_1-\nabla^2\varphi_2=-\frac{\rho}{\varepsilon}+\frac{\rho}{\varepsilon}=0$$

根据格林第一恒等式，即 $\int_V(\nabla\varphi\cdot\nabla\psi+\varphi\,\nabla^2\psi)\mathrm{d}V=\oint_S\varphi\frac{\partial\psi}{\partial n}\mathrm{d}S$，可以令 $\varphi=\varphi_0$ 以及 $\psi=\varphi_0$，因此得到

$$\int_V(\nabla\varphi_0\cdot\nabla\varphi_0+\varphi_0\,\nabla^2\varphi_0)\mathrm{d}V=\oint_S\varphi_0\frac{\partial\varphi_0}{\partial n}\mathrm{d}S \tag{5.1.1}$$

考虑到 $\nabla^2\varphi_0=0$，式(5.1.1)可改写为

$$\int_V|\nabla\varphi_0|^2\mathrm{d}V=\oint_S\varphi_0\frac{\partial\varphi_0}{\partial n}\mathrm{d}S \tag{5.1.2}$$

另外，由于 φ_1 和 φ_2 都满足边界条件，因此可以分三种边界条件考虑。

(1) 第一类边界条件：$\varphi_0|_S=\varphi_1|_S-\varphi_2|_S=0$；

(2) 第二类边界条件：$\left.\frac{\partial\varphi_0}{\partial n}\right|_S=\left.\frac{\partial\varphi_1}{\partial n}\right|_S-\left.\frac{\partial\varphi_2}{\partial n}\right|_S=0$；

(3) 第三类边界条件：$\varphi_0|_{S_1}=\varphi_1|_{S_1}-\varphi_2|_{S_1}=0$，$\left.\frac{\partial\varphi_0}{\partial n}\right|_{S_2}=\left.\frac{\partial\varphi_1}{\partial n}\right|_{S_2}-\left.\frac{\partial\varphi_2}{\partial n}\right|_{S_2}=0$。

可以看出，不管哪一种边界条件，都有

$$\int_V|\nabla\varphi_0|^2\mathrm{d}V=\oint_S\varphi_0\frac{\partial\varphi_0}{\partial n}\mathrm{d}S=0$$

考虑到 $|\nabla\varphi_0|^2$ 的非负性，就必须要求 $\nabla\varphi_0=0$，即 φ_0 在整个场域内为常数 C，

$$\varphi_0=\varphi_1-\varphi_2=C$$

对于第一类边界条件，在 S 上 $\varphi_0=\varphi_1-\varphi_2=0$，故 C 为 0，亦即 $\varphi_1=\varphi_2$，此时解唯一。对于第二类边界条件，假设 φ_1 和 φ_2 的参考点取在同一位置，那么在该点有 $\varphi_0=\varphi_1-\varphi_2=0$，故 C 为 0。因此 $\varphi_1=\varphi_2$，此时解同样唯一。对于第三类边界条件，$\varphi_1|_{S_1}=\varphi_2|_{S_1}$，故 C 为 0。同理，$\varphi_1=\varphi_2$，此时解仍然唯一。综合三种情况可以看出，不管是给定哪种边界条件，解都是唯一的。

唯一性定理为解的正确性提供了一种验证方法。如果不同的方法得出的解不唯一，那么至少有一种解法是错误的。实际上，唯一性定理也是数值方法的理论基础。

动画 10

5.2 镜像法

镜像法(method of images)是解析解法的一种,也可以称为等效法。在静态场中,位于导体附近的电荷源或者电流源会在导体表面感应出表面电荷或者感应电流。感应电荷或电流也将产生场量。如果直接用库仑定律或安培力定律计算将十分困难,原因是导体表面的感应电荷或者感应电流分布比较复杂,一般情况下不容易确定。但是,如果电荷或者电流比较简单,在一些具有结构对称的情形下,可以采用等效的方法去表示感应电荷或者电流,即镜像电荷和镜像电流(或称为镜像源)。利用镜像源进行求解是一种特殊的解析解法,它既能保证解的唯一性,又能满足导体的边界条件。

镜像源必须满足以下条件:

(1) 所有镜像源必须位于所求场域之外;

(2) 镜像源的数量、位置以及大小需要通过边界条件确定。

下面将重点讨论平面、球面、柱面和介质分界面等几种特殊的情形。电流元的镜像只在平面分界情形做简单讨论。

视频 21

5.2.1 导体平面镜像

1. 电荷的镜像

如图 5.2.1 所示,一点电荷 q 置于无限大导体平面上方 h 处,导体平面接地,且其上方是介电常数为 ε 的无限大均匀各向同性的介质。以垂直于导体平面且穿过点电荷的矢量为 z 轴,以平行于导体表面为 x 轴。由于系统具有圆对称性,因此 x 轴的方向可以在导体平面内任意选取而不失一般性。

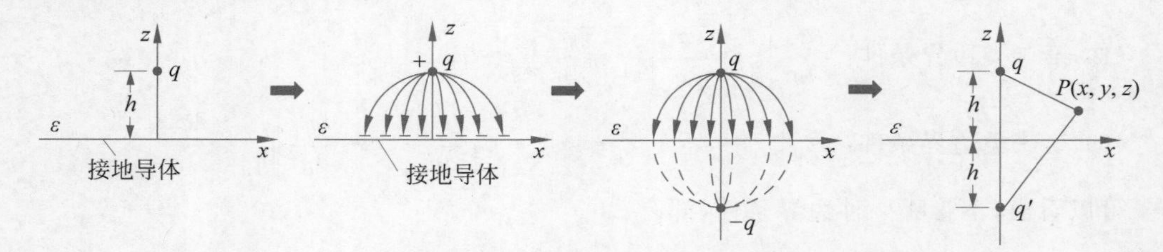

图 5.2.1 点电荷在接地导体平面的镜像电荷分析

由于电荷会在接地导体表面感应出极性相反的电荷。因此,从直观上考虑,镜像电荷应当与原始电荷的极性相反。下面详细分析镜像电荷的求解过程。

求解条件:

(1) 在 $z>0$ 的空间内,电场由电荷 q 及其感应电荷产生;

(2) 在 $z>0$ 的空间内,除点 $(0,0,h)$ 外,其他点都满足拉普拉斯方程;

(3) 在 $z=0$ 的平面,电位为 0。

接下来将理想导体移去,而将理想导体的感应电荷等效为电荷 q',该电荷位于 $z=-h$ 处。那么在 $z>0$ 的空间内任一点 $P(x,y,z)$ 的电位为

$$\varphi(x,y,z)=\frac{q}{4\pi\varepsilon\sqrt{x^2+y^2+(z-h)^2}}+\frac{q'}{4\pi\varepsilon\sqrt{x^2+y^2+(z+h)^2}},\quad z>0$$

注意,此时 q' 的作用空间只在 $z>0$ 的上半空间。根据边界条件,在 $z=0$ 的平面,电位为 0,于是可得

$$\varphi(x,y,0)=\frac{q}{4\pi\varepsilon\sqrt{x^2+y^2+h^2}}+\frac{q'}{4\pi\varepsilon\sqrt{x^2+y^2+h^2}}=0$$

也就得到 $q'=-q$。说明镜像电荷与原电荷关于导体平面对称,且带电极性相反,大小相等。于是上半空间的电位可写为

$$\varphi(x,y,z)=\frac{q}{4\pi\varepsilon}\left[\frac{1}{\sqrt{x^2+y^2+(z-h)^2}}-\frac{1}{\sqrt{x^2+y^2+(z+h)^2}}\right],\quad z>0$$

根据导体与介质分界面上的边界条件,可求出导体平面上的感应电荷密度

$$\rho_s=-\varepsilon\left.\frac{\partial\varphi}{\partial z}\right|_{z=0}=-\frac{qh}{2\pi(x^2+y^2+h^2)^{3/2}}$$

因为此时,正 z 方向就是表面的法向。导体平面上的总感应电荷为

$$q_{in}=\int_S\rho_s\mathrm{d}S=-\frac{qh}{2\pi}\int_{-\infty}^{\infty}\int_{-\infty}^{\infty}\frac{\mathrm{d}x\mathrm{d}y}{(x^2+y^2+h^2)^{3/2}}=-\frac{qh}{2\pi}\int_0^{2\pi}\int_0^{\infty}\frac{\rho\mathrm{d}\rho\mathrm{d}\phi}{(\rho^2+h^2)^{3/2}}=-q \tag{5.2.1}$$

可见,导体平面上的总感应电荷恰好与所设置的镜像电荷相等。接地导体平面好像一面镜子,电荷 $-q$ 就是原电荷 q 的镜像,故称之为镜像电荷。

而在 $z<0$ 的空间内,电场为 0。其镜像电荷就在原电荷所在位置,且带电极性相反,大小相等。这与静电屏蔽是一致的。

现在把问题延伸一下,点电荷变成无限长线电荷 ρ_1,其他条件不变,如图 5.2.2 所示。此时结构对称性发生改变,当 x 坐标固定时,该结构对任意 y 坐标的电位都是相等的。假设镜像线电荷的位置仍在 $z=-h$ 处,而电荷密度为 ρ_1',那么在 $z>0$ 的空间范围内任一点 $P(x,y,z)$ 的电位为

$$\varphi(x,y,z)=\frac{\rho_1}{2\pi\varepsilon}\ln\frac{1}{\sqrt{x^2+(z-h)^2}}+\frac{\rho_1'}{2\pi\varepsilon}\ln\frac{1}{\sqrt{x^2+(z+h)^2}},\quad z>0$$

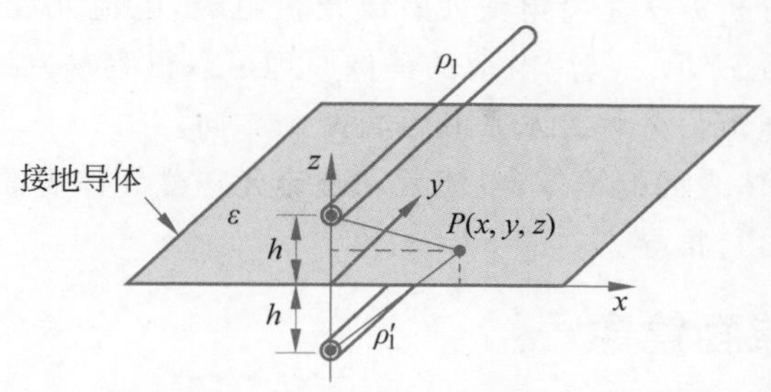

图 5.2.2 线电荷在接地导体平面的镜像电荷分析

根据边界条件,在 $z=0$ 的平面,电位为 0,于是

$$\varphi(x,0,0)=\frac{\rho_1}{2\pi\varepsilon}\ln\frac{1}{\sqrt{x^2+h^2}}+\frac{\rho_1'}{2\pi\varepsilon}\ln\frac{1}{\sqrt{x^2+h^2}}$$

也就得到 $\rho_1'=-\rho_1$。说明镜像线电荷与原电荷关于导体平面对称,且带电极性相反,线电荷密度大小相等。

2. 电流的镜像

电流元也有镜像，镜像的原则是在接地导体平面产生的磁感应强度 $\boldsymbol{B}$ 的法向分量 B_{n} 为 0，电场强度 $\boldsymbol{E}$ 的切向分量 E_{t} 为 0。水平放置的电流元，其镜像电流元与原电流元大小相等，方向相反，所处位置与原电流元关于导体平面对称，如图 5.2.3(a)所示；垂直放置的电流元，其镜像电流元与原电流元大小相等，方向相同，所处位置与原电流元关于导体平面对称。镜像电流元在分析置于地表面附近的线天线时十分方便。

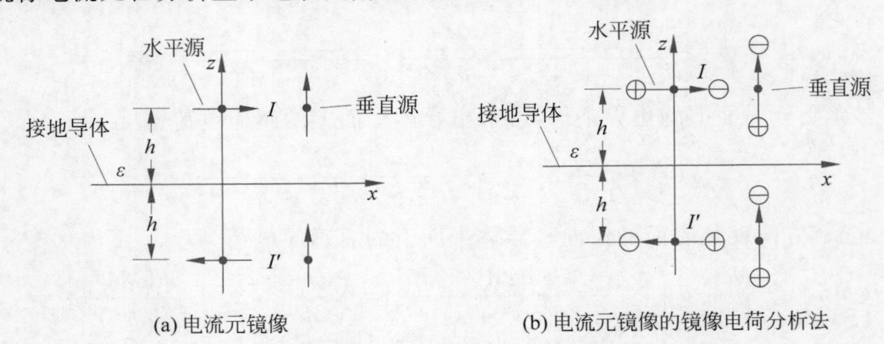

图 5.2.3　线电流元接地导体平面的镜像电流分析

对于水平放置的电流元

$$
\begin{aligned}
\boldsymbol{B} &= \frac{\mu_0}{4\pi}\frac{I\boldsymbol{l}\times\boldsymbol{e}_{R+}}{R^2}+\frac{\mu_0}{4\pi}\frac{I'\boldsymbol{l}\times\boldsymbol{e}_{R-}}{R^2} \\
&= \frac{\mu_0}{4\pi}\frac{Il\boldsymbol{e}_x\times(x,y,z-h)}{[x^2+y^2+(z-h)^2]^{3/2}}+\frac{\mu_0}{4\pi}\frac{I'l\boldsymbol{e}_x\times(x,y,z+h)}{[x^2+y^2+(z+h)^2]^{3/2}}
\end{aligned}
$$

在接地平面，有 $z=0$，因此

$$
\boldsymbol{B}=\frac{\mu_0}{4\pi}\frac{Il\boldsymbol{e}_x\times(x,y,-h)}{(x^2+y^2+h^2)^{3/2}}+\frac{\mu_0}{4\pi}\frac{I'l\boldsymbol{e}_x\times(x,y,h)}{(x^2+y^2+h^2)^{3/2}}=\frac{\mu_0 l}{4\pi}\frac{(0,Ih-I'h,Iy+I'y)}{(x^2+y^2+h^2)^{3/2}}
$$

要保证磁感应强度的法向分量为 0，需要 $Iy+I'y=0$，即 $I'=-I$。

实际上，更简便的分析方法是将电流元看成正负电极，电流元起始端为正电荷，箭头端为负电荷，如图 5.2.3(b)所示。利用电荷的镜像原理可以很容易判断电流元的镜像。对于斜放的电流元，可以将电流元分解为水平和垂直两个方向。

对于磁流元在电导体表面的镜像、电流元和磁流元在磁导体表面的镜像，在本章最后设置了相关习题，请读者自行推导。

视频 22

5.2.2　导体球面镜像

1. 点电荷对接地导体球面的镜像

假设有一如图 5.2.4 所示的接地金属球，球的半径为 a，球外距离球心 D 处有一点电荷 q。求球外任意一点的电位。

点电荷 q 靠近金属球时，会在金属球表面感应出与之极性相反的电荷，且这部分电荷呈非均匀分布，即靠近点电荷 q 的一端电荷密度更大一些。那么，整个球的等效电荷就应当更靠近点电荷 q。考虑到球的对称性，把这些等效电荷（即镜像电荷 q'）置于 z 轴且离球心距离为 d。那么，球外任意一点 $P(r,\theta)$ 的电位为

$$\varphi=\frac{1}{4\pi\varepsilon}\left[\frac{q}{\sqrt{r^2+D^2-2rD\cos\theta}}+\frac{q'}{\sqrt{r^2+d^2-2rd\cos\theta}}\right]$$

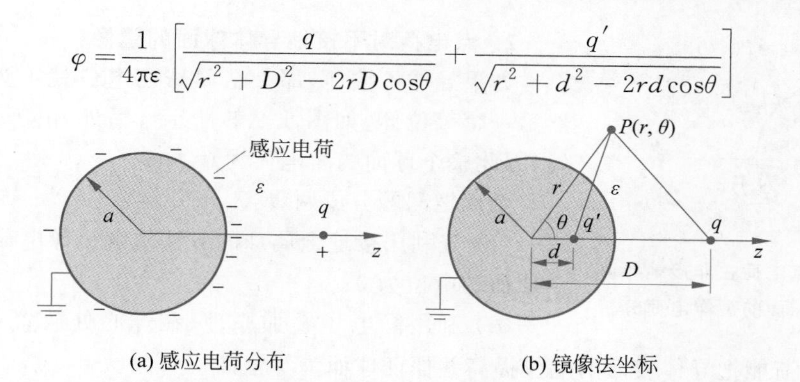

(a) 感应电荷分布　　(b) 镜像法坐标

图 5.2.4　点电荷在接地导体球面的镜像电荷分析

边界条件：导体球接地，即在球面 $r=a$ 处 $\varphi=0$。于是有

$$\varphi=\frac{1}{4\pi\varepsilon}\left[\frac{q}{\sqrt{a^2+D^2-2aD\cos\theta}}+\frac{q'}{\sqrt{a^2+d^2-2ad\cos\theta}}\right]=0$$

由此得

$$(a^2+D^2)q'^2-(a^2+d^2)q^2-2a\cos\theta(Dq'^2-dq^2)=0$$

因上式对任意 θ 都成立，所以必须满足两个条件：

（1）$\cos\theta$ 的系数为 0；

（2）$\cos\theta$ 为 0 时其他部分也必须为 0。于是可得

$$\begin{cases}(Dq'^2-dq^2)=0\\(a^2+D^2)q'^2-(a^2+d^2)q^2=0\end{cases}$$

由此可得两组解

$$q'=-\frac{a}{D}q,\quad d=\frac{a^2}{D}\tag{5.2.2}$$

和

$$q'=-q,\quad d=D$$

第二组解无意义，需舍去。

于是，球外的电位函数为

$$\varphi=\frac{q}{4\pi\varepsilon}\left[\frac{1}{\sqrt{r^2+D^2-2rD\cos\theta}}-\frac{a}{\sqrt{(Dr)^2+a^4-2rDa^2\cos\theta}}\right],\quad r>a$$

球面上的感应电荷面密度为

$$\rho_s=-\varepsilon\left.\frac{\partial\varphi}{\partial r}\right|_{r=a}=-\frac{q(D^2-a^2)}{4\pi a(a^2+D^2-2aD\cos\theta)^{3/2}}\tag{5.2.3}$$

说明接地导体球面上的感应电荷分布不均匀，靠近点电荷 q 的一侧密度更大。这与静电分析的结果是一致的。

另外，导体球面上的总感应电荷为

$$q_{in}=\int_S\rho_s\,dS=-\frac{q(D^2-a^2)}{4\pi a}\int_0^{2\pi}\int_0^{\pi}\frac{a^2\sin\theta\,d\theta\,d\phi}{(a^2+D^2-2aD\cos\theta)^{3/2}}=-\frac{a}{D}q\tag{5.2.4}$$

也就是总的感应电荷等于镜像电荷，相当于把总的感应电荷全部放置在镜像位置。

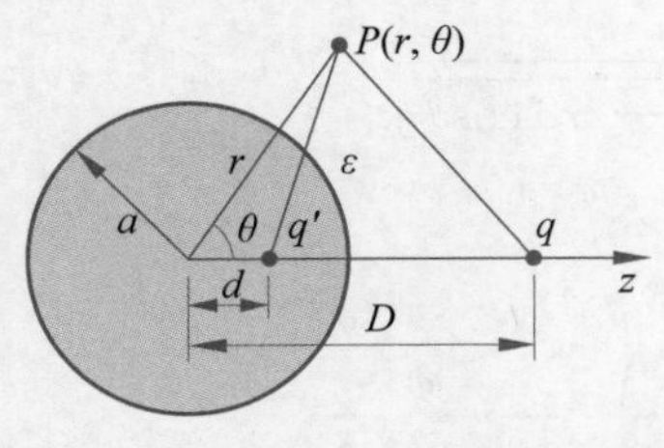

图 5.2.5 点电荷在非接地导体球面的镜像电荷分析

2. 点电荷对不接地导体球面的镜像

如果导体不接地，那么金属球的电位就不为 0，但它仍然是一个等位体，如图 5.2.5 所示。另外，由于金属球未接地，因此整个球面的净电荷为 0。

可以把问题分成两步：

(1) 先利用接地金属球的方法求解镜像电荷 q'，此时整个球面的电位为 0；

(2) 利用静电场叠加原理，在球心处放置一镜像电荷 q''，该镜像电荷能把导体表面的电位提高并保证球面为等位面。

根据第(1)步，得到

$$q' = -\frac{a}{D}q, \quad d = \frac{a^2}{D} \tag{5.2.5}$$

根据第(2)步，必须保证导体内净电荷为 0，这样才能保证通过球面的电通量为 0。于是得到

$$q'' = -q' = \frac{a}{D}q \tag{5.2.6}$$

于是，球外的电位函数为

$$\varphi = \frac{q}{4\pi\varepsilon}\left[\frac{1}{\sqrt{r^2 + D^2 - 2rD\cos\theta}} - \frac{a}{\sqrt{(Dr)^2 + a^4 - 2rDa^2\cos\theta}} + \frac{a}{Dr}\right], \quad r > a$$

视频 23

5.2.3 导体圆柱面的镜像

1. 线电荷对导体圆柱面的镜像

假设有一如图 5.2.6 所示的接地金属柱，柱的半径为 a。在圆柱外距离圆柱对称轴 D 处，有一电荷密度为 ρ_1 并与柱平行的无限长线电荷。求圆柱外任意一点的电位。

考虑到金属圆柱的柱对称性，镜像电荷必须是无限长电荷源。假设镜像电荷的线密度为 ρ_1'，并且镜像电荷与圆柱平行。同时，设镜像电荷 ρ_1'距圆柱的轴线为 d。此时，空间任意一点 $P(\rho,\phi)$的电位函数应为 ρ_1 和 ρ_1'在该点产生的电位之和，即

$$\varphi = \frac{\rho_1}{2\pi\varepsilon}\ln\frac{1}{\sqrt{\rho^2 + D^2 - 2\rho D\cos\phi}} + \frac{\rho_1'}{2\pi\varepsilon}\ln\frac{1}{\sqrt{\rho^2 + d^2 - 2\rho d\cos\phi}} + c$$

此处，c 为一常数。由于导体圆柱接地，所以当 $\rho = a$ 时，电位应为零，即

$$\varphi = \frac{\rho_1}{2\pi\varepsilon}\ln\frac{1}{\sqrt{a^2 + D^2 - 2aD\cos\varphi}} + \frac{\rho_1'}{2\pi\varepsilon}\ln\frac{1}{\sqrt{a^2 + d^2 - 2ad\cos\varphi}} + c = 0$$

要求解镜像电荷的线密度和位置，可以采用两种方法。

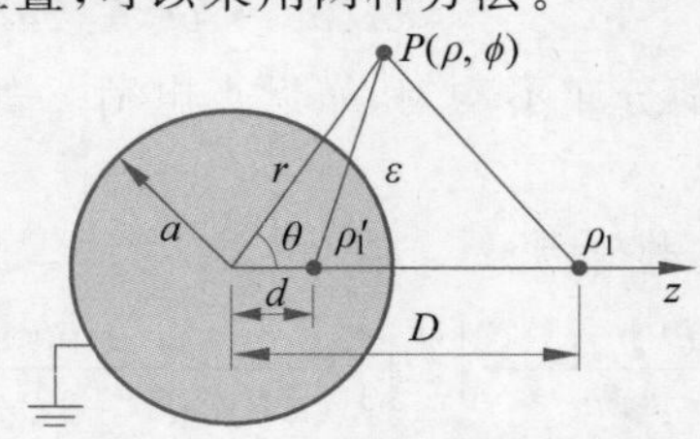

图 5.2.6 线电荷在接地导体柱面的镜像电荷分析

方法一：将电位表达式规整之后可得

$$(a^2+D^2-2aD\cos\phi)^{\rho_1}\cdot(a^2+d^2-2ad\cos\phi)^{\rho'_1}=c'$$

或写成

$$\frac{(a^2+D^2-2aD\cos\phi)^{\rho_1}}{(a^2+d^2-2ad\cos\varphi)^{-\rho'_1}}=c'$$

此处，c'为一常数。上式对任意的 ϕ 都成立，必须满足两个条件

$$\rho'_1=-\rho_1 \tag{5.2.7}$$

和

$$\frac{a^2+D^2}{a^2+d^2}=\frac{2aD\cos\phi}{2ad\cos\phi}=\frac{D}{d}$$

即

$$Dd^2-(a^2+D^2)d+a^2D=0$$

于是又得到

$$d=\frac{a^2}{D}\quad 或者\quad d=D \tag{5.2.8}$$

第二个解没有意义，故舍去。于是可得，$c=\dfrac{\rho_1}{2\pi\varepsilon}\ln\dfrac{D}{a}$。

方法二：当 $\rho=a$ 时，电位为 0 对任意的 ϕ 都应成立。也就是电位在任意 ϕ 方向保持不变，所以电位表达式对 ϕ 的导数应当为 0，由此可得

$$\rho_1D(a^2+d^2)+\rho'_1d(a^2+D^2)-2aDd(\rho_1+\rho'_1)\cos\phi=0$$

所以有

$$\begin{cases}\rho_1D(a^2+d^2)+\rho'_1d(a^2+D^2)=0\\ \rho_1+\rho'_1=0\end{cases}$$

由此可求得关于镜像电荷的两组解

$$\rho'_1=-\rho_1,\quad d=\frac{a^2}{D} \tag{5.2.9}$$

和

$$\rho'_1=-\rho_1,\quad d=D \tag{5.2.10}$$

第二组解无意义，故舍去。同样可求得 $c=\dfrac{\rho_1}{2\pi\varepsilon}\ln\dfrac{D}{a}$。

导体圆柱面外的电位函数为

$$\varphi=\frac{\rho_1}{2\pi\varepsilon}\ln\frac{\sqrt{D^2\rho^2+a^4-2\rho Da^2\cos\phi}}{\sqrt{a^2\rho^2+a^2D^2-2\rho Da^2\cos\phi}}$$

导体圆柱面上的感应电荷面密度为

$$\rho_s=-\varepsilon\left.\frac{\partial\varphi}{\partial\rho}\right|_{\rho=a}=-\frac{\rho_1(D^2-a^2)}{2\pi a(a^2+D^2-2aD\cos\phi)}$$

导体圆柱面上单位长度的感应电荷为

$$q_{\text{in}}=\int_S \rho_s \mathrm{d}S=-\frac{\rho_1(D^2-a^2)}{2\pi a}\int_0^{2\pi}\frac{a\,\mathrm{d}\phi}{a^2+D^2-2aD\cos\phi}=-\rho_l \tag{5.2.11}$$

同样可见,导体圆柱面上单位长度的感应电荷与镜像电荷也相等。

2. 两平行圆柱导体的电场

在通信系统中,平行双导线可以近似为无限长圆柱导体。为计算平行双导线的电场分布,可以采用镜像法。平行双导线的等效模型如图 5.2.7 所示。

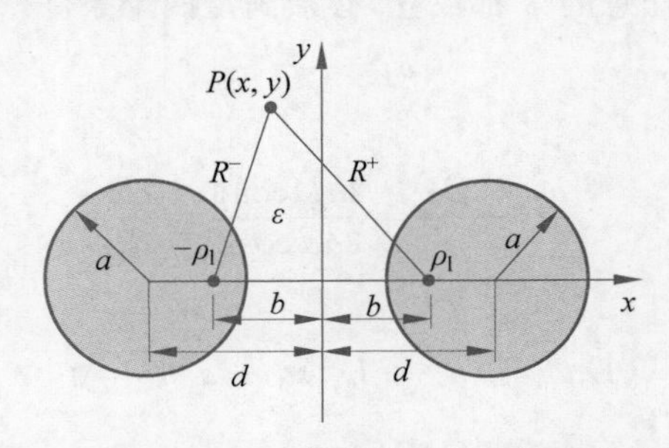

图 5.2.7 平行双导体传输线的镜像电荷分析

假设导线的半径都为 a,它们的轴线间距为 $2d$。同样地,由于两圆柱带电导体的电场互相影响,导体表面上的电荷分布不均匀,相对的一侧电荷密度较大,而相背的一侧电荷密度较小。根据线电荷对导体圆柱的镜像法,可以设想圆柱的表面电荷为集中在某一位置的线电荷,其线密度分别为 ρ_1 和 $-\rho_1$,且两线电荷相距为 $2b$。因此,ρ_1 和 $-\rho_1$ 实际上可以看成是互为镜像的线电荷。由此可得任意一点 P 的电位 φ 为

$$\varphi=\frac{\rho_1}{2\pi\varepsilon}\ln\frac{R^-}{R^+}$$

式中

$$\begin{cases} R^-=\sqrt{(x+b)^2+y^2} \\ R^+=\sqrt{(x-b)^2+y^2} \end{cases}$$

电轴的位置可由圆柱导体的镜像表示,$d'=d-b, D'=d+b$,故有

$$(d-b)(d+b)=a^2$$

由此解得

$$b=\sqrt{d^2-a^2} \tag{5.2.12}$$

5.2.4 介质平面的镜像

1. 点电荷对电介质分界平面的镜像

如图 5.2.8 所示,介质分界面为 xy 平面,在 $z>0$ 和 $z<0$ 区域的介电常数分别为 ε_1 和 ε_2。在电介质 1 中有一点电荷 q,与分界平面距离为 h。在求解 $z>0$ 区域的电位时,假设镜像电荷位于 $z=-h$ 处,带电量为 q';在求解 $z<0$ 区域的电位时,假设镜像电荷位于 $z=h$ 处,带电量为 q''。

于是在介质 1 中的电位可以表示为

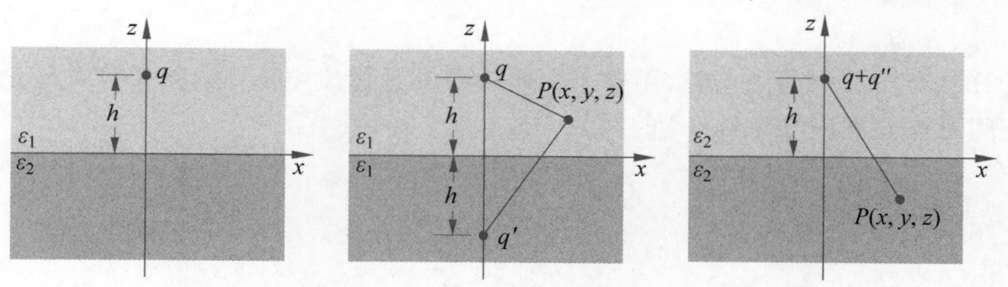

图 5.2.8 点电荷对电介质分界平面的镜像电荷分析

$$\varphi_1(x,y,z)=\frac{1}{4\pi\varepsilon_1}\left[\frac{q}{\sqrt{x^2+y^2+(z-h)^2}}+\frac{q'}{\sqrt{x^2+y^2+(z+h)^2}}\right],\quad z>0$$

在介质 2 中的电位可以表示为

$$\varphi_2(x,y,z)=\frac{1}{4\pi\varepsilon_2}\frac{q+q''}{\sqrt{x^2+y^2+(z-h)^2}},\quad z<0$$

在介质分界平面 $z=0$ 处,电位应满足边界条件:

(1) 电位连续;

(2) 法向电位移矢量连续。

即

$$\begin{cases}\varphi_1|_{z=0}=\varphi_2|_{z=0}\\ D_{1\mathrm{n}}|_{z=0}=D_{2\mathrm{n}}|_{z=0}(\varepsilon_1 E_{1\mathrm{n}}|_{z=0}=\varepsilon_2 E_{2\mathrm{n}}|_{z=0})\end{cases}$$

亦即

$$\begin{cases}\varphi_1|_{z=0}=\varphi_2|_{z=0}\\ \varepsilon_1\left.\dfrac{\partial\varphi_1}{\partial z}\right|_{z=0}=\varepsilon_2\left.\dfrac{\partial\varphi_2}{\partial z}\right|_{z=0}\end{cases}$$

于是得到

$$\begin{cases}\dfrac{q+q'}{\varepsilon_1}=\dfrac{q+q''}{\varepsilon_2}\\ q-q'=q+q''\end{cases}$$

由此解得

$$\begin{cases}q'=\dfrac{\varepsilon_1-\varepsilon_2}{\varepsilon_1+\varepsilon_2}q\\ q''=-\dfrac{\varepsilon_1-\varepsilon_2}{\varepsilon_1+\varepsilon_2}q\end{cases}\tag{5.2.13}$$

2. 线电流对磁介质分界平面的镜像

与静电问题类似,当线电流位于两种不同磁介质分界平面附近时,也可用镜像法求解磁场分布问题。

如图 5.2.9 所示,磁导率分别为 μ_1 和 μ_2 的两种均匀磁介质的分界面是无限大平面,在介质 1 中有一电流元 Il 平行于分界平面,且与分界平面相距 h。此时,在电流元 Il 产生的磁场作用下,磁介质被磁化,在不同磁介质的分界面上和介质中都有磁化电流分布。空间中的磁场由电流元 Il 和磁化电流共同产生。依据镜像法的基本思想,在计算磁介质 1 中的磁场时,用置于介质 2 中的镜像线电流元 $I'l$ 来代替磁化电流,并把整个空间看作充满磁导率

为 μ_1 的均匀介质。

在计算磁介质 2 中的磁场时，用置于介质 1 中的镜像线电流 $I''l$ 元来代替磁化电流，并把整个空间看作充满磁导率为 μ_2 的均匀介质。

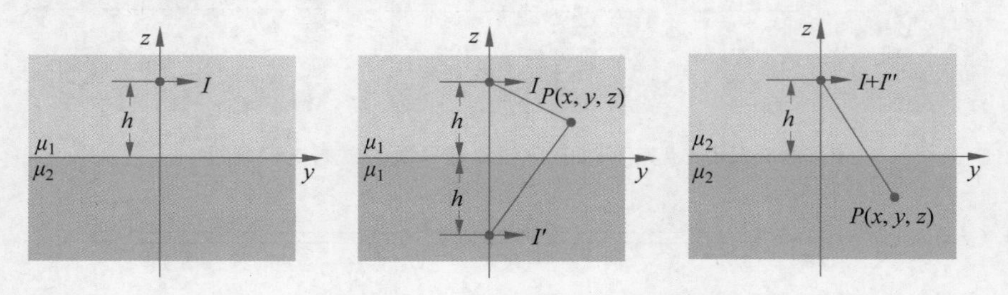

图 5.2.9 线电流对磁介质分界平面的镜像电流分析

因为设定电流沿 y 轴方向流动，所以矢量磁位只有 y 分量，即 $\boldsymbol{A}=\boldsymbol{e}_y A$。则磁介质 1 和磁介质 2 中任意一点 $P(x,z)$ 的矢量磁位分别为

$$A_1=\frac{\mu_1 Il}{4\pi}\frac{1}{\sqrt{x^2+y^2+(z-h)^2}}+\frac{\mu_1 I'l}{4\pi}\frac{1}{\sqrt{x^2+y^2+(z+h)^2}},z>0 \tag{5.2.14}$$

和

$$A_2=\frac{\mu_2(I+I'')}{4\pi}\frac{1}{\sqrt{x^2+y^2+(z-h)^2}},\quad z<0 \tag{5.2.15}$$

所设置的镜像电流 I' 和 I'' 的取值需通过磁介质分界面上的边界条件来确定。在磁介质分界平面 $z=0$ 处，矢量磁位应满足边界条件

$$\begin{cases}A_1\big|_{z=0}=A_2\big|_{z=0}\\ \dfrac{1}{\mu_1}\dfrac{\partial A_1}{\partial z}\bigg|_{z=0}=\dfrac{1}{\mu_2}\dfrac{\partial A_2}{\partial z}\bigg|_{z=0}\end{cases}$$

将式(5.2.14)和式(5.2.15)代入上式，得

$$\begin{cases}\mu_1(I+I')=\mu_2(I+I'')\\ I-I'=I+I''\end{cases}$$

由此解得

$$\begin{cases}I'=\dfrac{\mu_2-\mu_1}{\mu_2+\mu_1}I\\ I''=-\dfrac{\mu_2-\mu_1}{\mu_2+\mu_1}I\end{cases} \tag{5.2.16}$$

5.3 分离变量法

分离变量法(**separation of variables**)也称为本征函数法或者级数法。它是求解边值问题的一种重要的解析方法。其基本思想是：把待求位函数表示为几个本征函数的乘积，其中每一个本征函数仅是一个坐标变量的函数，利用这几个本征函数代入偏微分方程可实现变量分离，并且将原偏微分方程分离为几个常微分方程。分别求解这些常微分方程要简单

得多，再利用边界条件便可确定其中的常数，从而求得位函数。

本节主要介绍直角坐标系、圆柱坐标系和球坐标系下，利用分离变量法求解二维拉普拉斯方程的边值问题。

5.3.1　直角坐标系中的分离变量法

视频 24

在实际应用中，矩形波导、矩形谐振腔等器件可采用直角坐标系下的分离变量法分析。在直角坐标系下，拉普拉斯方程可表示为

$$\frac{\partial^2\varphi}{\partial x^2}+\frac{\partial^2\varphi}{\partial y^2}+\frac{\partial^2\varphi}{\partial z^2}=0$$

如果将 $\varphi(x,y,z)$ 表示为三个一维函数 $X(x)$、$Y(y)$ 和 $Z(z)$ 的乘积，即

$$\varphi(x,y,z)=X(x)Y(y)Z(z) \tag{5.3.1}$$

则有

$$Y(y)Z(z)\frac{\mathrm{d}^2X(x)}{\mathrm{d}x^2}+X(x)Z(z)\frac{\mathrm{d}^2Y(y)}{\mathrm{d}y^2}+X(x)Y(y)\frac{\mathrm{d}^2Z(z)}{\mathrm{d}z^2}=0$$

用 $X(x)Y(y)Z(z)$ 除上式各项，得

$$\frac{1}{X(x)}\frac{\mathrm{d}^2X(x)}{\mathrm{d}x^2}+\frac{1}{Y(y)}\frac{\mathrm{d}^2Y(y)}{\mathrm{d}y^2}+\frac{1}{Z(z)}\frac{\mathrm{d}^2Z(z)}{\mathrm{d}z^2}=0 \tag{5.3.2}$$

上式中每一项都只与一个坐标变量有关。因此为了保证在任意坐标系下都成立，必须满足每一项都等于一个常数，分别对应 $-k_x^2$、$-k_y^2$ 和 $-k_z^2$。因为如果不是常数，说明各函数之间还存在相关性，就不能称之为分离变量。于是得到

$$\begin{cases}\dfrac{\mathrm{d}^2X(x)}{\mathrm{d}x^2}+k_x^2X(x)=0\\[2ex]\dfrac{\mathrm{d}^2Y(y)}{\mathrm{d}y^2}+k_y^2Y(y)=0\\[2ex]\dfrac{\mathrm{d}^2Z(z)}{\mathrm{d}z^2}+k_z^2Z(z)=0\end{cases} \tag{5.3.3}$$

同时满足

$$k_x^2+k_y^2+k_z^2=0 \tag{5.3.4}$$

如果是二维情形，即 $\varphi(x,y)=X(x)Y(y)$，那么 $k_x^2+k_y^2=0$，或者 $k_x^2=k^2$，$k_y^2=-k_x^2=-k^2$，那么就有

$$\begin{cases}\dfrac{\mathrm{d}^2X(x)}{\mathrm{d}x^2}+k^2X(x)=0\\[2ex]\dfrac{\mathrm{d}^2Y(y)}{\mathrm{d}y^2}-k^2Y(y)=0\end{cases}$$

（1）当 $k^2=0$ 时，上式的解为

$$\begin{cases}X(x)=A_0x+B_0\\Y(y)=C_0y+D_0\end{cases}$$

（2）当 $k_x^2>0$ 时，其解的形式为

$$\begin{cases} X(x) = A\sin kx + B\cos kx \\ Y(y) = Ce^{ky} + De^{-ky} \end{cases}$$

于是

$$\varphi(x,y) = (A\sin kx + B\cos kx)(Ce^{ky} + De^{-ky})$$

(3) 当 $k_y^2 > 0$ 时，其解的形式又为

$$\begin{cases} X(x) = Ae^{kx} + Be^{-kx} \\ Y(y) = C\sin ky + D\cos ky \end{cases}$$

于是

$$\varphi(x,y) = (Ae^{kx} + Be^{-kx})(C\sin ky + D\cos ky)$$

在求解边值问题时，为了满足给定的边界条件，分离常数 k 通常取一系列特定的值 $k_n(n=1,2,\cdots)$，而待求位函数 $\varphi(x,y)$ 则由所有可能解的线性组合构成，称为位函数的通解，即

$$\varphi(x,y) = (A_0x + B_0)(C_0y + D_0) + \sum_{n=1}^{\infty}[A_n\sin(k_nx) + B_n\cos(k_nx)](C_ne^{k_ny} + D_ne^{-k_ny}) \tag{5.3.5}$$

或者

$$\varphi(x,y) = (A_0x + B_0)(C_0y + D_0) + \sum_{n=1}^{\infty}(A_ne^{k_nx} + B_ne^{-k_nx})[C_n\sin(k_ny) + D_n\cos(k_ny)] \tag{5.3.6}$$

通解中分离常数的选取以及待定常数均由给定的边界条件确定。

例 5.3.1 如图 5.3.1 所示结构，由 $z=0$、$x=a$ 和 $x=0$ 三个平面围成上半区域，其中 $z=0$ 平面在 $0<x<a$ 范围内电位恒为 U，其他两个平面的电位为 0，求该区域内的电位函数。

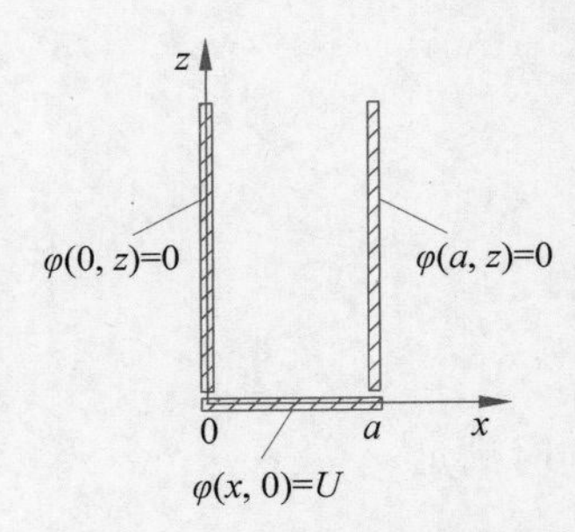

图 5.3.1 例 5.3.1 示意图

解：由于在 y 方向上无穷大，因此位函数与 y 无关，也就可以假设 $\varphi(x,z)=X(x)Z(z)$。于是得到

$$\frac{1}{X(x)}\frac{d^2X(x)}{dx^2} + \frac{1}{Z(z)}\frac{d^2Z(z)}{dz^2} = 0$$

由前面的推导可知，该位函数的通解为

$$\varphi(x,z) = (Ax + B)(Cz + D) + \sum_{n=1}^{\infty}[A_n\cos(k_nx) + B_n\sin(k_nx)](C_ne^{k_nz} + D_ne^{-k_nz})$$

边界条件 1：当 $z\to\infty$ 时，$\varphi(x,\infty)\to 0$，此时必然要求 $C=0$、$D=0$ 以及 $C_n=0$，于是

$$\varphi(x,z) = \sum_{n=1}^{\infty}[A'_n\cos(k_nx) + B'_n\sin(k_nx)]e^{-k_nz}$$

边界条件 2：当 $x=0$ 时，$\varphi(0,z)=0$，即

$$\varphi(0,z) = \sum_{n=1}^{\infty}A'_ne^{-k_nz}$$

故 $A'_n=0$，即得到

$$\varphi(x,z)=\sum_{n=1}^{\infty}B'_n\sin(k_nx)\mathrm{e}^{-k_nz}$$

边界条件 3：当 $x=a$ 时，$\varphi(a,z)=0$

$$\varphi(a,z)=\sum_{n=1}^{\infty}B'_n\sin(k_na)\mathrm{e}^{-k_nz}$$

故 $k_na=n\pi$，即 $k_n=\dfrac{n\pi}{a}$，于是

$$\varphi(x,z)=\sum_{n=1}^{\infty}B'_n\sin\left(\frac{n\pi}{a}x\right)\mathrm{e}^{-\frac{n\pi}{a}z}$$

边界条件 4：当 $z=0$ 时，$\varphi(x,0)=U$

$$\varphi(x,0)=\sum_{n=1}^{\infty}B'_n\sin\left(\frac{n\pi}{a}x\right)=U$$

利用傅里叶变换，可得

$$B'_n=\frac{\int_0^a U\sin\left(\frac{n\pi}{a}x\right)\mathrm{d}x}{\int_0^{2a}\sin^2\left(\frac{n\pi}{a}x\right)\mathrm{d}x}=(-1)^{n-1}\frac{2U}{n\pi}$$

故

$$\varphi(x,z)=\frac{2U}{\pi}\sum_{n=1}^{\infty}\frac{(-1)^{n-1}}{n}\sin\left(\frac{n\pi}{a}x\right)\mathrm{e}^{-\frac{n\pi}{a}z}$$

5.3.2 圆柱坐标系中的分离变量法

在实际应用中，圆波导、圆柱谐振腔等器件具有圆柱形边界条件，可以采用圆柱坐标系下的分离变量法分析。此时拉普拉斯方程为

$$\nabla^2\varphi(\rho,\phi,z)=\frac{1}{\rho}\frac{\partial}{\partial\rho}\left(\rho\frac{\partial\varphi}{\partial\rho}\right)+\frac{1}{\rho^2}\frac{\partial^2\varphi}{\partial\phi^2}+\frac{\partial^2\varphi}{\partial z^2}=0 \tag{5.3.7}$$

令位函数 $\varphi(\rho,\phi,z)=R(\rho)\Phi(\phi)Z(z)$，代入式(5.3.7)可得

$$\frac{\rho}{R(\rho)}\frac{\mathrm{d}}{\mathrm{d}\rho}\left[\rho\frac{\mathrm{d}R(\rho)}{\mathrm{d}\rho}\right]+\frac{1}{\Phi(\phi)}\frac{\partial^2\Phi(\phi)}{\partial\phi^2}+\frac{\rho^2}{Z(z)}\frac{\partial^2Z(z)}{\partial z^2}=0$$

在这里，先讨论位函数与 z 坐标无关的情形。对于位函数与 z 坐标有关的情形，将留在 8.4 节一并讨论。此时，拉普拉斯方程简化为

$$\frac{\rho}{R(\rho)}\frac{\mathrm{d}}{\mathrm{d}\rho}\left[\rho\frac{\mathrm{d}R(\rho)}{\mathrm{d}\rho}\right]+\frac{1}{\Phi(\phi)}\frac{\partial^2\Phi(\phi)}{\partial\phi^2}=0 \tag{5.3.8}$$

利用与直角坐标系相似的方法，取 $\dfrac{1}{\Phi(\phi)}\dfrac{\partial^2\Phi(\phi)}{\partial\phi^2}=-n^2$，也就是

$$\begin{cases}\dfrac{\partial^2\Phi(\phi)}{\partial\phi^2}+n^2\Phi(\phi)=0\\[2ex]\rho\dfrac{\mathrm{d}}{\mathrm{d}\rho}\left[\rho\dfrac{\mathrm{d}R(\rho)}{\mathrm{d}\rho}\right]-n^2R(\rho)=0\end{cases} \tag{5.3.9}$$

(1) 当 $n=0$ 时，方程的解为

$$\begin{cases}\Phi(\phi)=A_0+B_0\phi \\ R(\rho)=C_0+D_0\ln\rho\end{cases}$$

于是

$$\varphi(\rho,\phi)=(A_0+B_0\phi)(C_0+D_0\ln\rho)$$

对于许多具有圆柱面边界的问题，位函数 $\varphi(\rho,\phi)$ 是变量 ϕ 的周期函数，其周期为 2π，即 $\varphi(\rho,\phi+2m\pi)=\varphi(\rho,\phi)$，其中 $m=0,1,2,\cdots$，故必须满足 $B_0=0$。

(2) 当 $n\neq0$ 时，方程的解为

$$\begin{cases}\Phi(\phi)=A\cos(n\phi)+B\sin(n\phi) \\ R(\rho)=C\rho^n+D\rho^{-n}\end{cases}$$

于是

$$\varphi(\rho,\phi)=[A\cos(n\phi)+B\sin(n\phi)](C\rho^n+D\rho^{-n})$$

因此，圆柱区域中二维拉普拉斯方程的通解为

$$\varphi(\rho,\phi)=C_0+D_0\ln\rho+\sum_{n=1}^{\infty}[A_n\cos(n\phi)+B_n\sin(n\phi)](C_n\rho^n+D_n\rho^{-n}) \tag{5.3.10}$$

式中的待定常数由具体问题所给定的边界条件确定。

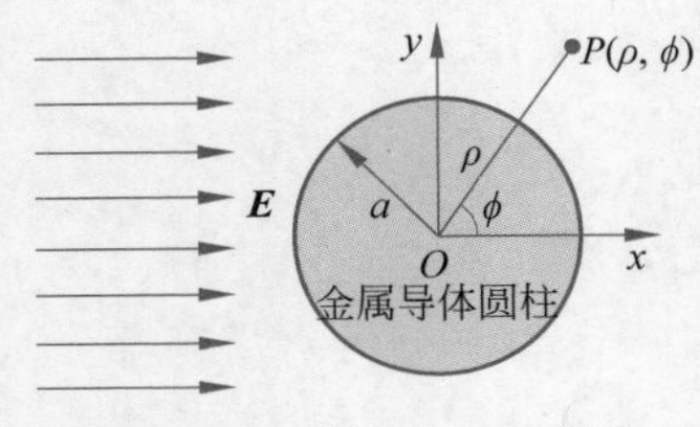

图 5.3.2 例 5.3.2 示意图

例 5.3.2 在均匀外电场 $\boldsymbol{E}=\boldsymbol{e}_xE_0$ 中，放置一半径为 a 的无限长金属导体圆柱，见图 5.3.2。圆柱的轴与电场垂直，柱外为空气。试求导体圆柱外面的电位函数和电场强度。

解：由于金属导体圆柱外无电荷分布，因此电位函数 φ 满足拉普拉斯方程，且与 z 轴无关。因此，通解应当为

$$\varphi(\rho,\phi)=C_0+D_0\ln\rho+\sum_{n=1}^{\infty}[A_n\cos(n\phi)+B_n\sin(n\phi)](C_n\rho^n+D_n\rho^{-n})$$

边界条件 1：当 $\rho\to\infty$ 时，感应电荷的作用基本可以忽略，电位函数基本由外电场决定，即

$$\varphi(\rho,\phi)=-E_0x=-E_0\rho\cos\phi(\rho\to\infty)$$

因此，必须满足 C_0 和 D_0 均为 0。由于不含 sin 函数，因此 B_n 为 0。又由于只含 $n=1$ 的 cos 函数，因此 $A_n=0(n\neq1)$，$C_n=0(n\neq1)$，$D_n=0(n\neq1)$。故得到

$$\varphi(\rho,\phi)=\cos\phi(C'\rho+D'\rho^{-1})$$

边界条件 2：当 $\rho=a$ 时，柱面为等位体，即

$$\left.\frac{\partial\varphi(\rho,\phi)}{\partial\phi}\right|_{\rho=a}=-\sin\phi(C'a+D'a^{-1})=0$$

于是得到 $D'=-a^2C'$，即

$$\varphi(\rho,\phi)=C'\rho\cos\phi+C'a^2\rho^{-1}\cos\phi$$

再次利用边界条件 1，可得 $C'=-E_0$。故导体圆柱外的电位函数为

$$\varphi(\rho,\phi)=-E_0(\rho-a^2\rho^{-1})\cos\phi$$

导体圆柱外的电场为

$$\boldsymbol{E}_{外}(\rho,\phi)=-\nabla\varphi(\rho,\phi)=-\boldsymbol{e}_\rho\frac{\partial\varphi}{\partial\rho}-\boldsymbol{e}_\phi\frac{\partial\varphi}{\rho\partial\phi}$$

$$=\boldsymbol{e}_\rho E_0(1+a^2\rho^{-2})\cos\phi-\boldsymbol{e}_\phi E_0(1-a^2\rho^{-2})\sin\phi$$

导体圆柱表面感应电荷的面密度为

$$\rho_S=\varepsilon_0\boldsymbol{e}_\rho\cdot\boldsymbol{E}_{外}(\rho,\phi)\big|_{\rho=a}=2\varepsilon_0E_0\cos\phi$$

5.3.3 球坐标系中的分离变量法*

在实际应用中,球面波展开是具有球面边界的边值问题,这一类问题宜采用球坐标系中的分离变量法求解。球坐标系下拉普拉斯方程为

$$\nabla^2\varphi(r,\theta,\phi)=\frac{1}{r^2}\frac{\partial}{\partial r}\left(r^2\frac{\partial\varphi}{\partial r}\right)+\frac{1}{r^2\sin\theta}\frac{\partial}{\partial\theta}\left(\sin\theta\frac{\partial\varphi}{\partial\theta}\right)+\frac{1}{r^2\sin^2\theta}\frac{\partial^2\phi}{\partial\varphi^2}=0 \quad (5.3.11)$$

令位函数 $\varphi(r,\theta,\phi)=R(r)\Theta(\theta)\Phi(\phi)$,代入式(5.3.11),得

$$\frac{\sin^2\theta}{R(r)}\frac{\mathrm{d}}{\mathrm{d}r}\left[r^2\frac{\mathrm{d}R(r)}{\mathrm{d}r}\right]+\frac{\sin\theta}{\Theta}\frac{\mathrm{d}}{\mathrm{d}\theta}\left[\sin\theta\frac{\mathrm{d}F(\theta)}{\mathrm{d}\theta}\right]+\frac{1}{\Phi}\frac{\mathrm{d}^2\Phi(\phi)}{\mathrm{d}\phi^2}=0$$

由于在球坐标系下的分离变量法比较复杂,故这里只讨论位函数与坐标变量 ϕ 无关的情形。这类情形是具有轴对称性的情形,其拉普拉斯方程为

$$\frac{1}{R(r)}\frac{\mathrm{d}}{\mathrm{d}r}\left[r^2\frac{\mathrm{d}R(r)}{\mathrm{d}r}\right]+\frac{1}{\Theta(\theta)\sin\theta}\frac{\mathrm{d}}{\mathrm{d}\theta}\left[\sin\theta\frac{\mathrm{d}\Theta(\theta)}{\mathrm{d}\theta}\right]=0$$

令

$$\frac{1}{\Theta(\theta)\sin\theta}\frac{\mathrm{d}}{\mathrm{d}\theta}\left[\sin\theta\frac{\mathrm{d}\Theta(\theta)}{\mathrm{d}\theta}\right]=-k^2$$

则可分离成为两个常微分方程

$$\begin{cases}\dfrac{\mathrm{d}}{\mathrm{d}r}\left[r^2\dfrac{\mathrm{d}R(r)}{\mathrm{d}r}\right]-k^2R(r)=0\\[2ex]\dfrac{1}{\sin\theta}\dfrac{\mathrm{d}}{\mathrm{d}\theta}\left[\sin\theta\dfrac{\mathrm{d}\Theta(\theta)}{\mathrm{d}\theta}\right]+k^2\Theta(\theta)=0\end{cases} \quad (5.3.12)$$

方程(5.3.12)的第二式称为勒让德方程。若取 $k^2=n(n+1)(n=0,1,2,\cdots)$,则其解为

$$\Theta(\theta)=A_nP_n(\cos\theta)+B_nQ_n(\cos\theta)$$

式中,$P_n(\cos\theta)$称为第一类勒让德函数,$Q_n(\cos\theta)$称为第二类勒让德函数。考虑到:

(1) θ 的取值范围为$[0,\pi]$;

(2) $Q_n(\cos\theta)$在 $\theta=0$ 和 π 时是发散的。

因此,当场域包含 $\theta=0$ 和 π 的点时,必须取 $B_n=0$,即

$$F(\theta)=A_nP_n(\cos\theta)$$

$P_n(\cos\theta)$又称为勒让德多项式,其一般表达式为

$$P_n(\cos\theta)=\frac{1}{2^nn!}\frac{\mathrm{d}^n}{\mathrm{d}(\cos\theta)^n}[(\cos^2\theta-1)^n],\quad n=0,1,2,\cdots$$

前几个勒让德多项式分别为

$$\begin{cases}P_0(\cos\theta)=1\\P_1(\cos\theta)=\cos\theta\\P_2(\cos\theta)=\dfrac{3}{2}\cos^2\theta-\dfrac{1}{2}\\[2ex]P_3(\cos\theta)=\dfrac{5}{2}\cos^3\theta-\dfrac{3}{2}\cos\theta\end{cases}$$

当 $k^2=n(n+1)$ 时,方程(5.3.12)第一式的解为

$$R(r)=C_n r^n+D_n r^{-(n+1)}$$

于是得到方程(5.3.11)的特解为

$$\varphi(r,\theta)=[C_n r^n+D_n r^{-(n+1)}]P_n(\cos\theta)$$

而其通解为

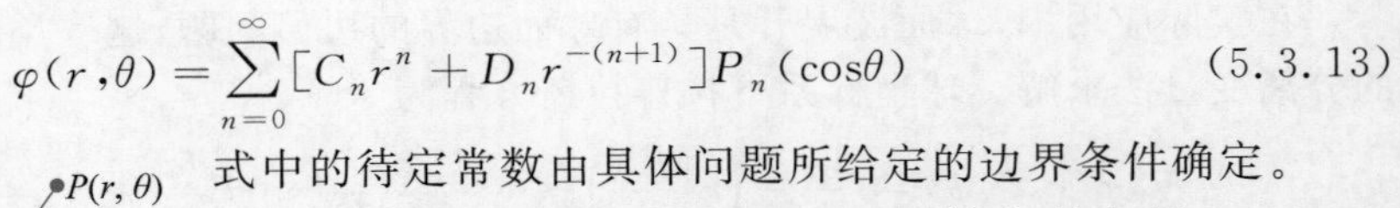

$$\varphi(r,\theta)=\sum_{n=0}^{\infty}[C_n r^n+D_n r^{-(n+1)}]P_n(\cos\theta) \tag{5.3.13}$$

式中的待定常数由具体问题所给定的边界条件确定。

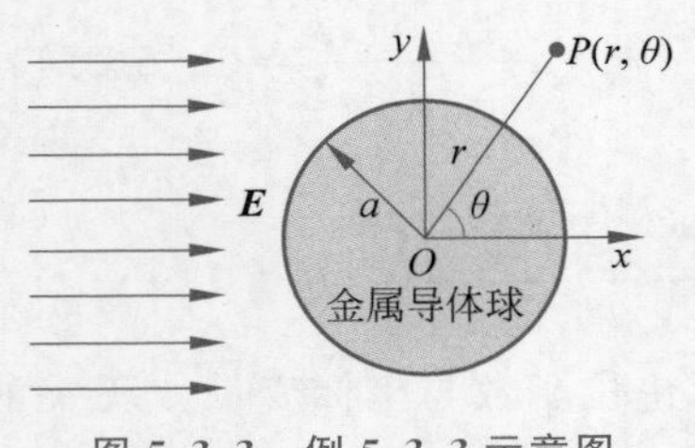

图 5.3.3 例 5.3.3 示意图

例 5.3.3 如图 5.3.3 所示,在均匀外电场 $\boldsymbol{E}=\boldsymbol{e}_x E_0$ 中,放置一半径为 a 的金属导体球,球外为空气,试求导体球外面的电位函数和电场强度。

解:由于金属导体球外无电荷分布,因此电位函数 φ 满足拉普拉斯方程,且与 ϕ 无关。因此,通解应当为

$$\varphi(r,\theta)=\sum_{n=0}^{\infty}[C_n r^n+D_n r^{-(n+1)}]P_n(\cos\theta)$$

边界条件 1:当 $r\to\infty$ 时,感应电荷的作用基本可以忽略,电位函数基本由外电场决定,即

$$\varphi(r,\theta)=-E_0 z=-E_0 r\cos\theta(r\to\infty)$$

因此,只含有一阶勒让德方程,于是必须满足 $C_n=0(n\neq1)$,$D_n=0(n\neq1)$。故得到

$$\varphi(r,\theta)=\cos\theta(C'r+D'r^{-2})$$

边界条件 2:当 $r=0$ 时,球面为等位体,即

$$\left.\frac{\partial\varphi(r,\theta)}{\partial\theta}\right|_{r=a}=-\sin\theta(C'a+D'a^{-2})=0$$

于是得到 $D'=-a^3C'$,即

$$\varphi(r,\theta)=C'r\cos\theta+C'a^3r^{-2}\cos\theta$$

再次利用边界条件 1,可得 $C'=-E_0$。故导体球外的电位函数为

$$\varphi(r,\theta)=-E_0(r-a^3r^{-2})\cos\theta$$

导体柱外的电场为

$$\begin{aligned}\boldsymbol{E}_{外}(r,\theta)&=-\nabla\varphi(r,\theta)=-\boldsymbol{e}_r\frac{\partial\varphi}{\partial r}-\boldsymbol{e}_\theta\frac{\partial\varphi}{r\partial\theta}\\&=\boldsymbol{e}_r E_0(1+2a^3\rho^{-3})\cos\theta-\boldsymbol{e}_\theta E_0(1-a^3\rho^{-3})\sin\theta\end{aligned}$$

导体柱表面感应电荷的面密度为

$$\rho_S=\varepsilon_0\boldsymbol{e}_r\cdot\boldsymbol{E}_{外}(r,\theta)\big|_{r=a}=3\varepsilon_0E_0\cos\theta$$

动画 11

5.4 有限差分法*

镜像法和分离变量法都属于求解电磁场边值问题的**解析解法(analytical method)**,即最终结果是一个描述电磁场空间分布的确定解析表示式。在这里,简单介绍一种数值解法(**numerical method**),即有限差分法(**finite difference method**)。这种方法可以解决边界形状过于复杂的实际问题,这类问题很难有解析解。对于静态场,有限差分法是比较容易理解的

数值方法。第10章还会简要介绍其他各种数值方法。

利用有限差分法计算静态场边值问题,需先将偏微分方程变换成差分方程迭代式。因此主要分为以下几步。

(1) 求解区域网格化。如图5.4.1所示,将求解区域 S 划分成网格,网格的边长为 h,对网格节点进行编号,以 i 和 j 为下标。

(2) 求解区域拉普拉斯方程离散化。在求解区域 S 内,电位函数 $\varphi(x,y)$ 满足拉普拉斯方程

$$\frac{\partial^2\varphi}{\partial x^2}+\frac{\partial^2\varphi}{\partial y^2}=0 \tag{5.4.1}$$

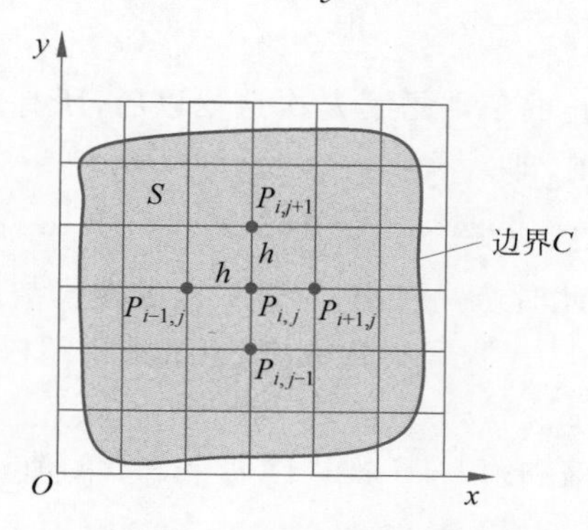

图5.4.1 有限差分法网格剖分图

用 $\varphi_{i,j}$ 表示点 $P_{i,j}(x_i,y_j)$ 处的电位值。将电位函数进行泰勒展开,得到与节点 $P_{i,j}(x_i,y_j)$ 直接相邻节点上的电位表达式

$$\varphi_{i-1,j}=\varphi(x_i-h,y_j)=\varphi_{i,j}-h\left(\frac{\partial\varphi}{\partial x}\right)_{i,j}+\frac{h^2}{2}\left(\frac{\partial^2\varphi}{\partial x^2}\right)_{i,j}-\cdots \tag{5.4.2}$$

$$\varphi_{i+1,j}=\varphi(x_i+h,y_j)=\varphi_{i,j}+h\left(\frac{\partial\varphi}{\partial x}\right)_{i,j}+\frac{h^2}{2}\left(\frac{\partial^2\varphi}{\partial x^2}\right)_{i,j}+\cdots \tag{5.4.3}$$

$$\varphi_{i,j-1}=\varphi(x_i,y_j-h)=\varphi_{i,j}-h\left(\frac{\partial\varphi}{\partial y}\right)_{i,j}+\frac{h^2}{2}\left(\frac{\partial^2\varphi}{\partial y^2}\right)_{i,j}-\cdots \tag{5.4.4}$$

$$\varphi_{i,j+1}=\varphi(x_i,y_j+h)=\varphi_{i,j}+h\left(\frac{\partial\varphi}{\partial y}\right)_{i,j}+\frac{h^2}{2}\left(\frac{\partial^2\varphi}{\partial y^2}\right)_{i,j}+\cdots \tag{5.4.5}$$

将式(5.4.2)与式(5.4.3)相加,并略去比 h^2 更高阶的项,可得

$$\left(\frac{\partial^2\varphi}{\partial x^2}\right)_{i,j}=\frac{\varphi_{i-1,j}-2\varphi_{i,j}+\varphi_{i+1,j}}{h^2} \tag{5.4.6}$$

同理,由式(5.4.4)与式(5.4.5)可得到

$$\left(\frac{\partial^2\varphi}{\partial y^2}\right)_{i,j}=\frac{\varphi_{i,j-1}-2\varphi_{i,j}+\varphi_{i,j+1}}{h^2} \tag{5.4.7}$$

将式(5.4.6)与式(5.4.7)代入式(5.4.1),可得到节点 $P_{i,j}(x_i,y_j)$ 处的差分方程

$$\varphi_{i,j}=\frac{1}{4}(\varphi_{i-1,j}+\varphi_{i,j-1}+\varphi_{i+1,j}+\varphi_{i,j+1})$$

这就是二维拉普拉斯方程的差分形式。

(3) 应用边界条件进行初始赋值。先对场域内的节点赋予迭代初值 $\varphi^0_{i,j}$，这里上标 0 表示 0 次(初始)赋值。边界的赋值按初始边界条件处理，其他地方的初始值可以都设为 0。已知的边界条件经离散化后转换为边界节点上的固定取值，不参与第(4)步中的迭代。若场域的边界正好落在网格节点上，则将这些节点赋予边界上的位函数值。一般情况下，场域的边界不一定正好落在网格节点上，最简单的近似处理就是将最靠近边界的节点作为边界节点，并将位函数的边界值赋予这些节点。

(4) 迭代。利用下式进行迭代

$$\varphi^{(k+1)}_{i,j}=\frac{1}{4}[\varphi^{(k)}_{i-1,j}+\varphi^{(k)}_{i,j-1}+\varphi^{(k)}_{i+1,j}+\varphi^{(k)}_{i,j+1}],\quad i,j=1,2,\cdots$$

其中，$k=0,1,2,\cdots$。迭代停止的条件是第 k 次迭代以后，所有内节点的相邻两次迭代值之间的最大误差不超过允许范围，即

$$\max_{i,j}|\varphi^{(k)}_{i,j}-\varphi^{(k-1)}_{i,j}|<E$$

这里 E 是预定的允许误差。此时迭代终止，而第 k 次的迭代结果即可视为最终数值解。

(5) 扩展：超松弛迭代。为了提高迭代效率，也可采用超松弛迭代，即

$$\varphi^{(k+1)}_{i,j}=\varphi^{(k)}_{i,j}+\alpha[\tilde{\varphi}^{(k+1)}_{i,j}-\varphi^{(k)}_{i,j}]$$

此时的迭代包含了第 k 次的值和第 $k+1$ 次周围四个节点的值，并且

$$\tilde{\varphi}^{(k+1)}_{i,j}=\frac{1}{4}[\varphi^{(k+1)}_{i-1,j}+\varphi^{(k+1)}_{i,j-1}+\varphi^{(k)}_{i+1,j}+\varphi^{(k)}_{i,j+1}],\quad i,j=1,2,\cdots$$

而 α 的最佳取值可以是

$$\alpha_{\text{opt}}=\frac{2}{1+\sin\dfrac{\pi}{p-1}}$$

p 为网格划分每边的节点数。

本章知识结构

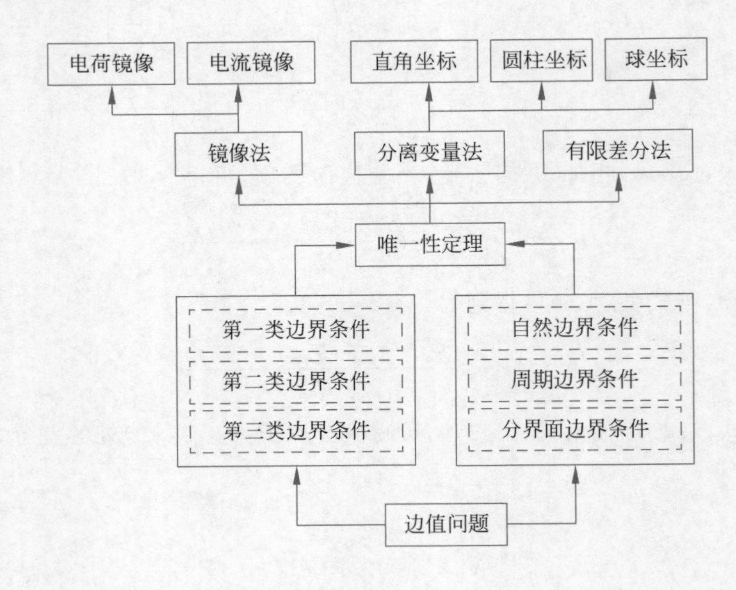

习题

5.1 求直角、60°角、45°角的镜像电荷,试探索其中的规律。如果劈尖为70°角,镜像电荷又会有什么特点?

5.2 求磁流元在电导体表面的镜像、电流元和磁流元在磁导体表面的镜像。

5.3 如题5.3图所示,有一半径为 a 的金属导体球,带电量为 Q。将其置于无穷大金属表面上方 h 处,求该球体的镜像电荷大小及位置。

5.4 广播天线经常会竖直或水平架设在地表面附近。此时地表面可近似为无限大导体平面,请画出题5.4图情形的镜像电流。箭头代表电流方向。

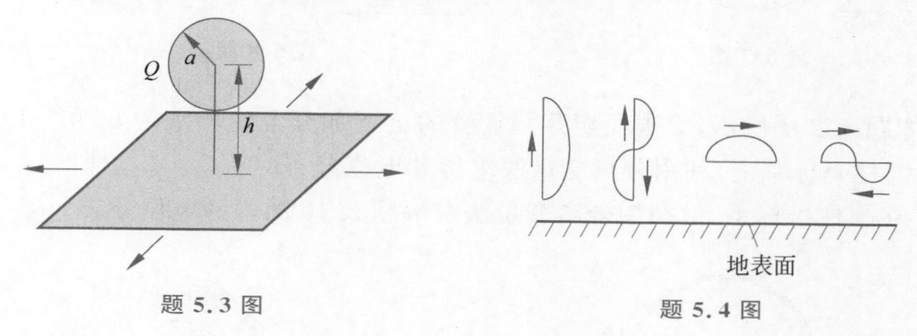

题 5.3 图　　　题 5.4 图

5.5 在直角坐标系下,利用分离变量法求解题5.5图中各图的电位分布。

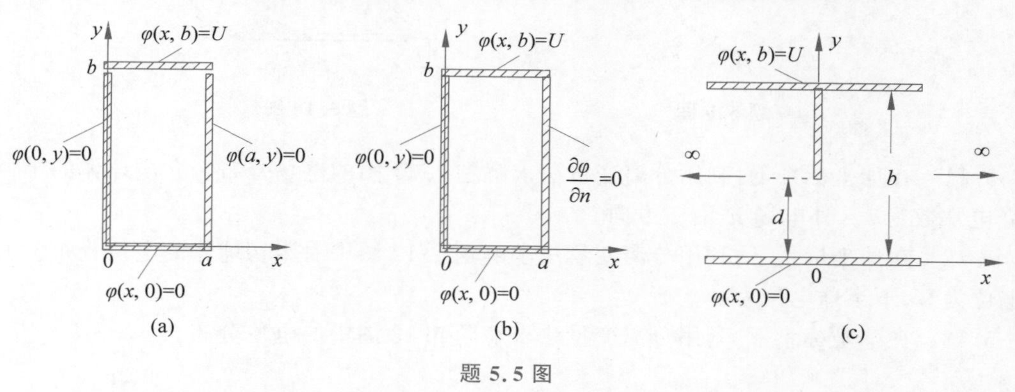

题 5.5 图

5.6 在圆柱坐标系下,利用分离变量法求解题5.6图中的电位分布。介质柱体的半径为 a,介电常数为 ε。外电场 $\boldsymbol{E}$ 沿 x 方向。

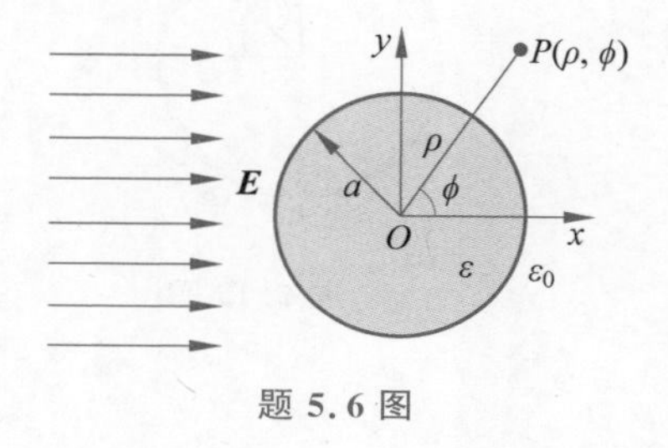

题 5.6 图

5.7　在圆柱坐标系下，利用分离变量法求解题5.7图中同轴电缆的电位分布。同轴电缆的内、外半径分别为 a 和 b，内导体电位为 U。

5.8　如题5.8图所示，在均匀外磁场 $\boldsymbol{H}$ 中（幅度为 H_0）放置一磁导率为 μ 的无限长磁介质圆柱体，介质分为三个区域。在圆柱坐标系下，利用分离变量法求解腔内的磁场分布。（提示：利用题5.6的方法）

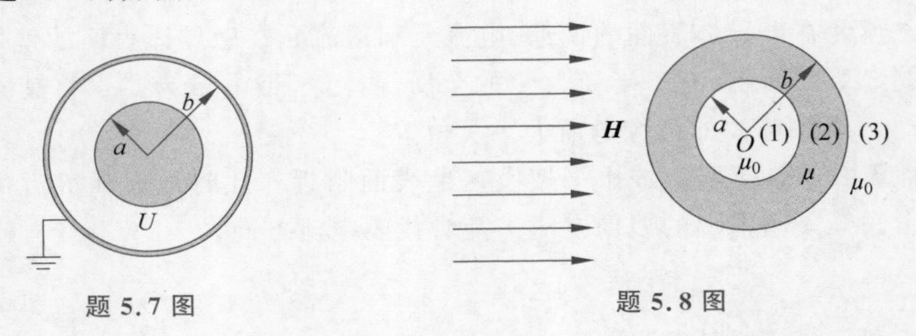

题5.7图　　题5.8图

5.9　如题5.9图所示，无限长切开圆柱管的上下部分电位分别为 U 和 $-U$，圆柱管半径为 a。在圆柱坐标系下，利用分离变量法求解其电位分布。

5.10　在圆柱坐标系下，利用分离变量法求解题5.10图中的电位分布。

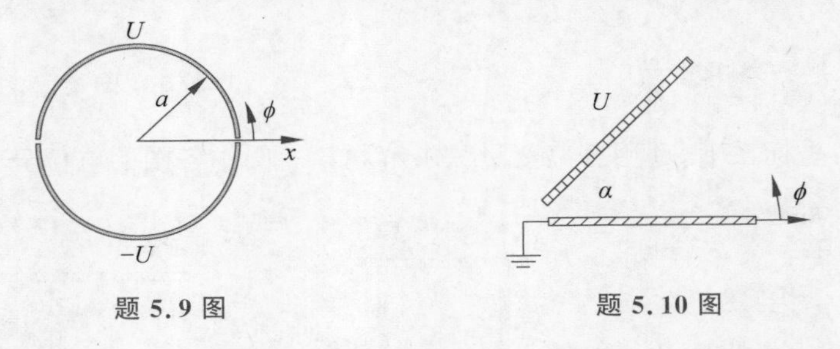

题5.9图　　题5.10图

5.11　在球坐标系下，利用分离变量法求解题5.11图的电场分布。介质球体的半径为 a，介电常数为 ε。外电场 $\boldsymbol{E}$ 沿 z 方向。

5.12　在球坐标系下，利用分离变量法求解题5.12图中对半切球体的电位分布。上半球电位为 U，下半球电位为0。

5.13　在球坐标系下，利用分离变量法求解题5.13图中的电位分布。

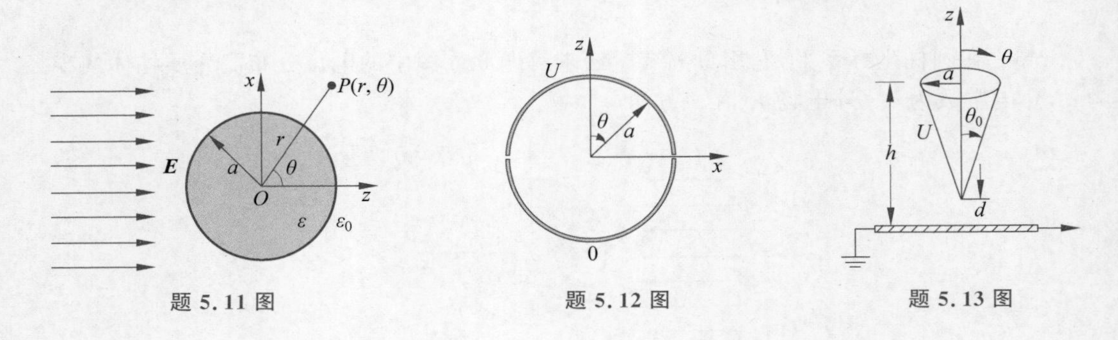

题5.11图　　题5.12图　　题5.13图

第6章

CHAPTER 6

时变电磁场

通过前面的章节可以发现，静电场仅由静止电荷产生，恒定磁场仅由恒定电流产生。从表6.0.1可以看出，静电场与恒定磁场相互之间没有联系。

表 6.0.1　静态场情形下的积分方程和微分方程

静电场		恒定磁场	
积分形式	微分形式	积分形式	微分形式
$\oint_C \boldsymbol{E}\cdot \mathrm{d}\boldsymbol{l}=0$ $\oint_S \boldsymbol{D}\cdot \mathrm{d}\boldsymbol{S}=Q$ $\boldsymbol{D}=\varepsilon\boldsymbol{E}$	$\nabla\times\boldsymbol{E}=0$ $\nabla\cdot\boldsymbol{D}=\rho$ $\boldsymbol{D}=\varepsilon\boldsymbol{E}$	$\oint_C \boldsymbol{H}\cdot \mathrm{d}\boldsymbol{l}=\int_S \boldsymbol{J}\cdot \mathrm{d}\boldsymbol{S}=I$ $\oint_S \boldsymbol{B}\cdot \mathrm{d}\boldsymbol{S}=0$ $\boldsymbol{B}=\mu\boldsymbol{H}$	$\nabla\times\boldsymbol{H}=\boldsymbol{J}$ $\nabla\cdot\boldsymbol{B}=0$ $\boldsymbol{B}=\mu\boldsymbol{H}$

但是，当电荷和电流都随时间变化时，电场与磁场就会相互激发、相互联系。电场和磁场在时变条件下既与位置有关，又与时间有关。这种与时间有关系的电磁场称为时变电磁场(**time-variating fields**)。在时变条件下，电场与磁场作为整体存在，不可分割。电与磁的这种深刻联系，是由法拉第在1831年发现的，称为法拉第电磁感应定律。法拉第电磁感应定律是经典电磁学的第三大实验定律。

在电磁学三大实验定律的基础上，麦克斯韦还提出了位移电流(电场产生磁场)以及感应电场(变化的磁场产生有旋电场)两大假设，并全面总结了电磁学的基本规律，最终于1864年提出了一组描述电磁学宏观规律的方程，即著名的麦克斯韦方程组。

本章先讨论位移电流与全电流安培环路定律，然后阐述法拉第电磁感应定律与有旋电场并引出麦克斯韦方程组以及时变场下的边界条件，接着讨论时谐场下的麦克斯韦方程组、坡印廷矢量和坡印廷定理，最后介绍波动方程和时变场下的位函数。

6.1　位移电流与全电流安培环路定律

视频25

第4章讨论了安培环路定律。但是第4章中的安培环路定律只适用于恒定电场情形，对于时变电场情形存在自相矛盾的地方。

如图6.1.1所示，当交流电流加在电容 C 上时，连接电容的导线上将通过传导电流 i。但是由于电容的两个极板之间是电介质，因此不存在传导电流。假设有一闭合曲线 C'，该闭合曲线是两个曲面 S_1 和 S_2 的边缘，其中 S_1 与导线相交，而 S_2 从电容极板间穿过(与导

线不相交）。根据安培环路定律

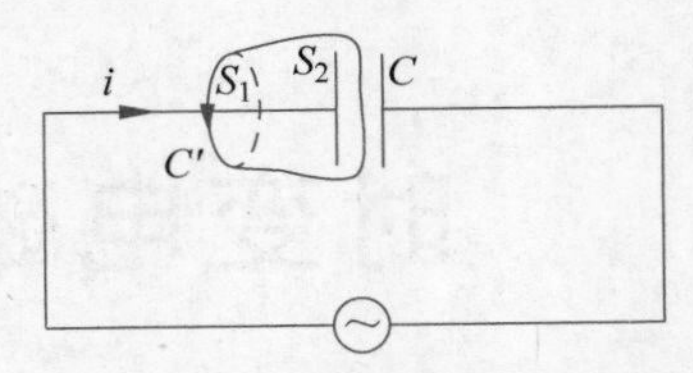

图 6.1.1　电流通过电容时安培环路定律的矛盾

$$\oint_{C'} \boldsymbol{H} \cdot \mathrm{d}\boldsymbol{l} = \int_{S_1} \boldsymbol{J} \cdot \mathrm{d}\boldsymbol{S}_1 = i$$

同时也有

$$\oint_{C'} \boldsymbol{H} \cdot \mathrm{d}\boldsymbol{l} = \int_{S_2} \boldsymbol{J} \cdot \mathrm{d}\boldsymbol{S}_2 = 0$$

可以看出，同一个闭合曲线，当选取不同曲面 S_1 和 S_2 时，根据安培环路定律所得到的结果不同。这显然是个矛盾。

为了解决安培环路定律在时变场下的矛盾，麦克斯韦提出了位移电流（**displacement current**）的概念。位移电流的提出，可以从电流连续性方程得到启示。电流连续性方程的完整形式为

$$\nabla \cdot \boldsymbol{J} + \frac{\partial \rho}{\partial t} = 0$$

(1) 在恒定电场情形下，电流连续性方程退化为$\nabla \cdot \boldsymbol{J} = 0$。考虑到$\nabla \times \boldsymbol{H} = \boldsymbol{J}$，对两边取散度可得$\nabla \cdot (\nabla \times \boldsymbol{H}) = \nabla \cdot \boldsymbol{J} = 0$（矢量场旋度的梯度必为 0）。

(2) 在时变电场情形下$\nabla \cdot \boldsymbol{J} = -\dfrac{\partial \rho}{\partial t}$，此时$\nabla \cdot (\nabla \times \boldsymbol{H}) = 0 \neq \nabla \cdot \boldsymbol{J}$，显然存在矛盾。

这个矛盾要么来自电流连续性方程，要么来自安培环路定律。考虑到$\nabla \cdot \boldsymbol{D} = \rho$，于是就有

$$\nabla \cdot \boldsymbol{J} + \frac{\partial\, \nabla \cdot \boldsymbol{D}}{\partial t} = 0 \quad \text{或} \quad \nabla \cdot \left(\boldsymbol{J} + \frac{\partial \boldsymbol{D}}{\partial t}\right) = 0$$

如果把安培环路定律写成

$$\nabla \times \boldsymbol{H} = \boldsymbol{J} + \frac{\partial \boldsymbol{D}}{\partial t} \tag{6.1.1}$$

的形式，那么在恒定电场情形下，右边第二项消失，于是就退化为安培环路定律的一般形式；而在时变电场的情形下又解决了电流连续性方程与安培环路定律的矛盾。因此，麦克斯韦将 $\boldsymbol{J}$ 称为传导电流密度，将$\dfrac{\partial \boldsymbol{D}}{\partial t}$定义为位移电流密度（用 $\boldsymbol{J}_\mathrm{d}$ 表示），并且认为，传导电流产生磁场，而位移电流也产生磁场。式(6.1.1)称为麦克斯韦第一方程的微分形式，也称为全电流安培环路定律。

应用斯托克斯定理，可得

$$\int_S (\nabla \times \boldsymbol{H}) \cdot \mathrm{d}\boldsymbol{S} = \oint_C \boldsymbol{H} \cdot \mathrm{d}\boldsymbol{l} = \int_S \left(\boldsymbol{J} + \frac{\partial \boldsymbol{D}}{\partial t}\right) \cdot \mathrm{d}\boldsymbol{S}$$

即

$$\oint_C \boldsymbol{H} \cdot \mathrm{d}\boldsymbol{l} = \int_S \left(\boldsymbol{J} + \frac{\partial \boldsymbol{D}}{\partial t}\right) \cdot \mathrm{d}\boldsymbol{S} \tag{6.1.2}$$

式(6.1.2)称为麦克斯韦第一方程的积分形式。位移电流概念的提出成功地解决了安培环路定律在时变场情形下的矛盾；而麦克斯韦第一方程揭示了传导电流和位移电流都能产生磁场的物理现象。

例 6.1.1 对于以下几种情形：

(1) 自由空间中随时间变化的电场 $\boldsymbol{E}=\boldsymbol{e}_x E_{\mathrm{m}}\cos(\omega t)$；

(2) 假设该电场位于 $\varepsilon_{\mathrm{r}}=79$、电导率 $\sigma=20\mathrm{S/m}$ 的饱和盐水中，且工作频率为 2.45GHz；

(3) 假设导体铜里的传导电流密度为 $\boldsymbol{J}=\boldsymbol{e}_x \boldsymbol{J}_{\mathrm{m}}\cos(\omega t)$，铜的电导率为 $\sigma=5.8\times10^7\mathrm{S/m}$，相对介电常数 $\varepsilon_{\mathrm{r}}=1$。

求这三种情形下位移电流与传导电流幅度之比。

解：(1) 自由空间中不存在传导电流，因此 $\boldsymbol{J}=0$。另外，位移电流为

$$\boldsymbol{J}_{\mathrm{d}}=\frac{\partial \boldsymbol{D}}{\partial \boldsymbol{t}}=\frac{\partial \varepsilon_0 \boldsymbol{E}}{\partial \boldsymbol{t}}=\varepsilon_0 \frac{\partial \boldsymbol{E}}{\partial \boldsymbol{t}}=-\boldsymbol{e}_x\varepsilon_0 E_{\mathrm{m}}\omega\sin(\omega t)$$

因此，位移电流与传导电流的比值为$\dfrac{J_{\mathrm{dm}}}{J_{\mathrm{m}}}=\infty$。

(2) 在导电介质中，传导电流为

$$\boldsymbol{J}=\sigma\boldsymbol{E}=\boldsymbol{e}_x\sigma E_{\mathrm{m}}\cos(\omega t)$$

位移电流为

$$\boldsymbol{J}_{\mathrm{d}}=\frac{\partial \boldsymbol{D}}{\partial t}=\frac{\partial \varepsilon_0\varepsilon_{\mathrm{r}} \boldsymbol{E}}{\partial t}=\varepsilon_0\varepsilon_{\mathrm{r}} \frac{\partial \boldsymbol{E}}{\partial t}=-\boldsymbol{e}_x\varepsilon_0\varepsilon_{\mathrm{r}} E_{\mathrm{m}}\omega\sin(\omega t)$$

因此，位移电流与传导电流的比值为

$$\frac{J_{\mathrm{dm}}}{J_{\mathrm{m}}}=\frac{\varepsilon_0\varepsilon_{\mathrm{r}}E_{\mathrm{m}}\omega}{\sigma E_{\mathrm{m}}}=\frac{10^{-9}\times79\times2\pi\times2.45\times10^9}{36\pi\times20}\approx0.538$$

(3) 导体铜内位移电流与传导电流的比值为

$$\frac{J_{\mathrm{dm}}}{J_{\mathrm{m}}}=\frac{\varepsilon_0\varepsilon_{\mathrm{r}}\omega}{\sigma}=\frac{10^{-9}\times2\pi\times f}{36\pi\times\sigma}\approx9.58\times10^{-19}f$$

假设要求位移电流与传导电流的比值达到 0.1 的量级，频率需达到 10^{17} Hz 的量级。因此，在无线电频段，甚至毫米波以及太赫兹频段，可以忽略铜导线中位移电流的影响。

由此可以看出，绝缘体中位移电流占主导地位，而传导电流基本为 0；非良导体中的位移电流与传导电流均不可忽略；金属导体中的传导电流占主导地位，而位移电流可以忽略。

6.2 法拉第电磁感应定律与有旋电场

动画 12

麦克斯韦第一方程表明时变电场能产生磁场，而法拉第电磁感应定律则表明时变磁场将产生电场，如图 6.2.1 所示。英国物理学家法拉第经过长期探索，在 1831 年发现当导体回路的磁通量发生变化时，回路会产生感应电动势。通过总结实验发现，感应电动势与磁通量变化律成反比，即

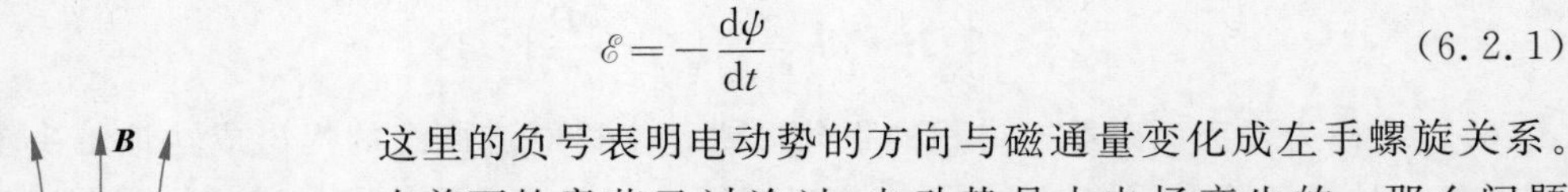

$$\mathscr{E}=-\frac{\mathrm{d}\psi}{\mathrm{d}t} \tag{6.2.1}$$

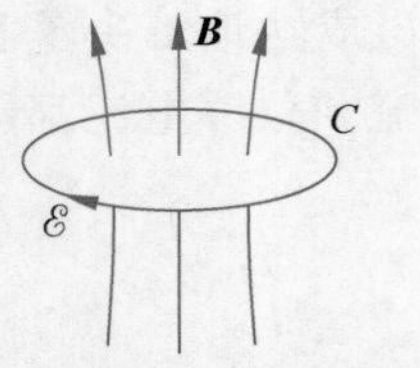

图 6.2.1　导体回路磁通量变化产生感应电动势

这里的负号表明电动势的方向与磁通量变化成左手螺旋关系。在前面的章节已讨论过,电动势是由电场产生的。那么问题是,磁场的变化是如何产生感应电动势的?也就是变化的磁场是如何产生电场的?对此,麦克斯韦提出了另一个假设——有旋电场假设。

(1) 假设磁场是变化的,闭合回路 C 静止。根据电动势的定义,必然有

$$\mathscr{E}=\oint_C \boldsymbol{E}\cdot\mathrm{d}\boldsymbol{l}$$

而磁通量为

$$\psi=\int_S \boldsymbol{B}\cdot\mathrm{d}\boldsymbol{S}$$

于是就得到

$$\oint_C \boldsymbol{E}\cdot\mathrm{d}\boldsymbol{l}=-\frac{\mathrm{d}}{\mathrm{d}t}\int_S \boldsymbol{B}\cdot\mathrm{d}\boldsymbol{S} \tag{6.2.2}$$

这里的问题在于,对于保守电场 $\boldsymbol{E}_C$,$\oint_C \boldsymbol{E}_C\cdot\mathrm{d}\boldsymbol{l}=0$ 恒成立。那么,电场里面除了保守电场 $\boldsymbol{E}_\mathrm{C}$,必然还存在另外一种电场,即感应电场,记为 $\boldsymbol{E}_\mathrm{in}$,使得 $\boldsymbol{E}=\boldsymbol{E}_\mathrm{C}+\boldsymbol{E}_\mathrm{in}$。否则,保守电场的闭合曲线积分必然等于 0。于是,可以得到

$$\oint_C (\boldsymbol{E}_\mathrm{C}+\boldsymbol{E}_\mathrm{in})\cdot\mathrm{d}\boldsymbol{l}=\oint_C \boldsymbol{E}_\mathrm{C}\cdot\mathrm{d}\boldsymbol{l}+\oint_C \boldsymbol{E}_\mathrm{in}\cdot\mathrm{d}\boldsymbol{l}=\oint_C \boldsymbol{E}_\mathrm{in}\cdot\mathrm{d}\boldsymbol{l}=-\frac{\mathrm{d}}{\mathrm{d}t}\int_S \boldsymbol{B}\cdot\mathrm{d}\boldsymbol{S}$$

也就是

$$\oint_C \boldsymbol{E}_\mathrm{in}\cdot\mathrm{d}\boldsymbol{l}=-\frac{\mathrm{d}}{\mathrm{d}t}\int_S \boldsymbol{B}\cdot\mathrm{d}\boldsymbol{S} \tag{6.2.3}$$

这说明,磁通量变化所感应出来的电场 $\boldsymbol{E}_\mathrm{in}$ 与保守场 $\boldsymbol{E}_\mathrm{C}$ 具有完全不同的性质。感应电场 $\boldsymbol{E}_\mathrm{in}$ 具有旋度,因此总电场 $\boldsymbol{E}$ 也就具有旋度,称之为有旋电场。所以在后面的讨论中,直接用总电场 $\boldsymbol{E}$ 表示法拉第电磁感应定律。将式(6.2.3)改写成式(6.2.2)的形式也就是合理的。

式(6.2.2)是麦克斯韦第二方程的积分形式。有旋电场成功地解释了磁生电的现象,麦克斯韦第二方程定量地描述了磁生电的规律。

再利用斯托克斯定理,式(6.2.2)可以写为

$$\int_S (\nabla\times\boldsymbol{E})\cdot\mathrm{d}\boldsymbol{S}=-\int_S \frac{\partial\boldsymbol{B}}{\partial t}\cdot\mathrm{d}\boldsymbol{S}$$

注意,这里交换了对时间微分和对面积积分的顺序,微分也就变成了偏微分。这是因为磁感应强度是时间和空间的多变量函数。于是可以得到

$$\nabla\times\boldsymbol{E}=-\frac{\partial\boldsymbol{B}}{\partial t} \tag{6.2.4}$$

该式是麦克斯韦第二方程的微分形式。

(2) 假设磁感应强度不变,但是导体环在运动。那么导体环的磁通量也可能发生改变,

如图 6.2.2 所示。闭合线圈 C_1 围成的曲面为 S_1，当它移动后变成线圈 C_2 且围成的曲面为 S_2。因此，S_2 相对于 S_1 所减少面积的小面积元为 $\mathrm{d}\boldsymbol{S}=\mathrm{d}\boldsymbol{l}\times\boldsymbol{v}\mathrm{d}t$。该小面积元对磁通量的减少为

$$\boldsymbol{B}\cdot\mathrm{d}\boldsymbol{S}=\boldsymbol{B}\cdot(\mathrm{d}\boldsymbol{l}\times\boldsymbol{v}\mathrm{d}t)=\mathrm{d}\boldsymbol{l}\cdot(\boldsymbol{v}\mathrm{d}t\times\boldsymbol{B})=(\boldsymbol{v}\times\boldsymbol{B})\cdot\mathrm{d}\boldsymbol{l}\mathrm{d}t$$

整个线圈在 $\mathrm{d}t$ 时间内的磁通量变化为

$$\mathrm{d}\psi=\psi_2-\psi_1=-\int\boldsymbol{B}\cdot\mathrm{d}\boldsymbol{S}=-\int_{C_1}(\boldsymbol{v}\times\boldsymbol{B})\cdot\mathrm{d}\boldsymbol{l}\mathrm{d}t$$

式中的负号表示磁通量的减小，故

$$\mathscr{E}=-\frac{\mathrm{d}\psi}{\mathrm{d}t}=\int_{C_1}(\boldsymbol{v}\times\boldsymbol{B})\cdot\mathrm{d}\boldsymbol{l}$$

考虑到 $\mathscr{E}=\int_{C_1}\boldsymbol{E}\cdot\mathrm{d}\boldsymbol{l}$，于是有 $\boldsymbol{E}=\boldsymbol{v}\times\boldsymbol{B}$，即$\nabla\times\boldsymbol{E}=\nabla\times(\boldsymbol{v}\times\boldsymbol{B})$。

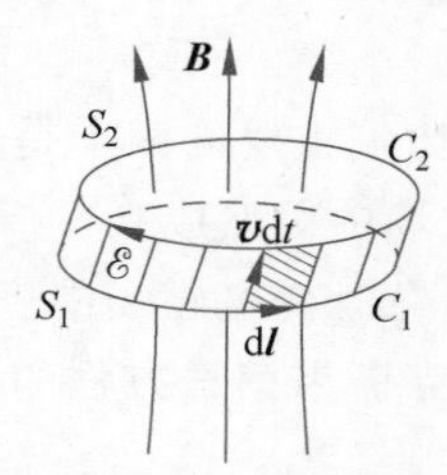

图 6.2.2 运动导体回路磁通量变化产生感应电动势

(3) 假设磁场在变化的同时，闭合线圈也在运动。此时，积分公式是以上两种情形的合成形式，应当表示为

$$\oint_C\boldsymbol{E}\cdot\mathrm{d}\boldsymbol{l}=-\int_S\frac{\partial\boldsymbol{B}}{\partial t}\cdot\mathrm{d}\boldsymbol{S}+\int_C(\boldsymbol{v}\times\boldsymbol{B})\cdot\mathrm{d}\boldsymbol{l}$$

对应的微分形式为

$$\nabla\times\boldsymbol{E}=-\frac{\partial\boldsymbol{B}}{\partial t}+\nabla\times(\boldsymbol{v}\times\boldsymbol{B})$$

例 6.2.1 发电机的基本原理就是法拉第电磁感应定律。假设发电机线圈的长宽分别为 a 和 b，磁感应强度受到调控后为 $\boldsymbol{B}=\boldsymbol{e}_zB_0\cos(\omega t)$，如图 6.2.3 所示。

(1) 当线圈静止时，假设线圈垂直于磁场，求线圈的感应电动势；

(2) 求当线圈以角速度 ω 绕 x 轴旋转时的感应电动势。

解：(1) 线圈静止时，感应电动势由时变磁场引起

$$\mathscr{E}=\oint_C\boldsymbol{E}\cdot\mathrm{d}\boldsymbol{l}=-\frac{\mathrm{d}}{\mathrm{d}t}\int_S\boldsymbol{B}\cdot\mathrm{d}\boldsymbol{S}=-\frac{\mathrm{d}\boldsymbol{B}}{\mathrm{d}t}\cdot ab\boldsymbol{e}_z$$

$$=-\frac{\mathrm{d}(B_0\cos(\omega t)\boldsymbol{e}_z)}{\mathrm{d}t}\cdot ab\boldsymbol{e}_z=B_0ab\omega\sin(\omega t)$$

(2) 当线圈以角速度 ω 绕 x 轴旋转时，线圈法向与磁场方向在任意一时刻成夹角 $\alpha=\omega t$。因此，任意一时刻的磁通量为

$$\psi=ab\boldsymbol{B}\cdot\boldsymbol{e}_\mathrm{n}=B_0ab\cos(\omega t)\boldsymbol{e}_z\cdot\boldsymbol{e}_\mathrm{n}=B_0ab\cos(\omega t)\cos\alpha=B_0ab\cos^2(\omega t)$$

由此得到感应电动势为

$$\mathscr{E}=-\frac{\mathrm{d}\psi}{\mathrm{d}t}=B_0ab\omega\sin(2\omega t)$$

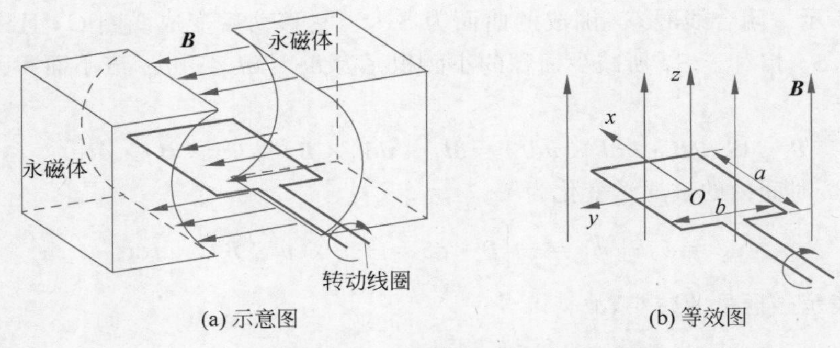

(a) 示意图 (b) 等效图

图 6.2.3 发电机示意图和等效计算模型

6.3 麦克斯韦方程组

麦克斯韦还作了其他一些假设,比较重要的两个是:

(1) 磁通连续性原理在时变电磁场中仍然成立;

(2) 由库仑定律得到的高斯定律在时变电磁场中仍然成立。

基于这两个假设,就可以得到麦克斯韦第三方程的积分形式和微分形式

$$\oint_S \boldsymbol{B} \cdot \mathrm{d}\boldsymbol{S} = 0 \tag{6.3.1}$$

和

$$\nabla \cdot \boldsymbol{B} = 0 \tag{6.3.2}$$

以及麦克斯韦第四方程的积分形式和微分形式

$$\oint_S \boldsymbol{D} \cdot \mathrm{d}\boldsymbol{S} = Q \tag{6.3.3}$$

和

$$\nabla \cdot \boldsymbol{D} = \rho \tag{6.3.4}$$

但是,这四个方程是不完备的,还需要三个本构方程(介质特性方程)。

$$\boldsymbol{D} = \varepsilon \boldsymbol{E}, \quad \boldsymbol{J} = \sigma \boldsymbol{E}, \quad \boldsymbol{B} = \mu \boldsymbol{H} \tag{6.3.5}$$

本构方程是电磁场的辅助方程。

需要说明的是,本章所讨论的麦克斯韦方程在各向同性的均匀介质中才有效,对于各向异性的介质,其数学形式有较大差异,在此不作讨论。我们把麦克斯韦方程组的积分形式、微分形式和本构方程总结在表 6.3.1 中。此外,每个方程的物理意义总结在表 6.3.2 中。

表 6.3.1 麦克斯韦方程组及本构方程

积分形式	微分形式	本构方程
$\oint_C \boldsymbol{H} \cdot \mathrm{d}\boldsymbol{l} = \int_S \left(\boldsymbol{J} + \frac{\partial \boldsymbol{D}}{\partial t}\right) \cdot \mathrm{d}\boldsymbol{S}$	$\nabla \times \boldsymbol{H} = \boldsymbol{J} + \frac{\partial \boldsymbol{D}}{\partial t}$	$\boldsymbol{D} = \varepsilon \boldsymbol{E}$
$\oint_C \boldsymbol{E} \cdot \mathrm{d}\boldsymbol{l} = -\int_S \frac{\partial \boldsymbol{B}}{\partial t} \cdot \mathrm{d}\boldsymbol{S}$	$\nabla \times \boldsymbol{E} = -\frac{\partial \boldsymbol{B}}{\partial t}$	$\boldsymbol{J} = \sigma \boldsymbol{E}$
$\oint_S \boldsymbol{B} \cdot \mathrm{d}\boldsymbol{S} = 0$	$\nabla \cdot \boldsymbol{B} = 0$	$\boldsymbol{B} = \mu \boldsymbol{H}$
$\oint_S \boldsymbol{D} \cdot \mathrm{d}\boldsymbol{S} = Q$	$\nabla \cdot \boldsymbol{D} = \rho$	

表 6.3.2　麦克斯韦方程组的含义

方　程	含　义
$\oint_C \boldsymbol{H}\cdot \mathrm{d}\boldsymbol{l}=\int_S\left(\boldsymbol{J}+\frac{\partial \boldsymbol{D}}{\partial t}\right)\cdot \mathrm{d}\boldsymbol{S}$	磁场强度沿任意闭合曲线的环流量等于穿过以该闭合曲线为边界的任意曲面的传导电流和位移电流之和
$\oint_C \boldsymbol{E}\cdot \mathrm{d}\boldsymbol{l}=-\int_S \frac{\partial \boldsymbol{B}}{\partial t}\cdot \mathrm{d}\boldsymbol{S}$	电场强度沿任意闭合曲线的环流量等于穿过以该闭合曲线为边界的任意曲面的磁通量变化率的负值
$\oint_S \boldsymbol{B}\cdot \mathrm{d}\boldsymbol{S}=0$	穿过任意闭合曲面的磁感应强度的通量恒为 0
$\oint_S \boldsymbol{D}\cdot \mathrm{d}\boldsymbol{S}=Q$	穿过任意闭合曲面的电位移矢量的通量等于该闭合曲面所包围的自由电荷的总量
$\nabla\times\boldsymbol{H}=\boldsymbol{J}+\frac{\partial \boldsymbol{D}}{\partial t}$	磁场可由传导电流产生，也可由位移电流产生
$\nabla\times\boldsymbol{E}=-\frac{\partial \boldsymbol{B}}{\partial t}$	时变磁场产生电场
$\nabla\cdot\boldsymbol{B}=0$	磁通永远是连续的，磁场为无散场
$\nabla\cdot\boldsymbol{D}=\rho$	电位移矢量的散度为自由电荷密度

麦克斯韦方程组是描述宏观电磁现象的严密数学体系。基于麦克斯韦方程组，麦克斯韦还预言了电磁波的存在，这是一项大胆的、具有划时代意义的预言。后来，德国科学家赫兹于 1887 年第一次人工产生了电磁波，验证了电磁波的存在。电磁波是无线通信的载体，而麦克斯韦方程组是当代电磁问题的理论基础。麦克斯韦等一代代科学家淡泊名利，潜心钻研，他们的精神跨越国界，他们的成果造福人类。

6.4　坡印廷矢量及坡印廷定理

视频 26

在时变电磁场中，由于电场和磁场相互联系、相互激发，因此电磁场的能量密度 w 就包含电场能量密度 w_{e} 和磁场能量密度 w_{m} 两部分

$$w=w_{\mathrm{e}}+w_{\mathrm{m}}$$

其中，$w_{\mathrm{e}}=\frac{1}{2}\boldsymbol{E}\cdot\boldsymbol{D}$，$w_{\mathrm{m}}=\frac{1}{2}\boldsymbol{H}\cdot\boldsymbol{B}$。当电磁场随时间变化时，电磁场能量也随时间变化，并且伴随着电磁能量的流动。能流密度矢量（**energy flow density vector**）就是用于描述能量的流动特性，其方向为能量流动方向，其大小为单位时间内穿过与能量流动方向垂直的单位面积的能量，单位为 $\mathrm{W/m^2}$（瓦/米^2）。能流密度矢量也称为坡印廷矢量（**Poynting vector**），用 $\boldsymbol{S}$ 表示。

下面将从麦克斯韦方程导出坡印廷定理。假设体积 V 内充满线性、各向同性的介质，介质参数不随时间变化。体积 V 的边界为曲面 S，且体积 V 内无外加源。对微分形式的麦克斯韦第一方程两端点乘 $\boldsymbol{E}$，对微分形式的麦克斯韦第二方程两端点乘 $\boldsymbol{H}$，可得

$$\boldsymbol{E}\cdot(\nabla\times\boldsymbol{H})=\boldsymbol{E}\cdot\boldsymbol{J}+\boldsymbol{E}\cdot\frac{\partial \boldsymbol{D}}{\partial t}$$

$$\boldsymbol{H}\cdot(\nabla\times\boldsymbol{E})=-\boldsymbol{H}\cdot\frac{\partial \boldsymbol{B}}{\partial t}$$

两式相减后得到

$$\boldsymbol{E}\cdot(\nabla\times\boldsymbol{H})-\boldsymbol{H}\cdot(\nabla\times\boldsymbol{E})=\boldsymbol{E}\cdot\boldsymbol{J}+\boldsymbol{E}\cdot\frac{\partial\boldsymbol{D}}{\partial t}+\boldsymbol{H}\cdot\frac{\partial\boldsymbol{B}}{\partial t}\tag{6.4.1}$$

注意到

$$\begin{cases}\boldsymbol{H}\cdot\dfrac{\partial\boldsymbol{B}}{\partial t}=\boldsymbol{H}\cdot\dfrac{\partial\mu\boldsymbol{H}}{\partial t}=\mu\boldsymbol{H}\cdot\dfrac{\partial\boldsymbol{H}}{\partial t}=\boldsymbol{B}\cdot\dfrac{\partial\boldsymbol{H}}{\partial t}\\[2ex]\boldsymbol{E}\cdot\dfrac{\partial\boldsymbol{D}}{\partial t}=\boldsymbol{E}\cdot\dfrac{\partial\varepsilon\boldsymbol{E}}{\partial t}=\varepsilon\boldsymbol{E}\cdot\dfrac{\partial\boldsymbol{E}}{\partial t}=\boldsymbol{D}\cdot\dfrac{\partial\boldsymbol{E}}{\partial t}\end{cases}$$

因此有

$$\begin{cases}\boldsymbol{H}\cdot\dfrac{\partial\boldsymbol{B}}{\partial t}=\dfrac{1}{2}\dfrac{\partial(\boldsymbol{H}\cdot\boldsymbol{B})}{\partial t}=\dfrac{\partial}{\partial t}\left(\dfrac{1}{2}\boldsymbol{H}\cdot\boldsymbol{B}\right)\\[2ex]\boldsymbol{E}\cdot\dfrac{\partial\boldsymbol{D}}{\partial t}=\dfrac{1}{2}\dfrac{\partial(\boldsymbol{E}\cdot\boldsymbol{D})}{\partial t}=\dfrac{\partial}{\partial t}\left(\dfrac{1}{2}\boldsymbol{E}\cdot\boldsymbol{D}\right)\end{cases}\tag{6.4.2}$$

将式(6.4.2)代入式(6.4.1)，于是得到

$$\boldsymbol{E}\cdot(\nabla\times\boldsymbol{H})-\boldsymbol{H}\cdot(\nabla\times\boldsymbol{E})=\boldsymbol{E}\cdot\boldsymbol{J}+\frac{\partial}{\partial t}\left(\frac{1}{2}\boldsymbol{H}\cdot\boldsymbol{B}+\frac{1}{2}\boldsymbol{E}\cdot\boldsymbol{D}\right)$$

又因为

$$-\nabla\cdot(\boldsymbol{E}\times\boldsymbol{H})=\boldsymbol{E}\cdot(\nabla\times\boldsymbol{H})-\boldsymbol{H}\cdot(\nabla\times\boldsymbol{E})$$

所以

$$-\nabla\cdot(\boldsymbol{E}\times\boldsymbol{H})=\boldsymbol{E}\cdot\boldsymbol{J}+\frac{\partial}{\partial t}\left(\frac{1}{2}\boldsymbol{H}\cdot\boldsymbol{B}+\frac{1}{2}\boldsymbol{E}\cdot\boldsymbol{D}\right)\tag{6.4.3}$$

在体积 V 内对式(6.4.3)两端进行积分，得到

$$-\int_V\nabla\cdot(\boldsymbol{E}\times\boldsymbol{H})\mathrm{d}V=\frac{\mathrm{d}}{\mathrm{d}t}\int_V\left(\frac{1}{2}\boldsymbol{H}\cdot\boldsymbol{B}+\frac{1}{2}\boldsymbol{E}\cdot\boldsymbol{D}\right)\mathrm{d}V+\int_V\boldsymbol{E}\cdot\boldsymbol{J}\,\mathrm{d}V\tag{6.4.4}$$

这就是坡印廷定理(**Poynting theorem**)，它表征了电磁能量守恒关系。那么坡印廷定理的含义是什么呢？

(1) 由于 $w_{\mathrm{e}}=\frac{1}{2}\boldsymbol{E}\cdot\boldsymbol{D}$，$w_{\mathrm{m}}=\frac{1}{2}\boldsymbol{H}\cdot\boldsymbol{B}$，因此 $\frac{\mathrm{d}}{\mathrm{d}t}\int_V\left(\frac{1}{2}\boldsymbol{H}\cdot\boldsymbol{B}+\frac{1}{2}\boldsymbol{E}\cdot\boldsymbol{D}\right)\mathrm{d}V$ 所表示的是体积 V 内的能量增加率。

(2) $\int_V\boldsymbol{E}\cdot\boldsymbol{J}\,\mathrm{d}V=\int_V\sigma\boldsymbol{E}\cdot\boldsymbol{E}\,\mathrm{d}V$ 表示的是体积 V 内总的焦耳损耗功率。

(3) 另外，$-\int_V\nabla\cdot(\boldsymbol{E}\times\boldsymbol{H})\mathrm{d}V=-\int_S(\boldsymbol{E}\times\boldsymbol{H})\cdot\mathrm{d}\boldsymbol{S}$ 表示的是矢量 $\boldsymbol{E}\times\boldsymbol{H}$ 通过表面 S 流入体积 V 内的通量。矢量 $\boldsymbol{E}\times\boldsymbol{H}$ 的单位为 $\mathrm{V\cdot A/m^2}$，即 $\mathrm{W/m^2}$，它是一个单位面积的功率量。所以，将矢量 $\boldsymbol{E}\times\boldsymbol{H}$ 定义为能流密度矢量 $\boldsymbol{S}$，也称为坡印廷矢量

$$\boldsymbol{S}=\boldsymbol{E}\times\boldsymbol{H}\tag{6.4.5}$$

因此，坡印廷定理的含义是：流入到体积 V 内的能量一部分用于增加体积 V 内电磁能量，另一部分用于能量损耗。

由坡印廷矢量的定义可以看出，坡印廷矢量 $\boldsymbol{S}$ 既垂直于电场 $\boldsymbol{E}$，又垂直于磁场 $\boldsymbol{H}$。实际上，电场与磁场也是相互垂直的，因此 $\boldsymbol{S}$、$\boldsymbol{E}$、$\boldsymbol{H}$ 两两相互垂直，如图 6.4.1 所示。

例 6.4.1 同轴电缆是电子通信系统的主要传输线之一，其结构如图 6.4.2 所示，假设内导体电流为 I，内外导体电压为 U。求：

(1) 内导体与外导体之间的坡印廷矢量；

(2) 假设内导体的电导率为 σ，通过内导体表面进入到内导体的坡印廷矢量为多少？

解：(1) 因为内外导体的电压为 U，同轴电缆中电场的方向由内导体指向外导体。根据高斯定律，同轴电缆里的电场强度可以写成 $E=k/\rho$ 的形式，且

$$\int_a^b E\mathrm{d}\rho=\int_a^b k/\rho\mathrm{d}\rho=U$$

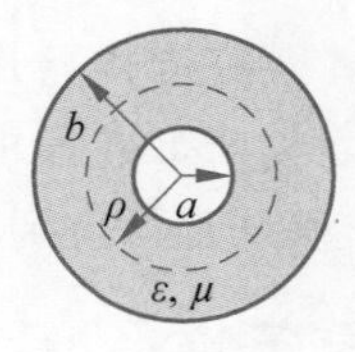

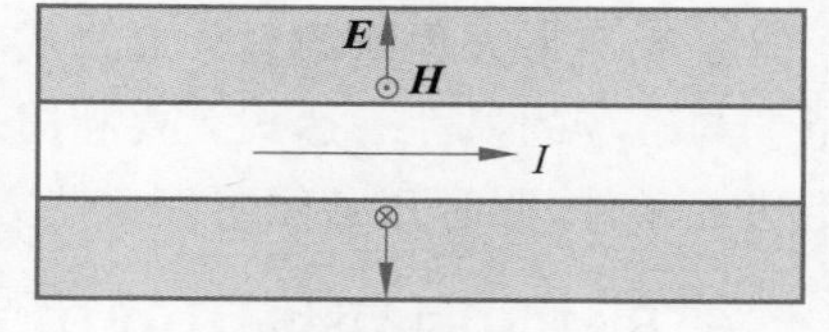

(a) 同轴电缆的结构

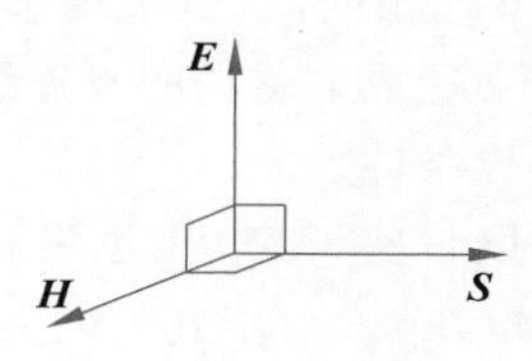

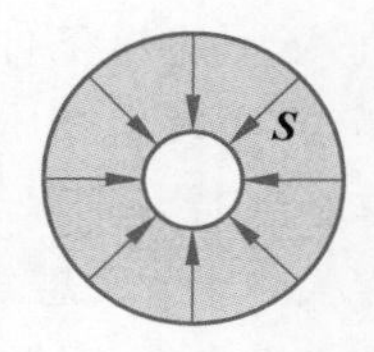

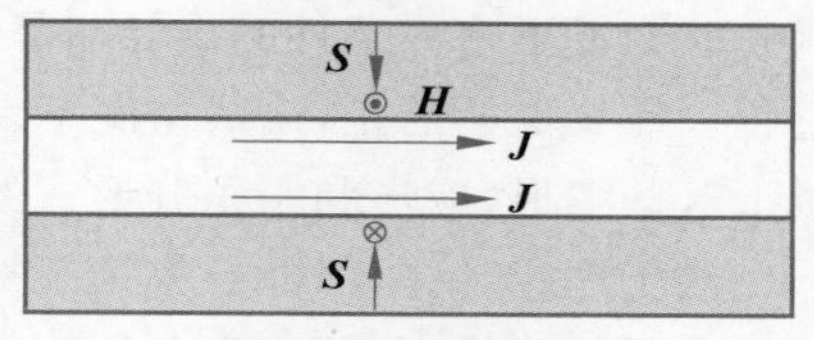

(b) 坡印廷矢量与电场、磁场的方向关系

图 6.4.1 坡印廷矢量与电场、磁场的方向关系

图 6.4.2 同轴电缆坡印廷计算示意图

其中，ρ 为同轴电缆内外导体之间任意一点的半径。因此求得 $k=U/\ln\dfrac{b}{a}$，即 $E=\dfrac{U}{\rho\ln\dfrac{b}{a}}$。利用安培环路定律，可得 $2\pi\rho H=I$，故 $H=\dfrac{I}{2\pi\rho}$。所以，内外导体之间的坡印廷矢量为

$$\boldsymbol{S}=\boldsymbol{E}\times\boldsymbol{H}=\boldsymbol{e}_\rho\frac{U}{\rho\ln\dfrac{b}{a}}\times\boldsymbol{e}_\phi\frac{I}{2\pi\rho}=\boldsymbol{e}_z\frac{UI}{2\pi\rho^2\ln\dfrac{b}{a}}$$

因此，整个系统的功率为

$$P=\int_S\boldsymbol{S}\cdot\boldsymbol{e}_z\rho\mathrm{d}\rho\mathrm{d}\phi=\int_S\frac{UI}{2\pi\rho^2\ln\dfrac{b}{a}}\rho\mathrm{d}\rho\mathrm{d}\phi=\int_S\frac{UI}{2\pi\rho\ln\dfrac{b}{a}}\mathrm{d}\rho\mathrm{d}\phi=UI$$

刚好等于电源提供的功率。

(2) 当内导体的电导率为 σ 时，利用 $\boldsymbol{J}=\sigma\boldsymbol{E}$ 得到 $\boldsymbol{E}=\boldsymbol{J}/\sigma$。假设电流在导体内均匀分布，则电场在内导体内均匀分布，且有

$$\boldsymbol{E}=\boldsymbol{e}_z\frac{I}{\pi a^2\sigma}$$

利用安培环路定律，可得 $2\pi\rho H=I\dfrac{\rho^2}{a^2}$，即 $H=\dfrac{\rho I}{2\pi a^2}$。因此，内导体内

$$\boldsymbol{S}=\boldsymbol{E}\times\boldsymbol{H}=\boldsymbol{e}_z\frac{I}{\pi a^2\sigma}\times\boldsymbol{e}_\phi\frac{\rho I}{2\pi a^2}=-\boldsymbol{e}_\rho\frac{I^2\rho}{2\sigma\pi^2a^4}$$

在内导体表面，$\boldsymbol{S}=-\boldsymbol{e}_\rho\dfrac{I^2}{2\sigma\pi^2a^3}$，单位长度流入内导体的功率为

$$-2\pi a\boldsymbol{S}\cdot\boldsymbol{e}_{\rho}=\frac{I^{2}}{\sigma\pi a^{2}}=I^{2}R$$

刚好等于单位长度的内导体的焦耳热功率，即流入内导体的功率用于产生焦耳热。

6.5 时变场下的边界条件及唯一性定理

麦克斯韦方程组的积分形式或者微分形式只是体现了电场和磁场的关系，而没有给出电场与磁场的显性表达式。要利用麦克斯韦方程求解电场和磁场的显性表达式，就需要确定边界条件，同时还必须明确这些方程是否可得到唯一解。

6.5.1 时变场下的边界条件

时变场下边界条件的推导与静态场下边界条件的推导方式相同，这里不再重复其推导过程。需要说明的是，一般情况下，分界面发生介质突变时，会造成电磁场的不连续。因此，对于这些情形，应当利用积分形式的麦克斯韦方程组求解边界条件。

对于理想导体，因电导率为无穷大，因此理想导体内部既没有静态场，也没有时变场。对于介质的分界面，其边界条件与静态场完全相同，请参见4.5节。对于其他的一些特殊情形，也可以用类似静态场的方法导出。

6.5.2 时变场下的唯一性定理

在静态场中，唯一性定理只要求给定边界上的场值就能确定区域内的场值。而在时变场，由于涉及时间，所以需要同时给定初始条件和边界条件才能求解麦克斯韦方程组。因此，时变场下的唯一性问题也就成了求麦克斯韦方程组唯一解的问题。

时变场下的唯一性定理：在以闭合曲面 S 为边界的有界区域 V 内，如果给定时刻 $t=0$ 的电场强度 $\boldsymbol{E}$ 和磁场强度 $\boldsymbol{H}$ 的初始值，并在 $t\geqslant 0$ 时，给定边界面 S 上电场强度 $\boldsymbol{E}$ 或磁场强度 $\boldsymbol{H}$ 的切向分量，那么在 $t>0$ 时，区域 V 内的电磁场由麦克斯韦方程唯一确定。

同样，可以利用反证法证明时变场下的唯一性定理。假设满足以上条件的解不唯一，那么至少存在两组解 $\boldsymbol{E}_1$、$\boldsymbol{H}_1$ 和 $\boldsymbol{E}_2$、$\boldsymbol{H}_2$。可以令

$$\boldsymbol{E}_0=\boldsymbol{E}_1-\boldsymbol{E}_2,\quad \boldsymbol{H}_0=\boldsymbol{H}_1-\boldsymbol{H}_2$$

此时也就满足：

(1) 在 $t=0$ 时，在区域 V 内，$\boldsymbol{E}_0$ 和 $\boldsymbol{H}_0$ 的初始值都为0；

(2) 在 $t\geqslant 0$ 时，边界面 S 上的电场强度 $\boldsymbol{E}_0$ 的切向分量和磁场强度 $\boldsymbol{H}_0$ 的切向分量都为0。同时，$\boldsymbol{E}_0$ 和 $\boldsymbol{H}_0$ 满足麦克斯韦方程组

$$\begin{cases}\nabla\times\boldsymbol{H}_0=\sigma\boldsymbol{E}_0+\varepsilon\dfrac{\partial\boldsymbol{E}_0}{\partial t}\\ \nabla\times\boldsymbol{E}_0=-\mu\dfrac{\partial\boldsymbol{H}_0}{\partial t}\\ \nabla\cdot(\mu\boldsymbol{H}_0)=0\\ \nabla\cdot(\varepsilon\boldsymbol{E}_0)=0\end{cases}$$

根据坡印廷定理，有

$$-\oint_S (\boldsymbol{E}_0 \times \boldsymbol{H}_0) \cdot \boldsymbol{e}_n \mathrm{d}S = \frac{\mathrm{d}}{\mathrm{d}t}\int_V \left(\frac{1}{2}\mu \mid \boldsymbol{H}_0 \mid^2 + \frac{1}{2}\varepsilon \mid \boldsymbol{E}_0 \mid^2\right) \mathrm{d}V + \int_V \sigma \mid \boldsymbol{E}_0 \mid^2 \mathrm{d}V$$

由于

$$(\boldsymbol{E}_0 \times \boldsymbol{H}_0) \cdot \boldsymbol{e}_\mathrm{n} = (\boldsymbol{e}_\mathrm{n} \times \boldsymbol{E}_0) \cdot \boldsymbol{H}_0 = (\boldsymbol{H}_0 \times \boldsymbol{e}_\mathrm{n}) \cdot \boldsymbol{E}_0$$

其中，$\boldsymbol{e}_\mathrm{n} \times \boldsymbol{E}_0$ 和 $\boldsymbol{e}_\mathrm{n} \times \boldsymbol{H}_0$ 都表示边界面 S 上的切向分量。由此可得

$$-\oint_S (\boldsymbol{E}_0 \times \boldsymbol{H}_0) \cdot \boldsymbol{e}_\mathrm{n} \mathrm{d}S = 0$$

亦即

$$\frac{\mathrm{d}}{\mathrm{d}t}\int_V \left(\frac{1}{2}\mu \mid \boldsymbol{H}_0 \mid^2 + \frac{1}{2}\varepsilon \mid \boldsymbol{E}_0 \mid^2\right) \mathrm{d}V + \int_V \sigma \mid \boldsymbol{E}_0 \mid^2 \mathrm{d}V = 0$$

又由于 $\boldsymbol{E}_0$ 和 $\boldsymbol{H}_0$ 的初始值为 0，对两边关于 t 求积分可得

$$\int_V \left(\frac{1}{2}\mu \mid \boldsymbol{H}_0 \mid^2 + \frac{1}{2}\varepsilon \mid \boldsymbol{E}_0 \mid^2\right) \mathrm{d}V + \int_0^t \left(\int_V \sigma \mid \boldsymbol{E}_0 \mid^2 \mathrm{d}V\right) \mathrm{d}t = 0$$

此时积分式非负，要保证积分式成立，只有 $\boldsymbol{E}_0$ 和 $\boldsymbol{H}_0$ 都为 0。于是得到

$$\boldsymbol{E}_1 = \boldsymbol{E}_2, \quad \boldsymbol{H}_1 = \boldsymbol{H}_2$$

这就证明了唯一性定理。

6.6 波动方程

视频 27

在 6.4 节，我们讨论了能流密度矢量，从麦克斯韦方程推导出电磁能量传播的一些规律。那么电磁能量是以什么样的形式传播的呢？麦克斯韦预言了电磁波的存在，也就是说，时变电场和磁场具有波动的特性。这就说明，电磁能量是以波的形式传播的。而在 6.5 节，我们证明了唯一性定理。那么，由麦克斯韦方程导出的其他方程也必须满足唯一性定理才是合法的解。下面讨论如何从麦克斯韦方程组导出无源空间的波动方程。

在无源空间，电荷密度 ρ 和电流密度 $\boldsymbol{J}$ 都为 0。于是，在线性、各向同性的均匀理想介质中，麦克斯韦方程组可以写为

$$\begin{cases} \nabla\times \boldsymbol{H} = \varepsilon \dfrac{\partial \boldsymbol{E}}{\partial t} \\ \nabla\times \boldsymbol{E} = -\mu \dfrac{\partial \boldsymbol{H}}{\partial t} \\ \nabla\cdot \boldsymbol{H} = 0 \\ \nabla\cdot \boldsymbol{E} = 0 \end{cases} \tag{6.6.1}$$

对式(6.6.1)的第二式取旋度，得到

$$\nabla\times\nabla\times \boldsymbol{E} = -\mu \frac{\partial(\nabla\times \boldsymbol{H})}{\partial t} = -\mu\varepsilon \frac{\partial^2 \boldsymbol{E}}{\partial t^2}$$

再利用恒等式$\nabla\times\nabla\times\boldsymbol{E} = \nabla(\nabla\cdot\boldsymbol{E}) - \nabla^2\boldsymbol{E}$ 以及$\nabla\cdot\boldsymbol{E} = 0$，可得到

$$\nabla^2 \boldsymbol{E} - \mu\varepsilon \frac{\partial^2 \boldsymbol{E}}{\partial t^2} = 0 \tag{6.6.2}$$

即为无源区域中电场强度的波动方程(**wave equation**)。

利用同样的方法可得到无源区域磁场强度的波动方程

$$\nabla^2 \boldsymbol{H} - \mu\varepsilon \frac{\partial^2 \boldsymbol{H}}{\partial t^2} = 0 \tag{6.6.3}$$

在直角坐标系下，可将电场强度的波动方程分成三个标量方程

$$\begin{cases} \dfrac{\partial^2 E_x}{\partial x^2} + \dfrac{\partial^2 E_x}{\partial y^2} + \dfrac{\partial^2 E_x}{\partial z^2} - \mu\varepsilon \dfrac{\partial^2 E_x}{\partial t^2} = 0 \\ \dfrac{\partial^2 E_y}{\partial x^2} + \dfrac{\partial^2 E_y}{\partial y^2} + \dfrac{\partial^2 E_y}{\partial z^2} - \mu\varepsilon \dfrac{\partial^2 E_y}{\partial t^2} = 0 \\ \dfrac{\partial^2 E_z}{\partial x^2} + \dfrac{\partial^2 E_z}{\partial y^2} + \dfrac{\partial^2 E_z}{\partial z^2} - \mu\varepsilon \dfrac{\partial^2 E_z}{\partial t^2} = 0 \end{cases} \tag{6.6.4}$$

磁场强度的波动方程同样可以分成三个标量方程。因此，必须求解六个变量才能得到无源区域的解，通常情况下求解波动方程是很复杂的。

6.7 时变场下的位函数

由于求解波动方程比较复杂，因此可以像电场一样引入位函数来描述求解问题，以达到简化分析的效果。那么时变场的位函数与静态场的位函数有什么差别呢？

6.7.1 矢量位和标量位

首先来看矢量位。由于时变磁场 $\boldsymbol{B}$ 的散度恒为零，即$\nabla \cdot \boldsymbol{B} = 0$，因此时变磁场也可以用一个矢量函数 $\boldsymbol{A}$ 的旋度表示

$$\boldsymbol{B} = \nabla \times \boldsymbol{A}$$

式中，$\boldsymbol{A}$ 为时变场下的矢量磁位，单位为 T·m（特斯拉·米）。

再来看标量位。由于$\nabla \times \boldsymbol{E} = -\dfrac{\partial \boldsymbol{B}}{\partial t}$，因此

$$\nabla \times \boldsymbol{E} = -\frac{\partial \boldsymbol{B}}{\partial t} = -\frac{\partial (\nabla \times \boldsymbol{A})}{\partial t} = -\nabla \times \frac{\partial \boldsymbol{A}}{\partial t}$$

也就可以得到

$$\nabla \times \left(\boldsymbol{E} + \frac{\partial \boldsymbol{A}}{\partial t} \right) = 0$$

说明 $\boldsymbol{E} + \dfrac{\partial \boldsymbol{A}}{\partial t}$为无旋场。根据任意标量函数的梯度的旋度恒为零，可以将其表示为

$$\boldsymbol{E} + \frac{\partial \boldsymbol{A}}{\partial t} = -\nabla \varphi$$

式中，φ 为时变场下的标量位，单位为 V（伏特或伏）。于是得到

$$\boldsymbol{E} = -\nabla \varphi - \frac{\partial \boldsymbol{A}}{\partial t} \tag{6.7.1}$$

可见，磁场和电场都可以用位函数表示，求得位函数也就可以求出磁场和电场。

对于静态场，矢量位和标量位都不唯一。那么在时变场情形下，它们是否唯一？它们和静态场的位函数有什么关系？为讨论这些问题，可以令

$$\begin{cases}\boldsymbol{A}'=\boldsymbol{A}+\nabla\psi\\ \varphi'=\varphi-\dfrac{\partial\psi}{\partial t}\end{cases}$$

对第一式取旋度,得到

$$\nabla\times\boldsymbol{A}'=\nabla\times\boldsymbol{A}+\nabla\times(\nabla\psi)=\nabla\times\boldsymbol{A}=\boldsymbol{B}$$

另外,

$$-\nabla\varphi'-\frac{\partial\boldsymbol{A}'}{\partial t}=-\nabla\varphi+\frac{\partial\nabla\psi}{\partial t}-\frac{\partial(\boldsymbol{A}+\nabla\psi)}{\partial t}=-\nabla\varphi-\frac{\partial\boldsymbol{A}}{\partial t}=\boldsymbol{E}$$

这两组解都符合麦克斯韦方程,因此都是麦克斯韦方程组的解。这说明时变电场和磁场的位函数也有无穷多组。这与6.5节的唯一性定理似乎矛盾。产生这种情况的原因是位函数需要选择参考点,参考点不同,位函数不同。例如,在静电场中,电位可以取无穷远处为电位零点,也可以取地面为零点。而在时变场中,参考点变成参考函数。同样,参考函数 ψ 可以是任意的标量函数。而电场强度和磁场强度不需要参考点或者参考值。通过梯度和旋度运算,位函数变成场函数,位函数的参考部分经过运算后也就变成了0值,场函数也就唯一了。

6.7.2 达朗贝尔方程

既然位函数的解不唯一,那么有没有一种规范使计算过程更简单?在静电场中,取的是库仑规范,那么在时变场情形下,其规范形式是什么?

首先,对 $\boldsymbol{E}=-\nabla\varphi-\dfrac{\partial\boldsymbol{A}}{\partial t}$ 两端取散度,得到

$$\nabla\cdot\boldsymbol{E}=-\nabla^2\varphi-\frac{\partial\nabla\cdot\boldsymbol{A}}{\partial t}=\frac{\rho}{\varepsilon}$$

亦即得到

$$\nabla^2\varphi+\frac{\partial\nabla\cdot\boldsymbol{A}}{\partial t}=-\frac{\rho}{\varepsilon}\tag{6.7.2}$$

再对 $\boldsymbol{B}=\nabla\times\boldsymbol{A}$ 两端取旋度,得到

$$\nabla\times\boldsymbol{B}=\nabla\times\nabla\times\boldsymbol{A}=\mu\left(\boldsymbol{J}+\varepsilon\frac{\partial\boldsymbol{E}}{\partial t}\right)=\mu\boldsymbol{J}+\mu\varepsilon\frac{\partial}{\partial t}\left(-\nabla\varphi-\frac{\partial\boldsymbol{A}}{\partial t}\right)$$

由于 $\nabla\times\nabla\times\boldsymbol{A}=\nabla\nabla\cdot\boldsymbol{A}-\nabla^2\boldsymbol{A}$,因此又可以得到

$$\nabla\nabla\cdot\boldsymbol{A}-\nabla^2\boldsymbol{A}=\mu\boldsymbol{J}+\mu\varepsilon\frac{\partial}{\partial t}\left(-\nabla\varphi-\frac{\partial\boldsymbol{A}}{\partial t}\right)$$

亦即得到

$$\nabla^2\boldsymbol{A}-\mu\varepsilon\frac{\partial^2\boldsymbol{A}}{\partial t^2}-\nabla\left(\nabla\cdot\boldsymbol{A}+\mu\varepsilon\frac{\partial\varphi}{\partial t}\right)=-\mu\boldsymbol{J}\tag{6.7.3}$$

假设取 $\nabla\cdot\boldsymbol{A}+\mu\varepsilon\dfrac{\partial\varphi}{\partial t}=0$,就可以得到

$$\begin{cases}\nabla^2\varphi-\mu\varepsilon\dfrac{\partial^2\varphi}{\partial t^2}=-\dfrac{\rho}{\varepsilon}\\ \nabla^2\boldsymbol{A}-\mu\varepsilon\dfrac{\partial^2\boldsymbol{A}}{\partial t^2}=-\mu\boldsymbol{J}\end{cases}\tag{6.7.4}$$

此时，两个方程的形式具有很好的一致性。因此，将表达式

$$\nabla\cdot \boldsymbol{A}+\mu\varepsilon\frac{\partial\varphi}{\partial t}=0 \tag{6.7.5}$$

定义为电磁场的洛伦兹规范（**Lorentz condition**），而式（6.7.4）则称为洛伦兹规范下的达朗贝尔方程（**d'Alembert equation**）。

对于静态场，φ 与时间无关，所以 $\nabla\cdot\boldsymbol{A}=-\mu\varepsilon\frac{\partial\varphi}{\partial t}=0$。此时，洛伦兹规范退化成库仑规范。因此，洛伦兹规范兼顾了静态场和时变场。

由达朗贝尔方程可以看到，只要求四个分量（φ 为一个标量，$\boldsymbol{A}$ 有三个分量）就能得到电场和磁场，又因为洛伦兹规范减少了一个自由度，因此实际上只要求三个分量。相对于波动方程的六个分量，求解量大大减少，这也是引入位函数的优势之一。

注意，也可以取其他规范，就相当于位函数的参考函数不同，也就是说，求出的 φ 和 $\boldsymbol{A}$ 是不同的，但是最终的 $\boldsymbol{B}$ 和 $\boldsymbol{E}$ 是相同的。

视频 28

6.8 时谐电磁场

前面各节的时变电磁场都是一般形式的表达式。本节将讨论时谐电磁场。以一定角频率作时谐变化的电磁场，称为时谐电磁场（**time harmonic fields**）或正弦电磁场。为什么要研究时谐电磁场呢？这是因为在工程上，应用最多的就是时谐电磁场。广播、电视和通信的载波都是时谐信号。在“电路分析”“模拟电子技术”等课程中，交流信号基本都是采用时谐信号。另外，在“信号与系统”课程已经讲述过，任意时变场在一定条件下可通过傅里叶分析方法展开为不同频率的时谐场叠加。因此，时谐电磁场具有基础性信号的意义，又具有很强的工程应用价值。

6.8.1 时谐电磁场的复数表示

在时谐电磁场中，标量和矢量都是随时间呈正弦波变化的。因此，可以将一个标量位的瞬时表达式写为

$$\varphi(\boldsymbol{r},t)=\varphi_{\mathrm{m}}(\boldsymbol{r})\cos[\omega t+\phi(\boldsymbol{r})] \tag{6.8.1}$$

式中，$\varphi_{\mathrm{m}}(\boldsymbol{r})$ 为振幅函数，ω 为角频率，$\phi(\boldsymbol{r})$ 为相位函数。利用欧拉公式，可得

$$\varphi(\boldsymbol{r},t)=\mathrm{Re}[\varphi_{\mathrm{m}}(\boldsymbol{r})\mathrm{e}^{\mathrm{j}\phi(\boldsymbol{r})}\mathrm{e}^{\mathrm{j}\omega t}]=\mathrm{Re}[\dot{\varphi}_{\mathrm{m}}(\boldsymbol{r})\mathrm{e}^{\mathrm{j}\omega t}]$$

式中，$\dot{\varphi}_{\mathrm{m}}(\boldsymbol{r})=\varphi_{\mathrm{m}}(\boldsymbol{r})\mathrm{e}^{\mathrm{j}\phi(\boldsymbol{r})}$ 是一个相量（**phasor**），称为复振幅或者 $\varphi(\boldsymbol{r},t)$ 的复数形式。“·”表示它是一个复数值，这里沿用了“电路分析”课程的惯例。

一个矢量可以分解成三个分量

$$\boldsymbol{A}(\boldsymbol{r},t)=\boldsymbol{e}_x A_x(\boldsymbol{r},t)+\boldsymbol{e}_y A_y(\boldsymbol{r},t)+\boldsymbol{e}_z A_z(\boldsymbol{r},t)=\mathrm{Re}[\dot{\boldsymbol{A}}_{\mathrm{m}}(\boldsymbol{r})\mathrm{e}^{\mathrm{j}\omega t}]$$

这里

$$\dot{\boldsymbol{A}}_{\mathrm{m}}(\boldsymbol{r})=\boldsymbol{e}_x\dot{A}_{x\mathrm{m}}(\boldsymbol{r})+\boldsymbol{e}_y\dot{A}_{y\mathrm{m}}(\boldsymbol{r})+\boldsymbol{e}_z\dot{A}_{z\mathrm{m}}(\boldsymbol{r}) \tag{6.8.2}$$

称 $\dot{\boldsymbol{A}}_{\mathrm{m}}(\boldsymbol{r})$ 为 $\boldsymbol{A}(\boldsymbol{r},t)$ 的复矢量，且每个分量都可以表示成复数形式

$$\begin{cases}\dot{A}_{x\mathrm{m}}(\boldsymbol{r})=A_{x\mathrm{m}}(\boldsymbol{r})\mathrm{e}^{\mathrm{j}\phi_x(\boldsymbol{r})}\\ \dot{A}_{y\mathrm{m}}(\boldsymbol{r})=A_{y\mathrm{m}}(\boldsymbol{r})\mathrm{e}^{\mathrm{j}\phi_y(\boldsymbol{r})}\\ \dot{A}_{z\mathrm{m}}(\boldsymbol{r})=A_{z\mathrm{m}}(\boldsymbol{r})\mathrm{e}^{\mathrm{j}\phi_z(\boldsymbol{r})}\end{cases}$$

例 6.8.1 将下列矢量场的瞬时形式写成复矢量形式。

(1) $\boldsymbol{E}(z,t)=\boldsymbol{e}_xE_{x0}\cos(\omega t-kz+\phi_x)+\boldsymbol{e}_yE_{y0}\sin(\omega t-kz+\phi_y)$

(2) $\boldsymbol{H}(x,z,t)=\boldsymbol{e}_xH_0k\left(\frac{a}{\pi}\right)\sin\left(\frac{\pi x}{a}\right)\sin(kz-\omega t)+\boldsymbol{e}_zH_0\cos\left(\frac{\pi x}{a}\right)\cos(kz-\omega t)$

解:(1) 由于 $\sin(\omega t-kz+\phi_y)=\cos\left(\omega t-kz+\phi_y-\frac{\pi}{2}\right)$,因此

$$\begin{aligned}\boldsymbol{E}(z,t)&=\boldsymbol{e}_xE_{x0}\cos(\omega t-kz+\phi_x)+\boldsymbol{e}_yE_{y0}\sin(\omega t-kz+\phi_y)\\&=\boldsymbol{e}_xE_{x0}\cos(\omega t-kz+\phi_x)+\boldsymbol{e}_yE_{y0}\cos\left(\omega t-kz+\phi_y-\frac{\pi}{2}\right)\\&=\mathrm{Re}\left[\boldsymbol{e}_xE_{x0}\mathrm{e}^{\mathrm{j}(\omega t-kz+\phi_x)}+\boldsymbol{e}_yE_{y0}\mathrm{e}^{\mathrm{j}\left(\omega t-kz+\phi_y-\frac{\pi}{2}\right)}\right]\end{aligned}$$

忽略 $\mathrm{e}^{\mathrm{j}\omega t}$,因此其复矢量形式为

$$\dot{\boldsymbol{E}}(z)=\boldsymbol{e}_xE_{x0}\mathrm{e}^{\mathrm{j}(-kz+\phi_x)}+\boldsymbol{e}_yE_{y0}\mathrm{e}^{\mathrm{j}\left(-kz+\phi_y-\frac{\pi}{2}\right)}=\boldsymbol{e}_xE_{x0}\mathrm{e}^{-\mathrm{j}kz+\mathrm{j}\phi_x}-\boldsymbol{e}_y\mathrm{j}E_{y0}\mathrm{e}^{-\mathrm{j}kz+\mathrm{j}\phi_y}$$

(2) 将原始表达式改写成

$$\begin{aligned}\boldsymbol{H}(x,z,t)&=-\boldsymbol{e}_xH_0k\left(\frac{a}{\pi}\right)\sin\left(\frac{\pi x}{a}\right)\sin(\omega t-kz)+\boldsymbol{e}_zH_0\cos\left(\frac{\pi x}{a}\right)\cos(\omega t-kz)\\&=\boldsymbol{e}_xH_0k\left(\frac{a}{\pi}\right)\sin\left(\frac{\pi x}{a}\right)\cos\left(\omega t-kz+\frac{\pi}{2}\right)+\boldsymbol{e}_zH_0\cos\left(\frac{\pi x}{a}\right)\cos(\omega t-kz)\end{aligned}$$

因此

$$\boldsymbol{H}(x,z,t)=\mathrm{Re}\left[\boldsymbol{e}_xH_0k\left(\frac{a}{\pi}\right)\sin\left(\frac{\pi x}{a}\right)\mathrm{e}^{\mathrm{j}\left(\omega t-kz+\frac{\pi}{2}\right)}+\boldsymbol{e}_zH_0\cos\left(\frac{\pi x}{a}\right)\mathrm{e}^{\mathrm{j}(\omega t-kz)}\right]$$

忽略 $\mathrm{e}^{\mathrm{j}\omega t}$,因此其复矢量形式为

$$\begin{aligned}\dot{\boldsymbol{H}}(x,z)&=\boldsymbol{e}_xH_0k\left(\frac{a}{\pi}\right)\sin\left(\frac{\pi x}{a}\right)\mathrm{e}^{\mathrm{j}\left(-kz+\frac{\pi}{2}\right)}+\boldsymbol{e}_zH_0\cos\left(\frac{\pi x}{a}\right)\mathrm{e}^{-\mathrm{j}kz}\\&=\boldsymbol{e}_x\mathrm{j}H_0k\left(\frac{a}{\pi}\right)\sin\left(\frac{\pi x}{a}\right)\mathrm{e}^{-\mathrm{j}kz}+\boldsymbol{e}_zH_0\cos\left(\frac{\pi x}{a}\right)\mathrm{e}^{-\mathrm{j}kz}\end{aligned}$$

例 6.8.2 将下列矢量场的复矢量形式写成瞬时形式。

(1) $\dot{\boldsymbol{E}}_{\mathrm{m}}(z)=\boldsymbol{e}_x\mathrm{j}E_{x\mathrm{m}}\cos(k_zz)$

(2) $\dot{\boldsymbol{E}}(x,z)=-\boldsymbol{e}_y\mathrm{j}\omega\mu\frac{a}{\pi}H_0\sin\left(\frac{\pi x}{a}\right)\mathrm{e}^{-\mathrm{j}\beta z}$

解:(1) 将 $\mathrm{e}^{\mathrm{j}\omega t}$ 因子补齐,得到

$$\begin{aligned}\boldsymbol{E}_{\mathrm{m}}(z,t)&=\mathrm{Re}[\dot{\boldsymbol{E}}_{\mathrm{m}}(z)\mathrm{e}^{\mathrm{j}\omega t}]=\mathrm{Re}[\boldsymbol{e}_x\mathrm{j}E_{x\mathrm{m}}\cos(k_zz)\mathrm{e}^{\mathrm{j}\omega t}]\\&=-\boldsymbol{e}_xE_{x\mathrm{m}}\cos(k_zz)\sin(\omega t)\end{aligned}$$

(2) 将 $\mathrm{e}^{\mathrm{j}\omega t}$ 因子补齐,得到

$$\boldsymbol{E}(x,z,t)=\mathrm{Re}[\dot{\boldsymbol{E}}(x,z)\mathrm{e}^{\mathrm{j}\omega t}]=\mathrm{Re}\left[-\boldsymbol{e}_y\mathrm{j}\omega\mu\frac{a}{\pi}H_0\sin\left(\frac{\pi x}{a}\right)\mathrm{e}^{-\mathrm{j}\beta z}\mathrm{e}^{\mathrm{j}\omega t}\right]$$

$$=\boldsymbol{e}_y\omega\mu\ \frac{a}{\pi}H_0\sin\left(\frac{\pi x}{a}\right)\sin(\omega t-\beta z)$$

6.8.2 时谐电磁场的方程

1. 时谐场下的麦克斯韦方程

在时谐场条件下，麦克斯韦方程组的形式可以得到进一步简化。以第一方程为例，主要涉及旋度运算和对时间的偏微分。其中

$$\nabla\times\boldsymbol{H}=\nabla\times\mathrm{Re}[\dot{\boldsymbol{H}}_{\mathrm{m}}(\boldsymbol{r})\mathrm{e}^{\mathrm{j}\omega t}]$$

$$\frac{\partial\boldsymbol{D}}{\partial t}=\frac{\partial\mathrm{Re}[\dot{\boldsymbol{D}}_{\mathrm{m}}(\boldsymbol{r})\mathrm{e}^{\mathrm{j}\omega t}]}{\partial t}$$

因此，第一个方程就可以表示为

$$\nabla\times\mathrm{Re}[\dot{\boldsymbol{H}}_{\mathrm{m}}(\boldsymbol{r})\mathrm{e}^{\mathrm{j}\omega t}]=\mathrm{Re}[\dot{\boldsymbol{J}}_{\mathrm{m}}(\boldsymbol{r})\mathrm{e}^{\mathrm{j}\omega t}]+\frac{\partial\mathrm{Re}[\dot{\boldsymbol{D}}_{\mathrm{m}}(\boldsymbol{r})\mathrm{e}^{\mathrm{j}\omega t}]}{\partial t}$$

将微分算子“∇”和取实部运算“Re”交换顺序，可得

$$\mathrm{Re}[\nabla\times\dot{\boldsymbol{H}}_{\mathrm{m}}(\boldsymbol{r})\mathrm{e}^{\mathrm{j}\omega t}]=\mathrm{Re}[\dot{\boldsymbol{J}}_{\mathrm{m}}(\boldsymbol{r})\mathrm{e}^{\mathrm{j}\omega t}]+\mathrm{Re}[\mathrm{j}\omega\dot{\boldsymbol{D}}_{\mathrm{m}}(\boldsymbol{r})\mathrm{e}^{\mathrm{j}\omega t}]$$

由于上式对任何时刻都成立，因此可以将取实部运算“Re”去除，上式仍然成立并且为

$$\nabla\times\dot{\boldsymbol{H}}_{\mathrm{m}}(\boldsymbol{r})=\dot{\boldsymbol{J}}_{\mathrm{m}}(\boldsymbol{r})+\mathrm{j}\omega\dot{\boldsymbol{D}}_{\mathrm{m}}(\boldsymbol{r})\tag{6.8.3}$$

利用相同的方法，可以得到其他三个方程的复数表达式

$$\nabla\times\dot{\boldsymbol{E}}_{\mathrm{m}}(\boldsymbol{r})=-\mathrm{j}\omega\dot{\boldsymbol{B}}_{\mathrm{m}}(\boldsymbol{r})\tag{6.8.4}$$

$$\nabla\times\dot{\boldsymbol{B}}_{\mathrm{m}}(\boldsymbol{r})=0\tag{6.8.5}$$

$$\nabla\cdot\dot{\boldsymbol{D}}_{\mathrm{m}}(\boldsymbol{r})=\dot{\rho}_{\mathrm{m}}(\boldsymbol{r})\tag{6.8.6}$$

对比麦克斯韦方程组的一般形式和复数形式，可以看到两者之间存在明显的差别。因此，为简洁起见，可以省略点“·”和下标“m”，也不会引起混淆。因此，就变成了更简洁的形式。表 6.8.1 对比了麦克斯韦方程组的一般形式、复数形式及简略形式。

表 6.8.1 麦克斯韦方程组的一般形式、复数形式及简略形式

一般形式	复数形式	简略形式
$\nabla\times\boldsymbol{H}=\boldsymbol{J}+\frac{\partial\boldsymbol{D}}{\partial t}$	$\nabla\times\dot{\boldsymbol{H}}_{\mathrm{m}}(\boldsymbol{r})=\dot{\boldsymbol{J}}_{\mathrm{m}}(\boldsymbol{r})+\mathrm{j}\omega\dot{\boldsymbol{D}}_{m}(\boldsymbol{r})$	$\nabla\times\boldsymbol{H}=\boldsymbol{J}+\mathrm{j}\omega\boldsymbol{D}$
$\nabla\times\boldsymbol{E}=-\frac{\partial\boldsymbol{B}}{\partial t}$	$\nabla\times\dot{\boldsymbol{E}}_{\mathrm{m}}(\boldsymbol{r})=-\mathrm{j}\omega\dot{\boldsymbol{B}}_{\mathrm{m}}(\boldsymbol{r})$	$\nabla\times\boldsymbol{E}=-\mathrm{j}\omega\boldsymbol{B}$
$\nabla\cdot\boldsymbol{B}=0$	$\nabla\times\dot{\boldsymbol{B}}_{\mathrm{m}}(\boldsymbol{r})=0$	$\nabla\times\boldsymbol{B}=0$
$\nabla\cdot\boldsymbol{D}=\rho$	$\nabla\cdot\dot{\boldsymbol{D}}_{\mathrm{m}}(\boldsymbol{r})=\dot{\rho}_{\mathrm{m}}(\boldsymbol{r})$	$\nabla\cdot\boldsymbol{D}=\rho$

2. 时谐场下的亥姆霍兹方程

在理想介质中，无源区域的波动方程为

$$\begin{cases}\nabla^2 \boldsymbol{E} - \mu\varepsilon \dfrac{\partial^2 \boldsymbol{E}}{\partial t^2} = 0 \\ \nabla^2 \boldsymbol{H} - \mu\varepsilon \dfrac{\partial^2 \boldsymbol{H}}{\partial t^2} = 0\end{cases}$$

将$\dfrac{\partial}{\partial t} \to -\mathrm{j}\omega$、$\dfrac{\partial^2}{\partial t^2} \to -\omega^2$ 代入，可以得到

$$\begin{cases}\nabla^2 \boldsymbol{E} + k^2 \boldsymbol{E} = 0 \\ \nabla^2 \boldsymbol{H} + k^2 \boldsymbol{H} = 0\end{cases} \tag{6.8.7}$$

式中，$k=\omega\sqrt{\mu\varepsilon}$。该式即为时谐电磁场情况下复矢量电场和磁场的波动方程，通常也称为亥姆霍兹方程（**Helmholtz equation**）。

3. 时谐场下位函数的达朗贝尔方程

采用同样的推导方法，在时谐电磁场情况下的矢量位和标量位可表示为

$$\begin{cases}\boldsymbol{B} = \nabla \times \boldsymbol{A} \\ \boldsymbol{E} = -\dfrac{\partial \boldsymbol{A}}{\partial t} - \nabla\varphi\end{cases} \to \begin{cases}\boldsymbol{B} = \nabla \times \boldsymbol{A} \\ \boldsymbol{E} = -\mathrm{j}\omega\boldsymbol{A} - \nabla\varphi\end{cases}$$

洛伦兹规范则变为

$$\nabla \cdot \boldsymbol{A} = -\mu\varepsilon \frac{\partial\varphi}{\partial t} \to \nabla \cdot \boldsymbol{A} = -\mathrm{j}\omega\mu\varepsilon\varphi$$

因此，$\varphi = \dfrac{\nabla \cdot \boldsymbol{A}}{-\mathrm{j}\omega\mu\varepsilon}$，也就有$\nabla\varphi = \dfrac{\nabla\nabla \cdot \boldsymbol{A}}{-\mathrm{j}\omega\mu\varepsilon}$。最终可以得到

$$\begin{cases}\boldsymbol{B} = \nabla \times \boldsymbol{A} \\ \boldsymbol{E} = -\mathrm{j}\omega\left(\boldsymbol{A} + \dfrac{\nabla\nabla \cdot \boldsymbol{A}}{k^2}\right)\end{cases}$$

说明在时谐电磁场情形下，只要求得矢量位 $\boldsymbol{A}$ 就能得到电场和磁场。

最后，达朗贝尔方程

$$\begin{cases}\nabla^2 \boldsymbol{A} - \mu\varepsilon \dfrac{\partial^2 \boldsymbol{A}}{\partial t^2} = -\mu\boldsymbol{J} \\ \nabla^2 \varphi - \mu\varepsilon \dfrac{\partial^2 \varphi}{\partial t^2} = -\dfrac{\rho}{\varepsilon}\end{cases} \tag{6.8.8}$$

变为

$$\begin{cases}\nabla^2 \boldsymbol{A} + k^2 \boldsymbol{A} = -\mu\boldsymbol{J} \\ \nabla^2 \varphi + k^2 \varphi = -\dfrac{\rho}{\varepsilon}\end{cases} \tag{6.8.9}$$

6.8.3 复介电常数和复磁导率

实际的介质都不是理想介质，电介质和磁介质都存在损耗，有些介质还具有导电特性。因此，实际介质的介电常数都是复数。即

$$\varepsilon_c = \varepsilon_0(\varepsilon_r' - \mathrm{j}\varepsilon_r'') \tag{6.8.10}$$

式中，ε_c 称之为复介电常数（**complex permittivity**）或者复电容率，ε_r'为相对介电常数，ε_r''为损

耗因子。当介质的电导率为 σ 时，

$$\nabla\times \boldsymbol{H}=\boldsymbol{J}+\mathrm{j}\omega\boldsymbol{D}=\sigma\boldsymbol{E}+\mathrm{j}\omega\varepsilon\boldsymbol{E}=\mathrm{j}\omega\left(\varepsilon_0\varepsilon_r-\mathrm{j}\frac{\sigma}{\omega}\right)\boldsymbol{E}=\mathrm{j}\omega\varepsilon_0\left(\varepsilon_r-\mathrm{j}\frac{\sigma}{\varepsilon_0\omega}\right)\boldsymbol{E}$$

此时

$$\varepsilon_c=\varepsilon_0\left(\varepsilon_r-\mathrm{j}\frac{\sigma}{\varepsilon_0\omega}\right) \tag{6.8.11}$$

如果介质同时存在介电损耗和电导率，则可得到

$$\varepsilon_c=\varepsilon_0\left[\varepsilon'_r-\mathrm{j}\left(\varepsilon''_r+\frac{\sigma}{\varepsilon_0\omega}\right)\right] \tag{6.8.12}$$

在工程实践中，通常用损耗正切（**loss tangent**）来表征介质的损耗特性。电介质的损耗用 $\tan\delta_e$ 表示

$$\tan\delta_e=\frac{\varepsilon''_r+\dfrac{\sigma}{\varepsilon_0\omega}}{\varepsilon'_r}=\frac{\varepsilon''_r}{\varepsilon'_r}+\frac{\sigma}{\varepsilon_0\varepsilon'_r\omega} \tag{6.8.13}$$

一些文献中也会分别定义

$$\tan\delta_\varepsilon=\frac{\varepsilon''_r}{\varepsilon'_r}\quad 和 \quad \tan\delta_\sigma=\frac{\sigma}{\varepsilon_0\varepsilon'_r\omega} \tag{6.8.14}$$

为极化损耗和欧姆损耗，并以欧姆损耗来区分弱导体和良导体：当 $\tan\delta_\sigma\ll 1$ 时为弱导体（绝缘体）；当 $\tan\delta_\sigma\gg 1$ 时为良导体。

相似地，实际介质的磁导率也是复数，并可以表示为

$$\mu_c=\mu_0(\mu'_r-\mathrm{j}\mu''_r) \tag{6.8.15}$$

以及对应的损耗正切

$$\tan\delta_\mu=\frac{\mu''_r}{\mu'_r} \tag{6.8.16}$$

例 6.8.3 海水的电导率为 4S/m，求海水在频率为 2.45kHz、2.45GHz 和 24.5GHz 时的等效复相对介电常数 $\varepsilon_c/\varepsilon_0$ 的虚部。

解：由 $\varepsilon_c=\varepsilon_0\left(\varepsilon_r-\mathrm{j}\dfrac{\sigma}{\varepsilon_0\omega}\right)$ 可得，

（1）在 2.45kHz 时，$\dfrac{\sigma}{\varepsilon_0\omega}=2.94\times10^7$，$\varepsilon_c/\varepsilon_0$ 的虚部为 -2.94×10^7；

（2）在 2.45GHz 时，$\dfrac{\sigma}{\varepsilon_0\omega}=29.38$，$\varepsilon_c/\varepsilon_0$ 的虚部为 -29.38；

（3）在 24.5GHz 时，$\dfrac{\sigma}{\varepsilon_0\omega}=2.94$，$\varepsilon_c/\varepsilon_0$ 的虚部为 -2.94。

说明在低频的时候，导电介质的虚部非常大。

6.8.4 平均能流密度和复坡印廷定理

1. 平均能流密度

6.4 节讨论的是瞬时能流密度（坡印廷矢量），本节讨论的是时谐场下的能流特性。在时谐场情形下，电场和磁场都是正弦或者余弦函数。那么瞬时值不能描述电磁场一个周期

之内的平均特性。类似于交流电路的平均功率,这里定义平均能流密度(平均坡印廷矢量)

$$\boldsymbol{S}_{\mathrm{av}}=\frac{1}{T}\int_{0}^{T}\boldsymbol{S}\,\mathrm{d}t=\frac{1}{T}\int_{0}^{T}(\boldsymbol{E}\times\boldsymbol{H})\,\mathrm{d}t \tag{6.8.17}$$

注意,此时的电场和磁场表达式为瞬时值。

也可以写成复矢量的形式。考虑到

$$\begin{aligned}\boldsymbol{S}&=\boldsymbol{E}\times\boldsymbol{H}=\mathrm{Re}(\dot{\boldsymbol{E}}_{\mathrm{m}}\mathrm{e}^{\mathrm{j}\omega t})\times\mathrm{Re}(\dot{\boldsymbol{H}}_{\mathrm{m}}\mathrm{e}^{\mathrm{j}\omega t})\\&=\frac{1}{2}[\dot{\boldsymbol{E}}_{\mathrm{m}}\mathrm{e}^{\mathrm{j}\omega t}+(\dot{\boldsymbol{E}}_{\mathrm{m}}\mathrm{e}^{\mathrm{j}\omega t})^{*}]\times\frac{1}{2}[\dot{\boldsymbol{H}}_{\mathrm{m}}\mathrm{e}^{\mathrm{j}\omega t}+(\dot{\boldsymbol{H}}_{\mathrm{m}}\mathrm{e}^{\mathrm{j}\omega t})^{*}]\\&=\frac{1}{4}[\dot{\boldsymbol{E}}_{\mathrm{m}}\times\dot{\boldsymbol{H}}_{\mathrm{m}}\mathrm{e}^{\mathrm{j}2\omega t}+\dot{\boldsymbol{E}}_{\mathrm{m}}^{*}\times\dot{\boldsymbol{H}}_{\mathrm{m}}^{*}\mathrm{e}^{-\mathrm{j}2\omega t}]+\frac{1}{4}[\dot{\boldsymbol{E}}_{\mathrm{m}}\times\dot{\boldsymbol{H}}_{\mathrm{m}}^{*}+\dot{\boldsymbol{E}}_{\mathrm{m}}^{*}\times\dot{\boldsymbol{H}}_{\mathrm{m}}]\\&=\frac{1}{4}[\dot{\boldsymbol{E}}_{\mathrm{m}}\times\dot{\boldsymbol{H}}_{\mathrm{m}}\mathrm{e}^{\mathrm{j}2\omega t}+(\dot{\boldsymbol{E}}_{\mathrm{m}}\times\dot{\boldsymbol{H}}_{\mathrm{m}}\mathrm{e}^{\mathrm{j}2\omega t})^{*}]+\frac{1}{4}[\dot{\boldsymbol{E}}_{\mathrm{m}}\times\dot{\boldsymbol{H}}_{\mathrm{m}}^{*}+(\dot{\boldsymbol{E}}_{\mathrm{m}}\times\dot{\boldsymbol{H}}_{\mathrm{m}}^{*})^{*}]\\&=\frac{1}{2}\mathrm{Re}(\dot{\boldsymbol{E}}_{\mathrm{m}}\times\dot{\boldsymbol{H}}_{\mathrm{m}}\mathrm{e}^{\mathrm{j}2\omega t})+\frac{1}{2}\mathrm{Re}(\dot{\boldsymbol{E}}_{\mathrm{m}}\times\dot{\boldsymbol{H}}_{\mathrm{m}}^{*})\end{aligned}$$

因此可以得到

$$\boldsymbol{S}_{\mathrm{av}}=\frac{1}{T}\int_{0}^{T}\boldsymbol{S}\,\mathrm{d}t=\frac{1}{2}\mathrm{Re}(\dot{\boldsymbol{E}}_{\mathrm{m}}\times\dot{\boldsymbol{H}}_{\mathrm{m}}^{*}) \tag{6.8.18a}$$

或为了方便起见,写成

$$\boldsymbol{S}_{\mathrm{av}}=\frac{1}{2}\mathrm{Re}(\boldsymbol{E}\times\boldsymbol{H}^{*}) \tag{6.8.18b}$$

但是要注意,此时电磁和磁场的表达式是复矢量形式。

注意:当采用积分公式求解平均坡印廷矢量时,将瞬时表达式代入式(6.8.17)求解;当采用复矢量时,代入式(6.8.18)求解。

由此,可以定义复坡印廷矢量 $\boldsymbol{S}_{\mathrm{c}}=\frac{1}{2}\boldsymbol{E}\times\boldsymbol{H}^{*}$。

2. 复坡印廷定理

对于复数形式的介电常数,对应的坡印廷矢量有所不同,应当考虑介电常数虚部的影响。

$$\nabla\cdot\left(\frac{1}{2}\boldsymbol{E}\times\boldsymbol{H}^{*}\right)=\frac{1}{2}\boldsymbol{H}^{*}\cdot(\nabla\times\boldsymbol{E})-\frac{1}{2}\boldsymbol{E}\cdot(\nabla\times\boldsymbol{H}^{*})$$

利用$\nabla\times\boldsymbol{E}=-\mathrm{j}\omega\mu_{\mathrm{c}}\boldsymbol{H}$ 和$\nabla\times\boldsymbol{H}^{*}=-\mathrm{j}\omega\varepsilon_{\mathrm{c}}^{*}\boldsymbol{E}^{*}+\sigma\boldsymbol{E}^{*}$,可得

$$\nabla\cdot\left(\frac{1}{2}\boldsymbol{E}\times\boldsymbol{H}^{*}\right)=-\mathrm{j}\,\frac{1}{2}\omega\mu_{\mathrm{c}}\boldsymbol{H}^{*}\cdot\boldsymbol{H}+\mathrm{j}\,\frac{1}{2}\omega\varepsilon_{\mathrm{c}}^{*}\boldsymbol{E}^{*}\cdot\boldsymbol{E}-\frac{1}{2}\sigma\boldsymbol{E}^{*}\cdot\boldsymbol{E}$$

将 $\mu_{\mathrm{c}}=\mu_{0}(\mu_{\mathrm{r}}'-\mathrm{j}\mu_{\mathrm{r}}'')$和 $\varepsilon_{\mathrm{c}}=\varepsilon_{0}(\varepsilon_{\mathrm{r}}'-\mathrm{j}\varepsilon_{\mathrm{r}}'')$代入,得到

$$\begin{aligned}\nabla\cdot\left(\frac{1}{2}\boldsymbol{E}\times\boldsymbol{H}^{*}\right)&=-\mathrm{j}\,\frac{1}{2}\omega\mu_{\mathrm{c}}\boldsymbol{H}^{*}\cdot\boldsymbol{H}+\mathrm{j}\,\frac{1}{2}\omega\varepsilon_{\mathrm{c}}^{*}\boldsymbol{E}^{*}\cdot\boldsymbol{E}-\frac{1}{2}\sigma\boldsymbol{E}^{*}\cdot\boldsymbol{E}\\&=\frac{1}{2}\mathrm{j}\omega\mu_{0}(\mu_{\mathrm{r}}'-\mathrm{j}\mu_{\mathrm{r}}'')\,|\,\boldsymbol{H}\,|^{2}-\frac{1}{2}\mathrm{j}\omega\varepsilon_{0}(\varepsilon_{\mathrm{r}}'-\mathrm{j}\varepsilon_{\mathrm{r}}'')^{*}\,|\,\boldsymbol{E}\,|^{2}+\frac{1}{2}\sigma\,|\,\boldsymbol{E}\,|^{2}\\&=\frac{1}{2}(\omega\mu_{0}\mu_{\mathrm{r}}''\,|\,\boldsymbol{H}\,|^{2}+\omega\varepsilon_{0}\varepsilon_{\mathrm{r}}''\,|\,\boldsymbol{E}\,|^{2}+\sigma\,|\,\boldsymbol{E}\,|^{2})+\frac{\mathrm{j}\omega}{2}(\mu_{0}\mu_{\mathrm{r}}'\,|\,\boldsymbol{H}\,|^{2}-\varepsilon_{0}\varepsilon_{\mathrm{r}}'\,|\,\boldsymbol{E}\,|^{2})\end{aligned}$$

对两边进行体积分并利用高斯定理,可得

$$-\oint_S\left(\frac{1}{2}\boldsymbol{E}\times\boldsymbol{H}^*\right)\cdot d\boldsymbol{S}=\int_V\left(\frac{1}{2}\omega\mu_0\mu''_r|\boldsymbol{H}|^2+\frac{1}{2}\omega\varepsilon_0\varepsilon''_r|\boldsymbol{E}|^2+\frac{1}{2}\sigma|\boldsymbol{E}|^2\right)dV+$$
$$\int_V j2\omega\left(\frac{1}{4}\mu_0\mu'_r|\boldsymbol{H}|^2-\frac{1}{4}\varepsilon_0\varepsilon'_r|\boldsymbol{E}|^2\right)dV$$

式中，$\frac{1}{2}\omega\mu_0\mu''_r|\boldsymbol{H}|^2$ 表示平均磁损耗密度，$\frac{1}{2}\omega\varepsilon_0\varepsilon''_r|\boldsymbol{E}|^2$ 表示平均介电损耗密度，$\frac{1}{2}\sigma|\boldsymbol{E}|^2$ 表示平均欧姆损耗密度（平均焦耳热密度），而 $j2\omega\left(\frac{1}{4}\mu_0\mu'_r|\boldsymbol{H}|^2-\frac{1}{4}\varepsilon_0\varepsilon'_r|\boldsymbol{E}|^2\right)$ 是一个虚数，表示的是无功功率。关于无功功率，"电路分析"等课程已有论述。

由此可知，流入闭合曲面的复功率，实部等于闭合曲面内的电、磁和欧姆损耗，虚部等于闭合曲面内的平均无功功率。

例 6.8.4 已知无源的自由空间中，电磁场的电场强度复矢量为

$$\boldsymbol{E}(z)=\boldsymbol{e}_x\frac{\sqrt{2}}{2}E_0e^{-jkz}+\boldsymbol{e}_y\frac{\sqrt{2}}{2}E_0e^{-jkz}$$

其中，k 和 E_0 为常数。求：

（1）磁场强度复矢量 $\boldsymbol{H}$；

（2）瞬时坡印廷矢量 $\boldsymbol{S}$；

（3）平均坡印廷矢量 $\boldsymbol{S}_{av}$。

解：（1）由 $\nabla\times\boldsymbol{E}=-j\omega\mu\boldsymbol{H}$，可得

$$\begin{aligned}\boldsymbol{H}(z)&=-\frac{1}{j\omega\mu}\nabla\times E\\&=-\frac{1}{j\omega\mu}\left[\boldsymbol{e}_x\left(0-\frac{\partial}{\partial z}\frac{\sqrt{2}}{2}E_0e^{-jkz}\right)-\boldsymbol{e}_y\frac{\sqrt{2}}{2}E_0e^{-jkz}\left(0-\frac{\partial}{\partial z}\frac{\sqrt{2}}{2}E_0e^{-jkz}\right)+\boldsymbol{e}_z(0-0)\right]\\&=-\frac{1}{j\omega\mu}\left[\boldsymbol{e}_xjk\frac{\sqrt{2}}{2}E_0e^{-jkz}-\boldsymbol{e}_yjk\frac{\sqrt{2}}{2}E_0e^{-jkz}\right]\\&=-\boldsymbol{e}_x\frac{\sqrt{2}}{2}\frac{kE_0}{\omega\mu}e^{-jkz}+\boldsymbol{e}_y\frac{\sqrt{2}}{2}\frac{kE_0}{\omega\mu}e^{-jkz}\end{aligned}$$

（2）电场强度的瞬时值为

$$\boldsymbol{E}(z,t)=\boldsymbol{e}_x\frac{\sqrt{2}}{2}E_0\cos(\omega t-kz)+\boldsymbol{e}_y\frac{\sqrt{2}}{2}E_0\cos(\omega t-kz)$$

磁场强度的瞬时值为

$$\boldsymbol{H}(z,t)=-\boldsymbol{e}_x\frac{\sqrt{2}}{2}\frac{kE_0}{\omega\mu}\cos(\omega t-kz)+\boldsymbol{e}_y\frac{\sqrt{2}}{2}\frac{kE_0}{\omega\mu}\cos(\omega t-kz)$$

将电场强度和磁场强度代入坡印廷矢量

$$\begin{aligned}\boldsymbol{S}&=\boldsymbol{E}(z,t)\times\boldsymbol{H}(z,t)\\&=\left(\boldsymbol{e}_x\frac{\sqrt{2}}{2}E_0+\boldsymbol{e}_y\frac{\sqrt{2}}{2}E_0\right)\times\left(-\boldsymbol{e}_x\frac{\sqrt{2}}{2}\frac{kE_0}{\omega\mu}+\boldsymbol{e}_y\frac{\sqrt{2}}{2}\frac{kE_0}{\omega\mu}\right)\cos^2(\omega t-kz)\\&=\boldsymbol{e}_z\frac{kE_0^2}{\omega\mu}\cos^2(\omega t-kz)\end{aligned}$$

(3) $\boldsymbol{S}_{\mathrm{av}}=\dfrac{1}{2}\mathrm{Re}[\boldsymbol{E}(z)\times\boldsymbol{H}^*(z)]=\boldsymbol{e}_z\dfrac{kE_0^2}{2\omega\mu}$

从该题可以得到一些启示：$\boldsymbol{E}(z,t)$、$\boldsymbol{H}(z,t)$等含有时间变量的是瞬时值；而$\boldsymbol{E}(z)$、$\boldsymbol{H}(z)$等不含有时间变量的表示复矢量。

本章知识结构

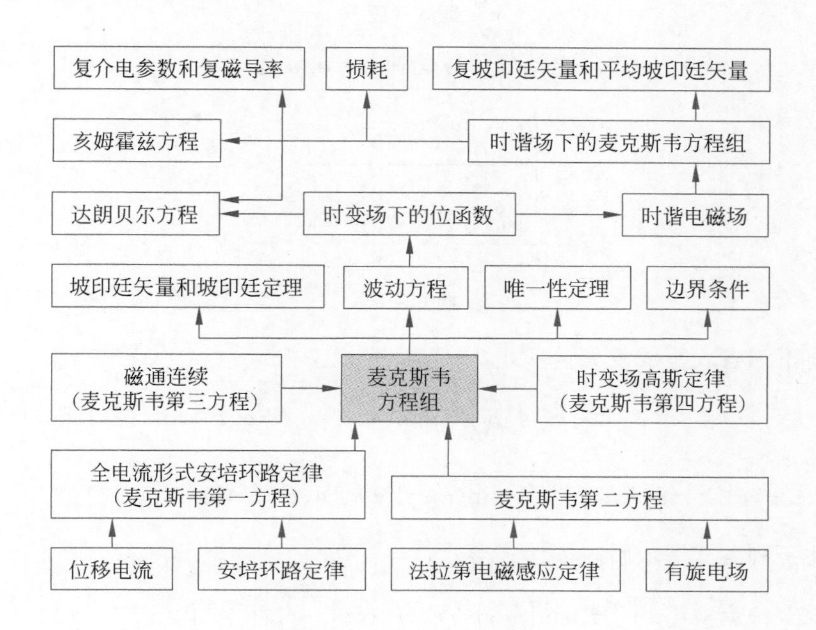

习题

6.1 如题6.1图所示，电容C接入电压源$V_0\cos(\omega t)$，假设电容的间距为d，电容间的介质为空气，求电容间的位移电流，并比较位移电流与传导电流的大小。

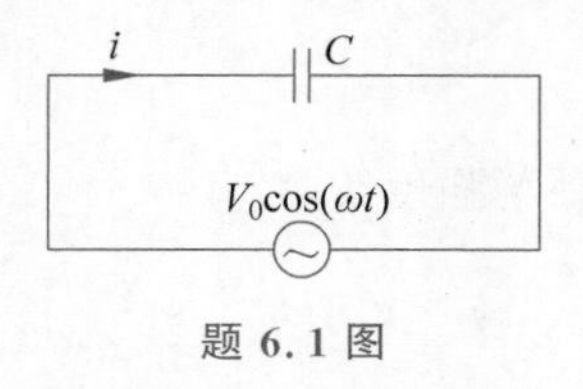

题6.1图

6.2 在习题6.1中，假设电容片为圆盘形，圆盘半径为r_0，求导线周围和电容内部的磁场强度。

6.3 求题6.3图中各种情形的感应电动势，其中$i=I_0\cos(\omega t)$。

6.4 如题6.4图所示，宽为b的U形导轨中有均匀磁场$\boldsymbol{B}$垂直穿过，导轨上有一可滑动的导体。在以下三种情况下，求导轨上的感应电动势。

(1) $\boldsymbol{B}=\boldsymbol{e}_zB_0\cos(\omega t)$，可滑动导体静止且离原点的距离为$a$；

(2) $\boldsymbol{B}=\boldsymbol{e}_zB_0$，可滑动导体以匀速$\boldsymbol{v}=\boldsymbol{e}_xv$运动；

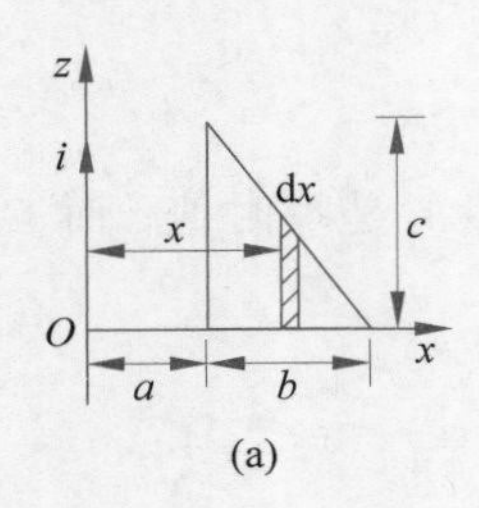

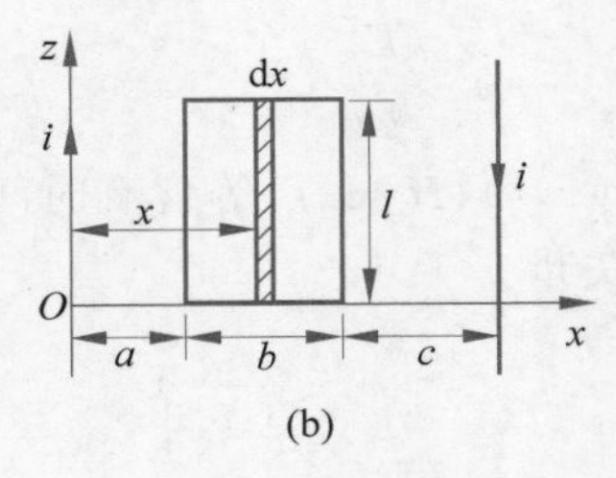

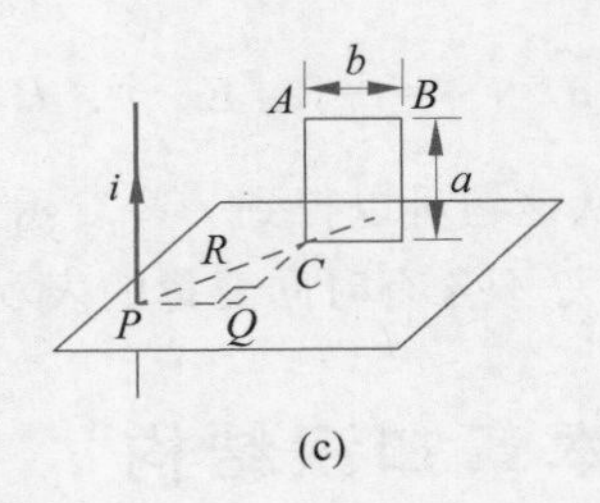

题 6.3 图

（3）$\boldsymbol{B}=\boldsymbol{e}_zB_0\cos(\omega t)$，且可滑动导体以匀速$\boldsymbol{v}=\boldsymbol{e}_xv$ 运动。

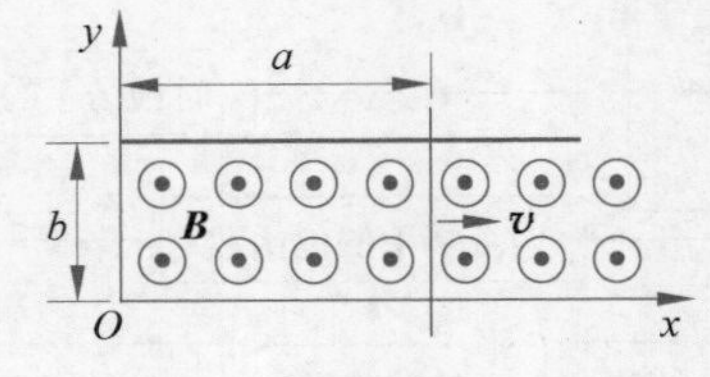

题 6.4 图

6.5　将下列各式写成复矢量形式。

（1）$\boldsymbol{H}(x,z,t)=\left[-\boldsymbol{e}_x\beta\dfrac{a}{\pi}H_0\sin\left(\dfrac{\pi x}{a}\right)\sin(\omega t-\beta z)+\boldsymbol{e}_zH_0\cos\left(\dfrac{\pi x}{a}\right)\cos(\omega t-\beta z)\right]$

（2）$\boldsymbol{E}(x,z,t)=-\boldsymbol{e}_xE_0\cos\left(\dfrac{\pi x}{a}\right)\sin(\omega t-\beta z)+\boldsymbol{e}_yE_0\cos(\omega t-\beta z)$

6.6　将下列各式写成瞬时表达式形式。

（1）$\boldsymbol{H}(x,z)=\left[\boldsymbol{e}_x\mathrm{j}\beta\dfrac{a}{\pi}H_0\sin\left(\dfrac{\pi x}{a}\right)+\boldsymbol{e}_zH_0\cos\left(\dfrac{\pi x}{a}\right)\right]\mathrm{e}^{-\mathrm{j}\beta z}$

（2）$\boldsymbol{E}(x,z)=\left[\boldsymbol{e}_x\mathrm{j}E_0\cos\left(\dfrac{\pi x}{a}\right)+\boldsymbol{e}_yE_0\right]\mathrm{e}^{-\mathrm{j}\beta z}$

6.7　在矩形波导中，某模式的电场强度为

$$\boldsymbol{E}(x,z)=\boldsymbol{e}_y\mathrm{j}E_0\sin\left(\frac{\pi x}{a}\right)\mathrm{e}^{-\mathrm{j}\beta z}$$

求对应的磁场强度。

6.8　矩形波导中，某模式的磁场强度为

$$\boldsymbol{H}(y,z)=\boldsymbol{e}_x\mathrm{j}H_0\cos\left(\frac{\pi x}{a}\right)\mathrm{e}^{-\mathrm{j}\beta z}$$

求对应的电场强度。

6.9　证明以下矢量函数满足真空中的无源波动方程，$c^2=\dfrac{1}{\varepsilon_0\mu_0}$，$\nabla^2\boldsymbol{E}-\dfrac{1}{c^2}\dfrac{\partial^2\boldsymbol{E}}{\partial t^2}=0$，$E_0$ 为常数。

（1）$\boldsymbol{E}=\boldsymbol{e}_xE_0\cos\left(\omega t-\dfrac{\omega}{c}z\right)$；

（2）$\boldsymbol{E}=\boldsymbol{e}_xE_0\sin\left(\dfrac{\omega}{c}z\right)\cos(\omega t)$；

(3) $\boldsymbol{E}=\boldsymbol{e}_x E_0 \cos\left(\omega t+\dfrac{\omega}{c}z\right)$。

6.10 在毫米波通信频段,电路的损耗是非常关键的参数。假设毫米波车载系统的中心频率为78GHz,电路板为低损耗的PTFE材料,其介电常数为2.2,损耗正切为0.001。求每立方米电路材料的平均损耗功率。

6.11 求习题6.7和习题6.8中的坡印廷矢量及平均坡印廷矢量。

第7章 均匀平面电磁波

CHAPTER 7

电磁波可以分为平面波(plane wave)、柱面波(cylindrical wave)和球面波(spherical wave),如图7.0.1所示。平面波是指其等相位面为无限大平面的电磁波;柱面波是指其等相位面为无限长柱面的电磁波;而球面波是指其等相位面为球面的电磁波。在这三种电磁波中,平面波最简单。在后续讨论中,将以均匀平面波作为代表讨论电磁波的一般特性。

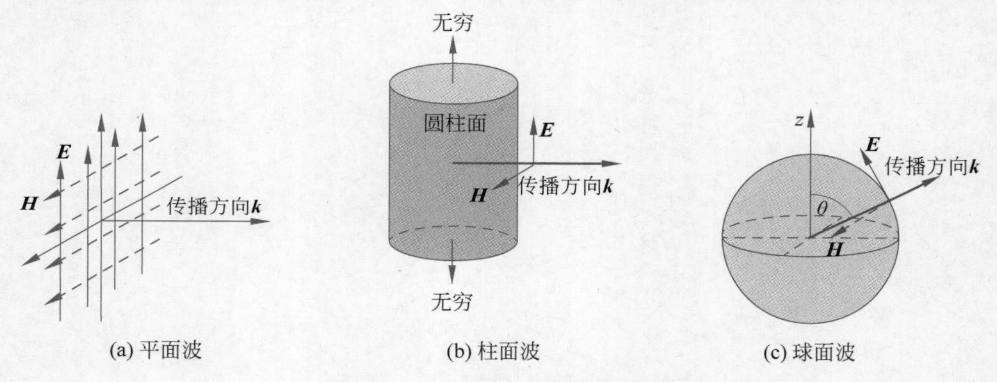

图7.0.1 三种基本的电磁波类型

均匀平面波是指电磁波的场量只沿其传播方向变化,而在与传播方向垂直的无限大平面内,电场$\boldsymbol{E}$和磁场$\boldsymbol{H}$的方向、振幅、相位都保持不变的电磁波。实际上,均匀平面波是不存在的。只有当电磁波传播到足够远时,球面波可以近似为平面波。

本章讨论均匀平面波在理想介质、导电介质和各向异性介质中的传播特点,同时还将介绍电磁波极化的分类,最后讨论均匀平面波对分界面的反射和透射。

视频29

7.1 理想介质中的平面波

7.1.1 理想介质中沿z轴传播的均匀平面波

在无源空间,时谐电磁场情况下复矢量的亥姆霍兹方程为

$$\begin{cases}\nabla^2\boldsymbol{E}+k^2\boldsymbol{E}=0\\ \nabla^2\boldsymbol{H}+k^2\boldsymbol{H}=0\end{cases}\tag{7.1.1}$$

即

$$\begin{cases} \boldsymbol{e}_x(\nabla^2 E_x + k^2 E_x) + \boldsymbol{e}_y(\nabla^2 E_y + k^2 E_y) + \boldsymbol{e}_z(\nabla^2 E_z + k^2 E_z) = 0 \\ \boldsymbol{e}_x(\nabla^2 H_x + k^2 H_x) + \boldsymbol{e}_y(\nabla^2 H_y + k^2 H_y) + \boldsymbol{e}_z(\nabla^2 H_z + k^2 H_z) = 0 \end{cases}$$

假设平面波沿 z 轴传播。由无源区域均匀平面波的定义可知：

(1) 与 z 轴垂直的平面(xy 平面)上的电场变化和磁场变化都为零，即

$$\frac{\partial \boldsymbol{E}}{\partial x} = 0, \quad \frac{\partial \boldsymbol{E}}{\partial y} = 0, \quad \frac{\partial \boldsymbol{H}}{\partial x} = 0, \quad \frac{\partial \boldsymbol{H}}{\partial y} = 0$$

(2) 电磁和磁场的散度为零，即

$$\begin{cases} \nabla \cdot \boldsymbol{E} = \dfrac{\partial E_x}{\partial x} + \dfrac{\partial E_y}{\partial y} + \dfrac{\partial E_z}{\partial z} = 0 \\ \nabla \cdot \boldsymbol{H} = \dfrac{\partial H_x}{\partial x} + \dfrac{\partial H_y}{\partial y} + \dfrac{\partial H_z}{\partial z} = 0 \end{cases}$$

也就得到

$$\frac{\partial E_z}{\partial z} = 0, \quad \frac{\partial H_z}{\partial z} = 0$$

因此就有，$\nabla^2 E_z = 0$ 和 $\nabla^2 H_z = 0$。也就是 $E_z = 0$ 且 $H_z = 0$，即没有沿 z 轴的电场或磁场分量。所以亥姆霍兹方程就可写为

$$\begin{cases} \boldsymbol{e}_x\left(\dfrac{\partial^2 E_x}{\partial z^2} + k^2 E_x\right) + \boldsymbol{e}_y\left(\dfrac{\partial^2 E_y}{\partial z^2} + k^2 E_y\right) = 0 \\ \boldsymbol{e}_x\left(\dfrac{\partial^2 H_x}{\partial z^2} + k^2 H_x\right) + \boldsymbol{e}_y\left(\dfrac{\partial^2 H_y}{\partial z^2} + k^2 H_y\right) = 0 \end{cases}$$

以电场的 x 分量为例，

$$\frac{\partial^2 E_x}{\partial z^2} + k^2 E_x = 0$$

该方程的解为

$$E_x = E_+ \mathrm{e}^{-\mathrm{j}kz + \mathrm{j}\phi_+} + E_- \mathrm{e}^{\mathrm{j}kz + \mathrm{j}\phi_-} \tag{7.1.2}$$

其中，$E_+ \mathrm{e}^{-\mathrm{j}kz+\mathrm{j}\phi_+}$ 表示沿 $+z$ 轴的传播分量，$E_- \mathrm{e}^{\mathrm{j}kz+\mathrm{j}\phi_-}$ 表示沿 $-z$ 轴的传播分量。在后面的讨论中，只讨论沿 $+z$ 轴的传播分量，并将其写成瞬时表达式

$$\boldsymbol{E} = \boldsymbol{e}_x E_x(z,t) = \mathrm{Re}(\boldsymbol{e}_x E_{x\mathrm{m}} \mathrm{e}^{\mathrm{j}\omega t} \mathrm{e}^{-\mathrm{j}kz + \mathrm{j}\phi_x}) = \boldsymbol{e}_x E_{x\mathrm{m}} \cos(\omega t - kz + \phi_x) \tag{7.1.3}$$

观察该表达式可以发现，电场既是时间的周期函数，又是空间的周期函数；它既具备波的特性，又具备场的特性。因此，电磁波首先是电磁场。此时，电磁场与电磁波不可分割。电磁波的时间特性和空间特性曲线如图 7.1.1 所示。

首先，观察其时间特性。假设观察点固定在 $z=0$，且初相位为 0，那么 $E_x(0,t) = E_{x\mathrm{m}}\cos(\omega t)$。可以看出，在固定观察点，电磁场是时间的余弦函数，并且以 $T = 2\pi/\omega$ 为周期。

其次，观察其空间特性。假设时间点固定在 $t=0$，且初相位为 0，那么 $E_x(z,0) = E_{x\mathrm{m}}\cos(kz)$。可以看出，在固定时间点，电磁场是空间的余弦函数，并且以 $\lambda = 2\pi/k$ 为波长。

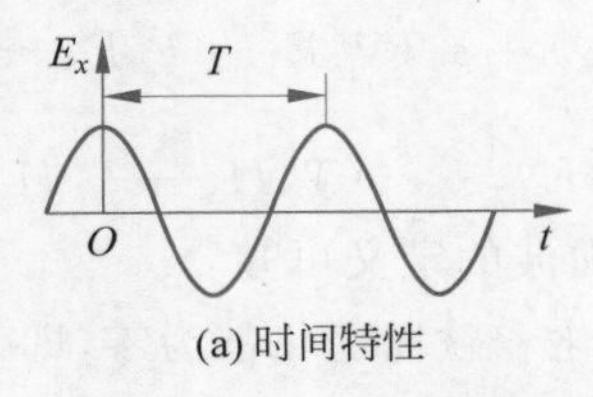

(a) 时间特性

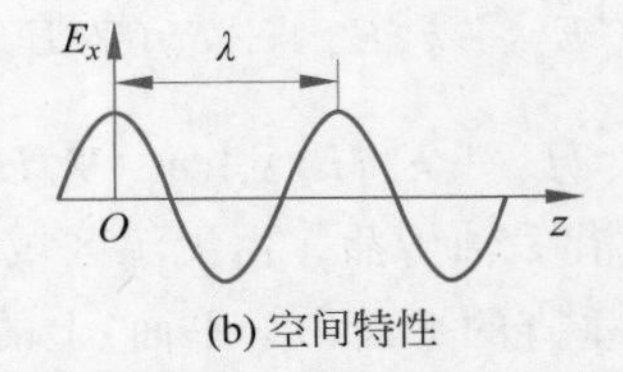

(b) 空间特性

图 7.1.1　电磁波的时间特性和空间特性曲线

由于 $k=\omega\sqrt{\mu\varepsilon}$，于是可以得到 $\lambda=\dfrac{1}{f\sqrt{\mu\varepsilon}}$，即由频率和介质特性就可以确定波长。同时，由 $T=1/f$ 可知，频率决定了周期。因此，频率连接了波长和周期，也就连接了空间和时间。将 $k=2\pi/\lambda$ 称为波数（**wave number**），即传播距离为 2π 时所需要的波长数。

下面来推导电磁波相位传播的速率。由波传播的速率定义可知，波速等于单位时间内传播了多少波长，即 $v=\lambda f=\dfrac{1}{\sqrt{\mu\varepsilon}}$。因此，电磁波在介质中传播的速率与介质的参数直接相关。在自由空间中，$\mu=\mu_0=4\pi\times10^{-7}\,\mathrm{A/m}$，$\varepsilon=\varepsilon_0=\dfrac{1}{36\pi}\times10^{-9}\,\mathrm{F/m}$。因此自由空间中的电磁波速率为

$$v=c=\frac{1}{\sqrt{\mu_0\varepsilon_0}}=3\times10^8\,(\mathrm{m/s})$$

它也是自由空间中的光速。

还可以从等相位点的角度推导电磁波速率。如图 7.1.2 所示，由于在电磁波传播过程中，等相位点在移动，而等相位点的表达式为 $\omega t-kz+\phi_x=\phi_0$，所以对等相位点取微分，可得

$$\omega\,\mathrm{d}t-k\,\mathrm{d}z=0$$

由此也可求得电磁波速率为

$$v=\frac{\mathrm{d}z}{\mathrm{d}t}=\frac{\omega}{k}=\frac{\omega}{\omega\sqrt{\mu\varepsilon}}=\frac{1}{\sqrt{\mu\varepsilon}}$$

此时求得的速率也称为相速度（**phase velocity**），用 v_p 表示。关于相速度，我们在 7.2.4 节还会讨论。

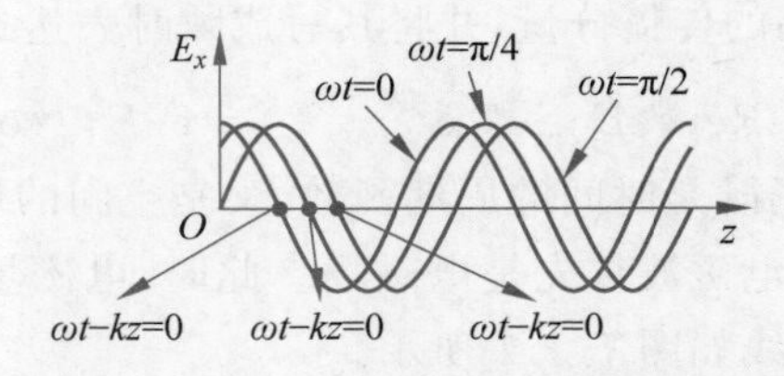

图 7.1.2　不同时刻电磁波零相位点的位置

确定电场后，可通过麦克斯韦方程求得磁场。因为 $\nabla\times\boldsymbol{E}=-\mathrm{j}\omega\mu\boldsymbol{H}$，故

$$\boldsymbol{H}=\frac{\nabla\times\boldsymbol{E}}{-\mathrm{j}\omega\mu}=\boldsymbol{e}_y\frac{k}{\omega\mu}E_{x\mathrm{m}}\mathrm{e}^{-\mathrm{j}kz+\mathrm{j}\phi_x}=\boldsymbol{e}_y\sqrt{\frac{\varepsilon}{\mu}}E_{x\mathrm{m}}\mathrm{e}^{-\mathrm{j}kz+\mathrm{j}\phi_x}=\boldsymbol{e}_y\frac{1}{\eta}E_{x\mathrm{m}}\mathrm{e}^{-\mathrm{j}kz+\mathrm{j}\phi_x}$$

其中，$\eta=\sqrt{\dfrac{\mu}{\varepsilon}}$，它是电场与磁场幅度的比值，称为波阻抗（**wave impedance**），单位为欧姆

(Ω)。从介质的角度考虑，波阻抗与介质参数有关，因此它也称为介质的特性阻抗(characteristic impedance)或本征阻抗。在自由空间中，

$$\eta=\eta_0=\sqrt{\frac{\mu_0}{\varepsilon_0}}=120\pi(\Omega)$$

将磁场写成瞬时表达式

$$\boldsymbol{H}=\boldsymbol{e}_y H_y(z,t)=\mathrm{Re}(\boldsymbol{e}_y H_{ym}\mathrm{e}^{-\mathrm{j}\omega t}\mathrm{e}^{-\mathrm{j}kz+\mathrm{j}\phi_x})=\boldsymbol{e}_y\frac{1}{\eta}E_{xm}\cos(\omega t-kz+\phi_x)\tag{7.1.4}$$

由此可知：

(1) 磁场的相位与电场的相位相同；

(2) 磁场的幅度等于电场幅度除以 η；

(3) 磁场的方向与电场的方向垂直，如图 7.1.3 所示。

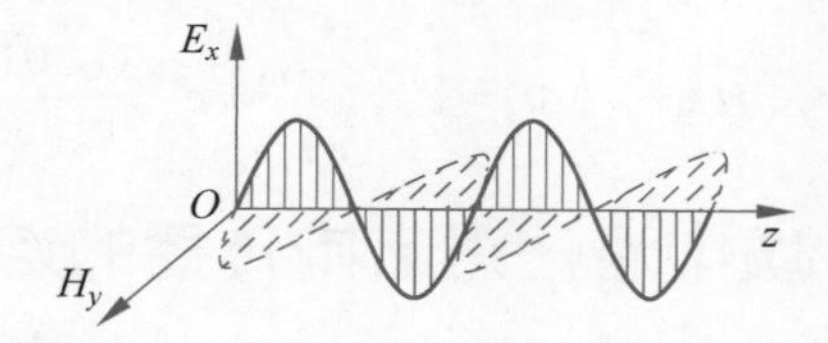

图 7.1.3 沿 z 轴传播的均匀平面波示意图

例 7.1.1 聚四氟乙烯(poly tetra fluoroethylene，缩写为 PTFE)是低损耗高频材料，通常情况下可以当成无损材料。5G 毫米波通信的其中一个频点为 28GHz，该频率的均匀平面波在某一型号的无损聚四氟乙烯(其电磁参数为 $\varepsilon_r=2.25,\mu_r=1$)中沿 z 轴传播，在 0 时刻，电场在 $z=0.02$m 处达到最大值 0.01V/m。试求：

(1) 电场和磁场的瞬时表达式；

(2) 相速度、波长；

(3) 平均坡印廷矢量。

解：(1) 沿 z 轴传播的均匀平面波的表达式可写为

$$\boldsymbol{E}(z,t)=\boldsymbol{e}_x E_{xm}\cos(\omega t-kz+\phi_x)=\boldsymbol{e}_x 0.01\cos(\omega t-kz+\phi_x)$$

其中，

$$\omega=2\pi f=2\pi\times 28\times 10^9=5.6\pi\times 10^{10}(\mathrm{rad/s})$$

$$k=\omega\sqrt{\varepsilon\mu}=\frac{\omega}{c}\sqrt{\varepsilon_r\mu_r}=\frac{5.6\pi\times 10^{10}}{3\times 10^8}\times\sqrt{2.25}=280\pi(\mathrm{rad/m})$$

由于在 0 时刻，电场在 $z=0.02$m 处达到最大值，故

$$\phi_x=kz=280\pi\times 0.02=5.6\pi(\mathrm{rad})$$

考虑到余弦函数的周期性，取 $\phi_x=-0.4\pi$。因此，电场的表达式为

$$\begin{aligned}\boldsymbol{E}(z,t)&=\boldsymbol{e}_x E_{xm}\cos(\omega t-kz+\phi_x)\\&=\boldsymbol{e}_x 0.01\cos(5.6\pi\times 10^{10}\times t-280\pi\times z-0.4\pi)(\mathrm{V/m})\end{aligned}$$

磁场的表达式为

$$\boldsymbol{H}(z,t)=\boldsymbol{e}_z\times\boldsymbol{e}_x\frac{E_{xm}\cos(\omega t-kz+\phi_x)}{\eta}=\boldsymbol{e}_y\frac{E_{xm}\cos(\omega t-kz+\phi_x)}{\eta}$$

由于 $\eta=\sqrt{\frac{\mu}{\varepsilon}}=\sqrt{\frac{\mu_0\mu_r}{\varepsilon_0\varepsilon_r}}=80\pi$，故

$$\boldsymbol{H}(z,t)=\boldsymbol{e}_y\frac{0.01}{80\pi}\cos(5.6\pi\times10^{10}\times t-280\pi\times z-0.4\pi)$$

$$=\boldsymbol{e}_y 3.98\times10^{-5}\times\cos(5.6\pi\times10^{10}\times t-280\pi\times z-0.4\pi)(\text{A/m})$$

（2）相速度：

$$v_p=\sqrt{\frac{1}{\mu\varepsilon}}=\sqrt{\frac{1}{\mu_0\mu_r\varepsilon_0\varepsilon_r}}=\frac{3\times10^8}{\sqrt{2.25}}=2\times10^8(\text{m/s})$$

波长：

$$\lambda=\frac{v_p}{f}=\frac{2\times10^8}{28\times10^9}\approx0.007(\text{m})$$

（3）由于表达式采用的是瞬时表达式，因此

$$\boldsymbol{S}_{av}=\frac{1}{T}\int_0^T\boldsymbol{E}(z,t)\times\boldsymbol{H}(z,t)\mathrm{d}t=\boldsymbol{e}_z\frac{E_{xm}^2}{2\eta}=\boldsymbol{e}_z\frac{(0.01)^2}{160\pi}\approx1.99\times10^{-7}(\text{W/m}^2)$$

7.1.2 理想介质中沿任意方向传播的均匀平面波

现在讨论电磁波沿任意方向传播的表达式。由于电磁波的传播方向与等相位面垂直，因此等相位面上任意一点的位置矢量与电磁波的传播方向构成的内积为常数，如图 7.1.4 所示。

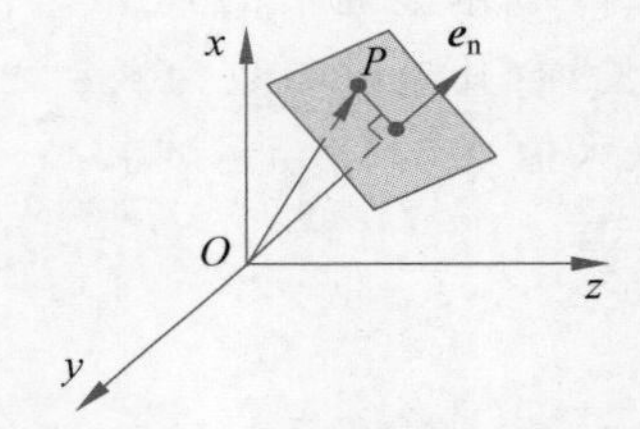

图 7.1.4 沿任意方向传播的均匀平面波

假设等相位面的法向为 $\boldsymbol{e}_n$，亦即波的传播矢量 $\boldsymbol{k}$（简称波矢量）与法向同向

$$\boldsymbol{k}=\boldsymbol{e}_n k=\boldsymbol{e}_x k_x+\boldsymbol{e}_y k_y+\boldsymbol{e}_z k_z \tag{7.1.5}$$

等相位面上任意一点 $P(x,y,z)$ 的位置矢量为

$$\boldsymbol{r}=\boldsymbol{e}_x x+\boldsymbol{e}_y y+\boldsymbol{e}_z z$$

那么，就可以将沿 $\boldsymbol{e}_n$ 传播的电磁波的电场矢量表示为

$$\boldsymbol{E}(\boldsymbol{r})=\boldsymbol{E}_m\mathrm{e}^{-\mathrm{j}\boldsymbol{k}\cdot\boldsymbol{r}+\mathrm{j}\phi} \tag{7.1.6}$$

而对应的磁场为

$$\boldsymbol{H}(\boldsymbol{r})=\frac{1}{\eta}\boldsymbol{e}_n\times\boldsymbol{E}(\boldsymbol{r})=\frac{1}{\eta}\boldsymbol{e}_n\times\boldsymbol{E}_m\mathrm{e}^{-\mathrm{j}\boldsymbol{k}\cdot\boldsymbol{r}+\mathrm{j}\phi} \tag{7.1.7}$$

实际上，对于沿 z 轴传播的电磁波，其方向为 $\boldsymbol{e}_z$，因此 $\boldsymbol{k}\cdot\boldsymbol{r}\boldsymbol{e}_z=k\boldsymbol{e}_z\cdot z\boldsymbol{e}_z=kz$。可见，沿 z 轴传播的电磁波只是一种特殊形式。

例 7.1.2 智能波束天线发出的电磁波，其方向是随用户的位置变化的。这种技术能够实时跟踪用户，将能量集中在有接入需求的用户上，从而达到节能减排的效果。如图 7.1.5 所示，有一智能波束天线位于高层建筑顶端，某 5G 用户（工作频率 3.3GHz）沿 y 方向向建

筑物走来。假设链路与 z 轴的夹角为 135°,基站发射的电磁波到达用户时,可近似为均匀平面波。

(1) 求基站发射给用户的电磁波的方向 $\boldsymbol{e}_n$ 在直角坐标系下的表达式。

(2) 假设到达用户的电场强度为 $\boldsymbol{E}_m=0.001\times(\boldsymbol{e}_x+\boldsymbol{e}_y-\boldsymbol{e}_z)\text{V/m}$,请问该电场是否可能是该链路上的电场强度?如果是,请求出对应的磁场强度。如果不是,请说明理由。

(3) 假设电磁波到达用户时相位为 45°,写出电场强度及平均坡印廷矢量的复矢量表达式。

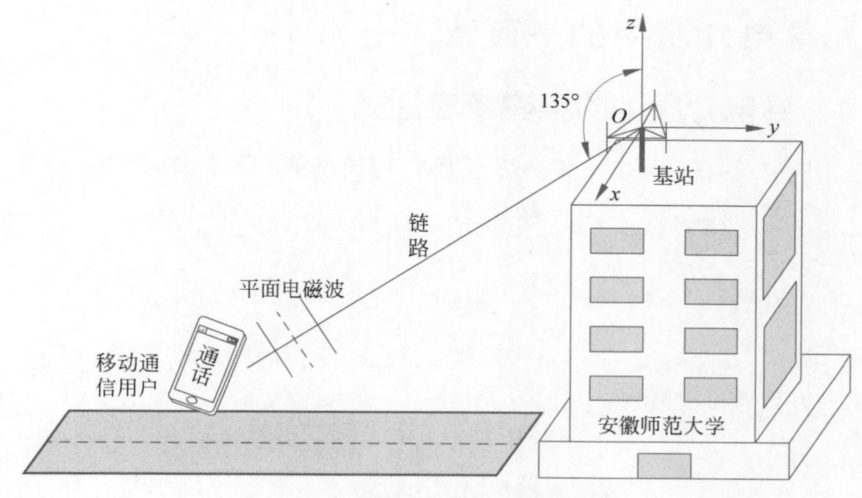

图 7.1.5 移动通信中均匀平面波传播

解:(1) 由于此时 $\theta=135°,\phi=-90°$,且电磁波的传播方向 $\boldsymbol{e}_n$ 即为 $\boldsymbol{e}_r$,故

$$\boldsymbol{e}_n=\boldsymbol{e}_r=\boldsymbol{e}_x\sin\theta\cos\phi+\boldsymbol{e}_y\sin\theta\sin\phi+\boldsymbol{e}_z\cos\theta=-\frac{\sqrt{2}}{2}(\boldsymbol{e}_y+\boldsymbol{e}_z)$$

(2) 由于 $\boldsymbol{E}_m\cdot\boldsymbol{e}_n=0-0.001\left(\frac{\sqrt{2}}{2}-\frac{\sqrt{2}}{2}\right)=0$,故该电场有可能是该链路上的电场强度。磁场强度为

$$\boldsymbol{H}_m=\frac{\boldsymbol{e}_n\times\boldsymbol{E}_m}{\eta_0}$$

由于

$$\boldsymbol{e}_n\times\boldsymbol{E}_m=\begin{vmatrix}\boldsymbol{e}_x & \boldsymbol{e}_y & \boldsymbol{e}_z\\ 0 & -\sqrt{2}/2 & -\sqrt{2}/2\\ 0.001 & 0.001 & -0.001\end{vmatrix}=0.001\times\frac{\sqrt{2}}{2}\times(\boldsymbol{e}_x2-\boldsymbol{e}_y+\boldsymbol{e}_z)$$

故

$$\boldsymbol{H}_m=\frac{0.001\times\frac{\sqrt{2}}{2}\times(2\boldsymbol{e}_x-\boldsymbol{e}_y+\boldsymbol{e}_z)}{120\pi}\approx1.88\times10^{-6}\times(\boldsymbol{e}_x2-\boldsymbol{e}_y+\boldsymbol{e}_z)(\text{A/m})$$

(3) 电场强度的复数表达式为

$$\boldsymbol{E}(\boldsymbol{r})=\boldsymbol{E}_m\mathrm{e}^{-\mathrm{j}\boldsymbol{k}\cdot\boldsymbol{r}+\mathrm{j}\phi}$$

其中，$\boldsymbol{k}=\boldsymbol{e}_{\mathrm{n}}\dfrac{2\pi f}{c}=\boldsymbol{e}_{\mathrm{n}}22\pi$，$\phi=45°\left(即\ \phi=\dfrac{\pi}{4}\right)$。因此

$$\boldsymbol{E}(\boldsymbol{r})=0.001\times(\boldsymbol{e}_x+\boldsymbol{e}_y-\boldsymbol{e}_z)\mathrm{e}^{\mathrm{j}11\sqrt{2}\pi(y\boldsymbol{e}_y+z\boldsymbol{e}_z)+\mathrm{j}\frac{\pi}{4}}$$

因此，平均坡印廷矢量为

$$\boldsymbol{S}_{\mathrm{av}}=\frac{1}{2}\mathrm{Re}(\boldsymbol{E}\times\boldsymbol{H}^*)=\boldsymbol{e}_{\mathrm{n}}\frac{|\boldsymbol{E}_{\mathrm{m}}|^2}{2\eta_0}=\boldsymbol{e}_{\mathrm{n}}\frac{(0.001\times\sqrt{3})^2}{240\pi}=\boldsymbol{e}_{\mathrm{n}}3.98\times10^{-9}\,(\mathrm{W/m^2})$$

7.2 导电介质中的平面波

7.2.1 导电介质中的电磁波表达式

在导电介质中，存在传导电流 $\boldsymbol{J}=\sigma\boldsymbol{E}$。因此，时谐场情形下麦克斯韦第一方程可写为

$$\nabla\times\boldsymbol{H}=\boldsymbol{J}+\frac{\partial\boldsymbol{D}}{\partial t}=\sigma\boldsymbol{E}+\mathrm{j}\omega\varepsilon\boldsymbol{E}=\mathrm{j}\omega\left(\varepsilon-\mathrm{j}\frac{\sigma}{\omega}\right)\boldsymbol{E}\tag{7.2.1}$$

如果定义复介电常数 ε_{c}，令 $\varepsilon_{\mathrm{c}}=\varepsilon-\mathrm{j}\dfrac{\sigma}{\omega}$，则麦克斯韦第一方程可以写为

$$\nabla\times\boldsymbol{H}=\mathrm{j}\omega\varepsilon_{\mathrm{c}}\boldsymbol{E}\tag{7.2.2}$$

此时亥姆霍兹方程就可以写为

$$\begin{cases}\nabla^2\boldsymbol{E}+k_{\mathrm{c}}^2\boldsymbol{E}=0\\\nabla^2\boldsymbol{H}+k_{\mathrm{c}}^2\boldsymbol{H}=0\end{cases}\tag{7.2.3}$$

式中，$k_{\mathrm{c}}=\omega\sqrt{\mu\varepsilon_{\mathrm{c}}}$，为导电介质中的复波数。因此，得到导电介质中沿 z 轴传播的电场的表达式为

$$\boldsymbol{E}(z)=\boldsymbol{e}_xE_x(z)=\boldsymbol{e}_xE_{x\mathrm{m}}\mathrm{e}^{-\mathrm{j}k_{\mathrm{c}}z+\mathrm{j}\phi_x}$$

通常情况下，定义传播常数（**propagation constant**），即 $\gamma=\mathrm{j}k_{\mathrm{c}}=\mathrm{j}\omega\sqrt{\mu\varepsilon_{\mathrm{c}}}$。传播常数也是一个复数，因此令 $\gamma=\alpha+\mathrm{j}\beta$，得到

$$\boldsymbol{E}(z)=\boldsymbol{e}_xE_{x\mathrm{m}}\mathrm{e}^{-\alpha z}\mathrm{e}^{-\mathrm{j}\beta z}\mathrm{e}^{\mathrm{j}\phi_x}\tag{7.2.4}$$

式中，$\mathrm{e}^{-\alpha z}$ 称为衰减因子，它代表幅度随传播距离按指数规律衰减，而 α 为衰减常数（**attenuation constant**，单位：Np/m，奈培/米）；$\mathrm{e}^{-\mathrm{j}\beta z}$ 称为相位因子，它代表相位随传播距离的变化，而 β 为相位常数（**phase constant**，单位：rad/m，弧度/米）。显然，在非导电介质中，$\alpha=0$，而 $\beta=k$。

此时，对应的磁场可写为

$$\boldsymbol{H}(z)=\boldsymbol{e}_y\frac{E_{x\mathrm{m}}}{\eta_c}\mathrm{e}^{-\alpha z}\mathrm{e}^{-\mathrm{j}\beta z}\mathrm{e}^{\mathrm{j}\phi_x}=\mathrm{e}_y\frac{E_{x\mathrm{m}}}{|\eta_{\mathrm{c}}|}\mathrm{e}^{-\alpha z}\mathrm{e}^{-\mathrm{j}\beta z}\mathrm{e}^{\mathrm{j}(\phi_x-\phi)}\tag{7.2.5}$$

式中，

$$\eta_{\mathrm{c}}=\sqrt{\frac{\mu}{\varepsilon_{\mathrm{c}}}}=|\eta_{\mathrm{c}}|\mathrm{e}^{\mathrm{j}\phi}\tag{7.2.6}$$

为导电介质的本征阻抗，是复数。

利用 $\gamma=\alpha+\mathrm{j}\beta$ 以及 $\gamma=\mathrm{j}\omega\sqrt{\mu\varepsilon_{\mathrm{c}}}$，可得

$$\gamma^2 = (\alpha + \mathrm{j}\beta)^2 = \alpha^2 - \beta^2 + \mathrm{j}2\alpha\beta = -\omega^2\mu\varepsilon + \mathrm{j}\omega\sigma$$

因此可得到衰减常数和相位常数的表达式

$$\begin{cases} \alpha = \omega\sqrt{\dfrac{\mu\varepsilon}{2}\left[\sqrt{1+\left(\dfrac{\sigma}{\omega\varepsilon}\right)^2}-1\right]} \\ \beta = \omega\sqrt{\dfrac{\mu\varepsilon}{2}\left[\sqrt{1+\left(\dfrac{\sigma}{\omega\varepsilon}\right)^2}+1\right]} \end{cases} \tag{7.2.7}$$

由此可以看出，在导电介质中，电磁波的衰减与频率有关；电磁波的相速度 $v_{\mathrm{p}} = \omega/\beta$ 也与频率有关，该现象称为色散（**dispersion**），而对应的介质为色散介质（**dispersive medium**），所以导电介质为色散介质。导电介质中均匀平面波的传播示意图如图 7.2.1 所示。

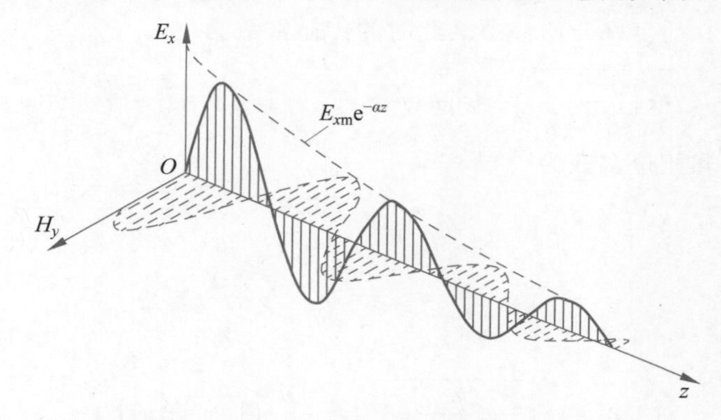

图 7.2.1 导电介质中均匀平面波的传播

利用定义式可以求得导电介质中平均电场能量密度和平均磁场能量密度

$$\begin{cases} w_{\mathrm{eav}} = \dfrac{1}{4}\mathrm{Re}(\varepsilon_{\mathrm{c}}\boldsymbol{E}\cdot\boldsymbol{E}^*) = \dfrac{\varepsilon}{4}E_{xm}^2\mathrm{e}^{-2\alpha z} \\ w_{\mathrm{mav}} = \dfrac{1}{4}\mathrm{Re}(\mu\boldsymbol{H}\cdot\boldsymbol{H}^*) = \dfrac{\mu}{4}\dfrac{E_{xm}^2}{|\eta_{\mathrm{c}}|^2}\mathrm{e}^{-2\alpha z} = \dfrac{\varepsilon}{4}E_{xm}^2\mathrm{e}^{-2\alpha z}\sqrt{1+\left(\dfrac{\sigma}{\omega\varepsilon}\right)^2} \end{cases} \tag{7.2.8}$$

很显然，在导电介质中平均磁场能量密度大于平均电场能量密度。

导电介质中平均坡印廷矢量为

$$\boldsymbol{S}_{\mathrm{av}} = \frac{1}{2}\mathrm{Re}(\boldsymbol{E}\times\boldsymbol{H}^*) = \frac{1}{2}\mathrm{Re}\left(|\boldsymbol{E}|^2\frac{1}{|\eta_{\mathrm{c}}|}\mathrm{e}^{\mathrm{j}\phi}\boldsymbol{e}_z\right)w_{\mathrm{mav}} = \frac{1}{2|\eta_{\mathrm{c}}|}|\boldsymbol{E}|^2\cos\phi\boldsymbol{e}_z \tag{7.2.9}$$

总结以上特征可知，理想介质和导电介质中的平面电磁波具有相似性，也有一定的区别，我们将两者的特性总结在表 7.2.1 中。

动画 13

动画 14

表 7.2.1 理想介质和导电介质中的平面电磁波对比

理想介质	导电介质
电场 $\boldsymbol{E}$、磁场 $\boldsymbol{H}$ 与传播方向 $\boldsymbol{e}_{\mathrm{n}}$ 相互垂直，为 TEM 波	电场 $\boldsymbol{E}$、磁场 $\boldsymbol{H}$ 与传播方向 $\boldsymbol{e}_{\mathrm{n}}$ 相互垂直，为 TEM 波
电场与磁场的振幅不变	电场与磁场的振幅按指数规律衰减
波阻抗为实数，电场与磁场同相	波阻抗为复数，电场与磁场不同相
电磁波的相速度与频率无关	电磁波的相速度与频率有关
平均磁场能量密度等于平均电场能量密度	平均磁场能量密度大于平均电场能量密度

7.2.2 弱导电介质中的均匀平面波

考虑复介电常数 $\varepsilon_c=\varepsilon-\mathrm{j}\dfrac{\sigma}{\omega}$，其实部为介电特性，其虚部为导电特性。要判断介质的导电特性，可以从其虚部与实部的比值进行界定：当 $\dfrac{\sigma}{\omega\varepsilon}\ll 1$ 时为弱导电介质；当 $\dfrac{\sigma}{\omega\varepsilon}\gg 1$ 时为良导电介质。注意，这里的远大于和远小于并没有固定的判定标准，一般以 10 倍为基准，也有不少地方采用 100 倍为基准，最终应当以实际问题的指标为判断标准。

当 $\dfrac{\sigma}{\omega\varepsilon}\ll 1$ 时，位移电流处于主导地位，而传导电流很小，可以忽略。此时的导电介质可以看成电导率不为 0 的良好介质。那么此时的传播常数为

$$\gamma=\mathrm{j}\omega\sqrt{\mu\varepsilon\left(1-\mathrm{j}\frac{\sigma}{\omega\varepsilon}\right)}\approx\mathrm{j}\omega\sqrt{\mu\varepsilon}\left(1-\mathrm{j}\frac{\sigma}{2\omega\varepsilon}\right)=\frac{\sigma}{2}\sqrt{\frac{\mu}{\varepsilon}}+\mathrm{j}\omega\sqrt{\mu\varepsilon}$$

于是得到衰减常数和相位常数为

$$\begin{cases}\alpha=\dfrac{\sigma}{2}\sqrt{\dfrac{\mu}{\varepsilon}}\\ \beta=\omega\sqrt{\mu\varepsilon}\end{cases}\tag{7.2.10}$$

另外，特性阻抗为

$$\eta_c=\sqrt{\frac{\mu}{\varepsilon\left(1-\mathrm{j}\dfrac{\sigma}{\omega\varepsilon}\right)}}\approx\sqrt{\frac{\mu}{\varepsilon}}\left(1+\mathrm{j}\frac{\sigma}{2\omega\varepsilon}\right)\tag{7.2.11}$$

从导电介质的特性阻抗可以看出，其相位为正值，说明电场总是超前磁场的。

7.2.3 良导电介质中的均匀平面波

当 $\dfrac{\sigma}{\omega\varepsilon}\gg 1$ 时，传导电流处于主导地位，而位移电流很小，可以忽略。那么此时的传播常数

$$\gamma=\mathrm{j}\omega\sqrt{\mu\varepsilon\left(1-\mathrm{j}\frac{\sigma}{\omega\varepsilon}\right)}\approx\mathrm{j}\omega\sqrt{\frac{\mu\sigma}{\mathrm{j}\omega}}=\frac{1+\mathrm{j}}{\sqrt{2}}\sqrt{\omega\mu\sigma}$$

于是可以得到衰减常数和相位常数

$$\alpha=\beta=\frac{1}{\sqrt{2}}\sqrt{\omega\mu\sigma}=\sqrt{\pi f\mu\sigma}\tag{7.2.12}$$

很明显，衰减常数和相位常数都与频率有关。而且随着频率和导电率的增加而增加。另外，特性阻抗为

$$\eta_c=\sqrt{\frac{\mu}{\varepsilon\left(1-\mathrm{j}\dfrac{\sigma}{\omega\varepsilon}\right)}}\approx\sqrt{\frac{\mathrm{j}\omega\mu}{\sigma}}=(1+\mathrm{j})\sqrt{\frac{\pi f\mu}{\sigma}}=\sqrt{\frac{2\pi f\mu}{\sigma}}\mathrm{e}^{\frac{\mathrm{j}\pi}{4}}\tag{7.2.13}$$

由此可以看出，良导体的电场相位超前磁场相位 45°。

良导体与弱导体有一点不同，良导体内部的电磁场随着传播距离的增大而迅速衰减。因此电磁场只在良导体表面附近的区域存在，这种现象称为趋肤效应（**skin effect**）。工程上

用趋肤深度(skin depth)来表征电磁波的趋肤效应,定义为电磁波的幅值衰减为表面值的 1/e(约 0.368)时所传播的距离。令

$$e^{-\alpha\delta}=e^{-1}$$

可得

$$\delta=\frac{1}{\alpha}=\sqrt{\frac{2}{\omega\mu\sigma}}=\sqrt{\frac{1}{\pi f\mu\sigma}} \tag{7.2.14}$$

由此可知,随着频率和电导率的增大,趋肤深度在减小。而趋肤深度越小,表明电磁波衰减越快。

例 7.2.1 金属铝的电导率为 3.72×10^7 S/m,求金属铝在 50Hz、300MHz 和 300GHz 三个频率所对应的趋肤深度。

解:当频率为 50Hz 时,

$$\delta=\sqrt{\frac{1}{\pi f\mu\sigma}}=\sqrt{\frac{1}{\pi\times50\times4\pi\times10^{-7}\times3.72\times10^{7}}}\approx1.17\times10^{-2}(\mathrm{m})$$

当频率为 300MHz 时,

$$\delta=\sqrt{\frac{1}{\pi f\mu\sigma}}=\sqrt{\frac{1}{\pi\times300\times10^{6}\times4\pi\times10^{-7}\times3.72\times10^{7}}}\approx4.76\times10^{-6}(\mathrm{m})$$

当频率为 300GHz 时,

$$\delta=\sqrt{\frac{1}{\pi f\mu\sigma}}=\sqrt{\frac{1}{\pi\times300\times10^{9}\times4\pi\times10^{-7}\times3.72\times10^{7}}}\approx1.51\times10^{-7}(\mathrm{m})$$

在低频电磁场情形下,铝线的直径达到 2.34cm 时才会观察到趋肤效应。在一般的弱电电路中,很难用到这种型号的电缆。因此,在低频电路中,可以忽略趋肤效应。但是在高频,例如微波频段,趋肤深度只有 4.76μm,这个时候就需要考虑趋肤效应了。而到了毫米波频段,趋肤深度只有 0.151μm,此时趋肤效应会对电路性能产生很大影响。

根据特性阻抗的定义,可得良导体的特性阻抗为

$$\eta_c=(1+j)\sqrt{\frac{\pi f\mu}{\sigma}}=R_S+jX_S \tag{7.2.15}$$

可知其电阻分量和电抗分量相等,且

$$R_S=X_S=\sqrt{\frac{\pi f\mu}{\sigma}}=\frac{1}{\sigma\delta} \tag{7.2.16}$$

由于这些分量与电导率和趋肤深度有关,因此将 R_S 称为表面电阻(**surface resistance**),将 X_S 称为表面电抗(**surface reactance**),将 $Z_S=R_S+jX_S$ 称为表面阻抗(**surface impedance**)。部分导电材料的趋肤深度和表面电阻如表 7.2.2 所示。

表 7.2.2 部分导电材料的趋肤深度和表面电阻

材 料	电导率 σ/S·m^{-1}	趋肤深度 δ/m	表面电阻 R_S/Ω
银	6.17×10^7	$0.064/\sqrt{f}$	$2.53\times10^{-7}\sqrt{f}$
紫铜	5.8×10^7	$0.066/\sqrt{f}$	$2.61\times10^{-7}\sqrt{f}$
铝	3.72×10^7	$0.083/\sqrt{f}$	$3.26\times10^{-7}\sqrt{f}$
金	4.52×10^7	$0.068/\sqrt{f}$	$3.97\times10^{-7}\sqrt{f}$

续表

材　　料	电导率 σ/S·m^{-1}	趋肤深度 δ/m	表面电阻 R_S/Ω
黄铜	1.6×10^{7}	$0.13/\sqrt{f}$	$5.01\times10^{-7}\sqrt{f}$
锡	0.87×10^{7}	$0.17/\sqrt{f}$	$6.76\times10^{-7}\sqrt{f}$
石墨	0.01×10^{7}	$1.6/\sqrt{f}$	$6.25\times10^{-6}\sqrt{f}$

例 7.2.2　图 7.2.2 是微波炉示意图，微波炉的工作频率为 2.45GHz，水的相对介电常数为 $\varepsilon_r=80-j11$。

(1) 求此时的趋肤深度。

(2) 假设微波炉的工作频率为 24.5GHz，水的相对介电常数为 $\varepsilon_r=35-j35$，求此时的趋肤深度。

请问为什么微波炉不采用 24.5GHz 作为工作频率？

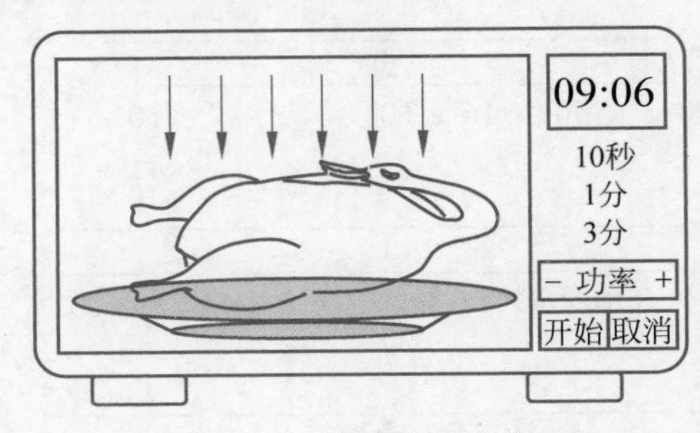

图 7.2.2　微波炉加热食物

解：(1) 当频率为 2.45GHz 时，由于

$$\varepsilon_c=\varepsilon-j\frac{\sigma}{\omega}=\varepsilon_0\left(\varepsilon_r'-j\frac{\sigma}{\varepsilon_0\omega}\right)=\varepsilon_0(\varepsilon_r'-j\varepsilon_r'')=\varepsilon_0(80-j11)$$

于是得到 $\varepsilon=\varepsilon_0\varepsilon_r'$，$\sigma=\omega\varepsilon_0\varepsilon_r''$。所以

$$\alpha=\omega\sqrt{\frac{\mu\varepsilon}{2}\left[\sqrt{1+\left(\frac{\sigma}{\omega\varepsilon}\right)^2}-1\right]}=\frac{2\pi f}{c}\sqrt{\frac{\varepsilon_r'}{2}\left[\sqrt{1+\left(\frac{\varepsilon_r''}{\varepsilon_r'}\right)^2}-1\right]}=31.5$$

该频率对应的趋肤深度为

$$d=1/\alpha=3.18\times10^{-2}(\text{m})$$

(2) 当频率为 24.5GHz 时，有

$$\alpha=\frac{2\pi f}{c}\sqrt{\frac{\varepsilon_r'}{2}\left[\sqrt{1+\left(\frac{\varepsilon_r''}{\varepsilon_r'}\right)^2}-1\right]}=1382$$

该频率对应的趋肤深度为

$$d=1/\alpha=0.000724(\text{m})$$

那么，为什么微波炉选定的频率为 2.45GHz，而不是吸收效率更好的 24.5GHz？从生活常识的角度来看，微波炉加热食物，最好保证外焦里嫩。所以必须保证一定的电磁能量穿透到食物内部。2.45GHz 的趋肤深度大小合适，而 24.5GHz 的趋肤深度过小，用于加热食物只会外焦里生。因此，在工程实践，需要考虑生活实际。在本例中，把水作为计算实例。实际上，食物中还含有其他物质。但是对于大部分情况，2.45GHz 的趋肤深度仍然要大于 24.5GHz 的趋肤深度。

与表面电阻对应的还有表面电流。由于大部分电流集中在趋肤深度以内,可以将全部电流等效成某一面电流,该面电流等于总的电流。因此,将该面电流称为表面电流,如图 7.2.3 所示。

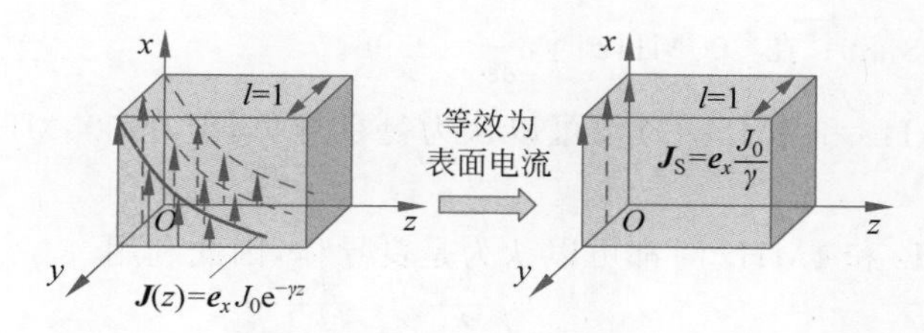

图 7.2.3 表面电流

假设电流密度为

$$\boldsymbol{J}(z)=\boldsymbol{e}_x J_0 \mathrm{e}^{-\gamma z} \tag{7.2.17}$$

那么单位长度内的电流为

$$I=\boldsymbol{e}_x \int_0^1 \int_0^{\infty} J_0 \mathrm{e}^{-\gamma z} \mathrm{d} z \mathrm{d} y=\boldsymbol{e}_x \frac{J_0}{\gamma} \tag{7.2.18}$$

由于该电流是单位长度内的总电流,也就是表面电流密度,即

$$\boldsymbol{J}_{\mathrm{S}}=\boldsymbol{e}_x \frac{J_0}{\gamma} \tag{7.2.19}$$

因此将 $\gamma=\frac{1+\mathrm{j}}{\sqrt{2}} \sqrt{\omega \mu \sigma}$ 和 $J_0=\sigma E_0$ 代入,可得

$$\boldsymbol{J}_{\mathrm{S}}=\boldsymbol{e}_x \frac{\sigma E_0}{\frac{1+\mathrm{j}}{\sqrt{2}} \sqrt{\omega \mu \sigma}}=\boldsymbol{e}_x \frac{E_0}{(1+\mathrm{j}) \sqrt{\frac{\pi f \mu}{\sigma}}}=\boldsymbol{e}_x \frac{E_0}{Z_{\mathrm{S}}} \tag{7.2.20}$$

即表面电流等于表面电场强度除以表面阻抗。有了表面电流,就可以求单位面积内的平均损耗功率

$$P_{1 \mathrm{av}}=\frac{1}{2} \operatorname{Re}\left(\boldsymbol{J}_{\mathrm{S}} \cdot \boldsymbol{E}_0^*\right)=\frac{1}{2} \operatorname{Re}\left[\boldsymbol{J}_{\mathrm{S}} \cdot\left(\boldsymbol{J}_{\mathrm{S}}^* Z_{\mathrm{S}}^*\right)\right]=\frac{1}{2}\left|\boldsymbol{J}_{\mathrm{S}}\right|^2 R_{\mathrm{S}}\left(\mathrm{W} / \mathrm{m}^2\right)$$

这与积分运算得到的结果是一致的。利用积分运算

$$\begin{aligned} P_{1 \mathrm{av}} & =\frac{1}{2} \int_0^1 \int_0^{\infty} \operatorname{Re}\left(\boldsymbol{J} \cdot \boldsymbol{E}^*\right) \mathrm{d} z \mathrm{d} y=\frac{1}{2} \int_0^{\infty} \sigma E_0^2 \mathrm{e}^{-2 \alpha z} \mathrm{d} z \\ & =\frac{\sigma}{4 \alpha}\left|\boldsymbol{J}_{\mathrm{S}}\right|^2\left|Z_{\mathrm{S}}\right|^2=\frac{2 R_{\mathrm{S}}^2}{4 \frac{\alpha}{\sigma}}\left|\boldsymbol{J}_{\mathrm{S}}\right|^2=\frac{1}{2}\left|\boldsymbol{J}_{\mathrm{S}}\right|^2 R_{\mathrm{S}}\left(\mathrm{W} / \mathrm{m}^2\right) \end{aligned}$$

这里,用到了 $R_{\mathrm{S}}=\frac{1}{\sigma \delta}=\frac{\alpha}{\sigma}$,以及 $Z_{\mathrm{S}}=(1+\mathrm{j}) R_{\mathrm{S}}$。

例 7.2.3 海水在常温下的电参数为 $\varepsilon_{\mathrm{r}}=81$,$\mu_{\mathrm{r}}=1$ 以及 $\sigma=4\mathrm{S/m}$。

(1) 试判断频率为 1kHz、1MHz 和 300MHz 时海水是否为良导体。

(2) 试求频率为 1kHz、10MHz 和 300MHz 时电磁波的趋肤深度。

解: (1) 在 1kHz 时,

$$\frac{\sigma}{\omega\varepsilon}=\frac{\sigma}{2\pi f\varepsilon_{\mathrm{r}}\varepsilon_0}=\frac{4}{2\pi\times10^3\times\dfrac{1}{36\pi}\times10^{-9}\times81}\approx 8.89\times10^5$$

在 1MHz 时，$\dfrac{\sigma}{\omega\varepsilon}=888.89$；在 300MHz 时，$\dfrac{\sigma}{\omega\varepsilon}=2.96$。

因此，海水在 1kHz 和 1MHz 时都可以认为是良导体，但在 300MHz 时不能认为是良导体。

（2）海水在 1kHz 和 1MHz 时都可以认为是良导体，因此利用

$$\delta=\frac{1}{\alpha}=\sqrt{\frac{2}{\omega\mu\sigma}}=\sqrt{\frac{1}{\pi f\mu\sigma}}$$

得到趋肤深度分别为 7.96m 和 0.25m。

海水在 300MHz 时不能认为是良导体，因此利用

$$\alpha=\omega\sqrt{\frac{\mu\varepsilon}{2}\left[\sqrt{1+\left(\frac{\sigma}{\omega\varepsilon}\right)^2}-1\right]}=524.9$$

得到趋肤深度为 0.0019m。

由该例可知，频率越高，趋肤深度越小。海底通信不能采用高频信号进行通信，一般联络潜艇都采用超长波，也就是极低频率电磁波，最远可达水深 200m，距离也不是特别远。因此，海底通信更多采用水声通信技术。

视频 30

7.2.4 相速度与群速度

前面已经讨论过，相速度 v_{p} 是电磁波等相位面传播的速度，并且有

$$v_{\mathrm{p}}=\frac{\omega}{\beta}\tag{7.2.21}$$

动画 15

由于电磁波的相位常数与介质特性有关。因此，相速度也与介质特性有关。

当为理想介质时，$\beta=\omega\sqrt{\mu\varepsilon}$，则有 $v_{\mathrm{p}}=1/\sqrt{\mu\varepsilon}$。此时所有频率的电磁波的相速度都相同。这种相速度与频率无关的介质称为非色散介质。理想介质就是非色散介质（**non-dispersive medium**）。

还有另外一类介质，电磁波在这类介质中传播时，相速度与频率有关，这类介质称为色散介质。导电介质就是色散介质。

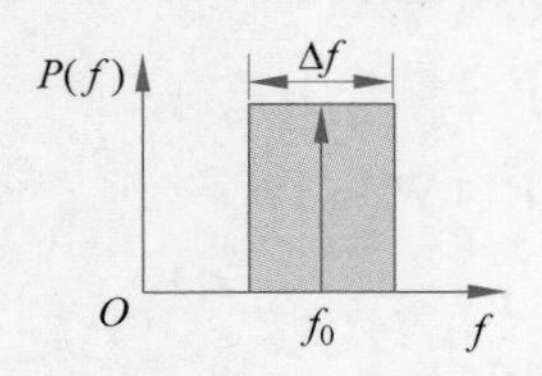

图 7.2.4 信号的带宽示意图

单频电磁波在介质中传播时，不管该介质是色散介质还是非色散介质，电磁波的相速度是一定的。但在实际生活中，通信系统传输的电磁波都是由一定带宽的信号组成，如图 7.2.4 所示。对于非色散介质，这些电磁波的相速度都是相等的，那么信号的传播速度也就等于这些电磁波的相速度。但对于色散介质，每个频点的电磁波的相速度都不相等。那么如何描述这个信号的速度呢？由此引入了群速度（**group velocity**）的概念。

为了说明群速度的意义，我们可以借助调幅信号来解释。对于窄带信号，如图 7.2.5 所示，可以用两个幅度均为 E_{m}、角频率分别为 $\omega_0-\dfrac{\Delta\omega}{2}$ 和 $\omega_0+\dfrac{\Delta\omega}{2}$（$\Delta\omega\ll\omega_0$）、对应相位常数

分别为 $\beta_0-\frac{\Delta\beta}{2}$ 和 $\beta_0+\frac{\Delta\beta}{2}$ 的信号表示。因此，这两列电磁波可表示为

$$\begin{cases} E_1=E_m e^{j\left(\omega_0-\frac{\Delta\omega}{2}\right)t} e^{-j\left(\beta_0-\frac{\Delta\beta}{2}\right)z} \\ E_2=E_m e^{j\left(\omega_0+\frac{\Delta\omega}{2}\right)t} e^{-j\left(\beta_0+\frac{\Delta\beta}{2}\right)z} \end{cases}$$

合成波为

$$E=E_1+E_2=2E_m\cos\left(\frac{\Delta\omega t-\Delta\beta z}{2}\right)e^{j(\omega_0 t-\beta_0 z)}$$

可见，合成波的幅度是与带宽 $\Delta\omega$ 以及相位常数变化量 $\Delta\beta$ 有关的调制信号。根据调幅波的特性，该合成波的幅度就包含了需要传播的信息。因此，要获取该信息，就需要得到合成幅度（也称为包络波）的传播速度，而这个速度就是群速度。它在数学上是 $\omega_0\pm\frac{\Delta\omega}{2}$ 范围内一列电磁波合成之后的包络波的传播速度；在物理上是信号的传播速度。

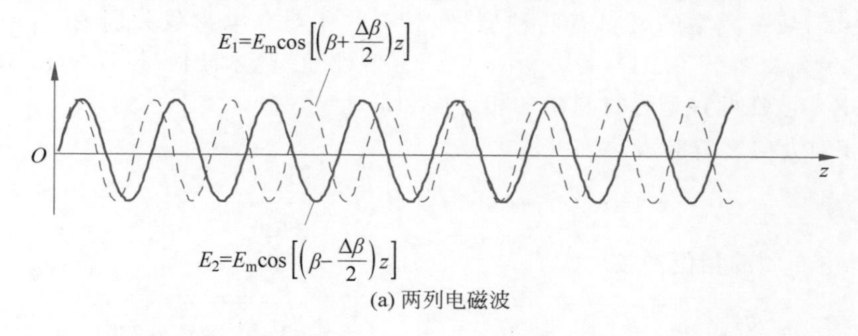

(a) 两列电磁波

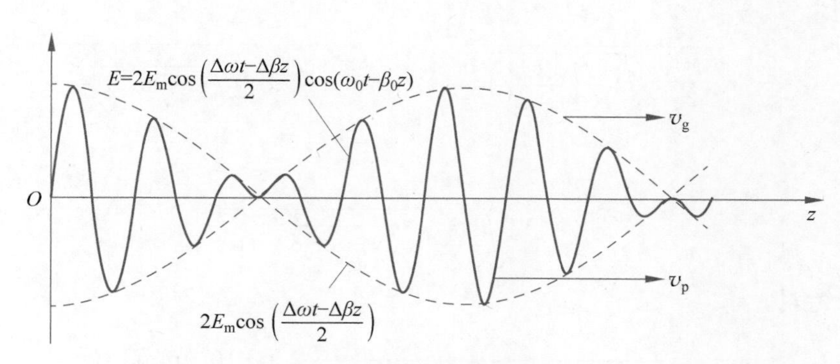

(b) 两列电磁波的合成波

图 7.2.5 相速度与群速度示意图

为了求解该速度，需要定义包络上的固定相位点，即 $\frac{\Delta\omega t-\Delta\beta z}{2}=C$。于是得到

$$v_g=\frac{dz}{dt}=\frac{\Delta\omega}{\Delta\beta}$$

在窄带信号条件下 $\Delta\omega\ll\omega_0$，可得

$$v_g=\frac{\Delta\omega}{\Delta\beta}=\frac{d\omega}{d\beta} \tag{7.2.22}$$

现在来探讨一下群速度与相速度的关系。利用 $\omega=v_p\beta$，可得

$$v_g=\frac{d\omega}{d\beta}=\frac{d(v_p\beta)}{d\beta}=v_p+\beta\frac{dv_p}{d\beta}=v_p+\frac{\omega}{v_p}\frac{dv_p}{d\omega}\frac{d\omega}{d\beta}=v_p+\frac{\omega}{v_p}\frac{dv_p}{d\omega}v_g$$

于是又得到

$$v_g=\frac{v_p}{1-\dfrac{\omega}{v_p}\dfrac{dv_p}{d\omega}} \tag{7.2.23}$$

可以分为三种情况进行讨论：

(1) 当$\dfrac{dv_p}{d\omega}=0$时，也就是非色散介质情形，可得$v_g=v_p$，即群速度等于相速度；

(2) 当$\dfrac{dv_p}{d\omega}<0$时，也就是正常色散情形，可得$v_g<v_p$，即群速度小于相速度；

(3) 当$\dfrac{dv_p}{d\omega}>0$时，也就是反常色散情形，可得$v_g>v_p$，即群速度大于相速度。

例 7.2.4 某一类型的材料有两种型号，对应的相对介电常数分别为$\varepsilon_{r1}=2.25(1-j0.001)$和$\varepsilon_{r2}=2.25(1-j0.01)$，且$\mu_{r1}=\mu_{r2}=1$。假设5G毫米波信号(28GHz)在该材料中传播。试求电磁波在两种型号材料中的相速度和群速度。

解：由相对介电常数的表达式可知，

$$\varepsilon_r=\varepsilon_r'(1-j\tan\delta)=\varepsilon_r'\left(1-j\frac{\sigma}{\omega\varepsilon_0\varepsilon_r'}\right)$$

此外，对于导电介质的相位常数

$$\beta=\omega\sqrt{\frac{\mu\varepsilon}{2}\left[\sqrt{1+\left(\frac{\sigma}{\omega\varepsilon}\right)^2}+1\right]}=\frac{\omega}{c}\sqrt{\frac{\mu_r\varepsilon_r'}{2}\left[\sqrt{1+\left(\frac{\sigma}{\omega\varepsilon}\right)^2}+1\right]}$$

$$=\frac{\omega}{c}\sqrt{\frac{\mu_r\varepsilon_r'}{2}\left[\sqrt{1+\left(\frac{\sigma}{\omega\varepsilon_0\varepsilon_r'}\right)^2}+1\right]}=\frac{\omega}{c}\sqrt{\frac{\mu_r\varepsilon_r'}{2}\left[\sqrt{1+\tan^2\delta}+1\right]}$$

有

$$v_p=\frac{\omega}{\beta}=\frac{c}{\sqrt{\dfrac{\mu_r\varepsilon_r'}{2}\left[\sqrt{1+\tan^2\delta}+1\right]}}$$

对于型号1材料：

$$v_p=\frac{3\times10^8}{\sqrt{\dfrac{2.25}{2}\left[\sqrt{1+(0.001)^2}+1\right]}}\approx2\times10^8(\text{m/s})$$

对于型号2材料：

$$v_p=\frac{3\times10^8}{\sqrt{\dfrac{2.25}{2}\left[\sqrt{1+(0.01)^2}+1\right]}}\approx2\times10^8(\text{m/s})$$

此时，群速度为

$$v_g=\frac{d\omega}{d\beta}=\frac{c}{\sqrt{\dfrac{\mu_r\varepsilon_r'}{2}\left[\sqrt{1+\tan^2\delta}+1\right]}}$$

也就说明在低损介质中，$v_g = v_p$。

7.3 各向异性介质中的均匀平面波*

前面讨论的都是各向同性介质中的均匀平面波。实际上，自然界中存在大量的各向异性介质。例如，等离子体、晶体以及铁氧体(ferrite)。本节将简单地讨论铁氧体的一些特性以及均匀平面波在铁氧体中的传播。

铁氧体是以氧化铁和其他铁族或稀土族氧化物为主要成分的复合氧化物。铁氧体多属半导体，电阻率远大于一般金属磁性材料。在高频和微波技术领域，如雷达技术、通信技术、空间技术、电子计算机等方面都有广泛的应用。

铁氧体的电子绕原子核公转的过程中形成公转磁矩。由于电子的公转磁矩方向不同而相互抵消，因此公转磁矩对磁性基本不产生贡献。电子公转的同时还具有自旋效应，并产生自旋磁矩。大部分物质的自旋磁矩也会相互抵消。但是对于铁氧体，自旋磁矩在外磁场作用下会与外场趋近于平行，因而对外显现出很强的磁性。

7.3.1 张量磁导率

电子自旋过程中所产生的电流与电子自旋方向相反。并且，电子自旋所产生的自旋磁矩 $\boldsymbol{p}_{\mathrm{m}}$ 与电子的自旋角动量 $\boldsymbol{G}$ 之间的关系为

$$\boldsymbol{p}_{\mathrm{m}} = -\frac{e}{m}\boldsymbol{G} = -\gamma\boldsymbol{G} \tag{7.3.1}$$

式中，e 为电子的带电量，m 为电子质量，而 γ 为荷质比。

将电子置于恒定磁场 $\boldsymbol{B}_0$ 中。在大多数情况下 $\boldsymbol{p}_{\mathrm{m}}$ 与 $\boldsymbol{B}_0$ 不在同一方向，那么外场对磁矩将有力矩作用，使得电子以某一角频率 ω_0 作进动(precession)，如图 7.3.1 所示。外磁场对自旋磁矩的作用力矩为

$$\boldsymbol{L} = \boldsymbol{p}_{\mathrm{m}} \times \boldsymbol{B}_0 \tag{7.3.2}$$

根据角动量与力矩的关系式

$$\frac{\mathrm{d}\boldsymbol{G}}{\mathrm{d}t} = \boldsymbol{L} = \boldsymbol{p}_{\mathrm{m}} \times \boldsymbol{B}_0 \tag{7.3.3}$$

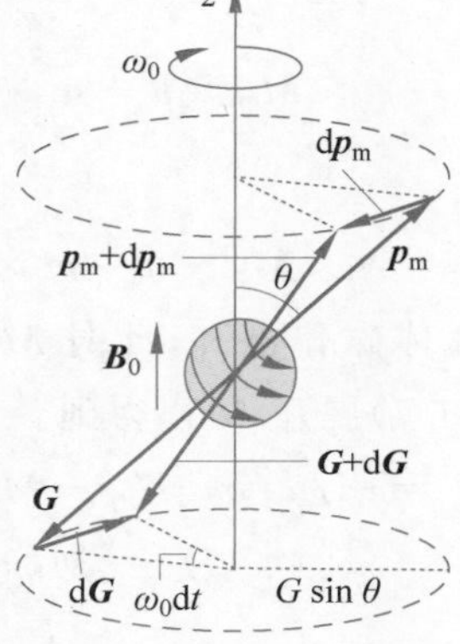

图 7.3.1 在外磁场作用下自旋电子的进动

假设 $\boldsymbol{B}_0$ 沿 z 轴方向,$\boldsymbol{p}_{\mathrm{m}}$ 与 $\boldsymbol{B}_0$ 夹角为 θ,在微分时间 $\mathrm{d}t$ 内角度变化为 $\omega_0\mathrm{d}t$,而角动量的改变量为

$$\mathrm{d}G = G\sin\theta\omega_0\mathrm{d}t$$

同时考虑到式(7.3.3),可得到

$$\frac{\mathrm{d}G}{\mathrm{d}t} = p_{\mathrm{m}}B_0\sin\theta$$

于是又得到

$$\omega_0 = \frac{p_{\mathrm{m}}B_0}{G} = \gamma B_0 = \frac{e}{m}B_0 \tag{7.3.4}$$

该频率称为拉莫尔频率(**Larmor frequency**)。

由 $\boldsymbol{p}_{\mathrm{m}} = -\gamma\boldsymbol{G}$,可得

$$\frac{\mathrm{d}\boldsymbol{p}_{\mathrm{m}}}{\mathrm{d}t} = -\gamma\frac{\mathrm{d}\boldsymbol{G}}{\mathrm{d}t} = -\gamma\boldsymbol{p}_{\mathrm{m}}\times\boldsymbol{B}_0$$

考虑到铁氧体磁化强度 $\boldsymbol{M}_0 = N\boldsymbol{p}_{\mathrm{m}}$,以及 $\boldsymbol{B}_0 = \mu_0\boldsymbol{H}_0$,则又得到

$$\frac{\mathrm{d}\boldsymbol{M}_0}{\mathrm{d}t} = -\gamma\mu_0\boldsymbol{M}_0\times\boldsymbol{H}_0 \tag{7.3.5}$$

该方程称为朗道方程(**Landau equation**)。朗道方程描述的是在施加恒定外场 $\boldsymbol{B}_0$ 的情况下,铁磁内部磁场的方程。

当电磁波在铁氧体中传播时,电磁波将对铁氧体施加时变场,记为 $\boldsymbol{h}$;由 $\boldsymbol{h}$ 产生的磁化强度记为 $\boldsymbol{m}$。因此总的磁场强度和磁化强度为

$$\begin{cases}\boldsymbol{H} = \boldsymbol{H}_0 + \boldsymbol{h}\\ \boldsymbol{M} = \boldsymbol{M}_0 + \boldsymbol{m}\end{cases}$$

将它们代入朗道方程,可得

$$\frac{\mathrm{d}(\boldsymbol{M}_0+\boldsymbol{m})}{\mathrm{d}t} = -\gamma\mu_0(\boldsymbol{M}_0+\boldsymbol{m})\times(\boldsymbol{H}_0+\boldsymbol{h}) = -\gamma\mu_0(\boldsymbol{M}_0\times\boldsymbol{H}_0+\boldsymbol{M}_0\times\boldsymbol{h}+\boldsymbol{m}\times\boldsymbol{H}_0+\boldsymbol{m}\times\boldsymbol{h})$$

将式(7.3.5)代入,并忽略小项 $\boldsymbol{m}\times\boldsymbol{h}$,可得

$$\frac{\mathrm{d}\boldsymbol{m}}{\mathrm{d}t} = -\gamma\mu_0(\boldsymbol{M}_0\times\boldsymbol{h}+\boldsymbol{m}\times\boldsymbol{H}_0) \tag{7.3.6}$$

对于时谐电磁场,有

$$\mathrm{j}\omega\boldsymbol{m} = -\gamma\mu_0(\boldsymbol{M}_0\times\boldsymbol{h}+\boldsymbol{m}\times\boldsymbol{H}_0) \tag{7.3.7}$$

假设外加磁场很强,使得铁氧体磁化饱和,此时 $\boldsymbol{M}_0$ 与 $\boldsymbol{H}_0$ 平行,都沿 z 轴方向,即 $\boldsymbol{M}_0 = \boldsymbol{M}_0\boldsymbol{e}_z$,$\boldsymbol{H}_0 = H_0\boldsymbol{e}_z$。将式(7.3.7)展开,可以得到

$$\begin{cases}\mathrm{j}\omega m_x = -\gamma\mu_0(m_yH_0 - M_0h_y)\\ \mathrm{j}\omega m_y = \gamma\mu_0(m_xH_0 + M_0h_x)\\ \mathrm{j}\omega m_z = 0\end{cases} \tag{7.3.8}$$

联立以上方程,可得

$$\begin{bmatrix} m_x \\ m_y \\ m_z \end{bmatrix} = \gamma\mu_0 M_0 \begin{bmatrix} \dfrac{\omega_0}{\omega_0^2-\omega^2} & \dfrac{\mathrm{j}\omega}{\omega_0^2-\omega^2} & 0 \\ \dfrac{-\mathrm{j}\omega}{\omega_0^2-\omega^2} & \dfrac{\omega_0}{\omega_0^2-\omega^2} & 0 \\ 0 & 0 & 0 \end{bmatrix} \begin{bmatrix} h_x \\ h_y \\ h_z \end{bmatrix} \tag{7.3.9}$$

如果 $\omega \to \omega_0$，那么 m_x 和 m_y 将趋于无限大。此时，很小的外加磁场就能产生很大的磁化强度，这种现象称为磁共振(magnetic resonance)现象。

利用 $\boldsymbol{b}=\mu_0(\boldsymbol{h}+\boldsymbol{m})$，可得 $\boldsymbol{b}=\bar{\bar{\boldsymbol{\mu}}}\boldsymbol{h}$，于是得到

$$\bar{\bar{\boldsymbol{\mu}}} = \begin{bmatrix} \mu_{11} & \mu_{12} & 0 \\ \mu_{21} & \mu_{22} & 0 \\ 0 & 0 & \mu_{33} \end{bmatrix} = \begin{bmatrix} \mu_0\left(1+\dfrac{\gamma\mu_0 M_0\omega_0}{\omega_0^2-\omega^2}\right) & \mathrm{j}\mu_0\dfrac{\gamma\mu_0 M_0\omega}{\omega_0^2-\omega^2} & 0 \\ -\mathrm{j}\mu_0\dfrac{\gamma\mu_0 M_0\omega}{\omega_0^2-\omega^2} & \mu_0\left(1+\dfrac{\gamma\mu_0 M_0\omega_0}{\omega_0^2-\omega^2}\right) & 0 \\ 0 & 0 & \mu_0 \end{bmatrix} \tag{7.3.10}$$

这是一个张量，说明铁氧体呈现各向异性的特性。但是当无外加磁场时，铁氧体变成了各向同性的介质。

7.3.2 铁氧体均匀平面波传播特性

在张量磁导率情形下，麦克斯韦方程可写为

$$\begin{cases} \nabla\times\boldsymbol{H}=\mathrm{j}\omega\varepsilon\boldsymbol{E} \\ \nabla\times\boldsymbol{E}=-j\omega\bar{\bar{\boldsymbol{\mu}}}\cdot\boldsymbol{H} \end{cases}$$

此时磁场的波动方程为

$$\nabla^2\boldsymbol{H}+\omega^2\varepsilon\bar{\bar{\boldsymbol{\mu}}}\cdot\boldsymbol{H}=0$$

为简化分析，假设电磁波沿 z 轴传播，即

$$\boldsymbol{H}=(\boldsymbol{e}_x H_{x\mathrm{m}}+\boldsymbol{e}_y H_{y\mathrm{m}})\mathrm{e}^{-\mathrm{j}\beta z}$$

于是可得到

$$\begin{bmatrix} \omega^2\varepsilon\mu_{11}-\beta^2 & \omega^2\varepsilon\mu_{12} & 0 \\ \omega^2\varepsilon\mu_{21} & \omega^2\varepsilon\mu_{22}-\beta^2 & 0 \\ 0 & 0 & \omega^2\varepsilon\mu_{33}-\beta^2 \end{bmatrix} \begin{bmatrix} H_{x\mathrm{m}} \\ H_{y\mathrm{m}} \\ 0 \end{bmatrix}=0$$

该方程组有解的条件为

$$\begin{bmatrix} \omega^2\varepsilon\mu_{11}-\beta^2 & \omega^2\varepsilon\mu_{12} \\ \omega^2\varepsilon\mu_{21} & \omega^2\varepsilon\mu_{22}-\beta^2 \end{bmatrix}=0$$

即

$$\begin{bmatrix} \omega^2\varepsilon\mu_{11}-\beta^2 & \omega^2\varepsilon\mu_{12} \\ -\omega^2\varepsilon\mu_{12} & \omega^2\varepsilon\mu_{11}-\beta^2 \end{bmatrix}=0$$

解得

$$\begin{cases}\beta_1=\omega\sqrt{\varepsilon(\mu_{11}+\mathrm{j}\mu_{12})}=\omega\sqrt{\mu_0\varepsilon\left[1+\dfrac{\gamma\mu_0 M_0}{\omega_0+\omega}\right]}\\ \beta_2=\omega\sqrt{\varepsilon(\mu_{11}-\mathrm{j}\mu_{12})}=\omega\sqrt{\mu_0\varepsilon\left[1+\dfrac{\gamma\mu_0 M_0}{\omega_0-\omega}\right]}\end{cases}\tag{7.3.11}$$

说明铁氧体里有两个相速度存在，也就存在两种类型的电磁波。

对于 β_1，有

$$(\omega^2\varepsilon\mu_{11}-\beta_1^2)H_{x\mathrm{m}}+\omega^2\varepsilon\mu_{12}H_{y\mathrm{m}}=0$$

得到

$$H_{y\mathrm{m}}=-\frac{\omega^2\varepsilon\mu_{11}-\beta_1^2}{\omega^2\varepsilon\mu_{12}}H_{x\mathrm{m}}=-\frac{\omega^2\varepsilon\mu_{11}-\omega^2\varepsilon(\mu_{11}+\mathrm{j}\mu_{12})}{\omega^2\varepsilon\mu_{12}}H_{x\mathrm{m}}=\mathrm{j}H_{x\mathrm{m}}$$

因此第一种波为

$$\boldsymbol{H}_1=(\boldsymbol{e}_x+\boldsymbol{e}_y\mathrm{j})H_{x\mathrm{m}}\mathrm{e}^{-\mathrm{j}\beta_1 z}\tag{7.3.12}$$

对于 β_2，利用相同的方法可以得到

$$\boldsymbol{H}_2=(\boldsymbol{e}_x-\boldsymbol{e}_y\mathrm{j})H_{x\mathrm{m}}\mathrm{e}^{-\mathrm{j}\beta_2 z}\tag{7.3.13}$$

可以看出，这两种波的初始矢量方向不同；另外，这两种波的传播速度也不同。因此合成波具有旋转特性，称之为法拉第旋转(**Faraday rotation**)。

视频 31

7.4 电磁波的极化

时变电场的方向和大小都是随时间变化的。前面讨论的沿 z 方向传播的电磁波，其电场只有 x 分量 E_x，但对于实际的电磁波可能还存在 y 分量 E_y。当两个分量合成为一列电磁波时，合成电场的方向和大小随时间变化的特性称为电磁波的极化（或者称为偏振）。

电磁波的极化在通信系统，特别是天线收发系统中具有很重要的应用。只有极化相同的天线系统才能达到最佳接收状态。极化不同的收发天线会造成接收效率下降，甚至根本无法接收信号。电磁波的极化主要有线极化（**linear polarization**）、圆极化（**circular polarization**）和椭圆极化（**elliptical polarization**）。为了讨论电磁波的极化，仍然设定均匀平面电磁波沿 z 方向传播（这一假设不影响一般性），E_x 和 E_y 的表达式分别为

$$\begin{cases}E_x(z,t)=E_{x\mathrm{m}}\cos(\omega t-kz+\phi_x)\\ E_y(z,t)=E_{y\mathrm{m}}\cos(\omega t-kz+\phi_y)\end{cases}\tag{7.4.1}$$

式中，$E_{x\mathrm{m}}$、$E_{y\mathrm{m}}$、ϕ_x 和 ϕ_y 分别为 E_x 和 E_y 的幅度，以及 E_x 和 E_y 的相位。

动画 16

7.4.1 线极化

当 E_x 和 E_y 的相位相同或相差 $\pm\pi$ 时，合成波为线极化波，如图 7.4.1(a)所示。这里对幅度未作要求，因此合成电场的方向会与 x 轴成一夹角 α

$$\alpha=\arctan\left(\frac{E_x}{E_y}\right)=\arctan\left(\frac{E_{x\mathrm{m}}}{E_{y\mathrm{m}}}\right)\tag{7.4.2}$$

线极化波的传播示意图如图 7.4.1(b)所示。因此可以得到结论：任何两个同频、同向

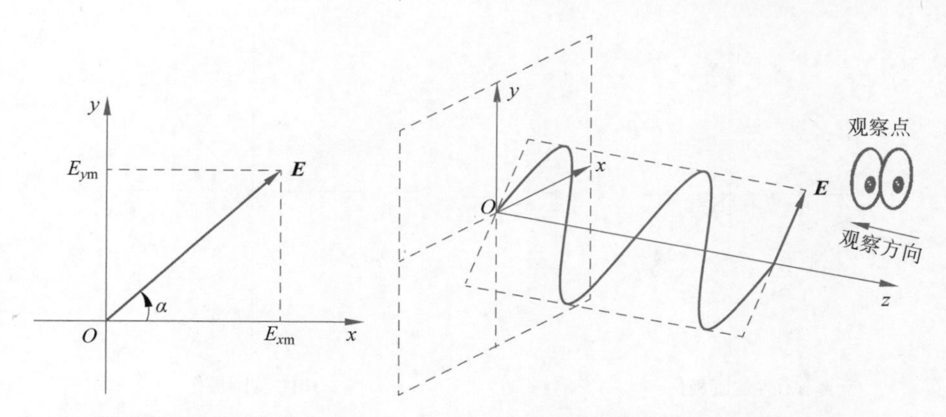

(a) 线极化波在xy平面的投影　　(b) 线极化波的传播过程

图 7.4.1　线极化波

且极化方向垂直的线极化波，当它们的相位相同或相差$\pm\pi$时，其合成波为线极化波。在工程上，还会另外定义垂直极化波和水平极化波。将垂直于大地的线极化波称为垂直极化波；而将与大地平行的线极化波称为水平极化波，如图 7.4.2 中所示。也有一些天线会采用双线极化天线，如图 7.4.2(c)所示的移动基站天线。

需要说明的是，线极化波的发射与接收天线必须平行才能达到最佳接收状态，相互垂直的线极化天线理论上是无法接收信号的。请读者结合金属边界条件自行分析其中的原理。

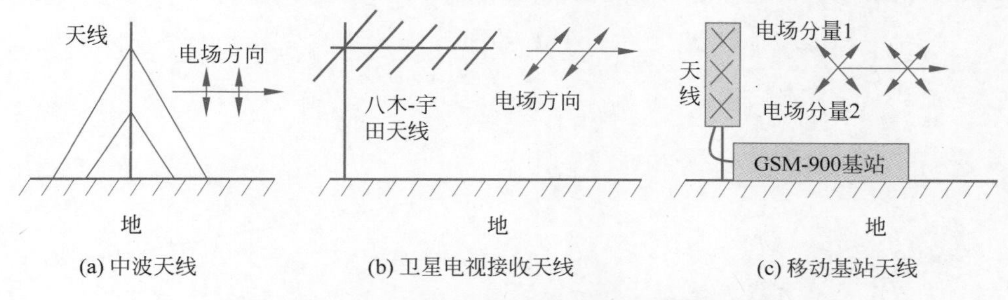

(a) 中波天线　　(b) 卫星电视接收天线　　(c) 移动基站天线

图 7.4.2　一些发射、接收线极化电磁波的应用实例

7.4.2　圆极化

动画 17

动画 18

当 E_x 和 E_y 的幅度相同，并且相位相差$\pm\pi/2$时，即 $E_{xm}=E_{ym}$、$\phi_y-\phi_x=\pm\pi/2$，合成波为圆极化波。这里对幅度有严格的要求，同时有两种情形。

(1) 当 $\phi_y=\phi_x+\dfrac{\pi}{2}$时，可得到

$$
\begin{cases}
E_x=E_m\cos(\omega t-kz+\phi_x) \\
E_y=-E_m\sin(\omega t-kz+\phi_x)
\end{cases}
$$

这种情形称为左旋圆极化波(**left hand circular polarized wave**)。当我们固定某一点时，电场强度矢量在 xy 平面的投影随着时间的变化沿顺时针方向旋转，如图 7.4.3(a)所示。当我们在观察点观察电磁波到来时，可以发现电场强度的旋向与传播方向符合左手法则，如图 7.4.4(a)所示。因此称之为左旋圆极化波。

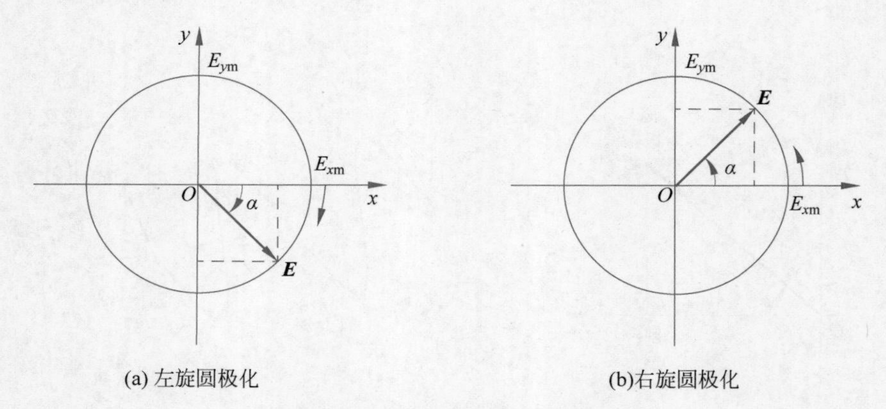

图 7.4.3 圆极化波在 xy 平面的投影

（2）当 $\phi_y-\phi_x=-\pi/2$ 时，可以得到

$$\begin{cases} E_x=E_m\cos(\omega t-kz+\phi_x) \\ E_y=E_m\sin(\omega t-kz+\phi_x) \end{cases}$$

这种情形称为右旋圆极化波（**right hand circular polarized wave**）。当我们固定某一点时，电场强度矢量在 xy 平面的投影随着时间的变化沿逆时针方向旋转，如图 7.4.3(b)所示。当我们在观察点观察电磁波到来时，可以发现电场强度的旋向与传播方向符合右手螺旋法则，如图 7.4.4(b)所示。因此称之为右旋圆极化波。

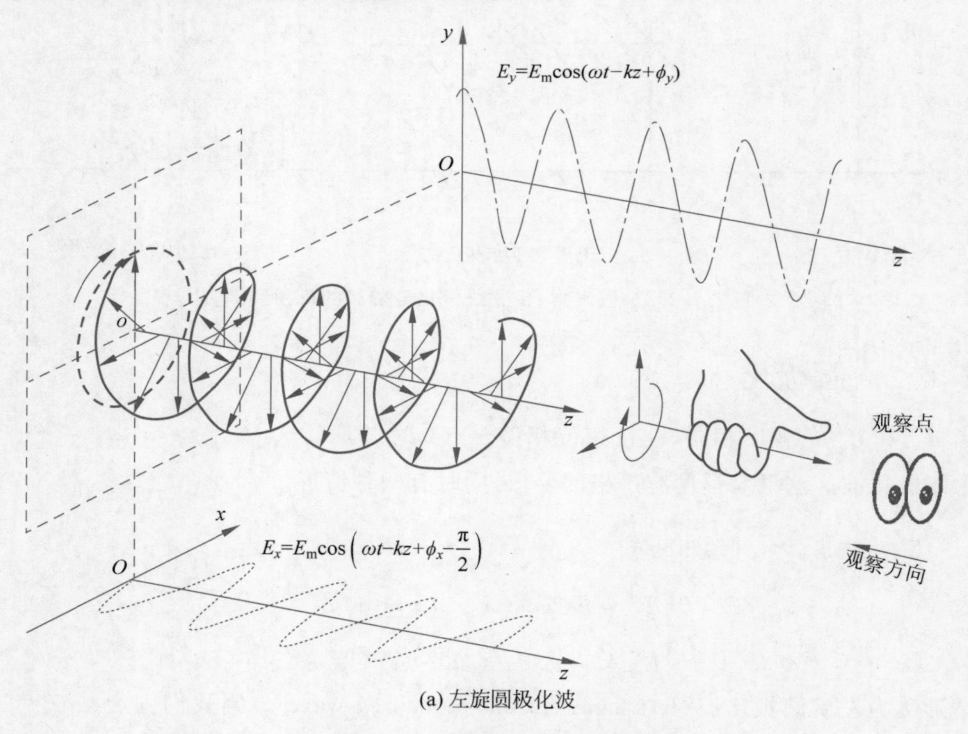

图 7.4.4 圆极化波的传播过程

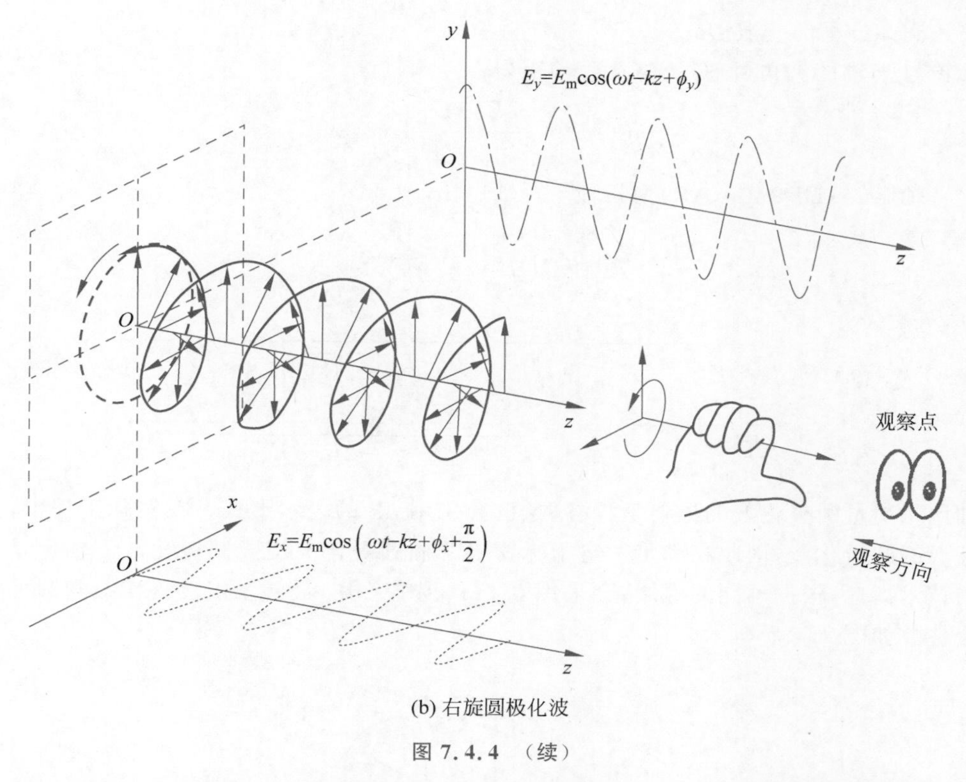

(b) 右旋圆极化波

图 7.4.4 (续)

结论：任何两个同频、同向且极化方向垂直的线极化波，当它们的振幅相等、相位相差$\pm\pi/2$时，其合成波为圆极化波。圆极化波的工程应用，主要针对发射或接收主体频繁、快速变换姿态，或者要求系统具有高可靠性的情形。请读者思考一下，为什么线极化波不适用于这些场景呢？再请思考一下，如何利用法拉第旋转将线极化波变成圆极化波？

7.4.3 椭圆极化

椭圆极化在自然界中更为普遍。我们也可以分两种情形讨论。第一种情形，当$E_{xm}=E_{ym}$，相位条件为$\phi_y-\phi_x\neq 0$、$\pm\pi/2$、$\pm\pi$时；第二种情形，当$E_{xm}\neq E_{ym}$，相位条件为$\phi_y-\phi_x\neq 0$、$\pm\pi$时。

为了简化分析过程，假设$\phi_x=0$，且$\phi_y-\phi_x=\phi$，则有

$$\begin{cases}E_x=E_{xm}\cos(\omega t)\\E_y=E_{ym}\cos(\omega t+\phi)\end{cases}$$

即

$$\begin{cases}E_x=E_{xm}\cos(\omega t)\\E_y=E_{ym}[\cos(\omega t)\cos\phi-\sin(\omega t)\sin\phi]\end{cases}$$

因此得到

$$\frac{E_x^2}{E_{xm}^2}+\frac{E_y^2}{E_{ym}^2}-\frac{2E_xE_y}{E_{xm}E_{ym}}\cos\phi=\sin^2\phi \tag{7.4.3}$$

该方程为椭圆方程的一般形式。

长轴与 x 轴的夹角可通过式(7.4.4)求得

$$\tan(2\theta)=\frac{2E_{xm}E_{ym}}{E_{xm}^2-E_{ym}^2}\cos\phi \tag{7.4.4}$$

同时定义轴比(**Axial Ratio,AR**)为长轴与短轴之比

$$\mathrm{AR}=\frac{\text{长轴}}{\text{短轴}}=\frac{OA}{OB},\quad 1\leqslant \mathrm{AR}\leqslant\infty \tag{7.4.5}$$

式中,

$$OA=\sqrt{\frac{1}{2}\left(E_{xm}^2+E_{ym}^2+\sqrt{E_{xm}^4+E_{ym}^4+2E_{xm}^2E_{ym}^2\cos(2\phi)}\right)} \tag{7.4.6}$$

$$OB=\sqrt{\frac{1}{2}\left(E_{xm}^2+E_{ym}^2-\sqrt{E_{xm}^4+E_{ym}^4+2E_{xm}^2E_{ym}^2\cos(2\phi)}\right)} \tag{7.4.7}$$

轴比是衡量圆极化波的重要工程参数,也会采用 dB 的表示形式。在实际工程中,不可能有理想的圆极化波,因此将满足一定指标要求的椭圆极化波当成圆极化波。轴比是一个常用的技术指标,根据不同的应用,会采用 0.5dB、1dB、2dB,最差情况为 3dB。椭圆极化波的各个参数如图 7.4.5 所示。

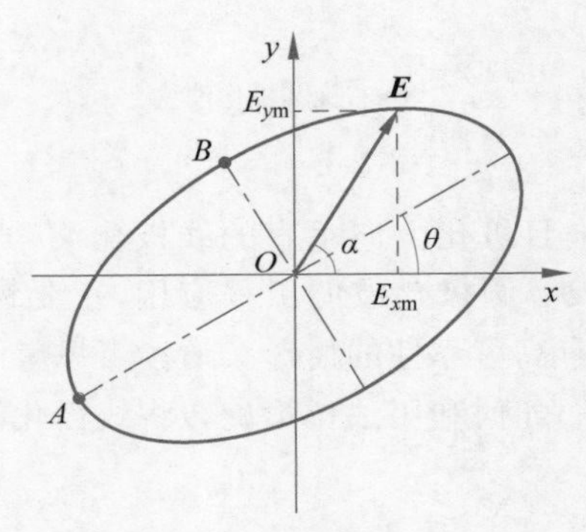

图 7.4.5 椭圆极化波

表 7.4.1 展示了几种极化的幅度条件和相位条件。

表 7.4.1 几种极化的幅度条件和相位条件对比

极化方式	幅度条件	相位条件
线极化	无	$\begin{cases}\phi_x=\phi_y\\ \phi_x=\phi_y\pm\pi\end{cases}$
圆极化	$E_{xm}=E_{ym}$	$\begin{cases}\phi_y=\phi_x+\pi/2, & \text{左旋}\\ \phi_y=\phi_x-\pi/2, & \text{右旋}\end{cases}$
椭圆极化	$E_{xm}=E_{ym}$	$\phi_y-\phi_x\neq 0,\pm\pi/2,\pm\pi$
	$E_{xm}\neq E_{ym}$	$\begin{cases}0<\phi_y-\phi_x<\pi, & \text{左旋}\\ -\pi<\phi_y-\phi_x<0, & \text{右旋}\end{cases}$

结论:

(1) 两个正交的线极化波可以合成线极化波、圆极化波和椭圆极化波;

(2) 任意一线极化波、圆极化波、椭圆极化波也可以分解成两个正交的线极化波;

(3) 一个线极化波可以分解成两个幅度相等但旋向相反的圆极化波;

(4) 一个椭圆极化波可以分解成两个幅度不等、旋向相反的圆极化波；

(5) 线极化波和圆极化波都是椭圆极化波的特殊情形。

例 7.4.1 判断以下均匀平面波的极化形式

(1) $E_x(z,t)=E_{xm}\cos\left(\omega t-kz+\frac{\pi}{4}\right), E_y(z,t)=E_{ym}\sin\left(\omega t-kz-\frac{\pi}{4}\right)$

(2) $E_x(z)=E_m e^{-jkz}, E_y(z)=jE_m e^{-jkz}$

(3) $E_x(z,t)=E_m\cos(\omega t-kz), E_y(z,t)=E_m\sin(\omega t-kz)$

(4) $E_x(z,t)=2E_m\cos(\omega t-kz), E_y(z,t)=E_m\sin\left(\omega t-kz+\frac{\pi}{3}\right)$

解：(1) 由于 $\sin\theta=\cos\left(\frac{\pi}{2}-\theta\right)=\cos\left(\theta-\frac{\pi}{2}\right)$，故

$$E_y(z,t)=E_{ym}\sin\left(\omega t-kz-\frac{\pi}{4}\right)=E_{ym}\cos\left(\omega t-kz-\frac{3\pi}{4}\right)$$

可以发现 $\phi_y=\phi_x-\pi$，故为线极化波。

(2) 由于 $E_y(z)=jE_m e^{-jkz}=E_m e^{-jkz+j\frac{\pi}{2}}$，于是得到 $\phi_y-\phi_x=\frac{\pi}{2}$。又因为两个分量幅度相等，故为左旋圆极化波。

(3) 由于 $E_y(z,t)=E_m\sin(\omega t-kz)=E_m\cos\left(\omega t-kz-\frac{\pi}{2}\right)$，且两个分量幅度相等，故为右旋圆极化波。

(4) 两个分量幅度不等，相位不等，为椭圆极化波。

例 7.4.2 均匀平面波在铁氧体中传播。在 $z=0$ 处，$\boldsymbol{H}=\boldsymbol{e}_x 2H_0$。

(1) 结合 7.3 节的内容，写出 $\boldsymbol{H}_1$ 和 $\boldsymbol{H}_2$ 的表达式，并判断它们属于哪种极化的电磁波；

(2) 当传播了距离 d 后，试写出合成波 $\boldsymbol{H}$ 的表达式；

(3) 假设要求 $\boldsymbol{H}$ 旋转 90°，试写出最小传播距离 $d_{\min}$。

解：(1) 由于 $\boldsymbol{H}_1=(\boldsymbol{e}_x+\boldsymbol{e}_y j)H_{xm}e^{-j\beta_1 z}, \boldsymbol{H}_2=(\boldsymbol{e}_x-\boldsymbol{e}_y j)H_{xm}e^{-j\beta_2 z}$，故

$$\boldsymbol{H}=\boldsymbol{H}_1+\boldsymbol{H}_2=(\boldsymbol{e}_x+\boldsymbol{e}_y j)\boldsymbol{H}_{xm}e^{-j\beta_1 z}+(\boldsymbol{e}_x-\boldsymbol{e}_y j)H_{xm}e^{-j\beta_2 z}$$

在 $z=0$ 处，$\boldsymbol{H}=\boldsymbol{e}_x 2H_{xm}=\boldsymbol{e}_x 2H_0$，因此得到 $H_{xm}=H_0$。因此，$\boldsymbol{H}_1$ 和 $\boldsymbol{H}_2$ 的表达式为

$$\boldsymbol{H}_1=(\boldsymbol{e}_x+\boldsymbol{e}_y j)H_0 e^{-j\beta_1 z},\quad \boldsymbol{H}_2=(\boldsymbol{e}_x-\boldsymbol{e}_y j)H_0 e^{-j\beta_2 z}$$

故 $\boldsymbol{H}_1$ 为左旋圆极化波，$\boldsymbol{H}_2$ 为右旋圆极化波。

(2) 在 $z=d$ 处，

$$\begin{aligned}\boldsymbol{H}&=(\boldsymbol{e}_x+\boldsymbol{e}_y j)H_0 e^{-j\beta_1 d}+(\boldsymbol{e}_x-\boldsymbol{e}_y j)H_0 e^{-j\beta_2 d}\\&=\boldsymbol{e}_x H_0(e^{-j\beta_1 d}+e^{-j\beta_2 d})+\boldsymbol{e}_y jH_0(e^{-j\beta_1 d}-e^{-j\beta_2 d})\end{aligned}$$

(3) 要求 $\boldsymbol{H}$ 旋转 90°，即要求 $e^{-j\beta_1 d}+e^{-j\beta_2 d}=0$，或者写成

$$e^{-j\beta_2 d}(1+e^{j\beta_2 d-j\beta_1 d})=0$$

因此必须满足 $e^{-j\beta_2 d}(1+e^{j\beta_2 d-j\beta_1 d})=0$，即要求 $\beta_2 d-\beta_1 d=\pi$，所以求得

$$d_{\min}=\frac{\pi}{\beta_2-\beta_1}$$

7.3 节曾讨论过，这个过程称为法拉第旋转。法拉第旋转在雷达收发隔离具有广泛的应用价值，同时也可以用于极化旋转。极化旋转的示意图如图 7.4.6 所示。

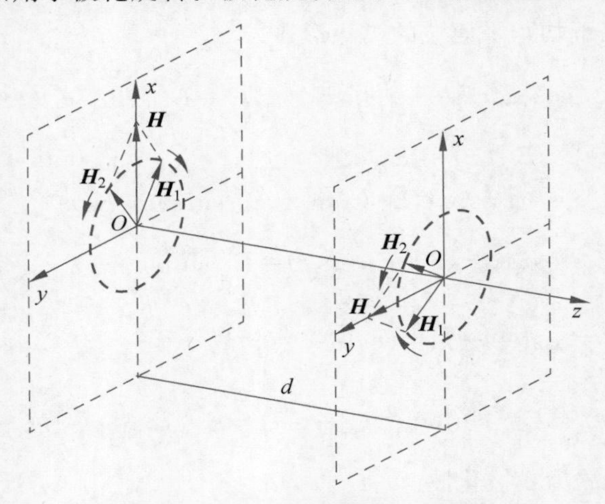

图 7.4.6 铁磁材料的法拉第旋转

例 7.4.3 石英晶体具有双折射现象，即，晶体的两个主轴上的相对介电常数 ε_r（或折射率 $n=\sqrt{\varepsilon_r}$）具有差异。根据实测，石英晶体折射率在 35～1510GHz 范围内，两个主轴上的差别约为 $\Delta n=0.047$。假设一线极化波可分成 x 和 y 两个分量，x 分量的电磁波对应的折射率为 n，x 分量的电磁波对应的折射率为 $n+\Delta n$。试求在 6G 规划频点 245GHz，当石英晶体厚度为多少时，该线极化波会变成圆极化波？

解：圆极化的条件是相位相差 $\pm\pi/2$。电磁波在介质中的相位延迟为

$$\phi=2\pi\sqrt{\varepsilon_r}\,d/\lambda_0=2\pi nd/\lambda_0$$

因此

$$\Delta\phi=\phi_y-\phi_x=2\pi\Delta nd/\lambda_0$$

在 245GHz，$\lambda_0=300/245\approx1.22$(mm)。

左旋极化波：$\Delta\phi=2\pi\Delta nd/\lambda_0=\pi/2$，得到 $d=\lambda_0/(4\Delta n)=6.51$(mm)。

右旋极化波：$\Delta\phi=-\pi/2$，即 $\Delta\phi=3\pi/2$，得到 $d=3\lambda_0/(4\Delta n)=19.54$(mm)。

7.5 均匀平面波对分界面的垂直入射

前面分析了无界介质中均匀平面波的传播。但实际生活中，电磁波在传播过程中经常遇到不同的介质。电磁波在介质交界面的传播特性统称为电磁波的反射和透射。

视频 32

7.5.1 对介质分界面的垂直入射

1. 理想介质情形反射系数和透射系数

假设有一无限大介质分界面，入射波从介质 1 垂直入射到介质 2，如图 7.5.1 所示。介质 1 和介质 2 的电磁参数分别为(μ_1,ε_1)和(μ_2,ε_2)。入射电场沿 x 方向，即

$$\boldsymbol{E}_i=\boldsymbol{e}_xE_{im}e^{-j\beta_1z} \tag{7.5.1}$$

其传播常数为 β_1。那么透射波为

$$\boldsymbol{E}_{\mathrm{t}}=\boldsymbol{e}_x E_{\mathrm{tm}} \mathrm{e}^{-\mathrm{j}\beta_2 z} \tag{7.5.2}$$

其传播方向未发生改变，而传播常数为 β_2。对于反射波，其传播常数没有改变，仍然为 β_1，但其传播方向发生了改变。因此，反射波表达式为

$$\boldsymbol{E}_{\mathrm{r}}=\boldsymbol{e}_x E_{\mathrm{rm}} \mathrm{e}^{\mathrm{j}\beta_1 z} \tag{7.5.3}$$

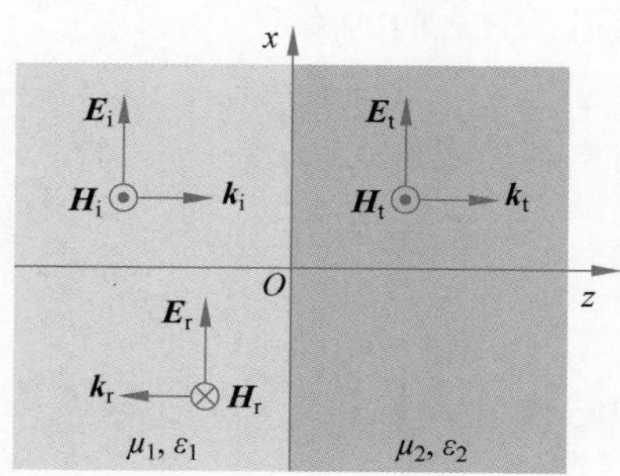

图 7.5.1 理想介质分界面的反射和透射

注意，表达式 e 指数部分的负号变成正号，代表传播方向发生了改变。

要求解反射场和透射场，必须利用电场和磁场的边界条件，即在分界面上电场强度和磁场强度的切向分量连续。在 $z=0$ 处，

$$\begin{cases} E_{\mathrm{im}}+E_{\mathrm{rm}}=E_{\mathrm{tm}} \\ H_{\mathrm{im}}-H_{\mathrm{rm}}=H_{\mathrm{tm}} \end{cases}$$

考虑到平面电磁波电场与磁场的关系

$$\frac{E_{\mathrm{im}}}{H_{\mathrm{im}}}=\eta_1, \quad \frac{E_{\mathrm{rm}}}{H_{\mathrm{rm}}}=\eta_1, \quad \frac{E_{\mathrm{tm}}}{H_{\mathrm{tm}}}=\eta_2$$

就可以得到

$$\begin{cases} E_{\mathrm{im}}+E_{\mathrm{rm}}=E_{\mathrm{tm}} \\ \dfrac{E_{\mathrm{im}}}{\eta_1}-\dfrac{E_{\mathrm{rm}}}{\eta_1}=\dfrac{E_{\mathrm{tm}}}{\eta_2} \end{cases}$$

定义分界面处($z=0$)的**反射系数 $\boldsymbol{\Gamma}$** 和**透射系数 $\boldsymbol{\tau}$** 分别为

$$\begin{cases} \Gamma=\dfrac{E_{\mathrm{rm}}}{E_{\mathrm{im}}}=\dfrac{\eta_2-\eta_1}{\eta_2+\eta_1} \\ \tau=\dfrac{E_{\mathrm{tm}}}{E_{\mathrm{im}}}=\dfrac{2\eta_2}{\eta_2+\eta_1} \end{cases} \tag{7.5.4}$$

考虑到 $\eta_1=\sqrt{\dfrac{\mu_1}{\varepsilon_1}}=\sqrt{\dfrac{\mu_{\mathrm{r1}}\mu_0}{\varepsilon_{\mathrm{r1}}\varepsilon_0}}$、$\eta_2=\sqrt{\dfrac{\mu_2}{\varepsilon_2}}=\sqrt{\dfrac{\mu_{\mathrm{r2}}\mu_0}{\varepsilon_{\mathrm{r2}}\varepsilon_0}}$，反射系数 Γ 和透射系数 τ 可写为

$$\Gamma=\frac{\eta_2-\eta_1}{\eta_2+\eta_1}=\frac{\sqrt{\dfrac{\mu_2}{\varepsilon_2}}-\sqrt{\dfrac{\mu_1}{\varepsilon_1}}}{\sqrt{\dfrac{\mu_2}{\varepsilon_2}}+\sqrt{\dfrac{\mu_1}{\varepsilon_1}}}=\frac{\sqrt{\dfrac{\mu_{\mathrm{r2}}}{\varepsilon_{\mathrm{r2}}}}-\sqrt{\dfrac{\mu_{\mathrm{r1}}}{\varepsilon_{\mathrm{r1}}}}}{\sqrt{\dfrac{\mu_{\mathrm{r2}}}{\varepsilon_{\mathrm{r2}}}}+\sqrt{\dfrac{\mu_{\mathrm{r1}}}{\varepsilon_{\mathrm{r1}}}}} \tag{7.5.5}$$

$$\tau=\frac{2\eta_2}{\eta_2+\eta_1}=\frac{2\sqrt{\frac{\mu_2}{\varepsilon_2}}}{\sqrt{\frac{\mu_2}{\varepsilon_2}}+\sqrt{\frac{\mu_1}{\varepsilon_1}}}=\frac{2\sqrt{\frac{\mu_{r2}}{\varepsilon_{r2}}}}{\sqrt{\frac{\mu_{r2}}{\varepsilon_{r2}}}+\sqrt{\frac{\mu_{r1}}{\varepsilon_{r1}}}} \tag{7.5.6}$$

很容易求得此时反射系数和透射系数之间的关系

$$1+\Gamma=\tau \tag{7.5.7}$$

由此可得反射电场和透射电场的表达式

$$\begin{cases}\boldsymbol{E}_{\mathrm{r}}=\boldsymbol{e}_x\Gamma E_{\mathrm{im}}\mathrm{e}^{\mathrm{j}\beta_1 z}\\ \boldsymbol{E}_{\mathrm{t}}=\boldsymbol{e}_x\tau E_{\mathrm{im}}\mathrm{e}^{-\mathrm{j}\beta_2 z}\end{cases}$$

以及反射磁场和透射磁场的表达式

$$\begin{cases}\boldsymbol{H}_{\mathrm{r}}=-\dfrac{\boldsymbol{E}_{\mathrm{r}}}{\eta_1}=-\boldsymbol{e}_y\Gamma\dfrac{E_{\mathrm{im}}}{\eta_1}\mathrm{e}^{\mathrm{j}\beta_1 z}\\ \boldsymbol{H}_{\mathrm{t}}=\dfrac{\boldsymbol{E}_{\mathrm{t}}}{\eta_2}=\boldsymbol{e}_y\tau\dfrac{E_{\mathrm{im}}}{\eta_2}\mathrm{e}^{-\mathrm{j}\beta_2 z}\end{cases} \tag{7.5.8}$$

2. 理想介质中的场分布

现在研究介质中的场分布。对于介质 1，电场分为入射波和反射波；而介质 2 中只有透射波。因此介质 1 和介质 2 中的电场分别为

$$\begin{cases}\boldsymbol{E}_1=\boldsymbol{E}_{\mathrm{i}}+\boldsymbol{E}_{\mathrm{r}}=\boldsymbol{e}_x(E_{\mathrm{im}}\mathrm{e}^{-\mathrm{j}\beta_1 z}+\Gamma E_{\mathrm{im}}\mathrm{e}^{\mathrm{j}\beta_1 z})\\ \boldsymbol{E}_2=\boldsymbol{E}_{\mathrm{t}}=\boldsymbol{e}_x\tau E_{\mathrm{im}}\mathrm{e}^{-\mathrm{j}\beta_2 z}\end{cases}$$

而介质 1 和介质 2 中的磁场表达式可写为

$$\begin{cases}\boldsymbol{H}_1=\boldsymbol{H}_{\mathrm{i}}+\boldsymbol{H}_{\mathrm{r}}=\boldsymbol{e}_y\dfrac{E_{\mathrm{im}}\mathrm{e}^{-\mathrm{j}\beta_1 z}-\Gamma E_{\mathrm{im}}\mathrm{e}^{\mathrm{j}\beta_1 z}}{\eta_1}\\ \boldsymbol{H}_2=\boldsymbol{H}_{\mathrm{t}}=\boldsymbol{e}_y\dfrac{\tau E_{\mathrm{im}}\mathrm{e}^{-\mathrm{j}\beta_2 z}}{\eta_2}\end{cases}$$

将介质 1 和介质 2 中的电场取幅度，可得

$$\begin{cases}|\boldsymbol{E}_1|=\sqrt{\boldsymbol{E}_1\cdot\boldsymbol{E}_1^*}=|E_{\mathrm{im}}|\sqrt{1+\Gamma^2+2\Gamma\cos(2\beta_1 z)}\\ |\boldsymbol{E}_2|=\sqrt{\boldsymbol{E}_1\cdot\boldsymbol{E}_1^*}=\tau|E_{\mathrm{im}}|\end{cases} \tag{7.5.9}$$

根据 Γ 的定义式，可得在无源情况下，满足 $0\leqslant|\Gamma|\leqslant 1$。图 7.5.2 给出了理想介质中，当 $\Gamma>0$ 和 $\Gamma<0$ 时，电场幅度随 z 的变化示意图。

由前述分析可知，介质 2($z>0$ 时)中只有透射波，并且沿 $+z$ 方向传播。这种只有单向传输的波称为行波(**travelling wave**)。行波的特点是电场幅度不随 z 改变。如图 7.5.2 所示，介质 2 中的行波电场幅度恒为 $(1+\Gamma)|E_{\mathrm{im}}|$。在介质 1 中既有入射波(沿 $+z$ 方向传播)，也有反射波(沿 $-z$ 方向传播)，其合成波称为行驻波(**travelling standing wave**)。其特点是电场幅度随 z 按正余弦规律变化，周期为 0.5λ。电场幅度的最大值和最小值周期交替出现。最大值($|E_{\mathrm{im}}|(1+|\Gamma|)$)出现的位置称为波腹点，最小值($|E_{\mathrm{im}}|(1-|\Gamma|)$)出现的

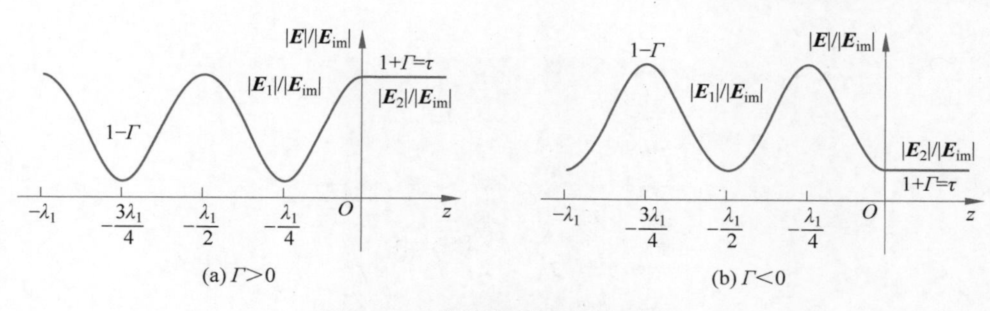

图 7.5.2 理想介质情形的场分布

位置称为波节点，且相邻波腹点和波节点距离为 0.25λ。此外还有一种特殊情形，当 $|\Gamma|=1$，即分界面处发生全反射时，此时在介质 1 中的合成波称为驻波(standing wave)，它是行驻波的特例，故其特点与行驻波基本一致，但电场波腹点的值是 $2|E_{\text{im}}|$，波节点的值为 0。

3. 导电介质情形反射系数和透射系数

对于具有导电性质的介质，反射系数和透射系数的表达式与理想介质情形在形式上没有任何差别。但是必须用复介电常数替换介电常数，即

$$\Gamma=\frac{\eta_{c2}-\eta_{c1}}{\eta_{c2}+\eta_{c1}}=\frac{\sqrt{\frac{\mu_2}{\varepsilon_{c2}}}-\sqrt{\frac{\mu_1}{\varepsilon_{c1}}}}{\sqrt{\frac{\mu_2}{\varepsilon_{c2}}}+\sqrt{\frac{\mu_1}{\varepsilon_{c1}}}} \tag{7.5.10}$$

$$\tau=\frac{2\eta_{c2}}{\eta_{c2}+\eta_{c1}}=\frac{2\sqrt{\frac{\mu_2}{\varepsilon_{c2}}}}{\sqrt{\frac{\mu_2}{\varepsilon_{c2}}}+\sqrt{\frac{\mu_1}{\varepsilon_{c1}}}} \tag{7.5.11}$$

此时，$1+\Gamma=\tau$ 仍然成立。但要说明的是，此时的反射系数和透射系数都是复数。因此，反射波和透射波都与入射波存在相位差。

7.5.2 对理想导体分界面的垂直入射

如图 7.5.3 所示，当均匀平面波投射到理想导体表面时，根据边界条件，金属导体表面的切向电场为 0。因此就有

$$\begin{cases}\boldsymbol{E}_1=\boldsymbol{E}_{\text{i}}+\boldsymbol{E}_{\text{r}}=\boldsymbol{e}_x(E_{\text{im}}\text{e}^{-\text{j}\beta z}+\Gamma E_{\text{im}}\text{e}^{\text{j}\beta z})\mid_{z=0}=0\\ \boldsymbol{E}_2=\boldsymbol{E}_{\text{t}}=0\end{cases}$$

于是得到

$$\begin{cases}\Gamma=-1\\ \tau=0\end{cases}$$

所以入射介质和理想导体中的电场表达式分别为

$$\begin{cases}\boldsymbol{E}_1=\boldsymbol{e}_x(E_{\text{im}}\text{e}^{-\text{j}\beta_1 z}+\Gamma E_{\text{im}}\text{e}^{\text{j}\beta_1 z})\mid_{z=0}=\text{j}2E_{\text{im}}\sin(\beta_1 z)\\ \boldsymbol{E}_2=0\end{cases} \tag{7.5.12}$$

而磁场的表达式可写为

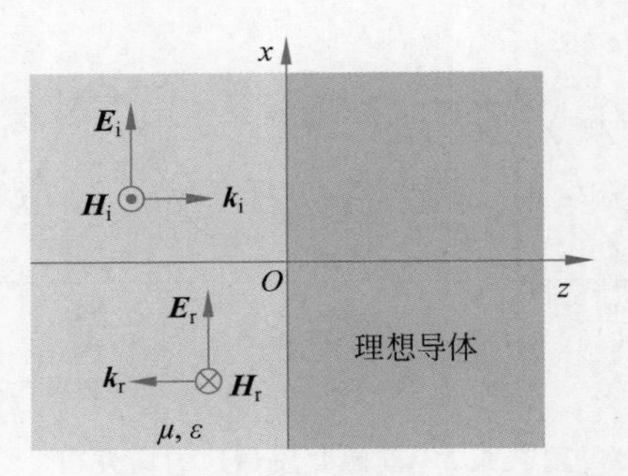

图 7.5.3　均匀平面波投射到理想导体表面

$$\begin{cases} \boldsymbol{H}_1 = \dfrac{2E_{\mathrm{im}}\cos(\beta_1 z)}{\eta_1}\boldsymbol{e}_y \\ \boldsymbol{H}_2 = 0 \end{cases} \tag{7.5.13}$$

当均匀平面波垂直入射到理想导体表面时，入射介质中的电场和磁场分布如图 7.5.4 所示。此时 $|\Gamma|=1$，即导体表面发生全反射。入射介质中由入射波和反射波构成的电场波和磁场波都是驻波。特点是电场、磁场的幅度都随 z 按正余弦规律变化，周期为 0.5λ，电场波腹点的值为 $2|E_{\mathrm{im}}|$，波节点的值为 0。磁场波腹点的值为 $2|E_{\mathrm{im}}|/\eta_1$，波节点的值为 0。注意，电场波腹点正好对应磁场的波节点，而电场波节点正好对应磁场的波腹点，这个对应关系在行驻波状态下也是成立的。

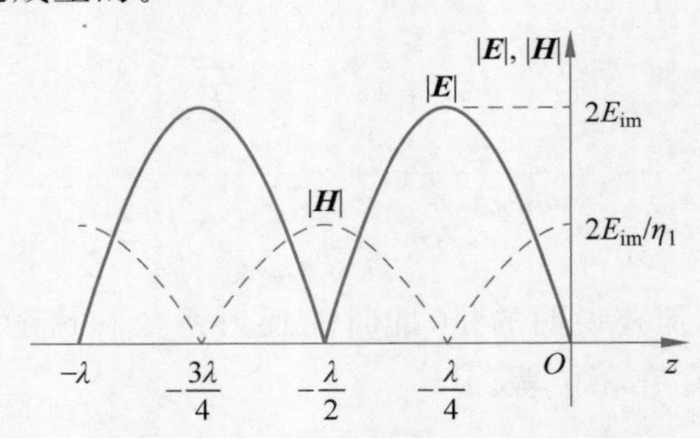

图 7.5.4　均匀平面波投射到理想导体表面时入射介质中的电场和磁场分布

7.5.3　对多层介质分界面的垂直入射

多层介质分界面是很多实际应用的模型。比如雷达天线罩、增透膜、多层复合材料以及利用自由空间法测量介电常数。这些应用需要分析电磁波的反射和透射特性。在这里，我们讨论具有三层介质的情形，其他多层介质情形可以利用类似的方法逐层等效分析。

假设有三层理想介质如图 7.5.5 所示，中间介质层的厚度为 d，而介质 1 和介质 2 的厚度为无穷大。介质 1 与介质 2 的交界面为界面 1；介质 2 与介质 3 的交界面为界面 2。三种介质的电磁参数依次为(μ_1,ε_1)、(μ_2,ε_2)和(μ_3,ε_3)。

假设介质 1 内的入射波和反射波分别为$(\boldsymbol{E}_{1\mathrm{i}},\boldsymbol{H}_{1\mathrm{i}})$和$(\boldsymbol{E}_{1\mathrm{r}},\boldsymbol{H}_{1\mathrm{r}})$；介质 2 内的入射波和反射波分别为$(\boldsymbol{E}_{2\mathrm{t}},\boldsymbol{H}_{2\mathrm{t}})$和$(\boldsymbol{E}_{2\mathrm{r}},\boldsymbol{H}_{2\mathrm{r}})$；介质 3 内只有入射波的场$(\boldsymbol{E}_{3\mathrm{t}},\boldsymbol{H}_{3\mathrm{t}})$。界面 1 的反射和透射系数为 Γ_1 和 τ_1；界面 2 的反射和透射系数为 Γ_2 和 τ_2。

在介质 1 中，

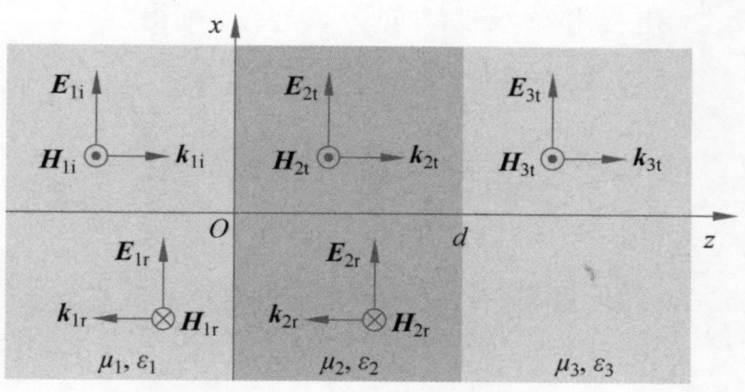

图 7.5.5 多层介质的反射与透射

$$\begin{cases}\boldsymbol{E}_{1\mathrm{i}}=\boldsymbol{e}_x E_{1\mathrm{im}}\mathrm{e}^{-\mathrm{j}\beta_1 z}\\ \boldsymbol{H}_{1\mathrm{i}}=\boldsymbol{e}_y\dfrac{E_{1\mathrm{im}}}{\eta_1}\mathrm{e}^{-\mathrm{j}\beta_1 z}\end{cases},\quad \begin{cases}\boldsymbol{E}_{1\mathrm{r}}=\boldsymbol{e}_x E_{1\mathrm{rm}}\mathrm{e}^{\mathrm{j}\beta_1 z}=\boldsymbol{e}_x\Gamma_1 E_{1\mathrm{im}}\mathrm{e}^{\mathrm{j}\beta_1 z}\\ \boldsymbol{H}_{1\mathrm{r}}=-\boldsymbol{e}_y\dfrac{E_{1\mathrm{rm}}}{\eta_1}\mathrm{e}^{\mathrm{j}\beta_1 z}=-\boldsymbol{e}_y\dfrac{\Gamma_1 E_{1\mathrm{im}}}{\eta_1}\mathrm{e}^{\mathrm{j}\beta_1 z}\end{cases}$$

故介质 1 内电场和磁场的表达式为

$$\begin{cases}\boldsymbol{E}_1=\boldsymbol{E}_{1\mathrm{i}}+\boldsymbol{E}_{1\mathrm{r}}=\boldsymbol{e}_x E_{1\mathrm{im}}(\mathrm{e}^{-\mathrm{j}\beta_1 z}+\Gamma_1\mathrm{e}^{\mathrm{j}\beta_1 z})\\ \boldsymbol{H}_1=\boldsymbol{H}_{1\mathrm{i}}+\boldsymbol{H}_{1\mathrm{r}}=\boldsymbol{e}_y\dfrac{E_{1\mathrm{im}}}{\eta_1}(\mathrm{e}^{-\mathrm{j}\beta_1 z}-\Gamma_1\mathrm{e}^{\mathrm{j}\beta_1 z})\end{cases}$$

在介质 2 中，电场和磁场的表达式为

$$\begin{cases}\boldsymbol{E}_2=\boldsymbol{E}_{2\mathrm{t}}+\boldsymbol{E}_{2\mathrm{r}}=\boldsymbol{e}_x E_{2\mathrm{tm}}[\mathrm{e}^{-\mathrm{j}\beta_2(z-d)}+\Gamma_2\mathrm{e}^{\mathrm{j}\beta_2(z-d)}]\\ \boldsymbol{H}_2=\boldsymbol{H}_{2\mathrm{t}}+\boldsymbol{H}_{2\mathrm{r}}=\boldsymbol{e}_y\dfrac{E_{2\mathrm{tm}}}{\eta_2}[\mathrm{e}^{-\mathrm{j}\beta_2(z-d)}-\Gamma_2\mathrm{e}^{\mathrm{j}\beta_2(z-d)}]\end{cases}$$

注意，传播表达式中 $\mathrm{e}^{-\mathrm{j}\beta_2(z-d)}$ 表示所选参考面为界面 2，即 $z=d$ 处。由于 $E_{2\mathrm{tm}}=\tau_1 E_{1\mathrm{im}}$，于是得到

$$\begin{cases}\boldsymbol{E}_2=\boldsymbol{e}_x\tau_1 E_{1\mathrm{im}}[\mathrm{e}^{-\mathrm{j}\beta_2(z-d)}+\Gamma_2\mathrm{e}^{\mathrm{j}\beta_2(z-d)}]\\ \boldsymbol{H}_2=\boldsymbol{e}_y\dfrac{\tau_1 E_{1\mathrm{im}}}{\eta_2}[\mathrm{e}^{-\mathrm{j}\beta_2(z-d)}-\Gamma_2\mathrm{e}^{\mathrm{j}\beta_2(z-d)}]\end{cases}$$

在介质 3 中，电场和磁场的表达式为

$$\begin{cases}\boldsymbol{E}_3=\boldsymbol{E}_{3\mathrm{t}}=\boldsymbol{e}_x E_{3\mathrm{tm}}\mathrm{e}^{-\mathrm{j}\beta_3(z-d)}\\ \boldsymbol{H}_3=\boldsymbol{H}_{3\mathrm{t}}=\boldsymbol{e}_y\dfrac{E_{3\mathrm{tm}}}{\eta_3}\mathrm{e}^{\mathrm{j}\beta_3(z-d)}\end{cases}$$

同样，传播表达式中 $\mathrm{e}^{-\mathrm{j}\beta_3(z-d)}$ 表示所选参考面为界面 2。由于 $E_{3\mathrm{tm}}=\tau_2 E_{2\mathrm{tm}}=\tau_2\tau_1 E_{1\mathrm{im}}$，于是得到

$$\begin{cases}\boldsymbol{E}_3=\boldsymbol{e}_x\tau_2\tau_1 E_{1\mathrm{im}}\mathrm{e}^{-\mathrm{j}\beta_3(z-d)}\\ \boldsymbol{H}_3=\boldsymbol{e}_y\dfrac{\tau_2\tau_1 E_{1\mathrm{im}}}{\eta_3}\mathrm{e}^{\mathrm{j}\beta_3(z-d)}\end{cases}$$

目前，有四个未知量 Γ_1、τ_1、Γ_2 和 τ_2。要求解这四个未知量，需要在界面 1 和界面 2 运用电场和磁场的边界条件。

在界面 2,即 $z=d$ 处,电场和磁场的切向分量连续,可得

$$\begin{cases}1+\Gamma_2=\tau_2\\ \dfrac{1}{\eta_2}(1-\Gamma_2)=\dfrac{\tau_2}{\eta_3}\end{cases}$$

即可得到

$$\begin{cases}\Gamma_2=\dfrac{\eta_3-\eta_2}{\eta_3+\eta_2}\\ \tau_2=\dfrac{2\eta_3}{\eta_3+\eta_2}\end{cases}$$

在界面 1,即 $z=0$ 处,电场和磁场的切向分量连续,可得

$$\begin{cases}1+\Gamma_1=\tau_1(\mathrm{e}^{\mathrm{j}\beta_2 d}+\Gamma_2\mathrm{e}^{-\mathrm{j}\beta_2 d})\\ \dfrac{1}{\eta_1}(1-\Gamma_1)=\dfrac{\tau_1}{\eta_2}(\mathrm{e}^{\mathrm{j}\beta_2 d}-\Gamma_2\mathrm{e}^{-\mathrm{j}\beta_2 d})\end{cases}$$

于是又得到

$$\begin{cases}\Gamma_1=\dfrac{\eta_{\mathrm{eff}}-\eta_1}{\eta_{\mathrm{eff}}+\eta_1}\\ \tau_1=\dfrac{1+\Gamma_1}{\mathrm{e}^{\mathrm{j}\beta_2 d}+\Gamma_2\mathrm{e}^{-\mathrm{j}\beta_2 d}}\end{cases}$$

其中,

$$\eta_{\mathrm{eff}}=\eta_2\frac{\mathrm{e}^{\mathrm{j}\beta_2 d}+\Gamma_2\mathrm{e}^{-\mathrm{j}\beta_2 d}}{\mathrm{e}^{\mathrm{j}\beta_2 d}-\Gamma_2\mathrm{e}^{-\mathrm{j}\beta_2 d}} \tag{7.5.14}$$

η_{eff} 为第二层和第三层介质作为一整体介质的等效特性阻抗。假设存在更多介质层,则可以将介质逐层等效分析。将 $\Gamma_2=\dfrac{\eta_3-\eta_2}{\eta_3+\eta_2}$ 代入式(7.5.14),可得

$$\eta_{\mathrm{eff}}=\eta_2\frac{\eta_3+\mathrm{j}\eta_2\tan(\beta_2 d)}{\mathrm{j}\eta_3\tan(\beta_2 d)+\eta_2} \tag{7.5.15}$$

例 7.5.1 增透膜原理(或匹配层原理)。某一介质的波阻抗为 η_3,电磁波从波阻抗为 η_1 的另一介质入射。现在要消除界面反射,需要在两介质中插入波阻抗为 η_2 的介质。请问:该介质的厚度为多少?η_2 应当满足什么条件?

解:根据多层介质分界面的公式,要求

$$\Gamma_1=\frac{\eta_{\mathrm{eff}}-\eta_1}{\eta_{\mathrm{eff}}+\eta_1}=0$$

从而 $\eta_{\mathrm{eff}}-\eta_1=0$,也就是

$$\eta_{\mathrm{eff}}=\eta_2\frac{\eta_3+\mathrm{j}\eta_2\tan(\beta_2 d)}{\mathrm{j}\eta_3\tan(\beta_2 d)+\eta_2}=\eta_1$$

故

$$\eta_2\eta_3+\mathrm{j}\eta_2^2\tan(\beta_2 d)=\mathrm{j}\eta_1\eta_3\tan(\beta_2 d)+\eta_1\eta_2$$

即

$$\frac{\eta_2\eta_3}{\mathrm{j}\tan(\beta_2 d)}+\eta_2^2=\eta_1\eta_3+\frac{\eta_1\eta_2}{\mathrm{j}\tan(\beta_2 d)}$$

要该式成立，只能要求 $\tan(\beta_2 d)=\infty$，使得两边的虚部都为 0，实部相等。由此得到匹配条件为

$$\begin{cases}\tan(\beta_2 d)=\infty\\ \eta_2^2=\eta_1\eta_3\end{cases}\quad 或 \quad \begin{cases}d=\dfrac{\lambda_2}{4}\\ \eta_2=\sqrt{\eta_1\eta_3}\end{cases}$$

例 7.5.2 半波长介质窗口。雷达天线在工作过程中可能遇到各种恶劣天气。为保护雷达天线，需要在天线外围安装介质罩，即雷达天线罩，如图 7.5.6 所示。请问：雷达天线罩的波阻抗 η_2 和厚度应当满足什么条件？

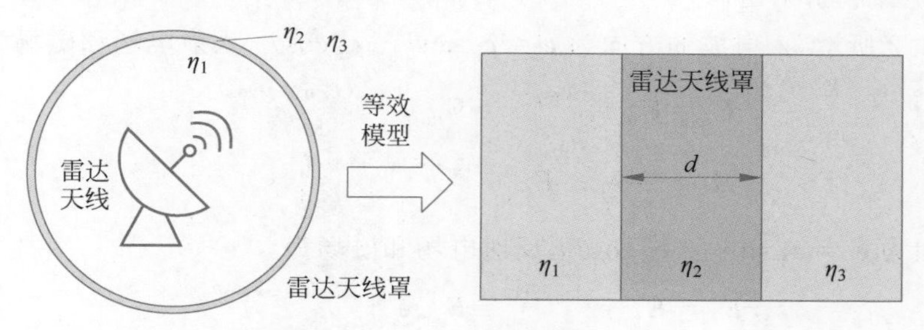

图 7.5.6 雷达天线罩与透射窗口

解：由于雷达天线和外部空间都是空气，因此 $\eta_1=\eta_3$。根据

$$\eta_2\eta_3+\mathrm{j}\eta_2^2\tan(\beta_2 d)=\mathrm{j}\eta_1\eta_3\tan(\beta_2 d)+\eta_1\eta_2$$

可得

$$\eta_2^2\tan(\beta_2 d)=\eta_1^2\tan(\beta_2 d)$$

当 $\eta_2=\eta_1$ 或者 $\tan(\beta_2 d)=0$ 时，上式成立。但是 $\eta_2=\eta_1$ 没有工程意义，因为这表示介质 2 与介质 1 和介质 3 是同一种介质。因此只有 $\tan(\beta_2 d)=0$，即

$$d=\frac{\lambda_2}{2}$$

这就是半波长介质窗口的工作原理。

7.6 均匀平面波对分界面的斜入射

在大多数情形下，电磁波会以任意角度入射到不同介质的分界面。那么就需要讨论不同角度入射时的反射和透射特性。如图 7.6.1 所示，将入射平面定义为入射波矢量与分界面法线构成的平面；入射角为入射波的传播方向与法线的夹角 θ_i；反射角为反射波的传播方向与法线的夹角 θ_r；透射角为透射波的传播方向与法线的夹角 θ_t。由于电场矢量不一定在入射平面内，因此分析起来比较复杂，需要将电场分解为垂直于入射平面和平行于入射平面的两个分量。与此同时，定义垂直极化波为入射波的电场矢量垂直于入射平面的电磁波；平行极化波为入射波的电场矢量平行于入射平面的电磁波。

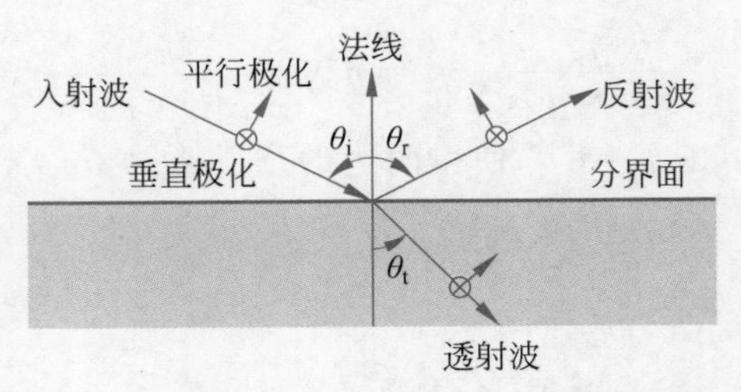

图 7.6.1　均匀平面波对分界面的斜入射

视频 33

7.6.1　对理想介质分界面的斜入射

1. 反射定律和折射定律

如图 7.6.2 所示，入射波的方向为 $\boldsymbol{e}_i=\boldsymbol{e}_x\sin\theta_i-\boldsymbol{e}_z\cos\theta_i$，入射电场和磁场为

$$\boldsymbol{E}_i=\boldsymbol{E}_{im}e^{-jk_1\boldsymbol{e}_i\cdot\boldsymbol{r}}=\boldsymbol{E}_{im}e^{-jk_1(x\sin\theta_i-z\cos\theta_i)}$$

$$\boldsymbol{H}_i=\frac{1}{\eta_1}\boldsymbol{e}_i\times\boldsymbol{E}_{im}e^{-jk_1(x\sin\theta_i-z\cos\theta_i)}$$

反射波的方向为 $\boldsymbol{e}_r=\boldsymbol{e}_x\sin\theta_r+\boldsymbol{e}_z\cos\theta_r$，反射电场和磁场为

$$\boldsymbol{E}_r=\boldsymbol{E}_{rm}e^{-jk_1\boldsymbol{e}_r\cdot\boldsymbol{r}}=\boldsymbol{E}_{rm}e^{-jk_1(x\sin\theta_r+z\cos\theta_r)}$$

$$\boldsymbol{H}_r=\frac{1}{\eta_1}\boldsymbol{e}_r\times\boldsymbol{E}_{rm}e^{-jk_1(x\sin\theta_r+z\cos\theta_r)}$$

透射波的方向为 $\boldsymbol{e}_t=\boldsymbol{e}_x\sin\theta_t-\boldsymbol{e}_z\cos\theta_t$，透射电场和磁场为

$$\boldsymbol{E}_t=\boldsymbol{E}_{tm}e^{-jk_2\boldsymbol{e}_t\cdot\boldsymbol{r}}=\boldsymbol{E}_{tm}e^{-jk_2(x\sin\theta_t-z\cos\theta_t)}$$

$$\boldsymbol{H}_t=\frac{1}{\eta_2}\boldsymbol{e}_t\times\boldsymbol{E}_{tm}e^{-jk_2(x\sin\theta_t-z\cos\theta_t)}$$

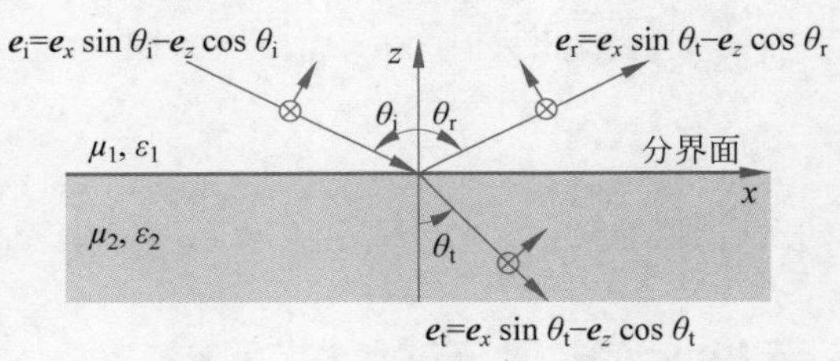

图 7.6.2　反射定律和折射定律

在 $z=0$ 处，

$$\boldsymbol{E}_i=\boldsymbol{E}_{im}e^{-jk_1x\sin\theta_i},\quad \boldsymbol{E}_r=\boldsymbol{E}_{rm}e^{-jk_1x\sin\theta_r},\quad \boldsymbol{E}_t=\boldsymbol{E}_{tm}e^{-jk_2x\sin\theta_t}$$

切向电场为连续，即

$$\boldsymbol{e}_z\times\boldsymbol{E}_{im}e^{-jk_1x\sin\theta_i}+\boldsymbol{e}_z\times\boldsymbol{E}_{rm}e^{-jk_1x\sin\theta_r}=\boldsymbol{e}_z\times\boldsymbol{E}_{tm}e^{-jk_2x\sin\theta_t}$$

要保证该式对所有的 x 都成立，必须满足

$$k_1\sin\theta_i=k_1\sin\theta_r=k_2\sin\theta_t \tag{7.6.1}$$

于是得到反射定律，即反射角等于入射角：$\theta_i=\theta_r$；以及折射定律，即

$$\frac{\sin\theta_\mathrm{i}}{\sin\theta_\mathrm{t}}=\frac{k_2}{k_1}=\frac{\sqrt{\varepsilon_2\mu_2}}{\sqrt{\varepsilon_1\mu_1}} \tag{7.6.2}$$

2. 垂直极化波

如图 7.6.3 所示，当入射电磁波为垂直极化波时，可假设电场的方向垂直纸面向里。在反射面 $z=0$ 上满足反射定律，且切向电场连续，即

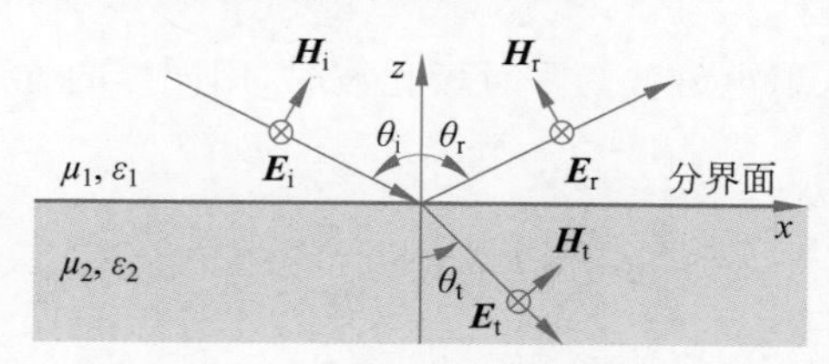

图 7.6.3 垂直极化波的反射和透射

$$\boldsymbol{E}_\mathrm{i}+\boldsymbol{E}_\mathrm{r}=\boldsymbol{E}_\mathrm{t}$$

也就是

$$E_\mathrm{im}+E_\mathrm{rm}=E_\mathrm{tm}$$

因此有

$$E_\mathrm{im}+\Gamma_\perp E_\mathrm{im}=\tau_\perp E_\mathrm{im} \quad 或 \quad 1+\Gamma_\perp=\tau_\perp$$

其中，$\Gamma_\perp$ 和 $\tau_\perp$ 分别为垂直极化波的反射系数和透射系数。

同时还需要满足切向磁场连续，即

$$H_\mathrm{im}\cos\theta_\mathrm{i}-H_\mathrm{rm}\cos\theta_\mathrm{i}=H_\mathrm{tm}\cos\theta_\mathrm{t}$$

也就是

$$\frac{E_\mathrm{im}}{\eta_1}\cos\theta_\mathrm{i}-\frac{E_\mathrm{rm}}{\eta_1}\cos\theta_\mathrm{i}=\frac{E_\mathrm{tm}}{\eta_2}\cos\theta_\mathrm{t}$$

或

$$\frac{E_\mathrm{im}}{\eta_1}\cos\theta_\mathrm{i}-\frac{\Gamma_\perp E_\mathrm{im}}{\eta_1}\cos\theta_\mathrm{i}=\frac{\tau_\perp E_\mathrm{im}}{\eta_2}\cos\theta_\mathrm{t}$$

由此得到

$$\frac{1}{\eta_1}(1-\Gamma_\perp)\cos\theta_\mathrm{i}=\frac{\tau_\perp}{\eta_2}\cos\theta_\mathrm{t}$$

解得

$$\Gamma_\perp=\frac{\eta_2\cos\theta_\mathrm{i}-\eta_1\cos\theta_t}{\eta_2\cos\theta_\mathrm{i}+\eta_1\cos\theta_\mathrm{t}}$$

$$\tau_\perp=\frac{2\eta_2\cos\theta_\mathrm{i}}{\eta_2\cos\theta_i+\eta_1\cos\theta_\mathrm{t}}$$

考虑到

$$\frac{\eta_1}{\eta_2}=\frac{\sqrt{\varepsilon_2}}{\sqrt{\varepsilon_1}}, \quad \sin\theta_\mathrm{t}=\frac{\sqrt{\varepsilon_1}}{\sqrt{\varepsilon_2}}\sin\theta_\mathrm{i}$$

也可得到

$$\Gamma_{\perp}=\frac{\cos\theta_{\mathrm{i}}-\sqrt{\varepsilon_2/\varepsilon_1-\sin^2\theta_{\mathrm{i}}}}{\cos\theta_{\mathrm{i}}+\sqrt{\varepsilon_2/\varepsilon_1-\sin^2\theta_{\mathrm{i}}}} \tag{7.6.3}$$

$$\tau_{\perp}=\frac{2\cos\theta_i}{\cos\theta_i+\sqrt{\varepsilon_2/\varepsilon_1-\sin^2\theta_{\mathrm{i}}}} \tag{7.6.4}$$

3. 平行极化波

如图 7.6.4 所示，当入射电磁波为平行极化波时，用同样的方法可以得到

$$(1-\Gamma_{\parallel})\cos\theta_{\mathrm{i}}=\tau_{\parallel}\cos\theta_{\mathrm{t}}$$

$$\frac{1}{\eta_1}(1+\Gamma_{\parallel})=\frac{\tau_{\parallel}}{\eta_2}$$

解得

$$\Gamma_{\parallel}=\frac{\eta_1\cos\theta_{\mathrm{i}}-\eta_2\cos\theta_{\mathrm{t}}}{\eta_1\cos\theta_{\mathrm{i}}+\eta_2\cos\theta_{\mathrm{t}}}$$

$$\tau_{\parallel}=\frac{2\eta_2\cos\theta_{\mathrm{i}}}{\eta_1\cos\theta_{\mathrm{i}}+\eta_2\cos\theta_{\mathrm{t}}}$$

或者

$$\Gamma_{\parallel}=\frac{(\varepsilon_2/\varepsilon_1)\cos\theta_{\mathrm{i}}-\sqrt{\varepsilon_2/\varepsilon_1-\sin^2\theta_{\mathrm{i}}}}{(\varepsilon_2/\varepsilon_1)\cos\theta_{\mathrm{i}}+\sqrt{\varepsilon_2/\varepsilon_1-\sin^2\theta_{\mathrm{i}}}} \tag{7.6.5}$$

$$\tau_{\parallel}=\frac{2(\varepsilon_2/\varepsilon_1)\cos\theta_{\mathrm{i}}}{(\varepsilon_2/\varepsilon_1)\cos\theta_{\mathrm{i}}+\sqrt{\varepsilon_2/\varepsilon_1-\sin^2\theta_{\mathrm{i}}}} \tag{7.6.6}$$

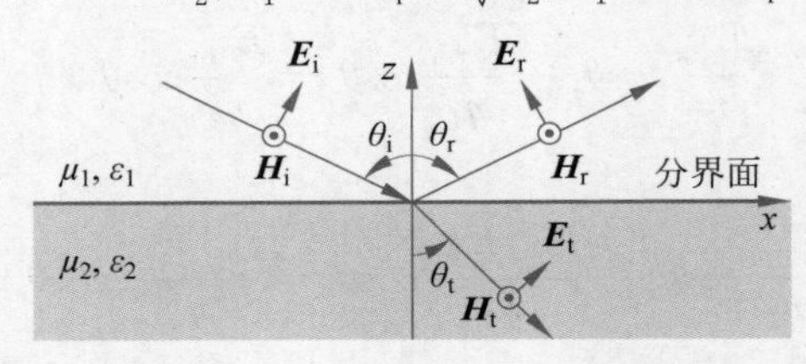

图 7.6.4 平行极化波的反射和透射

4. 全反射

当均匀平面波从介电常数较大的介质入射到介电常数较小的介质时，有可能会发生全反射(total reflection)现象。即当 $\varepsilon_1>\varepsilon_2$ 时，有可能 $\sin\theta_{\mathrm{t}}=1$，考虑一般介质磁导率 $\mu_1\approx\mu_2\approx\mu_0$，由式(7.6.2)可知

$$\sin\theta_{\mathrm{i}}=\frac{\sqrt{\varepsilon_2}}{\sqrt{\varepsilon_1}} \tag{7.6.7}$$

那么就有

$$\Gamma_{\parallel}=\frac{\eta_1\cos\theta_{\mathrm{i}}-\eta_2\cos\theta_{\mathrm{t}}}{\eta_1\cos\theta_{\mathrm{i}}+\eta_2\cos\theta_{\mathrm{t}}}=1$$

$$\Gamma_{\perp}=\frac{\eta_2\cos\theta_{\mathrm{i}}-\eta_1\cos\theta_{\mathrm{t}}}{\eta_2\cos\theta_{\mathrm{i}}+\eta_1\cos\theta_{\mathrm{t}}}=1$$

刚好发生全反射的角(即 $\theta_t=90°$的入射角)称为临界角(**critical angle**),记为 θ_c

$$\theta_c=\arcsin\frac{\sqrt{\varepsilon_2}}{\sqrt{\varepsilon_1}} \tag{7.6.8}$$

当 $\theta_i>\theta_c$ 时,利用反射定律可以得到

$$\Gamma_{\parallel}=\frac{\eta_1\cos\theta_i+j\eta_2\sqrt{\frac{\varepsilon_1}{\varepsilon_2}\sin^2\theta_i-1}}{\eta_1\cos\theta_i-j\eta_2\sqrt{\frac{\varepsilon_1}{\varepsilon_2}\sin^2\theta_i-1}}=|\Gamma_{\parallel}|e^{j\phi_{\parallel}}$$

$$\Gamma_{\perp}=\frac{\eta_2\cos\theta_i+j\eta_1\sqrt{\frac{\varepsilon_1}{\varepsilon_2}\sin^2\theta_i-1}}{\eta_2\cos\theta_i-j\eta_1\sqrt{\frac{\varepsilon_1}{\varepsilon_2}\sin^2\theta_i-1}}=|\Gamma_{\perp}|e^{j\phi_{\perp}}$$

说明反射系数的幅值为1,同样会发生全反射,只是此时会引入不同的相位差。注意:平行极化波和垂直极化波都可能产生全反射。

例 7.6.1 如图 7.6.5 所示,石英系光纤中纤芯是由高纯度二氧化硅 SiO_2 和少量掺杂剂(如五氧化二磷和二氧化锗)构成,掺杂用来提高纤芯的折射率 n_1,纤芯的直径(d)一般为 2～50μm。包层的主要成分也是高纯度二氧化硅和少量掺杂氟或硼,掺杂用来降低包层折射率 n_2。因此,$n_1>n_2$。光纤的工作原理就是全反射。请根据全反射条件求入射角 θ_i 的最大值。

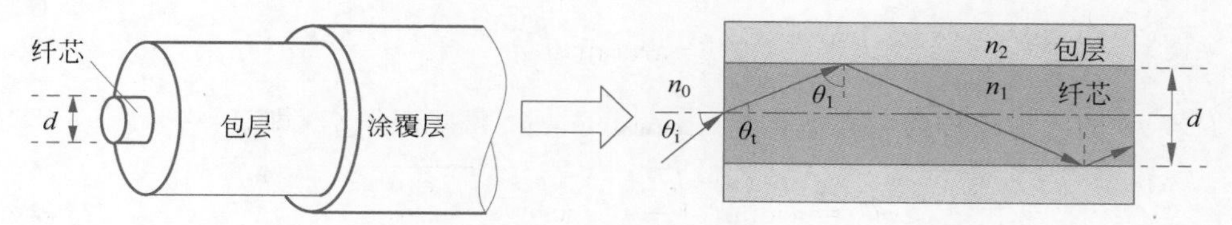

图 7.6.5　光纤结构及光纤的全反射

解:要发生全反射,必须满足 $\theta_1>\theta_c$。由于 $\theta_t=90°-\theta_1$,因此需要满足

$$\theta_t<90°-\theta_c$$

根据折射定律,有

$$\sin\theta_i=\frac{n_1}{n_0}\sin\theta_t<\frac{n_1}{n_0}\sin(90°-\theta_c)$$

即

$$\sin\theta_i<\frac{n_1}{n_0}\cos\theta_c=\frac{n_1}{n_0}\sqrt{1-\sin^2\theta_c}=\frac{n_1}{n_0}\sqrt{1-\left(\frac{n_2}{n_1}\right)^2}=\frac{\sqrt{n_1^2-n_2^2}}{n_0}$$

一般情况下,$n_0=1$,于是有 $\sin\theta_i<\sqrt{n_1^2-n_2^2}$,即得到

$$\theta_i<\arcsin\sqrt{n_1^2-n_2^2}$$

对于光纤来说,θ_i 的最大值越大,光纤的耦合能力越强。比如当 $n_1=1.4258$、$n_2=1.4205$ 时,θ_i 的最大值为 7.05°,而 $2\theta_i$ 的最大值为 14.10°。这在工程上是足够大的耦合角度。

5. 全透射

如图 7.6.6 所示，当平面波从介质 1 入射到介质 2 中时，如果反射系数为 0，就会发生全透射（**total transmission**）现象。只有平行极化波才产生全透射现象，且介质为非磁性介质时才可能发生。

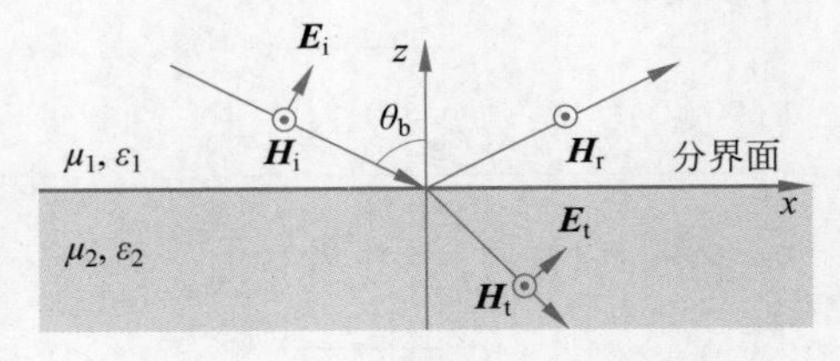

图 7.6.6 平行极化波的全透射

令

$$\Gamma_{\parallel}=\frac{(\varepsilon_2/\varepsilon_1)\cos\theta_i-\sqrt{\varepsilon_2/\varepsilon_1-\sin^2\theta_i}}{(\varepsilon_2/\varepsilon_1)\cos\theta_i+\sqrt{\varepsilon_2/\varepsilon_1-\sin^2\theta_i}}=0$$

即

$$(\varepsilon_2/\varepsilon_1)\cos\theta_i-\sqrt{\varepsilon_2/\varepsilon_1-\sin^2\theta_i}=0$$

两边平方，并利用 $\cos^2\theta_i=1-\sin^2\theta_i$，得到

$$(\varepsilon_2/\varepsilon_1)^2(1-\sin^2\theta_i)=\varepsilon_2/\varepsilon_1-\sin^2\theta_i$$

于是得到全透射角为

$$\theta_i=\arctan\sqrt{\frac{\varepsilon_2}{\varepsilon_1}} \tag{7.6.9}$$

使得 $\Gamma_{\parallel}=0$ 的入射角称为布鲁斯特角（**Brewster angle**），并记作 θ_b，即

$$\theta_b=\arctan\sqrt{\frac{\varepsilon_2}{\varepsilon_1}}=\arcsin\sqrt{\frac{\varepsilon_2}{\varepsilon_1+\varepsilon_2}} \tag{7.6.10}$$

临界角与布鲁斯特角的比较如图 7.6.7 所示。

布鲁斯特角的一个典型应用是布鲁斯特角显微镜，它是一种研究液体表面薄膜的显微

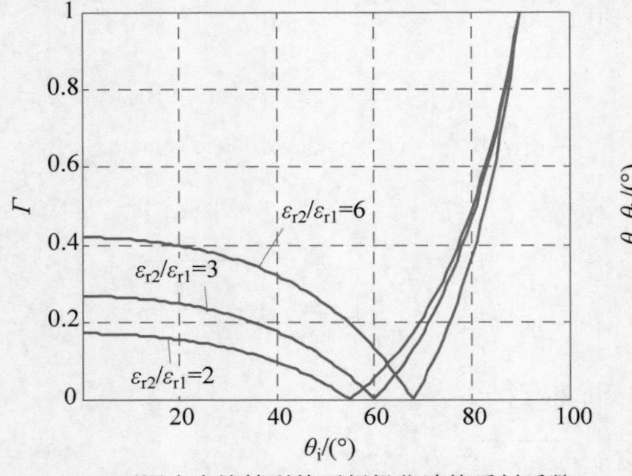

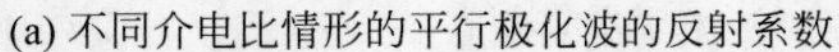

(a) 不同介电比情形的平行极化波的反射系数

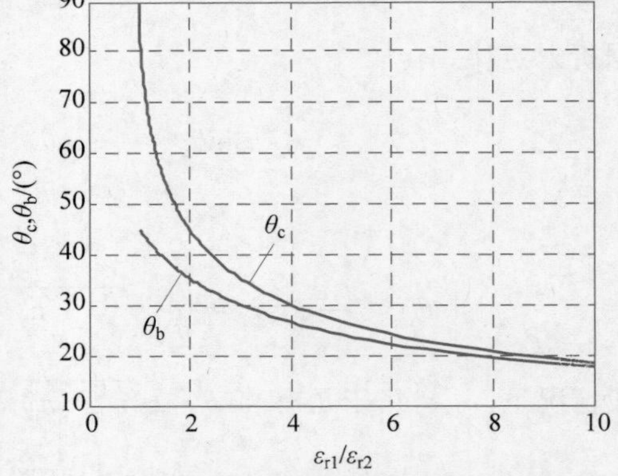

(b) 不同介电比情形的临界角与布鲁斯特角

图 7.6.7 临界角与布鲁斯特角的比较

技术。在布鲁斯特角显微镜中，显微镜和偏振光源都指向液面，两者与法向的夹角为布鲁斯特角，显微镜可以捕获从液面的反射光线。由于在布鲁斯特角时，平行极化光在液面没有反射，而当液面上存在表面膜时，反射光才能被显微镜捕捉。可以利用这一现象测量油膜的厚度。布鲁斯特角显微镜的灵敏度非常高，即使对纳米级别的单分子油膜也能清晰观测并获得强对比图像。

7.6.2 对理想导体分界面的斜入射

如图 7.6.8 所示，均匀平面波斜入射到理想导体表面。对于理想导体，其波阻抗为 0，因此对于垂直极化波，有

$$\Gamma_{\perp}=-1, \quad \tau_{\perp}=0$$

入射场为

$$\boldsymbol{E}_{\mathrm{i}}=\boldsymbol{e}_{y} E_{\mathrm{im}} \mathrm{e}^{-\mathrm{j} k_{1}\left(x \sin \theta_{\mathrm{i}}-z \cos \theta_{\mathrm{i}}\right)}$$

$$\boldsymbol{H}_{\mathrm{i}}=\left(\boldsymbol{e}_{x} \cos \theta_{\mathrm{i}}+\boldsymbol{e}_{z} \sin \theta_{\mathrm{i}}\right) \frac{E_{\mathrm{im}}}{\eta_{1}} \mathrm{e}^{-\mathrm{j} k_{1}\left(x \sin \theta_{\mathrm{i}}-z \cos \theta_{\mathrm{i}}\right)}$$

反射场为

$$\boldsymbol{E}_{\mathrm{r}}=-\boldsymbol{e}_{y} E_{\mathrm{im}} \mathrm{e}^{-\mathrm{j} k_{1}\left(x \sin \theta_{\mathrm{i}}+z \cos \theta_{\mathrm{i}}\right)}$$

$$\boldsymbol{H}_{\mathrm{r}}=\left(\boldsymbol{e}_{x} \cos \theta_{\mathrm{i}}-\boldsymbol{e}_{z} \sin \theta_{\mathrm{i}}\right) \frac{E_{\mathrm{im}}}{\eta_{1}} \mathrm{e}^{-\mathrm{j} k_{1}\left(x \sin \theta_{\mathrm{i}}+z \cos \theta_{\mathrm{i}}\right)}$$

介质 1 中的合成波为

$$\begin{aligned}\boldsymbol{E}_{1}=\boldsymbol{E}_{\mathrm{i}}+\boldsymbol{E}_{\mathrm{r}}&=\boldsymbol{e}_{y} E_{\mathrm{im}} \mathrm{e}^{-\mathrm{j} k_{1}\left(x \sin \theta_{\mathrm{i}}-z \cos \theta_{\mathrm{i}}\right)}-\boldsymbol{e}_{y} E_{\mathrm{im}} \mathrm{e}^{-\mathrm{j} k_{1}\left(x \sin \theta_{\mathrm{i}}+z \cos \theta_{\mathrm{i}}\right)} \\ &=\boldsymbol{e}_{y} \mathrm{j} 2 E_{\mathrm{im}} \sin \left(k_{1} z \cos \theta_{\mathrm{i}}\right) \mathrm{e}^{-\mathrm{j} k_{1} x \sin \theta_{\mathrm{i}}}\end{aligned}$$

$$\begin{aligned}\boldsymbol{H}_{1}=\boldsymbol{H}_{\mathrm{i}}+\boldsymbol{H}_{\mathrm{r}}=&\left(\boldsymbol{e}_{x} \cos \theta_{\mathrm{i}}+\boldsymbol{e}_{z} \sin \theta_{\mathrm{i}}\right) \frac{E_{\mathrm{im}}}{\eta_{1}} \mathrm{e}^{-\mathrm{j} k_{1}\left(x \sin \theta_{\mathrm{i}}-z \cos \theta_{\mathrm{i}}\right)}+\left(\boldsymbol{e}_{x} \cos \theta_{\mathrm{i}}-\boldsymbol{e}_{z} \sin \theta_{\mathrm{i}}\right) \frac{E_{\mathrm{im}}}{\eta_{1}} \\ &\mathrm{e}^{-\mathrm{j} k_{1}\left(x \sin \theta_{\mathrm{i}}+z \cos \theta_{\mathrm{i}}\right)}=\left[\boldsymbol{e}_{x} \cos \left(k_{1} z \cos \theta_{\mathrm{i}}\right) \cos \theta_{\mathrm{i}}+\boldsymbol{e}_{z} \mathrm{j} \sin \left(k_{1} z \cos \theta_{\mathrm{i}}\right) \sin \theta_{\mathrm{i}}\right] \frac{2 E_{\mathrm{im}}}{\eta_{1}} \mathrm{e}^{-\mathrm{j} k_{1} x \sin \theta_{\mathrm{i}}}\end{aligned}$$

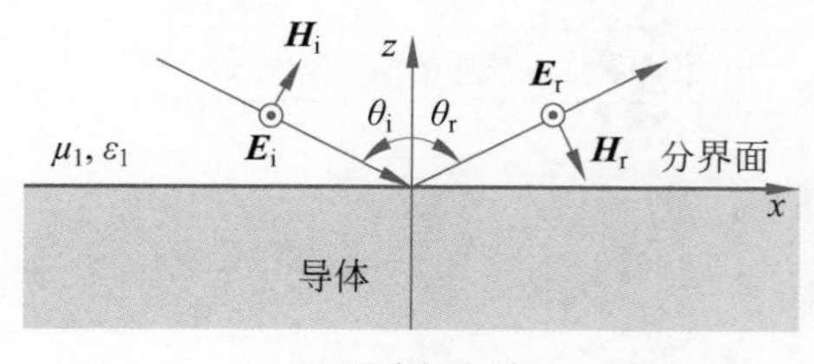

(a) 垂直极化波

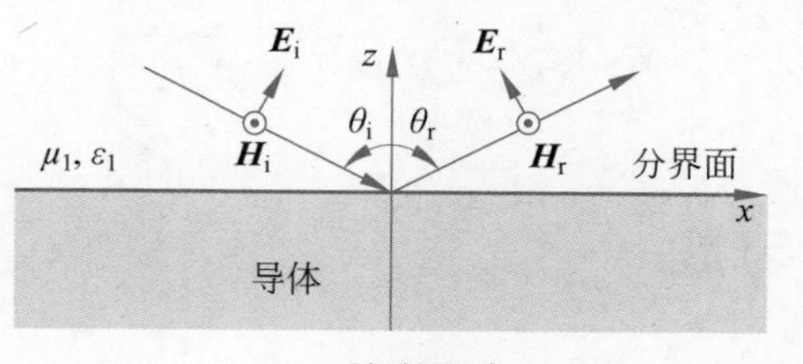

(b) 平行极化波

图 7.6.8 理想导体分界面的斜入射

对于平行极化波，有

$$\Gamma_{\parallel}=1, \quad \tau_{\parallel}=0$$

入射场为

$$\boldsymbol{E}_{\mathrm{i}}=\left(\boldsymbol{e}_{x} \cos \theta_{\mathrm{i}}+\boldsymbol{e}_{z} \sin \theta_{\mathrm{i}}\right) E_{\mathrm{im}} \mathrm{e}^{-\mathrm{j} k_{1}\left(x \sin \theta_{\mathrm{i}}-z \cos \theta_{\mathrm{i}}\right)}$$

$$\boldsymbol{H}_{\mathrm{i}}=-\boldsymbol{e}_y\frac{E_{\mathrm{im}}}{\eta_1}\mathrm{e}^{-\mathrm{j}k_1(x\sin\theta_{\mathrm{i}}-z\cos\theta_{\mathrm{i}})}$$

反射场为

$$\boldsymbol{E}_{\mathrm{r}}=(-\boldsymbol{e}_x\cos\theta_{\mathrm{i}}+\boldsymbol{e}_z\sin\theta_{\mathrm{i}})E_{\mathrm{im}}\mathrm{e}^{-\mathrm{j}k_1(x\sin\theta_{\mathrm{i}}+z\cos\theta_{\mathrm{i}})}$$

$$\boldsymbol{H}_{\mathrm{r}}=-\boldsymbol{e}_y\frac{E_{\mathrm{im}}}{\eta_1}\mathrm{e}^{-\mathrm{j}k_1(x\sin\theta_{\mathrm{i}}+z\cos\theta_{\mathrm{i}})}$$

介质1中的合成波为

$$\begin{aligned}\boldsymbol{E}_1=\boldsymbol{E}_{\mathrm{i}}+\boldsymbol{E}_{\mathrm{r}}&=(\boldsymbol{e}_x\cos\theta_{\mathrm{i}}+\boldsymbol{e}_z\sin\theta_{\mathrm{i}})E_{\mathrm{im}}\mathrm{e}^{-\mathrm{j}k_1(x\sin\theta_{\mathrm{i}}-z\cos\theta_{\mathrm{i}})}+(-\boldsymbol{e}_x\cos\theta_{\mathrm{i}}+\boldsymbol{e}_z\sin\theta_{\mathrm{i}})E_{\mathrm{im}}\mathrm{e}^{-\mathrm{j}k_1(x\sin\theta_{\mathrm{i}}+z\cos\theta_{\mathrm{i}})}\\&=[\boldsymbol{e}_x\mathrm{j}\sin(k_1z\cos\theta_{\mathrm{i}})\cos\theta_{\mathrm{i}}+\boldsymbol{e}_z\cos(k_1z\cos\theta_{\mathrm{i}})\sin\theta_{\mathrm{i}}]2E_{\mathrm{im}}\mathrm{e}^{-\mathrm{j}k_1x\sin\theta_{\mathrm{i}}}\end{aligned}$$

$$\begin{aligned}\boldsymbol{H}_1=\boldsymbol{H}_{\mathrm{i}}+\boldsymbol{H}_{\mathrm{r}}&=-\boldsymbol{e}_y\frac{E_{\mathrm{im}}}{\eta_1}\mathrm{e}^{-\mathrm{j}k_1(x\sin\theta_{\mathrm{i}}-z\cos\theta_{\mathrm{i}})}-\boldsymbol{e}_y\frac{E_{\mathrm{im}}}{\eta_1}\mathrm{e}^{-\mathrm{j}k_1(x\sin\theta_{\mathrm{i}}+z\cos\theta_{\mathrm{i}})}\\&=-\boldsymbol{e}_y\cos(k_1z\cos\theta_{\mathrm{i}})\frac{2E_{\mathrm{im}}}{\eta_1}\mathrm{e}^{-\mathrm{j}k_1(x\sin\theta_{\mathrm{i}}-z\cos\theta_{\mathrm{i}})}\end{aligned}$$

本章知识结构

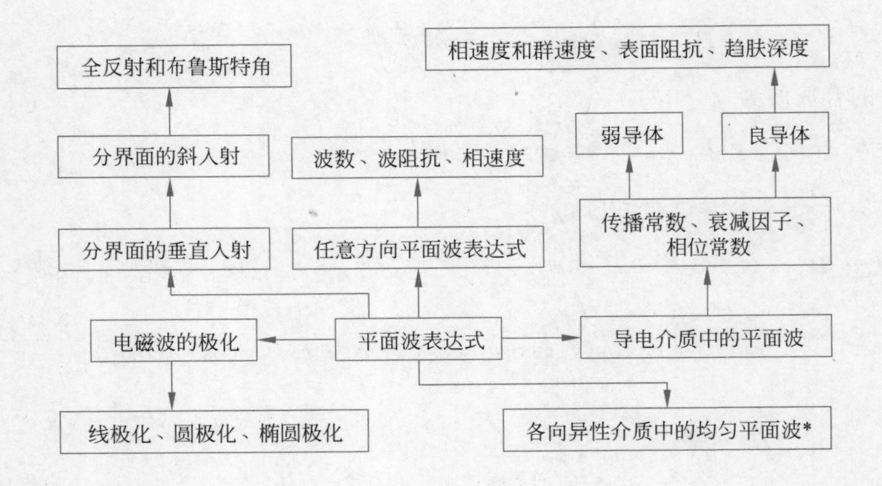

习题

7.1　已知自由空间一电场，求对应的磁场强度、瞬时坡印廷矢量和平均坡印廷矢量。

(1) $\boldsymbol{E}(z,t)=\boldsymbol{e}_yE_{y\mathrm{m}}\sin(\omega t-kz)$

(2) $\boldsymbol{E}(z,t)=\boldsymbol{e}_xE_{x\mathrm{m}}\cos\left(\omega t-kz+\dfrac{\pi}{4}\right)+\boldsymbol{e}_yE_{y\mathrm{m}}\sin\left(\omega t-kz-\dfrac{\pi}{4}\right)$

7.2　已知自由空间一磁场，求对应的电场强度、瞬时坡印廷矢量和平均坡印廷矢量。

(1) $\boldsymbol{H}(z,t)=\boldsymbol{e}_xH_0\cos(\omega t-kz)+\boldsymbol{e}_yH_0\cos(\omega t-kz)$

(2) $\boldsymbol{H}(z,t)=\boldsymbol{e}_xH_0\cos(\omega t-kz)+\boldsymbol{e}_y2\mathrm{H}_0\sin\left(\omega t-kz+\dfrac{\pi}{3}\right)$

7.3 已知某理想介质($\mu_r=1$、$\varepsilon_r=2.25$)中一电场

$$\boldsymbol{E}(\boldsymbol{r})=\boldsymbol{E}_0\mathrm{e}^{-\mathrm{j}(3\pi x+4\pi y-5\pi z)}$$

求:(1)波阻抗;(2)电磁波的传播方向;(3)电磁波的磁场强度;(4)坡印廷矢量和平均坡印廷矢量;(5)电磁波介质中的波长和频率。

7.4 已知某理想介质($\mu_r=1$)中一磁场,其工作频率为3GHz,且磁场表达式为

$$\boldsymbol{H}(\boldsymbol{r})=\boldsymbol{H}_0\mathrm{e}^{-\mathrm{j}(30\pi x+40\pi x-50\pi z)}$$

求:(1)相对介电常数;(2)波阻抗;(3)电磁波的电场强度;(4)坡印廷矢量和平均坡印廷矢量。

7.5 已知某介质中电场强度和磁场强度分别为

$$\boldsymbol{E}(z)=\boldsymbol{e}_x 2\mathrm{e}^{-\mathrm{j}4\pi z},\quad \boldsymbol{H}(z)=\boldsymbol{e}_y\frac{1}{60\pi}\mathrm{e}^{-\mathrm{j}4\pi z}$$

其工作频率为300MHz。(1)求波阻抗;(2)求相对磁导率和相对介电常数;(3)求坡印廷矢量和平均坡印廷矢量;(4)求相速度。

7.6 水稻生长所需要的土壤电导率为0.5~1.5 mS/cm,假设水稻土壤的介电常数为2.5。请计算在1kHz、10MHz、1GHz时电磁波的趋肤深度,并计算传导电流与位移电流的比值。最后判断在这几个频段,水稻土壤是良导体还是弱导体。

7.7 电磁波在良导体中传播一个波长衰减多少dB?

7.8 人体肌肉的介电常数为:100MHz时$\varepsilon_r=65-\mathrm{j}125$,1GHz时$\varepsilon_r=55-\mathrm{j}16$,10GHz时$\varepsilon_r=45-\mathrm{j}22$。求各个频点的电磁波在人体肌肉中的趋肤深度。

7.9 证明:一个线极化波可以分解为两个旋向相反的圆极化波。

7.10 证明:一个椭圆极化波可以分解为两个旋向相反的圆极化波。

7.11 证明:圆极化波携带的平均功率流密度是等幅线极化波的两倍。

7.12 请判断以下电磁波的极化类型。

(1) $\boldsymbol{E}(z)=\boldsymbol{e}_x 2\mathrm{e}^{-\mathrm{j}kz}-\mathrm{j}\boldsymbol{e}_y 2\mathrm{e}^{-\mathrm{j}kz}$

(2) $\boldsymbol{E}(z)=\boldsymbol{e}_x E_0\mathrm{e}^{-\mathrm{j}kz}+\boldsymbol{e}_y E_0\mathrm{e}^{\mathrm{j}\frac{\pi}{2}}\mathrm{e}^{-\mathrm{j}kz}$

(3) $\boldsymbol{E}(z)=\boldsymbol{e}_x\mathrm{e}^{-\mathrm{j}kz}+\boldsymbol{e}_y 2\mathrm{e}^{-\mathrm{j}\frac{\pi}{2}}\mathrm{e}^{-\mathrm{j}kz}$

(4) $\boldsymbol{E}(z)=\boldsymbol{e}_x E_0\cos(\varphi)\mathrm{e}^{-\mathrm{j}kz}+\boldsymbol{e}_y E_0\sin\left(\varphi+\frac{\pi}{2}\right)\mathrm{e}^{-\mathrm{j}kz}$

7.13 请判断以下电磁波的极化类型。

(1) $\boldsymbol{H}(z)=\boldsymbol{e}_x 2\mathrm{e}^{-\mathrm{j}kz}-\mathrm{j}\boldsymbol{e}_y 2\mathrm{e}^{-\mathrm{j}kz}$

(2) $\boldsymbol{H}(z)=\boldsymbol{e}_x H_0\mathrm{e}^{-\mathrm{j}kz}+\boldsymbol{e}_y H_0\mathrm{e}^{\mathrm{j}\frac{\pi}{2}}\mathrm{e}^{-\mathrm{j}kz}$

(3) $\boldsymbol{H}(z)=\boldsymbol{e}_x\mathrm{e}^{-\mathrm{j}kz}+\boldsymbol{e}_y 2\mathrm{e}^{-\mathrm{j}\frac{\pi}{2}}\mathrm{e}^{-\mathrm{j}kz}$

(4) $\boldsymbol{H}(z)=\boldsymbol{e}_x H_0\cos(\varphi)\mathrm{e}^{-\mathrm{j}kz}+\boldsymbol{e}_y H_0\sin\left(\varphi+\frac{\pi}{2}\right)\mathrm{e}^{-\mathrm{j}kz}$

7.14 混凝土的介电常数为4~8。假设某建筑的混凝土的介电常数为4,某5G基站发射的信号从自由空间正入射到混凝土层。假设发射的5G信号频率为3.4GHz,在空气与混凝土交界面可认为是均匀平面波,且电场强度为

$$\boldsymbol{E}(z)=\boldsymbol{e}_x \mathrm{e}^{-\mathrm{j}k_0 z}\ (\mathrm{mV})$$

求:(1)k_0;(2)反射波电场和磁场的表达式;(3)透射波电场和磁场的表达式。

7.15　一列电磁波从介电常数为9的介质中垂直入射到介电常数为4的介质,入射信号为

$$\boldsymbol{E}(z)=\boldsymbol{e}_x \mathrm{e}^{-\mathrm{j}k_0 z}+\boldsymbol{e}_y \mathrm{j}\mathrm{e}^{-\mathrm{j}k_0 z}\ (\mathrm{mV})$$

求:(1)反射系数和透射系数;(2)入射磁场的表达式;(3)透射磁场的表达式;(4)反射磁场的表达式。

7.16　一列电磁波从介电常数为9的介质中入射到介电常数为4的介质,入射角为30°,求:(1)垂直极化时的透射角;(2)垂直极化时的反射系数和透射系数。

7.17　一列电磁波从介电常数为4的介质中入射到介电常数为1的介质,入射角为45°,求:(1)平行极化时的透射角;(2)平行极化时的反射系数和透射系数。

7.18　求光线自玻璃(介电常数为2.25)到空气的临界角和布儒斯特角,并证明一般情况下,临界角总大于布儒斯特角。

第 8 章 导行电磁波

CHAPTER 8

第 7 章讨论了电磁波在介质中的传播，以及在介质分界面上的反射、透射等现象。在均匀线性介质中，均匀平面波的传播是不会改变方向的，不存在电磁波被引导的现象。在这种情况下，电磁波的传播实际上是“不可控”的。下面要讨论的是电磁波受到一定限制的传播，即采用特定结构引导电磁波传播，而这种特定的引导结构可以称为导波结构，也称为波导（**waveguide**）。引导电磁波沿一定方向传播的装置称为导波系统，被引导的电磁波称为导行电磁波，简称导行波或者导波（**guided wave**）。

如图 8.0.1 所示，导波结构有很多种类型，比如，传输线结构有平行双线、同轴线、平行板传输线以及微带线，这些结构具有双导体形式；单导体结构有矩形波导和圆波导，与传统的电路理论不同的是，单导体结构仍然支持电磁波的传播；另外一种特殊的导波结构是光纤，在没有导体存在的情况下，仅靠介质结构就能完成电磁波的可控传播。

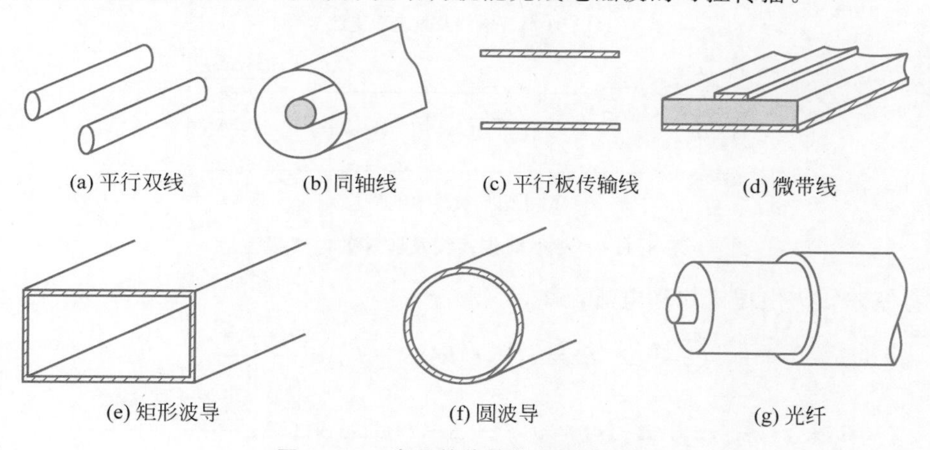

图 8.0.1 常见的传输线和导波结构

当然，这些结构所传输的模式并不相同，比如平行双线、同轴线、平行板传输线传输的是横电磁波（**Transverse ElectroMagnetic wave，TEM** 波），而微带线传输的是准 TEM 波，矩形波导和圆波导只能传输横电波（**Transverse Electric wave，TE** 波）或横磁波（**Transverse Magnetic wave，TM** 波）。

那么这些模式是怎么得来的呢？实际上，这些模式是通过对导波结构求特定边界条件下的麦克斯韦方程组得来的。此外，双导体传输线的很多特征与电路理论具有很强的相似性，同时又与平面电磁波（TEM 波的一种）具有相似性。所以，双导体传输线是连接电路理论和电磁场理论的一座很好的桥梁。因此，接下来，我们先从传输线的电路理论入手，讨论传输线的一些特征，之后讨论波导的电磁场理论，再由波导的电磁场理论去分析传输线、矩形波导和圆波导的特性。借此，我们希望既能将电路理论联系起来，又能阐述电磁场理论的一般性和普适性。

视频 34

8.1 传输线的电路理论

电路理论和传输线理论的重要差别在于电尺寸(electrical size)，即电路的几何尺寸 l 与工作波长 λ 之比。电路理论通常认为传输线上的电压是等幅同相的，因为电路的尺寸 l 远小于波长 λ，因此各点的空间相位差非常小，基本可以忽略。但是传输线理论要处理的是电路尺寸与波长相比拟的情形。此时，传输线上各点的相位差不可忽略。

8.1.1 传输线上的波动方程

以平行双线为例，为了能够利用电路理论，取传输线上很短的一小截 Δz，且满足 $\Delta z \ll \lambda$，如图 8.1.1 所示。图中的分布参数为：R 为单位长度串联电阻(Ω/m)；L 为单位长度串联电感(H/m)；G 为单位长度并联电导(S/m)；C 单位长度并联电容(F/m)。

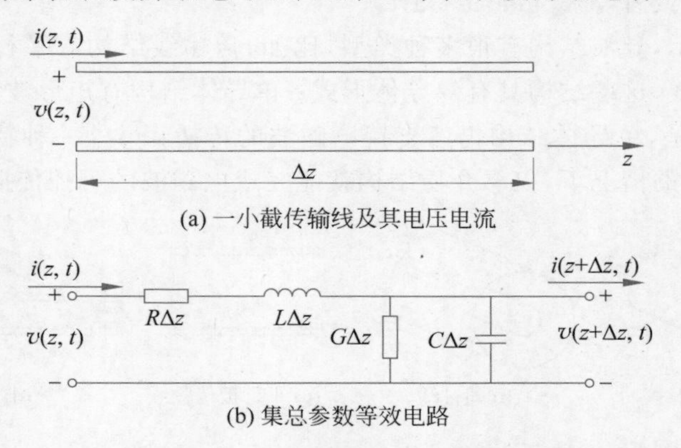

图 8.1.1　一小截传输线及其等效电路模型

根据基尔霍夫电压定律和电流定律，可得

$$\begin{cases} v(z,t) - v(z+\Delta z,t) = i(z,t)R\Delta z + L\Delta z \dfrac{\partial i(z,t)}{\partial t} \\ i(z,t) - i(z+\Delta z,t) = v(z+\Delta z,t)G\Delta z + C\Delta z \dfrac{\partial v(z+\Delta z,t)}{\partial t} \end{cases} \tag{8.1.1}$$

因此可以得到

$$\begin{cases} \dfrac{v(z+\Delta z,t) - v(z,t)}{\Delta z} = -Ri(z,t) - L\dfrac{\partial i(z,t)}{\partial t} \\ \dfrac{i(z+\Delta z,t) - i(z,t)}{\Delta z} = -Gv(z+\Delta z,t) - C\dfrac{\partial v(z+\Delta z,t)}{\partial t} \end{cases} \tag{8.1.2}$$

如果令 $\Delta z \to 0$，则式(8.1.2)可化简为

$$\begin{cases}\dfrac{\partial v(z,t)}{\partial z}=-Ri(z,t)-L\dfrac{\partial i(z,t)}{\partial t}\\[2ex]\dfrac{\partial i(z,t)}{\partial z}=-Gv(z,t)-C\dfrac{\partial v(z,t)}{\partial t}\end{cases}\tag{8.1.3}$$

这就是传输线的电报方程(telegrapher equations)。

如果采用相量形式

$$\begin{cases}i(z,t)=\mathrm{Re}[I(z)\mathrm{e}^{\mathrm{j}\omega t}]\\[1ex]v(z,t)=\mathrm{Re}[V(z)\mathrm{e}^{\mathrm{j}\omega t}]\end{cases}\tag{8.1.4}$$

则电报方程可化简为

$$\begin{cases}\dfrac{\mathrm{d}V(z)}{\mathrm{d}z}=-(R+\mathrm{j}\omega L)I(z)\\[2ex]\dfrac{\mathrm{d}I(z)}{\mathrm{d}z}=-(G+\mathrm{j}\omega C)V(z)\end{cases}\tag{8.1.5}$$

化简后,可得

$$\begin{cases}\dfrac{\mathrm{d}^2V(z)}{\mathrm{d}z^2}-\gamma^2V(z)=0\\[2ex]\dfrac{\mathrm{d}^2I(z)}{\mathrm{d}z^2}-\gamma^2I(z)=0\end{cases}\tag{8.1.6}$$

其中,$\gamma=\alpha+\mathrm{j}\beta=\sqrt{(R+\mathrm{j}\omega L)(G+\mathrm{j}\omega C)}$,式(8.1.6)就是传输线上的波动方程。于是可得

$$\begin{cases}V(z)=V_0^+\mathrm{e}^{-\gamma z}+V_0^-\mathrm{e}^{\gamma z}\\[1ex]I(z)=I_0^+\mathrm{e}^{-\gamma z}+I_0^-\mathrm{e}^{\gamma z}\end{cases}\tag{8.1.7}$$

其中,$V_0^+\mathrm{e}^{-\gamma z}$ 和 $V_0^-\mathrm{e}^{\gamma z}$ 分别表示入射($+z$ 方向)和反射($-z$ 方向)的电压波,而 $I_0^+\mathrm{e}^{-\gamma z}$ 和 $I_0^-\mathrm{e}^{\gamma z}$ 分别表示入射和反射的电流波。再根据$\dfrac{\mathrm{d}V(z)}{\mathrm{d}z}=-(R+\mathrm{j}\omega L)I(z)$,可求得

$$I(z)=\frac{\gamma}{(R+\mathrm{j}\omega L)}(V_0^+\mathrm{e}^{-\gamma z}-V_0^-\mathrm{e}^{\gamma z})\tag{8.1.8}$$

对比 $I(z)=I_0^+\mathrm{e}^{-\gamma z}+I_0^-\mathrm{e}^{\gamma z}$ 可以发现

$$Z_0=\frac{V_0^+\mathrm{e}^{-\gamma z}}{I_0^+\mathrm{e}^{-\gamma z}}=\frac{-V_0^-\mathrm{e}^{\gamma z}}{I_0^-\mathrm{e}^{\gamma z}}=\sqrt{\frac{R+\mathrm{j}\omega L}{G+\mathrm{j}\omega C}}\tag{8.1.9}$$

其中,Z_0 为传输线的特性阻抗(characteristic impedance),定义为传输线上入射电压和电流之比或者为反射电压和电流之比的负值。特别地,当传输线工作在行波状态,即线上只有入射波而无反射波时,特性阻抗就是行波电压与电流之比。引入了特性阻抗,电压和电流表达式可写为

$$\begin{cases}V(z)=V_0^+\mathrm{e}^{-\gamma z}+V_0^-\mathrm{e}^{\gamma z}\\[1ex]I(z)=\dfrac{V_0^+}{Z_0}\mathrm{e}^{-\gamma z}-\dfrac{V_0^-}{Z_0}\mathrm{e}^{\gamma z}\end{cases}\tag{8.1.10}$$

8.1.2 无损传输线

视频 35

在无损情况下($R=0$、$G=0$)

$$Z_0=\sqrt{\frac{L}{C}} \tag{8.1.11}$$

此时，$\gamma=\alpha+\mathrm{j}\beta=\mathrm{j}\omega\sqrt{LC}$，亦即：$\alpha=0,\beta=\omega\sqrt{LC}$。因此

$$\begin{cases}V(z)=V_0^+\mathrm{e}^{-\mathrm{j}\beta z}+V_0^-\mathrm{e}^{\mathrm{j}\beta z}\\ I(z)=\dfrac{V_0^+}{Z_0}\mathrm{e}^{-\mathrm{j}\beta z}-\dfrac{V_0^-}{Z_0}\mathrm{e}^{\mathrm{j}\beta z}\end{cases} \tag{8.1.12}$$

对应的波长为

$$\lambda=\frac{2\pi}{\beta}=\frac{2\pi}{\omega\sqrt{LC}} \tag{8.1.13}$$

相速度为

$$v_{\mathrm{p}}=\frac{\omega}{\beta}=\frac{1}{\sqrt{LC}} \tag{8.1.14}$$

下面考虑实际情形，即传输线终端接负载 Z_{L}，如图 8.1.2 所示。把坐标的原点定在负载所在位置，这样有利于分析负载处的电压、电流以及反射系数。

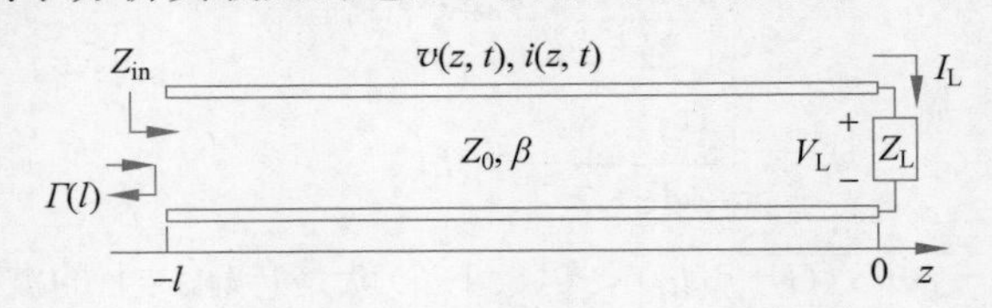

图 8.1.2 带终端负载的传输线

在负载处，电压电流关系可表示为

$$Z_{\mathrm{L}}=\frac{V(0)}{I(0)}=\frac{V_0^++V_0^-}{\dfrac{V_0^+}{Z_0}-\dfrac{V_0^-}{Z_0}}=Z_0\frac{V_0^++V_0^-}{V_0^+-V_0^-}$$

由此可以得到

$$V_0^-=\frac{Z_{\mathrm{L}}-Z_0}{Z_{\mathrm{L}}+Z_0}V_0^+$$

定义终端电压反射系数 $\boldsymbol{\Gamma}$ 为

$$\Gamma=\frac{V_0^-}{V_0^+}=\frac{Z_{\mathrm{L}}-Z_0}{Z_{\mathrm{L}}+Z_0} \tag{8.1.15}$$

此时传输线上的电压和电流表达式（8.1.12）就可以改写为

$$\begin{cases}V(z)=V_0^+(\mathrm{e}^{-\mathrm{j}\beta z}+\Gamma\mathrm{e}^{\mathrm{j}\beta z})\\ I(z)=\dfrac{V_0^+}{Z_0}(\mathrm{e}^{-\mathrm{j}\beta z}-\Gamma\mathrm{e}^{\mathrm{j}\beta z})\end{cases} \tag{8.1.16}$$

观察该表达式，电压和电流的幅度随传输线位置变化，以电压为例

$$|V(z)|=|V_0^+||\mathrm{e}^{-\mathrm{j}\beta z}+\Gamma\mathrm{e}^{\mathrm{j}\beta z}|=|V_0^+||1+\Gamma\mathrm{e}^{2\mathrm{j}\beta z}|=|V_0^+||1+|\Gamma|\mathrm{e}^{2\mathrm{j}\beta z+\mathrm{j}\theta}|$$

式中，$\Gamma=|\Gamma|\mathrm{e}^{\mathrm{j}\theta}$。当 $\mathrm{e}^{2\mathrm{j}\beta z+\mathrm{j}\theta}=1$ 时，$|V(z)|$ 具有最大值 $V_{\max}=|V_0^+|(1+|\Gamma|)$；当 $\mathrm{e}^{2\mathrm{j}\beta z+\mathrm{j}\theta}=-1$ 时，$|V(z)|$ 具有最小值 $V_{\min}=|V_0^+|(1-|\Gamma|)$。

定义电压驻波比（**Voltage Standing Wave Ratio，VSWR**）

$$\mathrm{VSWR}=\frac{V_{\max}}{V_{\min}}=\frac{1+|\Gamma|}{1-|\Gamma|} \tag{8.1.17}$$

由于反射系数的取值范围为 $0\leqslant|\Gamma|\leqslant1$，故 $1\leqslant\mathrm{VSWR}\leqslant\infty$。

以上讨论都是在 $z=0$ 处进行的。如图8.1.2所示，对于传输线上任意一点，如 $z=-l$ 时，反射系数 $\Gamma(-l)$ 可表示为

$$\Gamma(-l)=\frac{V_0^-(-l)}{V_0^+(-l)}=\frac{V_0^-\mathrm{e}^{-\mathrm{j}\beta l}}{V_0^+\mathrm{e}^{\mathrm{j}\beta l}}=\Gamma\mathrm{e}^{-2\mathrm{j}\beta l}=\frac{Z_L-Z_0}{Z_L+Z_0}\mathrm{e}^{-2\mathrm{j}\beta l} \tag{8.1.18}$$

而从这一点向负载 Z_L 一端看进去的输入阻抗为

$$Z_\mathrm{in}=\frac{V(-l)}{I(-l)}=Z_0\frac{V_0^+(\mathrm{e}^{\mathrm{j}\beta l}+\Gamma\mathrm{e}^{-\mathrm{j}\beta l})}{V_0^+(\mathrm{e}^{\mathrm{j}\beta l}-\Gamma\mathrm{e}^{-\mathrm{j}\beta l})}=Z_0\frac{1+\Gamma\mathrm{e}^{-2\mathrm{j}\beta l}}{1-\Gamma\mathrm{e}^{-2\mathrm{j}\beta l}}=Z_0\frac{1+\Gamma(-l)}{1-\Gamma(-l)} \tag{8.1.19}$$

将 Γ 或者 $\Gamma(-l)$ 代入，可得

$$\begin{aligned}Z_\mathrm{in}&=Z_0\frac{\left(\mathrm{e}^{\mathrm{j}\beta l}+\dfrac{Z_\mathrm{L}-Z_0}{Z_\mathrm{L}+Z_0}\mathrm{e}^{-\mathrm{j}\beta l}\right)}{\left(\mathrm{e}^{\mathrm{j}\beta l}-\dfrac{Z_\mathrm{L}-Z_0}{Z_\mathrm{L}+Z_0}\mathrm{e}^{-\mathrm{j}\beta l}\right)}=Z_0\frac{(Z_\mathrm{L}+Z_0)\mathrm{e}^{\mathrm{j}\beta l}+(Z_\mathrm{L}-Z_0)\mathrm{e}^{-\mathrm{j}\beta l}}{(Z_\mathrm{L}+Z_0)\mathrm{e}^{\mathrm{j}\beta l}-(Z_\mathrm{L}-Z_0)\mathrm{e}^{-\mathrm{j}\beta l}}\\&=Z_0\frac{Z_L\cos(\beta l)+\mathrm{j}Z_0\sin(\beta l)}{Z_0\cos(\beta l)+\mathrm{j}Z_\mathrm{L}\sin(\beta l)}=Z_0\frac{Z_\mathrm{L}+\mathrm{j}Z_0\tan(\beta l)}{Z_0+\mathrm{j}Z_\mathrm{L}\tan(\beta l)}\end{aligned} \tag{8.1.20}$$

以上是无损传输线输入阻抗的一般性表达式，下面讨论几种特殊情形。

1. 负载为特性阻抗等于 Z_L 的无限长传输线

对于图8.1.3的结构，$z>0$ 一侧的传输线无限长，因此该部分传输线没有反射波存在。在连接处（$z=0$ 处），输入阻抗就等于 Z_L。所以在连接处的反射系数为

$$\Gamma=\frac{Z_\mathrm{L}-Z_0}{Z_\mathrm{L}+Z_0} \tag{8.1.21}$$

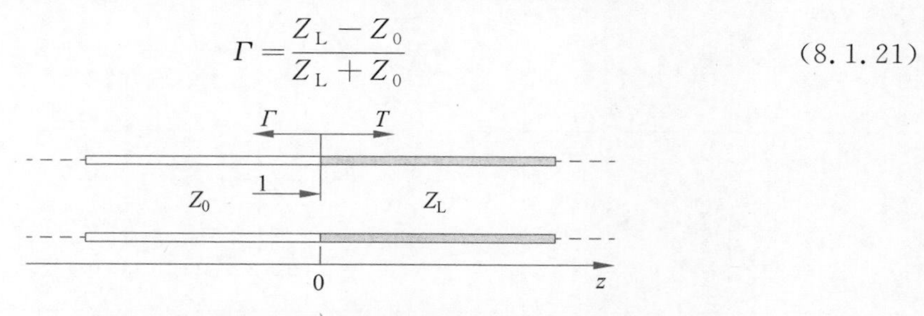

图8.1.3 两传输线连接处的反射和传输

那么，当 $z<0$ 时，电压表达式为

$$V(z)=V_0^+(\mathrm{e}^{-\mathrm{j}\beta z}+\Gamma\mathrm{e}^{\mathrm{j}\beta z})$$

而对于 $z>0$ 的部分，由于没有反射，电压表达式可写为

$$V(z)=V_0^+T\mathrm{e}^{-\mathrm{j}\beta z}$$

在 $z=0$ 处，电压唯一，即两个电压表达式取值相等，于是得到传输系数 T 为

$$T=1+\Gamma=\frac{2Z_\mathrm{L}}{Z_\mathrm{L}+Z_0} \tag{8.1.22}$$

对比可以发现，式(8.1.21)和式(8.1.22)与平面波在介质分界面的传输和反射系数具有相似性。

2. 负载 Z_L 为 0，即短路情形

当终端短路时，$Z_L=0$、$\Gamma=-1$，于是得到电压和电流的表达式为

$$\begin{cases} V(z)=V_0^+(\mathrm{e}^{-\mathrm{j}\beta z}-\mathrm{e}^{\mathrm{j}\beta z})=-2\mathrm{j}V_0^+\sin(\beta z) \\ I(z)=\dfrac{V_0^+}{Z_0}(\mathrm{e}^{-\mathrm{j}\beta z}+\mathrm{e}^{\mathrm{j}\beta z})=\dfrac{2V_0^+}{Z_0}\cos(\beta z) \end{cases}$$

此时在 $z=-l$ 处的输入阻抗为

$$Z_{\text{in}}=\mathrm{j}Z_0\tan(\beta l)$$

3. 负载 Z_L 为无穷大，即开路情形

当终端开路时，$Z_L=\infty$、$\Gamma=1$，于是得到电压和电流的表达式为

$$\begin{cases} V(z)=V_0^+(\mathrm{e}^{-\mathrm{j}\beta z}+\mathrm{e}^{\mathrm{j}\beta z})=2V_0^+\cos(\beta z) \\ I(z)=\dfrac{V_0^+}{Z_0}(\mathrm{e}^{-\mathrm{j}\beta z}-\mathrm{e}^{\mathrm{j}\beta z})=-\dfrac{2\mathrm{j}V_0^+}{Z_0}\sin(\beta z) \end{cases}$$

此时在 $z=-l$ 处的输入阻抗为

$$Z_{\text{in}}=-\mathrm{j}Z_0\cot(\beta l)$$

表 8.1.1 展示的是终端短路和终端开路时电压、电流和阻抗的对比。最后，我们来讨论一下 $\lambda/4$ 阻抗变换器。假设在负载与传输线之间存在一截长度为 $\lambda/4$ 的传输线，如图 8.1.4 所示。

表 8.1.1　终端短路和终端开路时各物理量对比

物理量	短路	开路
电压	$-\mathrm{j}V(z)$；$2V_0^+$；$-\lambda$；$-\frac{\lambda}{4}$；z	$V(z)$；$2V_0^+$；$-\lambda$；$-\frac{\lambda}{4}$；z
电流	$I(z)$；$\frac{2V_0^+}{Z_0}$；$-\lambda$；$-\frac{\lambda}{4}$；z	$\mathrm{j}I(z)$；$\frac{2V_0^+}{Z_0}$；$-\lambda$；$-\frac{\lambda}{4}$；z
阻抗	X_{in}；Z_0；$-\lambda$；$-\frac{\lambda}{4}$；z	X_{in}；Z_0；$-\frac{3\lambda}{4}$；$-\frac{\lambda}{4}$；z

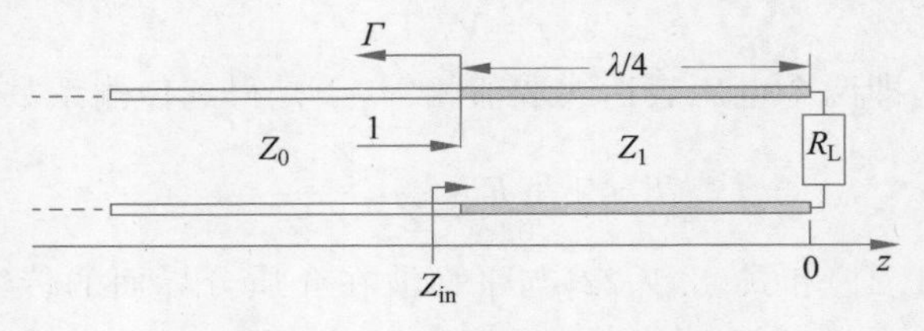

图 8.1.4　$\lambda/4$ 阻抗变换器

当传输线长度为 $\lambda/4$ 时，输入阻抗为

$$Z_{in}=Z_1\frac{R_L+jZ_1\tan(\beta l)}{Z_1+jR_L\tan(\beta l)}=\frac{Z_1^2}{R_L} \tag{8.1.23}$$

如果要与图 8.1.4 中左边的传输线匹配，必须满足 $Z_{in}=Z_0$，即

$$Z_1=\sqrt{Z_0R_L}$$

这就是 $\lambda/4$ 阻抗变换器的计算公式。

传输线的很多参数与平面电磁波具有很大的相似性，如表 8.1.2 所示。从表 8.1.2 还可以看出，传输线理论的特性参数都与单位长度的分布参数有关，那么这些分布参数又是如何求得的呢？以电感为例，在电路理论中，磁场能量存储在电感里，并且有

$$W_m=L|I_0|^2/4$$

表 8.1.2 传输线理论与平面波理论的对比

传输线理论		平面波理论	
物理量	表达式	表达式	物理量
电压	V	E	电场
电流	I	H	磁场
电感	L	μ	磁导率
电容	C	ε	介电常数
特性阻抗	$Z_0=\sqrt{\frac{L}{C}}$	$\eta=\sqrt{\frac{\mu}{\varepsilon}}$	特性阻抗(波阻抗)
相速度	$v_p=\sqrt{\frac{1}{LC}}$	$v_p=\sqrt{\frac{1}{\mu\varepsilon}}$	相速度
反射系数	$\Gamma=\frac{Z_L-Z_0}{Z_L+Z_0}$	$\Gamma=\frac{\eta_L-\eta_0}{\eta_L+\eta_0}$	反射系数
传输系数	$T=1+\Gamma=\frac{2Z_L}{Z_L+Z_0}$	$\tau=1+\Gamma=\frac{2\eta_L}{\eta_L+\eta_0}$	透射系数
$\lambda/4$ 阻抗变换器	$Z_1=\sqrt{Z_0R_L}$	$\eta_2=\sqrt{\eta_1\eta_3}$	1/4 波长增透膜

而由电磁场理论可知，单位长度的传输线所存储的平均磁场能为

$$W_m=\frac{\mu}{4}\int_S \boldsymbol{H}\cdot\boldsymbol{H}^*\,dS$$

对比可以得到电感的计算公式

$$L=\frac{\mu}{|I_0|^2}\int_S \boldsymbol{H}\cdot\boldsymbol{H}^*\,dS \tag{8.1.24}$$

类似地，可以推导出

$$C=\frac{\varepsilon}{|V_0|^2}\int_S \boldsymbol{E}\cdot\boldsymbol{E}^*\,dS \tag{8.1.25}$$

$$R=\frac{R_s}{|I_0|^2}\int_{C_1+C_2} \boldsymbol{H}\cdot\boldsymbol{H}^*\,dl \tag{8.1.26}$$

$$G=\frac{\omega\varepsilon''}{|V_0|^2}\int_S \boldsymbol{E}\cdot\boldsymbol{E}^*\,dS \tag{8.1.27}$$

由此可见，这些分布参数实际上是由传输线的具体结构和其激发的电磁场分布所决定的。那么如何分析导波结构的场分布呢？这些内容将在下一节讨论。

8.2 波导的电磁场理论

本节首先讨论柱型传输线和波导的一般性解，其次将针对 TEM 波、TE 波和 TM 波进行进一步讨论。在此，我们假设：

(1) 波导的横截面沿 z 方向是均匀的，且波导内的电场和磁场分布只与坐标 x、y 有关，而与坐标 z 无关。

(2) 波导内填充各向同性的理想介质，波导内壁为理想导体。

(3) 所讨论的区域内没有源分布，即 $\rho=0$，$\boldsymbol{J}=0$。

(4) 波导内的电磁场是时谐场。在分析波导的过程中，如无特殊说明，均假定波导终端负载是匹配的，即波导中只有单向传输的行波。

波导有多导体结构或者封闭的单导体结构，如图 8.2.1 所示。设电磁波在波导中沿 $+z$ 方向传播，$\gamma=\alpha+\mathrm{j}\beta$ 为传播常数，对于无损情形，$\gamma=\mathrm{j}\beta$。省略时间因子 $\mathrm{e}^{-\mathrm{j}\omega t}$，则复数形式的电场和磁场可表示为

$$\begin{cases}\boldsymbol{E}(x,y,z)=\boldsymbol{E}(x,y)\mathrm{e}^{-\gamma z}=(\boldsymbol{e}_xE_x+\boldsymbol{e}_yE_y+\boldsymbol{e}_zE_z)\mathrm{e}^{-\gamma z}\\ \boldsymbol{H}(x,y,z)=\boldsymbol{H}(x,y)\mathrm{e}^{-\gamma z}=(\boldsymbol{e}_xH_x+\boldsymbol{e}_yH_y+\boldsymbol{e}_zH_z)\mathrm{e}^{-\gamma z}\end{cases} \tag{8.2.1}$$

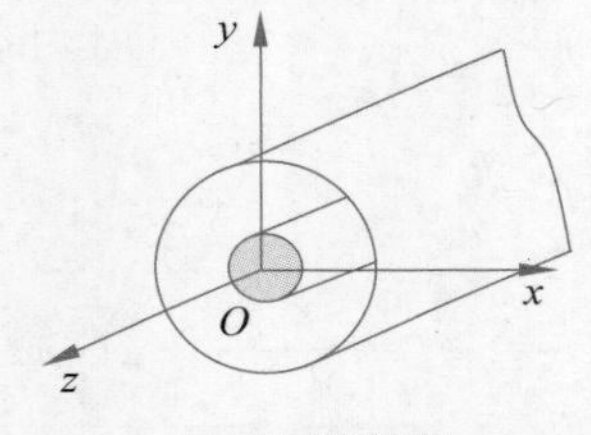

(a) 双导体结构

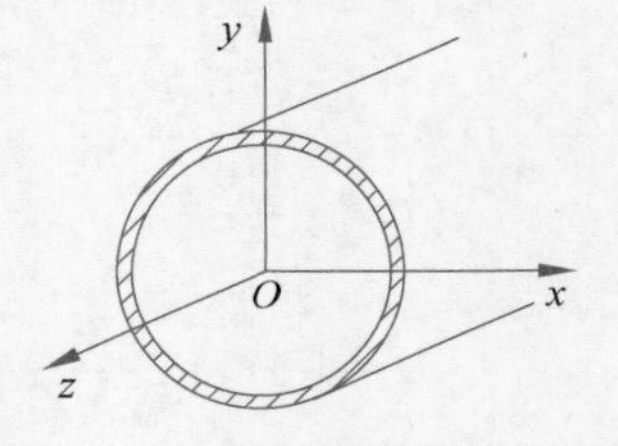

(b) 单导体结构

图 8.2.1 两种典型的波导

对于无源区域，波导内的电磁场满足

$$\begin{cases}\nabla\times\boldsymbol{E}=-\mathrm{j}\omega\mu\boldsymbol{H}\\ \nabla\times\boldsymbol{H}=\mathrm{j}\omega\varepsilon\boldsymbol{E}\end{cases}$$

将上式在直角坐标系下展开，可得到 6 个标量方程。对于电场，有

$$\begin{cases}\dfrac{\partial E_z}{\partial y}+\gamma E_y=-\mathrm{j}\omega\mu H_x\\ -\dfrac{\partial E_z}{\partial x}-\gamma E_x=-\mathrm{j}\omega\mu H_y\\ \dfrac{\partial E_y}{\partial x}-\dfrac{\partial E_x}{\partial y}=-\mathrm{j}\omega\mu H_z\end{cases} \tag{8.2.2a}$$

而对于磁场，则有

$$\begin{cases}\dfrac{\partial H_z}{\partial y}+\gamma H_y=\mathrm{j}\omega\varepsilon E_x\\ -\dfrac{\partial H_z}{\partial x}-\gamma H_x=\mathrm{j}\omega\varepsilon E_y\\ \dfrac{\partial H_y}{\partial x}-\dfrac{\partial H_x}{\partial y}=\mathrm{j}\omega\varepsilon E_z\end{cases}\tag{8.2.2b}$$

将 E_x、E_y、H_x 和 H_y 四个横向分量用两个纵向分量 E_z 和 H_z 来表示，得

$$\begin{cases}H_x=-\dfrac{1}{k_c^2}\left(\gamma\dfrac{\partial H_z}{\partial x}-\mathrm{j}\omega\varepsilon\dfrac{\partial E_z}{\partial y}\right)\\ H_y=-\dfrac{1}{k_c^2}\left(\gamma\dfrac{\partial H_z}{\partial y}+\mathrm{j}\omega\varepsilon\dfrac{\partial E_z}{\partial x}\right)\\ E_x=-\dfrac{1}{k_c^2}\left(\gamma\dfrac{\partial E_z}{\partial x}+\mathrm{j}\omega\mu\dfrac{\partial H_z}{\partial y}\right)\\ E_y=-\dfrac{1}{k_c^2}\left(\gamma\dfrac{\partial E_z}{\partial y}-\mathrm{j}\omega\mu\dfrac{\partial H_z}{\partial x}\right)\end{cases}\tag{8.2.3}$$

式中，$k_c^2=\gamma^2+k^2$，$k=\omega\sqrt{\mu\varepsilon}$。其中，$k_c$ 称为截止波数(**cutoff wavenumber**)，注意：此处的 k_c 与7.2节的 k_c 物理含义不同，请注意区分。由于我们将横向分量用两个纵向分量 E_z 和 H_z 来表示，因此实际上存在四种情况：

(1) $E_z=0$ 且 $H_z=0$，也就是既不存在纵向电场也不存在纵向磁场，或者说只存在横向的电场和磁场，这种波称为横电磁波(TEM 波)；

(2) $E_z=0$ 且 $H_z\neq0$，也就是不存在纵向电场但存在纵向磁场，或者说只存在横向的电场，这种波称为横电波(TE 波)；

(3) $E_z\neq0$ 且 $H_z=0$，也就是不存在纵向磁场但存在纵向电场，或者说只存在横向的磁场，这种波称为横磁波(TM 波)；

(4) $E_z\neq0$ 且 $H_z\neq0$，这种波可以由上面三种情况演变而来，在波导系统中称为混合模式。

所以，在接下来的讨论中，只需要考虑 TEM 波、TE 波和 TM 波三种情形。

8.2.1 TEM 波

对于 TEM 波，因为 $E_z=0$ 且 $H_z=0$，所以，只能要求 $k_c^2=\gamma^2+k^2=0$，否则只能得到零解。因此，对于 TEM 波有

$$\gamma_{\mathrm{TEM}}^2+k^2=0$$

从而得到波导中的传播常数

$$\gamma=\alpha+\mathrm{j}\beta=\gamma_{\mathrm{TEM}}=\mathrm{j}k=\mathrm{j}\omega\sqrt{\varepsilon\mu}$$

并且场分量可简化为

$$\begin{cases}\gamma E_y=-\mathrm{j}\omega\mu H_x\\ \gamma E_x=\mathrm{j}\omega\mu H_y\end{cases}$$

此时可以定义波阻抗

$$Z_{\mathrm{TEM}}=\frac{E_x}{H_y}=\frac{-E_y}{H_z}=\frac{\gamma}{\mathrm{j}\omega\varepsilon}=\sqrt{\frac{\mu}{\varepsilon}}=\eta \tag{8.2.4}$$

电场与磁场的关系亦可表示为

$$\boldsymbol{H}=\frac{1}{Z_{\mathrm{TEM}}}\boldsymbol{e}_z\times\boldsymbol{E}$$

以上结果说明了一个现象：单导体波导不支持 TEM 波传输。由于 TEM 波只有横向分量，因此磁力线应当在横向平面内闭合。根据右手螺旋法则，产生磁场的传导电流或者位移电流必沿 z 轴。由于单导体不存在纵向传导电流，而由于 $E_z=0$，则 $D_z=0$，故也不存在纵向位移电流。因此这两个条件都不满足，也就说明单导体波导不能支持 TEM 波传输。

由于亥姆霍兹方程对 E_x 和 E_y 都有

$$\begin{cases}\dfrac{\partial^2 E_x}{\partial x^2}+\dfrac{\partial^2 E_x}{\partial y^2}+\dfrac{\partial^2 E_x}{\partial z^2}+k^2E_x=0\\[2ex]\dfrac{\partial^2 E_y}{\partial x^2}+\dfrac{\partial^2 E_y}{\partial y^2}+\dfrac{\partial^2 E_y}{\partial z^2}+k^2E_y=0\end{cases} \tag{8.2.5}$$

考虑到 $(\partial^2/\partial z^2)E_x=\gamma^2E_x=-k^2E_x$、$(\partial^2/\partial z^2)E_y=\gamma^2E_y=-k^2E_y$，因此可以得到

$$\begin{cases}\dfrac{\partial^2 E_x}{\partial x^2}+\dfrac{\partial^2 E_x}{\partial y^2}=0\\[2ex]\dfrac{\partial^2 E_y}{\partial x^2}+\dfrac{\partial^2 E_y}{\partial y^2}=0\end{cases} \tag{8.2.6}$$

如果定义横向分量 $\boldsymbol{E}_{\mathrm{t}}$，即令

$$\boldsymbol{E}_{\mathrm{t}}=\boldsymbol{e}_xE_x+\boldsymbol{e}_yE_y$$

以及

$$\nabla_{\mathrm{t}}^2=\frac{\partial^2}{\partial x^2}+\frac{\partial^2}{\partial y^2}$$

即可以得到

$$\nabla_{\mathrm{t}}^2\boldsymbol{E}_{\mathrm{t}}=0$$

相似地，也可以得到

$$\nabla_{\mathrm{t}}^2\boldsymbol{H}_{\mathrm{t}}=0$$

对于横向电场，可以定义位函数 $\varphi(x,y)$，使得

$$\boldsymbol{E}_{\mathrm{t}}=-\nabla_{\mathrm{t}}\varphi(x,y)$$

由于我们假设波导区域无源，因此还可得到

$$\nabla_{\mathrm{t}}^2\varphi(x,y)=0$$

对于双导体结构，导体之间的电压

$$V=V_{12}=\varphi_1-\varphi_2=\int_1^2\boldsymbol{E}\cdot\mathrm{d}\boldsymbol{l}$$

其中，φ_1 和 φ_2 分别为导体 1 和导体 2 的电位。而任一导体上的电流为

$$I=\oint_C\boldsymbol{H}\cdot\mathrm{d}\boldsymbol{l}$$

其中，C 为导体横截面的边界。

根据传输线理论，传输线的特性阻抗为

$$Z_0=\frac{V}{I}$$

这与波阻抗具有明显的差别。波阻抗是电场分量与对应磁场分量的比值；而传输线的特性阻抗是导体间电压对导体电流的比值。

在求解8.1节的分布参数时，应当利用TEM波的求解方法求出电场和磁场分量，之后依次求解各个参数。均匀平面波和双线传输线上传播的都是TEM波，因此，两者在很多方面都具有相似性。此外，并不是说双导体传输线只能传输TEM波，在8.5节可以看到，同轴传输线还存在TE波或者TM波。

8.2.2 TE波

当 $E_z=0$ 时，即得到TE波，其横向分量与纵向分量的关系为

$$\begin{cases} H_x=-\dfrac{\gamma}{k_c^2}\dfrac{\partial H_z}{\partial x} \\ H_y=-\dfrac{\gamma}{k_c^2}\dfrac{\partial H_z}{\partial y} \\ E_x=-\dfrac{j\omega\mu}{k_c^2}\dfrac{\partial H_z}{\partial y} \\ E_y=\dfrac{j\omega\mu}{k_c^2}\dfrac{\partial H_z}{\partial x} \end{cases} \tag{8.2.7}$$

TE波的波阻抗为

$$Z_{TE}=\frac{E_x}{H_y}=\frac{-E_y}{H_x}=\frac{j\omega\mu}{\gamma} \tag{8.2.8}$$

TE波电场和磁场的关系为

$$\boldsymbol{E}=-Z_{TE}(\boldsymbol{e}_z\times\boldsymbol{H})$$

对于TE波，因为 $H_z\neq0$，所以 $k_c^2=\gamma^2+k^2\neq0$。因此，TE波的传播常数为

$$\gamma=j\sqrt{k^2-k_c^2}$$

式中，k_c 称为截止波数。截止波数由波导的形状、大小和传播的波形决定。而传播常数 γ 的值决定了TE波的传播特性。

要求各个场分量，只需先求 H_z。由于

$$\frac{\partial^2 H_z}{\partial x^2}+\frac{\partial^2 H_z}{\partial y^2}+\frac{\partial^2 H_z}{\partial z^2}+k^2 H_z=0$$

又因为 $(\partial^2/\partial z^2)H_z=\gamma^2 H_z$、$k_c^2=\gamma^2+k^2$，因此可以得到

$$\frac{\partial^2 H_z}{\partial x^2}+\frac{\partial^2 H_z}{\partial y^2}+k_c^2 H_z=0 \tag{8.2.9}$$

要求解该方程，必须根据波导的结构并利用边界条件。我们将在8.3～8.6节介绍几种常用的导波结构的解法。

8.2.3 TM波

当 $H_z=0$ 时，即得到TM波，其纵向分量与横向分量的关系为

$$\begin{cases} H_x=\dfrac{\mathrm{j}\omega\varepsilon}{k_c^2}\dfrac{\partial E_z}{\partial y} \\ H_y=-\dfrac{\mathrm{j}\omega\varepsilon}{k_c^2}\dfrac{\partial E_z}{\partial x} \\ E_x=-\dfrac{\gamma}{k_c^2}\dfrac{\partial E_z}{\partial x} \\ E_y=-\dfrac{\gamma}{k_c^2}\dfrac{\partial E_z}{\partial y} \end{cases} \tag{8.2.10}$$

TM波的波阻抗为

$$Z_{\mathrm{TM}}=\frac{E_x}{H_y}=\frac{\gamma}{\mathrm{j}\omega\varepsilon} \tag{8.2.11}$$

TM波电场与磁场关系为

$$\boldsymbol{H}=\frac{1}{Z_{\mathrm{TM}}}\boldsymbol{e}_z\times\boldsymbol{E}$$

要求各个场分量，只需先求 E_z，即求解

$$\frac{\partial^2 E_z}{\partial x^2}+\frac{\partial^2 E_z}{\partial y^2}+k_c^2E_z=0 \tag{8.2.12}$$

动画19

8.3 矩形波导

矩形波导是微波技术中最常见的传输线之一。各类微波器件，如功分器、耦合器、隔离器等都有可能用到矩形波导。矩形波导的宽边尺寸为 a，窄边尺寸为 b，因此有 $a>b$。矩形波导具有标准尺寸，国标型号以BJ开头，例如，BJ900对应于75～110GHz；EIA国际型号以WR开头，例如，75～110GHz对应的型号为WR10。这两种型号对应同一频段，且 $a=2.54\mathrm{mm}$，$b=1.27\mathrm{mm}$。如图8.3.1所示，设波导内填充介质参数为 ε、μ 的理想介质，波导壁为理想导体。由于矩形波导是单导体波导，故不能传输TEM波，但是能传输TE波和TM波。

视频36

8.3.1 矩形波导中的TE波

1. TE波的场表达式和关键参数

对于TE波，波导内的电磁场量由 H_z 确定，H_z 满足的波动方程为

$$\frac{\partial^2 H_z}{\partial x^2}+\frac{\partial^2 H_z}{\partial y^2}+k_c^2H_z=0$$

下面将采用分离变量法求解 H_z。令

$$H_z=X(x)Y(y)$$

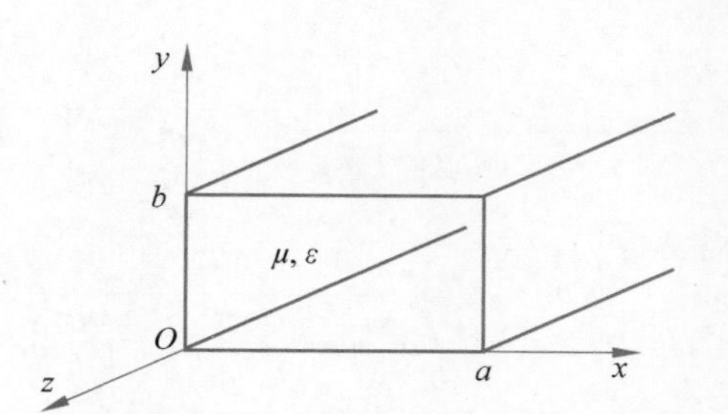

图 8.3.1 矩形波导剖面图

代入波动方程可得

$$\frac{\mathrm{d}^2 X}{X\mathrm{d}x^2}+\frac{\mathrm{d}^2 Y}{Y\mathrm{d}x^2}+k_c^2=0$$

定义分离变量的两个常数,使得

$$\begin{cases}\dfrac{\mathrm{d}^2 X}{\mathrm{d}x^2}+k_x^2 X=0\\[2ex]\dfrac{\mathrm{d}^2 Y}{\mathrm{d}x^2}+k_y^2 Y=0\end{cases}$$

式中,$k_x^2+k_y^2=k_c^2$。因此,H_z 的通解可以写为

$$H_z=[A\cos(k_x x)+B\sin(k_x x)][C\cos(k_y y)+D\sin(k_y y)]$$

由此求得

$$\begin{cases}E_x(x,y)=-\dfrac{\mathrm{j}\omega\mu}{k_c^2}k_y[A\cos(k_x x)+B\sin(k_x x)][-C\sin(k_y y)+D\cos(k_y y)]\\[2ex]E_y(x,y)=\dfrac{\mathrm{j}\omega\mu}{k_c^2}k_x[-A\sin(k_x x)+B\cos(k_x x)][C\cos(k_y y)+D\sin(k_y y)]\end{cases}$$

要求得通解中的系数,就必须利用边界条件。采用电场在理想导体的边界条件

$$\begin{cases}E_x(x,y)\mid_{y=0,b}=0\\[1ex]E_y(x,y)\mid_{x=0,a}=0\end{cases}$$

由此可得,$D=0$、$k_y=n\pi/b(n=0,1,2\cdots)$、$B=0$、$k_x=m\pi/a(m=0,1,2\cdots)$。其中,$m$ 和 n 分别表示沿 x 和 y 方向的半波数。于是得到 H_z 的通解

$$H_z(x,y,z)=A_{m,n}\cos\frac{m\pi x}{a}\cos\frac{n\pi y}{b}\mathrm{e}^{-\gamma z},\quad m,n=0,1,2,\cdots \tag{8.3.1}$$

并求得 TE 波的横向场分量

$$E_x(x,y,z)=\frac{\mathrm{j}\omega\mu}{k_c^2}\left(\frac{n\pi}{b}\right)A_{m,n}\cos\left(\frac{m\pi}{a}x\right)\sin\left(\frac{n\pi}{b}y\right)\mathrm{e}^{-\gamma z} \tag{8.3.2}$$

$$E_y(x,y,z)=-\frac{\mathrm{j}\omega\mu}{k_c^2}\left(\frac{m\pi}{a}\right)A_{m,n}\sin\left(\frac{m\pi}{a}x\right)\cos\left(\frac{n\pi}{b}y\right)\mathrm{e}^{-\gamma z} \tag{8.3.3}$$

$$H_x(x,y,z)=\frac{\gamma}{k_c^2}\left(\frac{m\pi}{a}\right)A_{m,n}\sin\left(\frac{m\pi}{a}x\right)\cos\left(\frac{n\pi}{b}y\right)\mathrm{e}^{-\gamma z} \tag{8.3.4}$$

$$H_y(x,y,z)=\frac{\gamma}{k_c^2}\left(\frac{n\pi}{b}\right)A_{m,n}\cos\left(\frac{m\pi}{a}x\right)\sin\left(\frac{n\pi}{b}y\right)\mathrm{e}^{-\gamma z} \tag{8.3.5}$$

截止波数为

$$k_c=\sqrt{\gamma^2+k^2}=\sqrt{k_x^2+k_y^2}=\sqrt{\left(\frac{m\pi}{a}\right)^2+\left(\frac{n\pi}{b}\right)^2} \tag{8.3.6}$$

当波导为无损系统时，传播常数为

$$\gamma=\mathrm{j}\sqrt{k^2-k_c^2}=\mathrm{j}\sqrt{\omega^2\mu\varepsilon-\left(\frac{m\pi}{a}\right)^2-\left(\frac{n\pi}{b}\right)^2}=\mathrm{j}\beta$$

只有当 $k>k_c$ 时，电磁波才能在波导中传播。此时，相位常数为

$$\beta=\sqrt{k^2-k_c^2}=\sqrt{\omega^2\mu\varepsilon-\left(\frac{m\pi}{a}\right)^2-\left(\frac{n\pi}{b}\right)^2} \tag{8.3.7}$$

波导波长为

$$\lambda_g=\frac{2\pi}{\beta}=\frac{2\pi}{\sqrt{\omega^2\mu\varepsilon-\left(\frac{m\pi}{a}\right)^2-\left(\frac{n\pi}{b}\right)^2}}>\frac{2\pi}{k}=\lambda \tag{8.3.8}$$

说明 TE 波的波导波长比介质中 TEM 波的波长大。相速度为

$$v_p=\frac{\omega}{\beta}=\frac{\omega}{\sqrt{\omega^2\mu\varepsilon-\left(\frac{m\pi}{a}\right)^2-\left(\frac{n\pi}{b}\right)^2}}>\frac{\omega}{\beta}=\frac{1}{\sqrt{\mu\varepsilon}} \tag{8.3.9}$$

说明 TE 波的相速度大于介质中 TEM 波的相速度。波阻抗为

$$Z_{TE}=\frac{E_x}{H_y}=\frac{-E_y}{H_x}=\frac{\mathrm{j}\omega\mu}{\gamma}=\frac{\omega\mu}{\beta}=\frac{k\eta}{\beta}>\eta \tag{8.3.10}$$

说明 TE 波的波阻抗大于介质中 TEM 波的波阻抗。

而当 $k<k_c$ 时，电磁波不能在波导中传播。对应于 $k=k_c$ 时的频率和波长，分别称为波导的截止频率 f_c 和截止波长 λ_c。

$$f_c=\frac{k_c}{2\pi\sqrt{\mu\varepsilon}}=\frac{1}{2\pi\sqrt{\mu\varepsilon}}\sqrt{\left(\frac{m\pi}{a}\right)^2+\left(\frac{n\pi}{b}\right)^2},\quad \lambda_c=\frac{1}{f_c\sqrt{\mu\varepsilon}} \tag{8.3.11}$$

截止频率的含义是：当 $f>f_c$ 时，电磁波才可以在波导里进行传播。从这个意义上看，波导是一种高通滤波器。注意，m 和 n 不能同时取 0，否则截止频率等于 0，表示这是一个 TEM 波。而前面我们讨论过，单导体波导不能传播 TEM 波。

可以看出，当 m 和 n 取不同的值时，TE 波的截止频率、相速度等参数都不同。因此，当 m 和 n 的取值确定后，这些参数也就确定了。通常用模式来表述这种现象，如 TE_{mn} 模。在本书中，TE 波表示的是传播方向没有电场，而 TE_{mn} 模侧重于不同的场分布和特性参数。在一些教材中，TE 波和 TE 模也经常混用。

2. TE_{10} 模

在所有的模式中，TE_{10} 模具有最广泛的应用。当 $m=1$、$n=0$ 时，

$$\begin{cases}k_c=\dfrac{\pi}{a}\\ \gamma=\mathrm{j}\sqrt{k^2-k_c^2}=\mathrm{j}\sqrt{\omega^2\mu\varepsilon-\left(\dfrac{\pi}{a}\right)^2}\end{cases}$$

TE_{10} 模的场分布为

$$H_z(x,y,z)=A_{1,0}\cos\left(\frac{\pi}{a}x\right)\mathrm{e}^{-\gamma z} \tag{8.3.12}$$

$$E_y(x,y,z)=-\frac{\mathrm{j}\omega\mu a}{\pi}A_{1,0}\sin\left(\frac{\pi}{a}x\right)\mathrm{e}^{-\gamma z} \tag{8.3.13}$$

$$H_x(x,y,z)=\frac{\gamma a}{\pi}A_{1,0}\sin\left(\frac{\pi}{a}x\right)\mathrm{e}^{-\gamma z} \tag{8.3.14}$$

$$E_z=E_x=H_y=0 \tag{8.3.15}$$

图 8.3.2 是 TE_{10} 模各截面的电场和磁场分布图，图 8.3.3 是 TE_{10} 模的表面电流分布图。

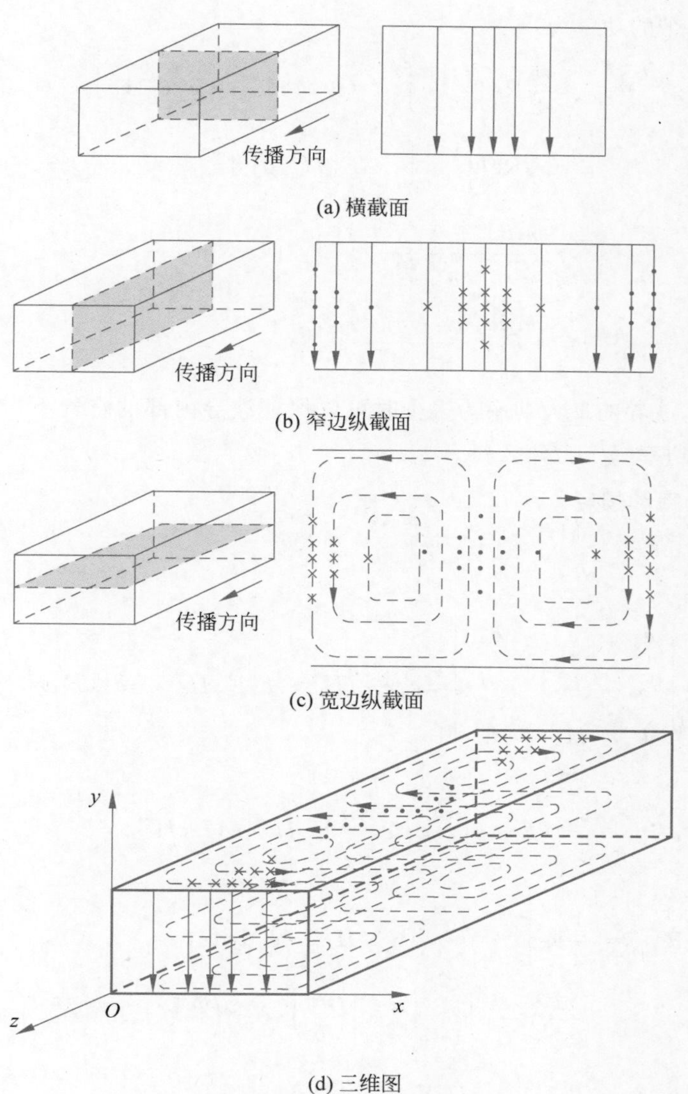

图 8.3.2 TE_{10} 模的电场分布图

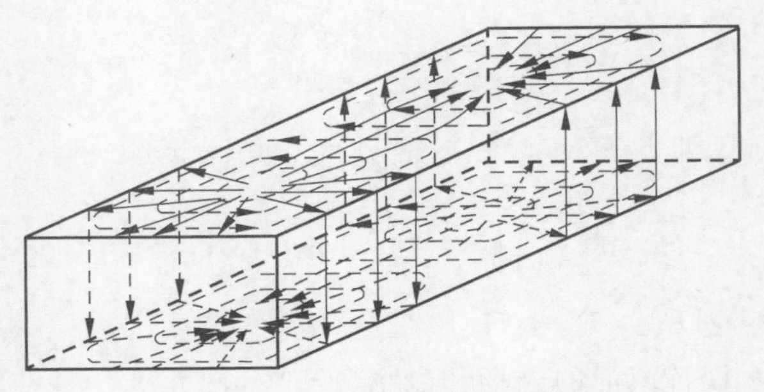

图 8.3.3 TE_{10} 模的电流分布图

TE_{10} 模所携带的功率为

$$
\begin{aligned}
P_{1,0} &= \frac{1}{2}\mathrm{Re}\left[\int_{x=0}^{a}\int_{y=0}^{b}(\boldsymbol{E}\times\boldsymbol{H}^{*})\cdot\boldsymbol{e}_{z}\,\mathrm{d}y\,\mathrm{d}x\right] \\
&= \frac{1}{2}\mathrm{Re}\left(\int_{x=0}^{a}\int_{y=0}^{b}E_{y}H_{x}^{*}\,\mathrm{d}y\,\mathrm{d}x\right) \\
&= \frac{\omega\mu\beta a^{2}|A_{1,0}|^{2}}{2\pi^{2}}\left(\int_{x=0}^{a}\int_{y=0}^{b}\sin^{2}\frac{\pi x}{a}\mathrm{d}y\,\mathrm{d}x\right) \\
&= \frac{\omega\mu\beta a^{3}b|A_{1,0}|^{2}}{4\pi^{2}}
\end{aligned}
\tag{8.3.16}
$$

请思考一下，波导的最大功率为多少时可以保证波导内部的空气不击穿？实际应用中能传输这么大的功率吗？为什么？

3. 模式的功率和损耗

1）模式功率

考虑到

$$
\boldsymbol{E}\times\boldsymbol{H}^{*}=\begin{vmatrix}\boldsymbol{e}_{x} & \boldsymbol{e}_{y} & \boldsymbol{e}_{z}\\ E_{x} & E_{y} & 0\\ H_{x}^{*} & H_{y}^{*} & H_{z}^{*}\end{vmatrix}=\boldsymbol{e}_{x}E_{y}H_{z}^{*}-\boldsymbol{e}_{y}E_{x}H_{z}^{*}+\boldsymbol{e}_{z}(E_{x}H_{y}^{*}-E_{y}H_{x}^{*})
$$

于是可得

$$
(\boldsymbol{E}\times\boldsymbol{H}^{*})\cdot\boldsymbol{e}_{z}=E_{x}H_{y}^{*}-E_{y}H_{x}^{*}
$$

因此

$$
\begin{aligned}
P_{m,n} &= \frac{1}{2}\mathrm{Re}\left[\int_{x=0}^{a}\int_{y=0}^{b}(\boldsymbol{E}\times\boldsymbol{H}^{*})\cdot\boldsymbol{e}_{z}\,\mathrm{d}y\,\mathrm{d}x\right] \\
&= \frac{\omega\mu}{2k_{\mathrm{c}}^{4}}A_{m,n}^{2}\beta\int_{x=0}^{a}\int_{y=0}^{b}\left[\left(\frac{n\pi}{b}\right)^{2}\cos^{2}\left(\frac{m\pi}{a}x\right)\sin^{2}\left(\frac{n\pi}{b}y\right)+\right. \\
&\quad \left.\left(\frac{m\pi}{a}\right)^{2}\sin^{2}\left(\frac{m\pi}{a}x\right)\cos^{2}\left(\frac{n\pi}{b}y\right)\right]\mathrm{d}y\,\mathrm{d}x
\end{aligned}
\tag{8.3.17}
$$

从而得到不同模式下的功率，如表 8.3.1 所示。

表 8.3.1 不同模式下的功率

模 式	功 率
$n=0$	$P_{m,0}=\dfrac{\omega\mu b\beta\pi^2 m^2 A_{m,0}^2}{4ak_c^4}$
$m=0$	$P_{0,n}=\dfrac{\omega\mu a\beta\pi^2 n^2 A_{0,n}^2}{4bk_c^4}$
m,n 均不为 0	$P_{m,n}=\dfrac{\omega\mu\beta}{2k_c^4}A_{m,n}^2\left(\dfrac{n^2 a\pi}{b}+\dfrac{m^2 b\pi}{a}\right)$

2）介质损耗

波导的损耗包括介质损耗和欧姆损耗。介质损耗是由于填充介质不理想造成的，利用传播常数

$$
\begin{aligned}
\gamma &= \mathrm{j}\sqrt{k^2-k_c^2}=\mathrm{j}\sqrt{\omega^2\mu\varepsilon_c-k_c^2}=\mathrm{j}\sqrt{\omega^2\mu_0\varepsilon_0\varepsilon_r'(1-\mathrm{j}\tan\delta)-k_c^2}\\
&=\mathrm{j}\sqrt{\omega^2\mu_0\varepsilon_0\varepsilon_r'-k_c^2-\mathrm{j}\omega^2\mu_0\varepsilon_0\varepsilon_r'\tan\delta}\\
&\approx \mathrm{j}\left(\sqrt{\omega^2\mu_0\varepsilon_0\varepsilon_r'-k_c^2}-\frac{\mathrm{j}\omega^2\mu_0\varepsilon_0\varepsilon_r'\tan\delta}{2\sqrt{\omega^2\mu_0\varepsilon_0\varepsilon_r'-k_c^2}}\right)\\
&=\frac{\omega^2\mu_0\varepsilon_0\varepsilon_r'\tan\delta}{2\sqrt{\omega^2\mu_0\varepsilon_0\varepsilon_r'-k_c^2}}+\mathrm{j}\sqrt{\omega^2\mu_0\varepsilon_0\varepsilon_r'-k_c^2}
\end{aligned}
$$

故

$$
\begin{cases}
\alpha_d=\dfrac{\omega^2\mu_0\varepsilon_0\varepsilon_r'\tan\delta}{2\sqrt{\omega^2\mu_0\varepsilon_0\varepsilon_r'-k_c^2}}=\dfrac{k^2\tan\delta}{2\beta}\\
\beta=\sqrt{\omega^2\mu_0\varepsilon_0\varepsilon_r'-k_c^2}
\end{cases}
\tag{8.3.18}
$$

其中，α_d 为介质损耗衰减常数，β 为相位常数。

3）欧姆损耗

对于欧姆损耗，注意是由波导表面电流产生，即

$$
P_1=\frac{R_S}{2}\int_C |\boldsymbol{J}_S|^2 \mathrm{d}l \tag{8.3.19}
$$

式中，R_S 为导体的表面电阻，C 为导体的分界面边界。因为 $\boldsymbol{J}_S=\boldsymbol{e}_n\times\boldsymbol{H}$，因此矩形波导四个面都有电流。但是由于对称性，左右两壁具有相同损耗，同样上下两壁损耗也相等。

当 $x=0$ 时，

$$
\boldsymbol{J}_S=\boldsymbol{e}_n\times\boldsymbol{H}=\boldsymbol{e}_x\times\boldsymbol{e}_z H_z|_{x=0}=-\boldsymbol{e}_y H_z|_{x=0}=-\boldsymbol{e}_y A_{m,n}\cos\frac{n\pi y}{b}\mathrm{e}^{-\gamma z}
$$

当 $y=0$ 时，

$$
\begin{aligned}
\boldsymbol{J}_S &= \boldsymbol{e}_n\times\boldsymbol{H}=\boldsymbol{e}_y\times(\boldsymbol{e}_x H_x+\boldsymbol{e}_z H_z)|_{y=0}=(-\boldsymbol{e}_z H_x+\boldsymbol{e}_x H_z)|_{y=0}\\
&=-\boldsymbol{e}_z\frac{\gamma}{k_c^2}\left(\frac{m\pi}{a}\right)A_{m,n}\sin\left(\frac{m\pi}{a}x\right)\mathrm{e}^{-\gamma z}+\boldsymbol{e}_x A_{m,n}\cos\frac{m\pi x}{a}\mathrm{e}^{-\gamma z}
\end{aligned}
$$

因此，可以得到损耗功率为

$$P_1=R_S\left[\int_{y=0}^{b}|J_{Sy}|^2\mathrm{d}y+\int_{x=0}^{a}(|J_{Sx}|^2+|J_{Sz}|^2)\mathrm{d}x\right]$$
$$=R_S|A_{m,n}|^2\left[\int_{y=0}^{b}\left|\cos\frac{n\pi y}{b}\right|^2\mathrm{d}y+\int_{x=0}^{a}\left(\left|\cos\frac{m\pi x}{a}\right|^2+\left|\frac{\gamma}{k_c^2}\left(\frac{m\pi}{a}\right)\sin\left(\frac{m\pi}{a}x\right)\right|^2\right)\mathrm{d}x\right] \tag{8.3.20}$$

从而得到不同模式下的损耗功率，如表 8.3.2 所示。

表 8.3.2 不同模式下的损耗功率

模　式	损耗功率
$n=0$	$P_1=R_S\|A_{m,0}\|^2\left[b+\frac{a}{2}+\frac{a\beta^2}{2}\left(\frac{a}{m\pi}\right)^2\right]$
$m=0$	$P_1=R_S\|A_{0,n}\|^2\left[\frac{b}{2}+a\right]$
m,n 均不为 0	$P_1=R_S\|A_{m,n}\|^2\left[\frac{b}{2}+\frac{a}{2}+\frac{a\beta^2}{2k_c^4}\left(\frac{m\pi}{a}\right)^2\right]$

在表 8.3.2 中，$\beta=\sqrt{k^2-k_c^2}$，$R_S=\sqrt{\frac{\pi f\mu}{\sigma}}$。对于主模 TE_{10} 模，其衰减常数为

$$\alpha_{TE_{10}}=\frac{P_1}{2P_{1,0}}=\frac{R_S}{a^3b\eta k\beta}(2b\pi^2+a^3k^2) \tag{8.3.21}$$

8.3.2 矩形波导中的 TM 波

对于 TM 波，波导内的电磁场量由 E_z 确定，E_z 满足的波动方程为

$$\frac{\partial^2E_z}{\partial x^2}+\frac{\partial^2E_z}{\partial y^2}+k_c^2E_z=0$$

利用相似的方法，可以求得 E_z 的通解为

$$E_z=(A\cos k_xx+B\sin k_xx)(C\cos k_yy+D\sin k_yy)$$

对于 TM 波，E_z 在理想导体分界面上满足

$$\begin{cases}E_z(x,y)|_{x=0,a}=0\\E_z(x,y)|_{y=0,b}=0\end{cases}$$

由此可得，$A=0$、$k_x=m\pi/a(m=1,2\cdots)$、$C=0$、$k_y=n\pi/b(n=1,2,\cdots)$。说明矩形波导中 TM 波的截止波数与 TE 波的截止波数相等。于是得到 E_z 的通解

$$E_z(x,y;z)=B_{m,n}\sin\frac{m\pi x}{a}\sin\frac{n\pi y}{b}\mathrm{e}^{-\gamma z},\quad m,n=1,2,\cdots \tag{8.3.22}$$

注意，这里的 m 和 n 都不能为 0，否则 E_z 的边界条件无法满足。求得 TM 波的横向场分量

$$E_x(x,y,z)=\frac{\gamma}{k_c^2}\left(\frac{m\pi}{a}\right)B_{m,n}\cos\left(\frac{m\pi}{a}x\right)\sin\left(\frac{n\pi}{b}y\right)\mathrm{e}^{-\gamma z} \tag{8.3.23}$$

$$E_y(x,y,z)=\frac{\gamma}{k_c^2}\left(\frac{n\pi}{b}\right)B_{m,n}\sin\left(\frac{m\pi}{a}x\right)\cos\left(\frac{n\pi}{b}y\right)\mathrm{e}^{-\gamma z} \tag{8.3.24}$$

$$H_x(x,y,z)=\frac{\mathrm{j}\omega\varepsilon}{k_c^2}\left(\frac{n\pi}{b}\right)B_{m,n}\sin\left(\frac{m\pi}{a}x\right)\cos\left(\frac{n\pi}{b}y\right)\mathrm{e}^{-\gamma z} \tag{8.3.25}$$

$$H_y(x,y,z)=-\frac{\mathrm{j}\omega\varepsilon}{k_c^2}\left(\frac{m\pi}{a}\right)B_{m,n}\cos\left(\frac{m\pi}{a}x\right)\sin\left(\frac{n\pi}{b}y\right)\mathrm{e}^{-\gamma z} \tag{8.3.26}$$

当波导为无损系统时，传播常数为

$$\gamma=\mathrm{j}\sqrt{k^2-k_c^2}=\mathrm{j}\sqrt{\omega^2\mu\varepsilon-\left(\frac{m\pi}{a}\right)^2-\left(\frac{n\pi}{b}\right)^2}=\mathrm{j}\beta$$

当 $k>k_c$ 时，相位常数为

$$\beta=\sqrt{k^2-k_c^2}=\sqrt{\omega^2\mu\varepsilon-\left(\frac{m\pi}{a}\right)^2-\left(\frac{n\pi}{b}\right)^2} \tag{8.3.27}$$

说明矩形波导中 TM_{mn} 模的相位常数与 TE_{mn} 模的相位常数相等。因此矩形波导中 TM_{mn} 模的波导波长、相速度与 TE_{mn} 模的波导波长、相速度分别相等。对于这种场分布不同，但是 β 相同(即传输特性相同)的模式，称为简并模式(**reduced mode**)。

矩形波导中 TM 波的波阻抗为

$$Z_{\mathrm{TM}}=\frac{E_x}{H_y}=\frac{-E_y}{H_x}=\frac{\gamma}{\mathrm{j}\omega\varepsilon}=\frac{\beta}{\omega\varepsilon}=\frac{\beta\eta}{k}<\eta \tag{8.3.28}$$

说明 TM 波的波阻抗小于介质中 TEM 波的波阻抗。

图 8.3.4 是 TM_{11} 模各截面的电场和磁场分布图；表 8.3.3 是矩形波导中 TE 波和 TM 波关键参数对比；图 8.3.5 是部分模式损耗图；表 8.3.4 是各模式的截止频率图，并且 $a=2.54\mathrm{mm}$。

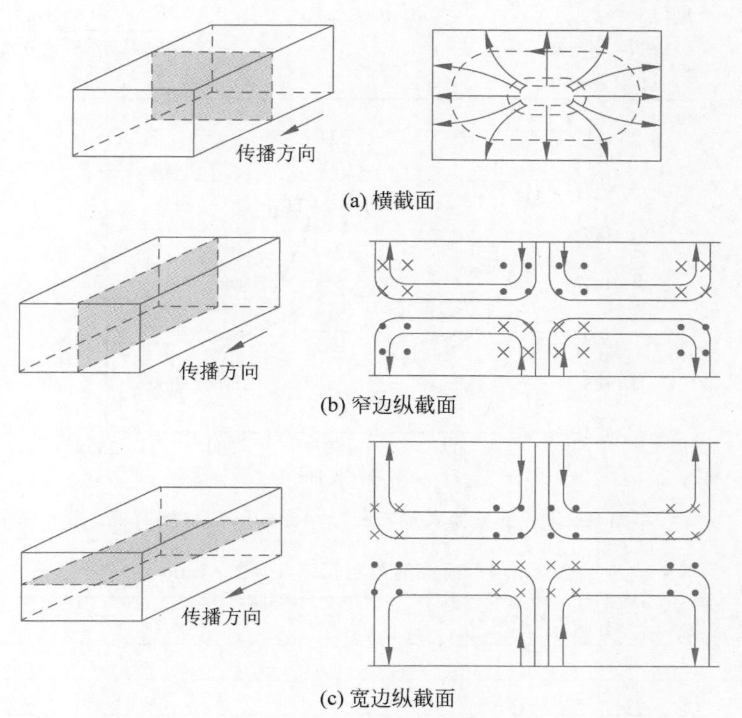

图 8.3.4 TM_{11} 模电流分布图

表 8.3.3 矩形波导中 TE 波和 TM 波关键参数对比

物理量	TE_{mn} 模	TM_{mn} 模
f_c	$\frac{1}{2\pi\sqrt{\mu\varepsilon}}\sqrt{\left(\frac{m\pi}{a}\right)^2+\left(\frac{n\pi}{b}\right)^2}$	$\frac{1}{2\pi\sqrt{\mu\varepsilon}}\sqrt{\left(\frac{m\pi}{a}\right)^2+\left(\frac{n\pi}{b}\right)^2}$
λ_c	$\frac{2\pi}{\sqrt{\left(\frac{m\pi}{a}\right)^2+\left(\frac{n\pi}{b}\right)^2}}$	$\frac{2\pi}{\sqrt{\left(\frac{m\pi}{a}\right)^2+\left(\frac{n\pi}{b}\right)^2}}$
k_c	$\sqrt{\left(\frac{m\pi}{a}\right)^2+\left(\frac{n\pi}{b}\right)^2}$	$\sqrt{\left(\frac{m\pi}{a}\right)^2+\left(\frac{n\pi}{b}\right)^2}$
λ_g	$\frac{2\pi}{\sqrt{k^2-\left(\frac{m\pi}{a}\right)^2-\left(\frac{n\pi}{b}\right)^2}}$	$\frac{2\pi}{\sqrt{k^2-\left(\frac{m\pi}{a}\right)^2-\left(\frac{n\pi}{b}\right)^2}}$
β	$\sqrt{k^2-\left(\frac{m\pi}{a}\right)^2-\left(\frac{n\pi}{b}\right)^2}$	$\sqrt{k^2-\left(\frac{m\pi}{a}\right)^2-\left(\frac{n\pi}{b}\right)^2}$
v_p	$\frac{\omega}{\sqrt{k^2-\left(\frac{m\pi}{a}\right)^2-\left(\frac{n\pi}{b}\right)^2}}$	$\frac{\omega}{\sqrt{k^2-\left(\frac{m\pi}{a}\right)^2-\left(\frac{n\pi}{b}\right)^2}}$
Z	$Z_{TETE}=\frac{k\eta}{\beta}$	$Z_{TM}=\frac{\beta\eta}{k}$
α_c	$\frac{2R_S}{b\eta k\beta}\left\{\left(\varepsilon_m+\varepsilon_n\frac{b}{a}\right)k_c^2+\beta^2\frac{m^2ab^2+n^2ab^2}{m^2ab^2+n^2a^3}\right\}$ $\varepsilon_p=\begin{cases}2, & p=0\\1, & p\neq 0\end{cases}$	$\frac{2R_Sk}{ab\eta\beta}\frac{m^2b^3+n^2a^3}{m^2b^2+n^2a^2}$

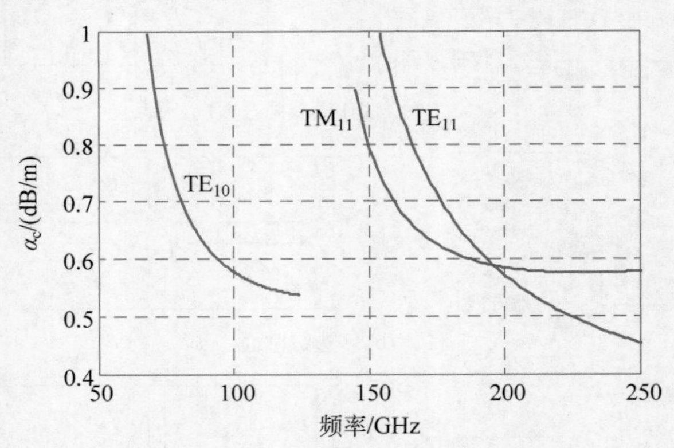

图 8.3.5 部分模式损耗图，$a=2.54$mm，材质为铜

表 8.3.4 模式的截止频率，$a=2.54$mm

模式	m	n	f_c/GHz
TE	1	0	59.06
TE	2	0	118.11
TE	0	1	118.11
TE	0	2	236.22
TE,TM	1	1	132.05

续表

模　　式	m	n	f_c/GHz
TE,TM	1	2	243.49
TE,TM	2	1	163.03
TE,TM	2	2	264.10

可见，TE_{10} 模的截止频率 f_c 最小。通常，将 f_c 最小的模式称为主模，而其他模式统称为高次模。此外，TE_{10} 模与其邻近高次模的频率间隔较大，即单模工作范围较宽。因此，矩形波导多采用主模工作。

8.4 圆波导

圆波导是微波技术中另外一种十分重要的波导传输线，在圆喇叭天线中具有重要的应用。圆波导的半径为 a。同样，圆波导具有标准尺寸，国标型号以 BY 开头，153-EIC 国际型号以 C 开头，例如，36.4～49.8GHz 对应的国标型号和国际型号分别为 BY380 和 C380，其半径为 $a=5.56$mm。如图 8.4.1 所示，波导内填充介质参数为 ε、μ 的理想介质，波导壁为理想导体。由于圆波导也是单导体波导，故不能传输 TEM 波，但是能传输 TE 波和 TM 波。

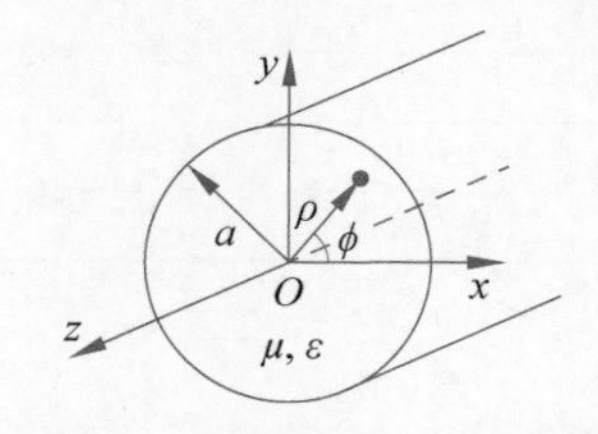

图 8.4.1　圆波导的几何结构图

在圆柱坐标系下分析圆波导能使数学分析过程更加简单。在圆柱坐标系下，同样可用两个纵向场分量 E_z 和 H_z 来表示其余场分量

$$E_\rho=-\frac{1}{k_c^2}\left(\gamma\frac{\partial E_z}{\partial\rho}+\mathrm{j}\frac{\omega\mu}{\rho}\frac{\partial H_z}{\partial\phi}\right) \tag{8.4.1}$$

$$E_\phi=\frac{1}{k_c^2}\left(-\frac{\gamma}{\rho}\frac{\partial E_z}{\partial\phi}+\mathrm{j}\omega\mu\frac{\partial H_z}{\partial\rho}\right) \tag{8.4.2}$$

$$H_\rho=\frac{1}{k_c^2}\left(\mathrm{j}\frac{\omega\varepsilon}{\rho}\frac{\partial E_z}{\partial\phi}-\gamma\frac{\partial H_z}{\partial\rho}\right) \tag{8.4.3}$$

$$H_\phi=-\frac{1}{k_c^2}\left(\mathrm{j}\omega\varepsilon\frac{\partial E_z}{\partial\rho}-\frac{\gamma}{\rho}\frac{\partial H_z}{\partial\phi}\right) \tag{8.4.4}$$

而圆柱坐标系下对 H_z 和 E_z 的波动方程为

$$\begin{cases}\dfrac{\partial^2 H_z}{\partial\rho^2}+\dfrac{\partial H_z}{\rho\partial\rho}+\dfrac{\partial^2 H_z}{\rho^2\partial\phi^2}+k_c^2H_z=0\\[2mm]\dfrac{\partial^2 E_z}{\partial\rho^2}+\dfrac{\partial E_z}{\rho\partial\rho}+\dfrac{\partial^2 E_z}{\rho^2\partial\phi^2}+k_c^2E_z=0\end{cases}$$

8.4.1 圆波导中的 TE 波

利用分离变量法，可得

$$H_z(\rho,\phi)=[A\sin(m\phi)+B\cos(m\phi)]J_m(k_c\rho) \tag{8.4.5}$$

其中，$J_m(k_c\rho)$为 m 阶第一类贝塞尔函数。令 $E_z=0$，由式(8.4.2)可求得

$$E_\phi(\rho,\phi)=\frac{\mathrm{j}\omega\mu}{k_c^2}\frac{\partial H_z}{\partial\rho}=\frac{\mathrm{j}\omega\mu}{k_c}[A\sin(m\phi)+B\cos(m\phi)]J'_m(k_c\rho)$$

利用理想导体分界面的边界条件 $E_\phi(\rho,\phi)|_{\rho=a}=0$，则必须要求

$$J'_m(k_c a)=0$$

记 $p'_{m,n}$ 为 $J'_m(x)=0$ 的第 n 个根，则可得

$$k_c=\frac{p'_{m,n}}{a} \tag{8.4.6}$$

部分 $p'_{m,n}$ 的取值如表 8.4.1 所示。

表 8.4.1　部分 $p'_{m,n}$ 的取值

M	$p'_{m,1}$	$p'_{m,2}$	$p'_{m,3}$
0	3.832	7.016	10.174
1	1.841	5.331	8.536
2	3.054	6.706	9.970

故

$$\gamma=\mathrm{j}\sqrt{k^2-k_c^2}=\mathrm{j}\sqrt{\omega^2\mu\varepsilon-\left(\frac{p'_{m,n}}{a}\right)^2}=\mathrm{j}\beta$$

截止频率为

$$f_c=\frac{k_c}{2\pi\sqrt{\mu\varepsilon}}=\frac{p'_{m,n}}{2\pi a\sqrt{\mu\varepsilon}} \tag{8.4.7}$$

TE 波所有横向场分量为

$$E_\rho(\rho,\phi)=-\frac{\mathrm{j}\omega\mu m}{k_c^2\rho}[A\cos(m\phi)-B\sin(m\phi)]J_m(k_c\rho) \tag{8.4.8}$$

$$E_\phi(\rho,\phi)=\frac{\mathrm{j}\omega\mu}{k_c}[A\sin(m\phi)+B\cos(m\phi)]J'_m(k_c\rho) \tag{8.4.9}$$

$$H_\rho(\rho,\phi)=\frac{\gamma}{k_c}[A\sin(m\phi)+B\cos(m\phi)]J'_m(k_c\rho) \tag{8.4.10}$$

$$H_\phi(\rho,\phi)=-\frac{\gamma m}{k_c^2\rho}[A\cos(m\phi)-B\sin(m\phi)]J_m(k_c\rho) \tag{8.4.11}$$

波阻抗为

$$Z_{\mathrm{TE}}=\frac{E_\rho}{H_\phi}=\frac{-E_\phi}{H_\rho}=\frac{k\eta}{\beta}>\eta \tag{8.4.12}$$

需要说明的是，另外两个待定系数 A 和 B 并不改变模式的场分布。因为圆波导是旋转对称的，因此不管 A 和 B 取什么值，只要不同时为 0，它的场分布就是相同的，唯一的差别是旋转了一定的角度。例如，

$$A\sin(m\phi)+B\cos(m\phi)=\sqrt{A^2+B^2}\sin(m\phi+\phi_0)$$

而旋转的角度为 $\phi_0=\arcsin\dfrac{A}{\sqrt{A^2+B^2}}$。

下面讨论圆波导 TE 波的主模 TE_{11} 模。为不失一般性，可以取 $B=0$，于是得到

$$H_z(\rho,\phi)=A\sin\phi J_1(k_c\rho)$$

$$E_\rho(\rho,\phi)=-\frac{j\omega\mu}{k_c^2\rho}A\cos\phi J_1(k_c\rho)$$

$$E_\phi(\rho,\phi)=\frac{j\omega\mu}{k_c}A\sin\phi J'_1(k_c\rho)$$

$$H_\rho(\rho,\phi)=\frac{\gamma}{k_c}A\sin\phi J'_1(k_c\rho)$$

$$H_\phi(\rho,\phi)=-\frac{\gamma}{k_c^2\rho}A\cos\phi J_1(k_c\rho)$$

因此，TE_{11} 模所携带的功率为

$$\begin{aligned}P_{1,1}&=\frac{1}{2}\mathrm{Re}\left[\int_{\rho=0}^{a}\int_{\phi=0}^{2\pi}(\boldsymbol{E}\times\boldsymbol{H}^*)\cdot\boldsymbol{e}_z\rho\mathrm{d}\rho\mathrm{d}\phi\right]\\&=\frac{1}{2}\mathrm{Re}\left[\int_{\rho=0}^{a}\int_{\phi=0}^{2\pi}(E_\rho H_\phi^*-E_\phi H_\rho^*)\rho\mathrm{d}\rho\mathrm{d}\phi\right]\\&=\frac{\omega\mu\beta|A|^2}{2k_c^4}\int_{\rho=0}^{a}\int_{\phi=0}^{2\pi}\left[\frac{1}{\rho^2}\cos^2\phi J_1^2(k_c\rho)+k_c^2\sin^2\phi J'^2_1(k_c\rho)\right]\rho\mathrm{d}\rho\mathrm{d}\phi\\&=\frac{\pi\omega\mu\beta|A|^2}{2k_c^4}\int_{\rho=0}^{a}\left[\frac{1}{\rho}J_1^2(k_c\rho)+\rho k_c^2J'^2_1(k_c\rho)\right]\mathrm{d}\rho\\&=\frac{\pi\omega\mu\beta|A|^2}{4k_c^4}(p'^2_{11}-1)J_1^2(k_ca)\end{aligned}$$

而欧姆损耗为

$$\begin{aligned}P_1&=\frac{R_S}{2}\int_{\phi=0}^{2\pi}|\boldsymbol{J}_S|^2a\,\mathrm{d}\phi\\&=\frac{R_S}{2}\int_{\phi=0}^{2\pi}(|H_\phi|^2+|H_z|^2)a\,\mathrm{d}\phi\\&=\frac{R_S|A|^2}{2}\int_{\phi=0}^{2\pi}\left(\frac{\beta^2}{k_c^4a^2}\cos^2\phi+\sin^2\phi\right)J_1^2(k_ca)a\,\mathrm{d}\phi\\&=\frac{\pi R_S|A|^2a}{2}\left(1+\frac{\beta^2}{k_c^4a^2}\right)J_1^2(k_ca)\end{aligned}$$

故欧姆损耗的衰减常数为

$$\alpha_c=\frac{P_1}{2P_{1,1}}=\frac{R_S}{ak\eta\beta}\left[k_c^2+\frac{k^2}{(p'_{1,1})^2-1^2}\right]\tag{8.4.13}$$

8.4.2 圆波导中的 TM 波

利用分离变量法，可得 E_z

$$E_z(\rho,\phi)=[A\sin(m\phi)+B\cos(m\phi)]J_m(k_c\rho)\tag{8.4.14}$$

利用理想导体分界面的边界条件 $E_z(\rho,\phi)|_{\rho=a}=0$，则必须要求

$$J_m(k_c a)=0$$

记 $p_{m,n}$ 为 $J_m(x)=0$ 的第 m 个根，则可得

$$k_c=\frac{p_{m,n}}{a} \tag{8.4.15}$$

部分 $p_{m,n}$ 的取值如表 8.4.2 所示。

表 8.4.2　部分 $p_{m,n}$ 的取值

M	$p_{m,1}$	$p_{m,2}$	$p_{m,3}$
0	2.405	5.520	8.654
1	3.832	7.016	10.174
2	5.153	8.417	11.620

故

$$\gamma=\mathrm{j}\sqrt{k^2-k_c^2}=\mathrm{j}\sqrt{\omega^2\mu\varepsilon-\left(\frac{p_{m,n}}{a}\right)^2}=\mathrm{j}\beta$$

截止频率为

$$f_c=\frac{k_c}{2\pi\sqrt{\mu\varepsilon}}=\frac{p_{m,n}}{2\pi a\sqrt{\mu\varepsilon}} \tag{8.4.16}$$

TM 波所有横向场分量为

$$E_\rho(\rho,\phi)=\frac{\gamma}{k_c}[A\sin(m\phi)+B\cos(m\phi)]J'_m(k_c\rho) \tag{8.4.17}$$

$$E_\phi(\rho,\phi)=\frac{\gamma m}{k_c^2\rho}[A\cos(m\phi)-B\sin(m\phi)]J_m(k_c\rho) \tag{8.4.18}$$

$$H_\rho(\rho,\phi)=\frac{\mathrm{j}\omega\varepsilon m}{k_c^2\rho}[A\cos(m\phi)-B\sin(m\phi)]J_m(k_c\rho) \tag{8.4.19}$$

$$H_\phi(\rho,\phi)=-\frac{\mathrm{j}\omega\varepsilon}{k_c}[A\sin(m\phi)+B\cos(m\phi)]J'_m(k_c\rho) \tag{8.4.20}$$

波阻抗为

$$Z_{\mathrm{TE}}=\frac{E_\rho}{H_\phi}=\frac{-E_\phi}{H_\rho}=\frac{\beta\eta}{k}<\eta \tag{8.4.21}$$

表 8.4.3 展示的是圆波导中 TE 波和 TM 波关键参数对比；图 8.4.2 是部分模式的损耗图；图 8.4.3 是圆波导中部分模式的场分布图；表 8.4.4 给出了 TE 模式的截止频率，$a=2.54\mathrm{cm}$；表 8.4.5 给出了 TM 模式的截止频率，$a=2.54\mathrm{cm}$。

表 8.4.3　圆波导中 TE 波和 TM 波关键参数对比

物　理　量	TE_{mn} 模	TM_{mn} 模
f_c	$\frac{1}{2\pi\sqrt{\mu\varepsilon}}\frac{p'_{m,n}}{a}$	$\frac{1}{2\pi\sqrt{\mu\varepsilon}}\frac{p_{m,n}}{a}$
λ_c	$\frac{2\pi a}{p'_{m,n}}$	$\frac{2\pi a}{p_{m,n}}$
k_c	$\frac{p'_{m,n}}{a}$	$\frac{p_{m,n}}{a}$

续表

物 理 量	TE_{mn} 模	TM_{mn} 模
λ_g	$\dfrac{2\pi}{\sqrt{k^2-\left(\dfrac{p'_{m,n}}{a}\right)^2}}$	$\dfrac{2\pi}{\sqrt{k^2-\left(\dfrac{p_{m,n}}{a}\right)^2}}$
β	$\sqrt{k^2-\left(\dfrac{p'_{m,n}}{a}\right)^2}$	$\sqrt{k^2-\left(\dfrac{p_{m,n}}{a}\right)^2}$
v_p	$\dfrac{\omega}{\sqrt{k^2-\left(\dfrac{p'_{m,n}}{a}\right)^2}}$	$\dfrac{\omega}{\sqrt{k^2-\left(\dfrac{p_{m,n}}{a}\right)^2}}$
Z	$Z_{TE}=\dfrac{k\eta}{\beta}$	$Z_{TM}=\dfrac{\beta\eta}{k}$
α_c	$\dfrac{R_S k}{a\eta\beta}\left[\left(\dfrac{k_c}{k}\right)^2+\dfrac{m^2}{(p'_{m,n})^2-m^2}\right]$	$\dfrac{R_s k}{a\eta\beta}$

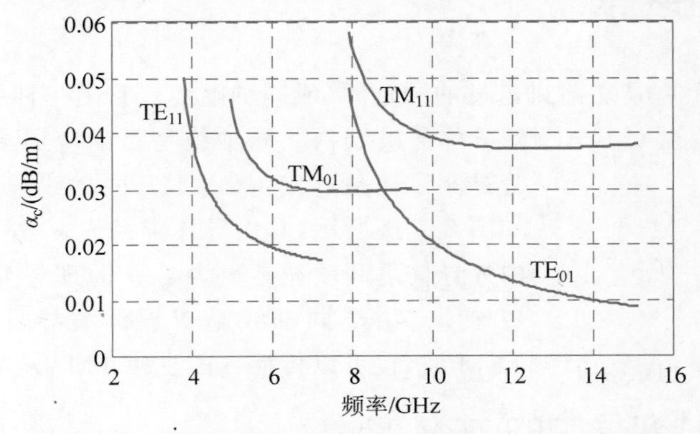

图 8.4.2 部分模式的损耗图，$a=25.4$mm，材质为铜

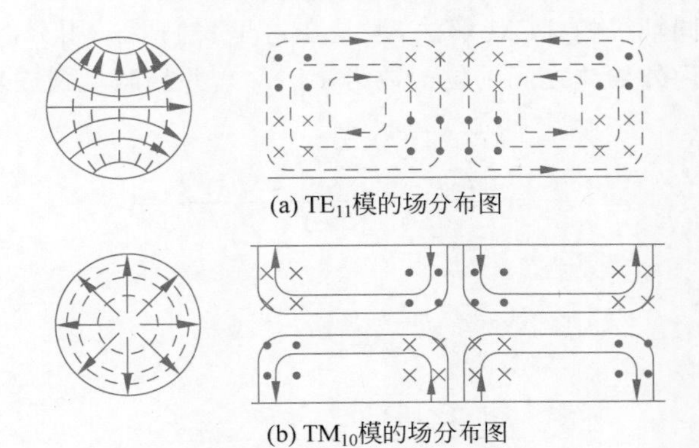

(a) TE_{11}模的场分布图

(b) TM_{10}模的场分布图

图 8.4.3 部分模式的场分布图

表 8.4.4 TE 模式的截止频率，$a=2.54$cm

f_c/GHz	$n=1$	$n=2$	$n=3$
$m=0$	7.2033	13.1886	19.1249
$m=1$	3.4607	10.0211	16.0458
$m=2$	5.7409	12.6058	18.7414

表 8.4.5 TM 模式的截止频率，$a=2.54$cm

f_c/GHz	$n=1$	$n=2$	$n=3$
$m=0$	4.5209	10.3764	16.2676
$m=1$	7.2033	13.1886	19.1249
$m=2$	9.6865	15.8221	21.8431

由表 8.4.4 和表 8.4.5 可以看出，TE_{11} 模的截止频率 f_c 最小，因此圆波导的主模是 TE_{11} 模。另外，由于 TE_{0n} 模和 TM_{1n} 模的截止频率 f_c 相同，因此它们属于简并模式。这种简并还可以称为模式简并。在圆波导中，当模式参数 $m\neq 0$ 时，还存在另外一种极化简并。例如，TE_{11} 模在 ϕ 方向存在 $\sin\phi$ 和 $\cos\phi$ 两种可能，二者的场分布其实完全相同，只是极化方向（电场方向）相差 90°，也因此称为极化简并。因为极化简并的存在，主模 TE_{11} 不适合单模传输，但可用于设计极化转换器件或者双极化传输器件。

动画 21

8.5 同轴波导

同轴波导实际上就是之前讨论过的同轴线（或同轴电缆），它是一种由内、外导体构成的双导体导波结构。同轴线是目前应用最广泛的传输线，不管是测试还是连接，都离不开同轴线。同轴波导几何结构如图 8.5.1 所示，其内导体半径为 a，外导体的内半径为 b，内外导体之间填充参数为 ε、μ 的理想介质，内外导体为理想导体。由于同轴线是双导体波导，因此它既可以传播 TEM 波，也可以传播 TE 波和 TM 波。

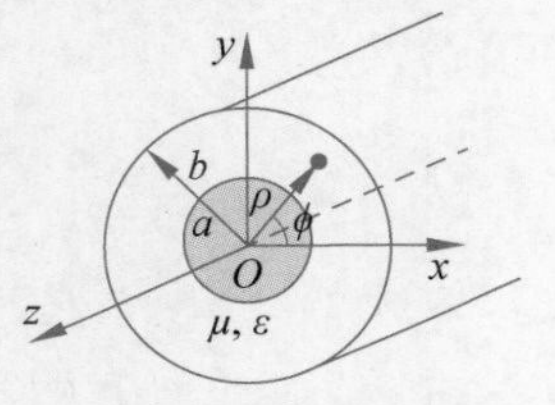

图 8.5.1 同轴波导几何结构图

8.5.1 同轴波导中的 TEM 波

尽管前面讨论了同轴线的 TEM 解法，但是在这里我们要采用分离变量法去寻求更一般的解。假设同轴线内外导体之间的位函数为 $\varphi(\rho,\phi)$，并且满足圆柱坐标系下的拉普拉斯方程 $\nabla_t^2\varphi(\rho,\phi)=0$，即

$$\frac{\partial}{\rho\partial\rho}\left[\rho\frac{\partial\varphi(\rho,\phi)}{\partial\rho}\right]+\frac{\partial^2\varphi(\rho,\phi)}{\rho^2\partial\phi^2}=0$$

令

$$\varphi(\rho,\phi)=R(\rho)P(\phi)$$

于是可以化简为

$$\frac{\rho\partial}{R\partial\rho}\left[\rho\frac{\partial R}{\partial\rho}\right]+\frac{\partial^2 P}{P\partial\phi^2}=0$$

采用分离变量法

$$\begin{cases}\dfrac{\rho\partial}{R\partial\rho}\left[\rho\dfrac{\partial R}{\partial\rho}\right]=-k_\rho^2\\[2ex]\dfrac{\partial^2 P}{P\partial\phi^2}=-k_\phi^2\end{cases}\tag{8.5.1}$$

其中，$k_\rho^2+k_\phi^2=0$。由式(8.5.1)的第二个方程可得到

$$P(\phi)=A\cos(n\phi)+B\sin(n\phi)$$

必须满足 $k_\phi=n(n=0,1,2\cdots)$才能保证沿 ϕ 方向的周期性边界条件。但事实上,由于同轴波导的圆对称性,对于 TEM 波,位函数并不随 ϕ 变化,因此只能取 $n=0$,但 $A\neq 0$。于是得到 $P(\phi)=A$。由 $k_\rho^2+k_\phi^2=0$,可得 $k_\rho=0$。于是又得到

$$\frac{\partial}{\partial\rho}\left[\rho\frac{\partial R}{\partial\rho}\right]=0$$

从而解得

$$R(\rho)=C\ln\rho+D \tag{8.5.2}$$

也就有

$$\varphi(\rho,\phi)=C\ln\rho+D \tag{8.5.3}$$

$\varphi(\rho,\phi)$的边界条件为

$$\varphi(a,\phi)=V_0,\quad \varphi(b,\phi)=0$$

于是可求得

$$\varphi(\rho,\phi)=\frac{V_0\ln(b/\rho)}{\ln(b/a)} \tag{8.5.4}$$

因此

$$\boldsymbol{E}=(-\nabla_t\varphi)\cdot \mathrm{e}^{-\gamma z}=\boldsymbol{e}_\rho\frac{V_0}{\rho\ln(b/a)}\mathrm{e}^{-\gamma z}=\boldsymbol{e}_\rho E_\rho \mathrm{e}^{-\gamma z}$$

其中,$E_\rho=\dfrac{V_0}{\rho\ln(b/a)}$。利用$\nabla\times\boldsymbol{E}=-\mathrm{j}\omega\mu\boldsymbol{H}$,可得

$$\boldsymbol{H}=\frac{\nabla\times\boldsymbol{E}}{-\mathrm{j}\omega\mu}=\frac{1}{-\mathrm{j}\omega\mu\rho}\begin{vmatrix}\boldsymbol{e}_\rho & \rho\boldsymbol{e}_\phi & \boldsymbol{e}_z\\ \dfrac{\partial}{\partial\rho} & \dfrac{\partial}{\partial\phi} & \dfrac{\partial}{\partial z}\\ E_\rho\mathrm{e}^{-\gamma z} & 0 & 0\end{vmatrix}=\boldsymbol{e}_\phi\frac{\beta E_\rho \mathrm{e}^{-\gamma z}}{\omega\mu}=\boldsymbol{e}_\phi\frac{E_\rho \mathrm{e}^{-\gamma z}}{Z_{\mathrm{TEM}}}$$

说明同轴线的 TEM 波也满足 $\boldsymbol{H}=\dfrac{1}{Z_{\mathrm{TEM}}}\boldsymbol{e}_z\times\boldsymbol{E}$。

前面我们还讨论过行波状态下同轴线的特性阻抗 $Z_0=\dfrac{V}{I}$。而任一导体上的电流为

$$I=\oint_C\boldsymbol{H}\cdot\mathrm{d}\boldsymbol{l}\Big|_{\rho=a}=\int_{\phi=0}^{2\pi}\frac{V_0}{aZ_{\mathrm{TEM}}\ln(b/a)}\mathrm{e}^{-\gamma z}a\,\mathrm{d}\phi=\frac{2\pi V_0}{Z_{\mathrm{TEM}}\ln(b/a)}\mathrm{e}^{-\gamma z}$$

根据传输线理论,同轴传输线的特性阻抗为

$$Z_0=\frac{V}{I}=\frac{V\mathrm{e}_0^{-\mathrm{j}\beta z}}{\dfrac{2\pi V_0}{Z_{\mathrm{TEM}}\ln(b/a)}\mathrm{e}^{-\mathrm{j}\beta z}}=\frac{\ln(b/a)Z_{\mathrm{TEM}}}{2\pi}=60\ln(b/a)\sqrt{\frac{\mu_r}{\varepsilon_r}} \tag{8.5.5}$$

8.5.2 同轴波导中的高次模

同轴波导的主模是 TEM 模,此时截止频率 f_c 为 0。同轴波导中的高次模对同轴波导会产生很多负面影响。而同轴波导中的第一个高次模是 TE_{11} 模。利用类似分析圆波导的方法,H_z 的通解可写为

$$H_z(\rho,\phi)=(A\sin n\phi+B\cos n\phi)[CJ_n(k_c\rho)+DY_n(k_c\rho)] \tag{8.5.6}$$

其中，Y_n 为 n 阶第二类贝塞尔函数。因为此时 $a\leqslant\rho\leqslant b$，故第一类和第二类贝塞尔函数都为有限值。可求得

$$E_\phi(\rho,\phi)=\frac{\mathrm{j}\omega\mu}{k_c^2}\frac{\partial H_z}{\partial\rho}=\frac{\mathrm{j}\omega\mu}{k_c}[A\sin(n\phi)+B\cos(n\phi)][CJ'_n(k_c\rho)+DY'_n(k_c\rho)]$$

利用边界条件 $E_\phi(\rho,\phi)|_{\rho=a,b}=0$，必须要求

$$\begin{cases}CJ'_n(k_ca)+DY'_n(k_ca)=0\\CJ'_n(k_cb)+DY'_n(k_cb)=0\end{cases}$$

该方程没有解析解，但是对于 $n=1$，可近似取

$$k_c=\frac{2}{a+b} \tag{8.5.7}$$

同轴波导中的 TEM 模和 TE_{11} 模的场分布如图 8.5.2(a)、(b)所示。

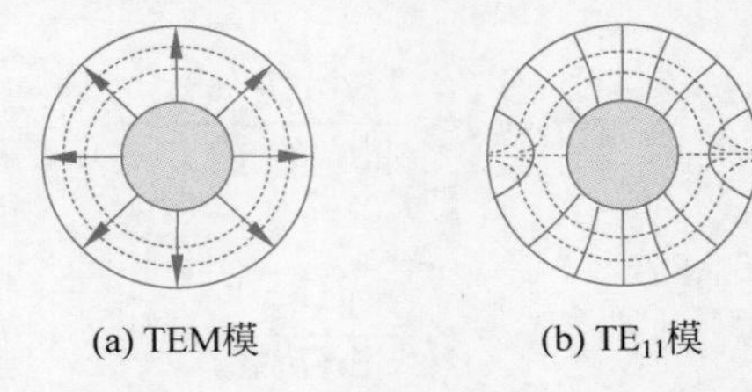

(a) TEM模　　(b) TE_{11}模

图 8.5.2　TEM 模和 TE_{11} 模的场分布

视频 37

8.6 谐振腔

利用一段封闭的波导可以构成谐振腔。谐振腔只能支持离散的模式。描述谐振腔的一个重要参数是谐振频率，另外一个重要指标是品质因数 Q。这里只讨论矩形谐振腔。

矩形谐振腔是一段封闭的矩形波导，如图 8.6.1 所示，沿 x、y、z 三个方向的尺寸分别为 a、b、d。

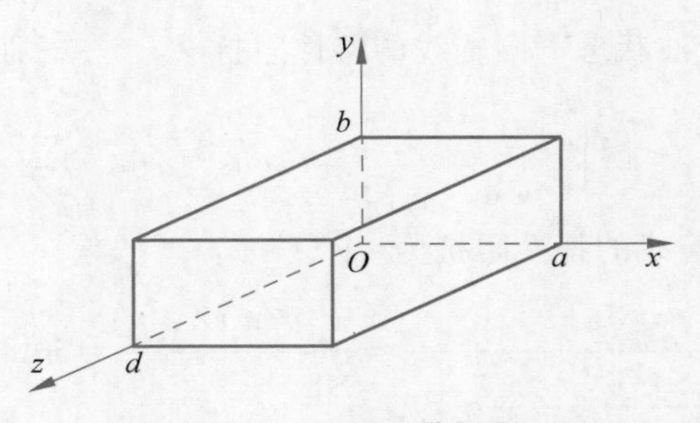

图 8.6.1　矩形谐振腔

矩形波导中的电场表达式可表示为

$$\boldsymbol{E}_t(x,y,z)=\boldsymbol{E}_t(x,y)(A^+\mathrm{e}^{-\mathrm{j}\beta z}+A^-\mathrm{e}^{\mathrm{j}\beta z})$$

式中，$\boldsymbol{E}_t(x,y)$ 为电场的横向分量，A^+ 和 A^- 分别为入射波和反射波的幅度。对于矩形波导，TE_{mn} 或者 TM_{mn} 的相位常数为

$$\beta=\sqrt{k^2-k_c^2}=\sqrt{k^2-\left(\frac{m\pi}{a}\right)^2-\left(\frac{n\pi}{b}\right)^2}$$

根据 $\boldsymbol{E}_t(x,y,0)=0$，可得 $A^-=-A^+$；再根据 $\boldsymbol{E}_t(x,y,d)=0$，可得 $\sin\beta d=0$，即 $\beta d=l\pi$（其中，l 为正整数）。于是得到谐振模式的谐振波数 $k_{m,n,l}$ 为

$$k_{m,n,l}=\sqrt{\left(\frac{m\pi}{a}\right)^2+\left(\frac{n\pi}{b}\right)^2+\left(\frac{l\pi}{d}\right)^2} \tag{8.6.1}$$

该谐振波数对应于 TE_{mnl} 或者 TM_{mnl} 模式。因此，对应的谐振频率为

$$f_{m,n,l}=\frac{1}{2\pi\sqrt{\mu\varepsilon}}\sqrt{\left(\frac{m\pi}{a}\right)^2+\left(\frac{n\pi}{b}\right)^2+\left(\frac{l\pi}{d}\right)^2} \tag{8.6.2}$$

假设 $b<a<d$，那么 TE_{101} 就是主模，对应于波导的 TE_{10} 模。下面分析 TE_{101} 模的品质因数，其他模式的分析方法类似。

$$E_y(x,y,z)=E_m\sin\frac{\pi x}{a}\sin\frac{l\pi z}{d} \tag{8.6.3}$$

$$H_x(x,y,z)=\frac{-jE_m}{Z_{TE}}\sin\frac{\pi x}{a}\cos\frac{l\pi z}{d} \tag{8.6.4}$$

$$H_z(x,y,z)=\frac{j\pi E_m}{k\eta a}\cos\frac{\pi x}{a}\sin\frac{l\pi z}{d} \tag{8.6.5}$$

$$E_z(x,y,z)=0 \tag{8.6.6}$$

存储的平均电场能量为

$$W_e=\frac{\varepsilon}{4}\int_V|E_y|^2\mathrm{d}V=\frac{\varepsilon abd}{16}E_m^2$$

同样

$$W_m=\frac{\mu}{4}\int_V(|H_x|^2+|H_z|^2)\mathrm{d}V=\frac{\varepsilon abd}{16}E_m^2$$

说明存储的平均电场能量等于存储的平均磁场能量，这与电路理论中的结论一致。

接下来计算介质损耗和欧姆损耗。对于介质损耗

$$P_d=\frac{1}{2}\int_V\boldsymbol{J}\cdot\boldsymbol{E}^*\,\mathrm{d}V=\frac{\omega\varepsilon''}{2}\int_V\boldsymbol{E}\cdot\boldsymbol{E}^*\,\mathrm{d}V=\frac{\omega\varepsilon''abd}{8}E_m^2$$

品质因数 Q 的定义为

$$Q=2\pi\frac{W}{W_T} \tag{8.6.7}$$

式中，W 为谐振腔中的储能，W_T 为一个周期内谐振腔中损耗的能量。设 P_L 为谐振腔内的时间平均功率损耗，则一个周期 $T=\frac{2\pi}{\omega}$内谐振腔损耗的能量为 $W_T=P_L\frac{2\pi}{\omega}$，得

$$Q=2\pi\frac{W}{P_L\frac{2\pi}{\omega}}=\omega\frac{W}{P_L} \tag{8.6.8}$$

因此

$$Q_d=2\omega\frac{W_e}{P_d}=\frac{\varepsilon'}{\varepsilon''}=\frac{1}{\tan\delta} \tag{8.6.9}$$

对于欧姆损耗

$$P_c = \frac{R_S}{2}\int_S |H_t|^2 dS = \frac{R_S E_0^2 \lambda^2}{8\eta^2}\left(\frac{l^2 ab}{d^2} + \frac{bd}{a^2} + \frac{l^2 a}{2d} + \frac{d}{2a}\right) \tag{8.6.10}$$

故

$$Q_c = 2\omega \frac{W_e}{P_c} = \frac{(kad)^3 b\eta}{2\pi^2 R_S(2l^2a^3b + 2bd^3 + l^2a^3d + ad^3)} \tag{8.6.11}$$

最终的 Q 为

$$Q = \left(\frac{1}{Q_d} + \frac{1}{Q_c}\right)^{-1} \tag{8.6.12}$$

本章知识结构

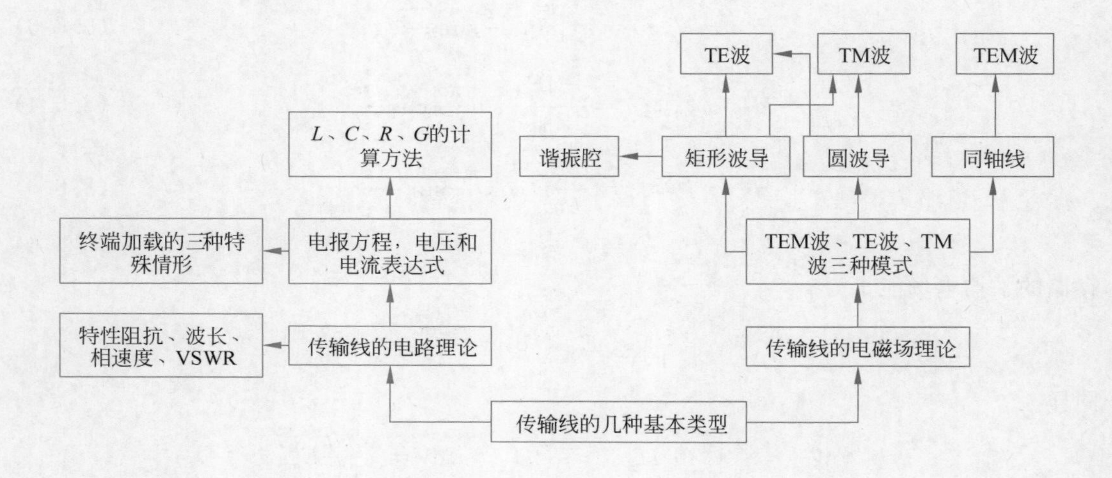

习题

8.1 一根特性阻抗为 50Ω、长度为 0.1875m 的无耗均匀传输线，其工作频率为 200MHz，终端接有负载 $Z_L = 40 + j30\Omega$，试求其始端输入阻抗。

8.2 设无耗传输线的特性阻抗为 75Ω，负载阻抗为 150Ω，试求其终端反射系数及驻波比。

8.3 一无耗传输线接 100Ω 的负载，若线上的驻波比为 1.5，求该传输线特性阻抗的可能值。

8.4 有一特性阻抗为 $Z_0 = 50\Omega$ 的无耗均匀传输线，导体间的介质参数 $\varepsilon_r = 2.25$，$\mu_r = 1$，终端接有 $R_L = 1\Omega$ 的负载，当 $f = 100$MHz 时，其线长为 $\lambda/4$，试求：

(1) 传输线实际长度；

(2) 负载终端反射系数；

(3) 输入端反射系数；

(4) 输入端阻抗。

8.5 在填充有 $\varepsilon_r = 2.25$ 介质的 5m 长同轴线中，传播 20MHz 的电磁波，当终端短路时测得始端输入阻抗为 4.61Ω；终端理想开路时，测得始端输入阻抗为 1390Ω，试计算同轴线的特性阻抗。

8.6 无耗同轴线的特性阻抗为 50Ω，负载阻抗为 200Ω，工作频率为 1GHz，今用 $\lambda/4$ 线进行匹配，求此 $\lambda/4$ 线的特性阻抗和长度。

8.7 试说明空心波导中为什么不能存在 TEM 波。

8.8 矩形波导的横截面尺寸为 $a=22.86\text{mm}$，$b=10.16\text{mm}$，将自由空间波长为 20mm、30mm 的信号分别接入此波导，问能否传输？若能，使用哪些模式？

8.9 矩形波导 BJ-100 的横截面尺寸为 $a=22.86\text{mm}$，$b=10.16\text{mm}$，要保证单模传输，计算工作波长的范围。

8.10 矩形波导 BJ-32 横截面尺寸为 $a=72.14\text{mm}$，$b=34.04\text{mm}$，当信号波长为 7cm 时波导中能传输哪些模式？

8.11 空气填充圆波导的半径为 8cm，试求 TE_{11} 模的截止频率。

8.12 空气填充的镀铜矩形波导腔的尺寸为 $a=5\text{cm}$，$b=3\text{cm}$，$l=6\text{cm}$，求 TE_{101} 模的谐振波长和无载品质因数 Q_0 值。

8.13 一立方体矩形谐振腔谐振频率为 12GHz，采用 TE_{101} 模，求谐振腔的边长。

8.14 某同轴线的外导体内直径为 30mm，内导体外直径为 10mm，空气填充，求其特性阻抗；若在内外导体之间填充 $\varepsilon_r=2.25$ 的介质，求其特性阻抗。

8.15 如题 8.15 图所示电路，求各段驻波比。

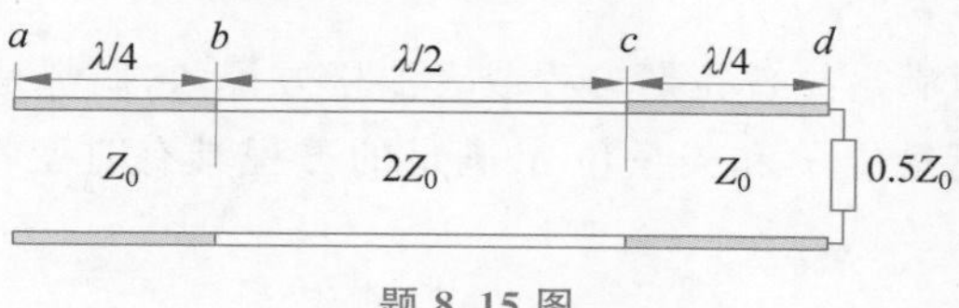

题 8.15 图

第9章 电磁波的辐射

CHAPTER 9

前面的章节讨论了电磁波的产生，电磁波在介质中和传输线中的传输。本章主要介绍电磁波辐射的基本原理和方式。首先介绍滞后位，它是分析电偶极子和磁偶极子的工具；随后介绍一些常用天线的辐射以及天线的基本参数。

电偶极子和磁偶极子是天线的基本模型。因此，我们将首先分析电偶极子和磁偶极子，进而讨论线天线及天线阵列，最后分析口径天线。

9.1 滞后位

在静态场中，位函数满足拉普拉斯方程或者泊松方程，它们都是与时间无关的量。但是在时变电磁场中，电磁标量位 φ 和矢量位 $\boldsymbol{A}$ 满足的方程具有时变特性，且满足达朗贝尔方程，即

$$\begin{cases}\boldsymbol{\nabla}^2\varphi-\mu\varepsilon\dfrac{\partial^2\varphi}{\partial t^2}=-\dfrac{\rho}{\varepsilon}\\[2ex]\boldsymbol{\nabla}^2\boldsymbol{A}-\mu\varepsilon\dfrac{\partial^2\boldsymbol{A}}{\partial t^2}=-\mu\boldsymbol{J}\end{cases}\tag{9.1.1}$$

对于标量位 φ，假设电荷位于区域 V' 内，而 V' 之外不存在电荷，因此标量位 φ 的方程式可写为

$$\boldsymbol{\nabla}^2\varphi-\mu\varepsilon\frac{\partial^2\varphi}{\partial t^2}=0$$

如果以电荷 q 所在位置为原点，则它所产生的场具有球对称性。此时标量位 φ 仅与 r、t 有关，即 $\varphi=\varphi(r,t)$，则上式可化简为

$$\frac{1}{r^2}\frac{\partial}{\partial r}\left(r^2\frac{\partial\varphi}{\partial r}\right)-\mu\varepsilon\frac{\partial^2\varphi}{\partial t^2}=0$$

令 $\varphi(r,t)=\dfrac{U(r,t)}{r}$，则上式可进一步化简为

$$\frac{\partial^2 U}{\partial r^2}-\frac{1}{v^2}\frac{\partial^2 U}{\partial t^2}=0$$

其中，$v=\dfrac{1}{\sqrt{\mu\varepsilon}}$。这是一个波动方程，该方程的通解为

$$U(r,t)=f_{+}\left(t-\frac{r}{v}\right)+f_{-}\left(t+\frac{r}{v}\right) \tag{9.1.2}$$

式中，$f_{+}\left(t-\frac{r}{v}\right)$和$f_{-}\left(t+\frac{r}{v}\right)$分别表示以$\left(t-\frac{r}{v}\right)$和$\left(t+\frac{r}{v}\right)$为变量的函数，代表向外辐射和向内汇聚的波。所以电荷q周围的电位为

$$\varphi(r,t)=\frac{1}{r}f_{+}\left(t-\frac{r}{v}\right)+\frac{1}{r}f_{-}\left(t+\frac{r}{v}\right)$$

由于第一项代表向外辐射的波，因此只取第一项，也就是

$$\varphi(r,t)=\frac{1}{r}f\left(t-\frac{r}{v}\right)$$

静电场是时变电场的特例，可以将静电场的电位与上式进行对比。位于原点的静态电荷q产生的标量位φ_{S}为

$$\varphi_{\mathrm{S}}(r,t)=\frac{q(0,t)}{4\pi\varepsilon r}=\frac{1}{r}\frac{q(0,t)}{4\pi\varepsilon}$$

式中，0表示位于原点。虽然静电位不随时间变化，但是也可写成t的函数形式，从而更符合一般表达形式。比较$\varphi(r,t)$与$\varphi_{\mathrm{S}}(r,t)$，可以看出$\varphi(r,t)$的表达式应当满足

$$\varphi(r,t)=\frac{1}{r}f\left(t-\frac{r}{v}\right)=\frac{1}{r}\frac{q(0,t-r/v)}{4\pi\varepsilon} \tag{9.1.3}$$

若电荷q不是位于原点，而是位于$\boldsymbol{r}'$，则在场点$\boldsymbol{r}$处产生的标量位为

$$\varphi(\boldsymbol{r},t)=\frac{1}{4\pi\varepsilon}\frac{q(\boldsymbol{r}',t-|\boldsymbol{r}-\boldsymbol{r}'|/v)}{|\boldsymbol{r}-\boldsymbol{r}'|} \tag{9.1.4}$$

由场的叠加原理可得体积V'内所有电荷产生的标量位为

$$\varphi(\boldsymbol{r},t)=\frac{1}{4\pi\varepsilon}\int_{V'}\frac{\rho(\boldsymbol{r}',t-|\boldsymbol{r}-\boldsymbol{r}'|/v)}{|\boldsymbol{r}-\boldsymbol{r}'|}\mathrm{d}V' \tag{9.1.5}$$

上式表明，t时刻场$\boldsymbol{r}$处的标量位，不是由t时刻的电荷分布所决定，而是由较早时刻$t'=t-|\boldsymbol{r}-\boldsymbol{r}'|/v$的电荷分布所决定，而$|\boldsymbol{r}-\boldsymbol{r}'|/v$刚好是电磁波从源点$\boldsymbol{r}'$以速率$\boldsymbol{v}$传播到场点$\boldsymbol{r}$所需的时间，这就是电磁波的滞后现象，所对应的标量位$\varphi(\boldsymbol{r},t)$称为滞后位(**retarded potential**)。

矢量位$\boldsymbol{A}$的滞后与标量位φ的滞后相同，只需要将矢量位$\boldsymbol{A}(\boldsymbol{r},t)$分解为三个分量，故矢量滞后位可表示为

$$\boldsymbol{A}(\boldsymbol{r},t)=\frac{\mu}{4\pi}\int_{V'}\frac{\boldsymbol{J}(\boldsymbol{r}',t-|\boldsymbol{r}-\boldsymbol{r}'|/v)}{|\boldsymbol{r}-\boldsymbol{r}'|}\mathrm{d}V' \tag{9.1.6}$$

对于时谐场，可以忽略时间因子$\mathrm{e}^{\mathrm{j}\omega t}$，位函数可表示为

$$\begin{cases}\varphi(\boldsymbol{r})=\dfrac{1}{4\pi\varepsilon}\displaystyle\int_{V'}\frac{\rho(\boldsymbol{r}')\mathrm{e}^{-\mathrm{j}k|\boldsymbol{r}-\boldsymbol{r}'|}}{|\boldsymbol{r}-\boldsymbol{r}'|}\mathrm{d}V'\\ \boldsymbol{A}(\boldsymbol{r})=\dfrac{\mu}{4\pi}\displaystyle\int_{V'}\frac{\boldsymbol{J}(\boldsymbol{r}')\mathrm{e}^{-\mathrm{j}k|\boldsymbol{r}-\boldsymbol{r}'|}}{|\boldsymbol{r}-\boldsymbol{r}'|}\mathrm{d}V'\end{cases} \tag{9.1.7}$$

式中，$k=\omega\sqrt{\mu\varepsilon}=\frac{2\pi}{\lambda}$为波数。

视频 38

9.2 电偶极子的辐射

电偶极子(dipole)又称为电基本振子，它是一段载有高频电流的短导线，长度 $l \ll \lambda$，直径 $d \ll l$。电流 I 沿短导线均匀分布，如图 9.2.1 所示。在 $l \ll r$ 的条件下，电偶极子在自由空间中所产生的磁矢位为

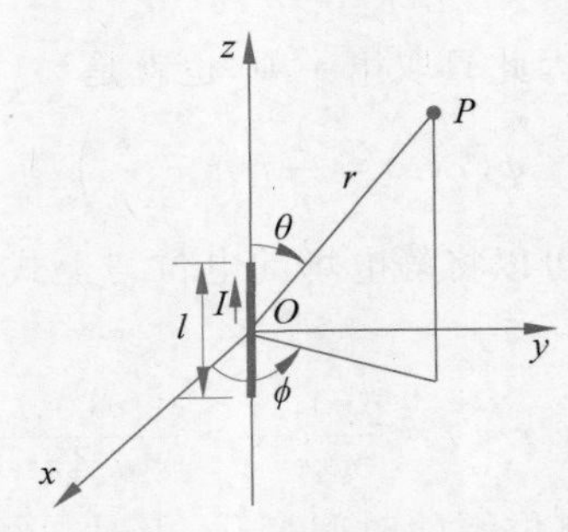

图 9.2.1 电偶极子模型

$$\boldsymbol{A}(\boldsymbol{r})=\frac{\mu}{4\pi}\frac{Il\mathrm{e}^{-\mathrm{j}k|\boldsymbol{r}-\boldsymbol{r}'|}}{|\boldsymbol{r}-\boldsymbol{r}'|}\boldsymbol{e}_z=\frac{\mu}{4\pi}\frac{Il\mathrm{e}^{-\mathrm{j}kR}}{R}\boldsymbol{e}_z \tag{9.2.1}$$

其中，$R=|\boldsymbol{r}-\boldsymbol{r}'|=\sqrt{(x-x')^2+(y-y')^2+(z-z')^2}$。由于 $l \ll \lambda, l \ll r$，故可认为 $R \approx r$。在球坐标系下矢量位可表示为

$$\begin{cases} A_r=A_z\cos\theta=\dfrac{\mu Il}{4\pi r}\mathrm{e}^{-\mathrm{j}kr}\cos\theta \\ A_\theta=-A_z\sin\theta=-\dfrac{\mu Il}{4\pi r}\mathrm{e}^{-\mathrm{j}kr}\sin\theta \\ A_\phi=0 \end{cases}$$

在自由空间中，磁场强度可表示为

$$\boldsymbol{H}=\frac{1}{\mu_0}\nabla\times\boldsymbol{A}=\frac{1}{\mu_0}\begin{vmatrix} \dfrac{\boldsymbol{e}_r}{r^2\sin\theta} & \dfrac{\boldsymbol{e}_\theta}{r\sin\theta} & \dfrac{\boldsymbol{e}_\phi}{r} \\ \dfrac{\partial}{\partial r} & \dfrac{\partial}{\partial\theta} & \dfrac{\partial}{\partial\phi} \\ A_r & rA_\theta & r\sin\theta A_\phi \end{vmatrix}$$

于是得到电偶极子的磁场强度的各个分量为

$$H_\phi=\frac{k^2 Il\sin\theta}{4\pi}\left[\frac{\mathrm{j}}{kr}+\frac{\mathrm{j}}{(kr)^2}\right]\mathrm{e}^{-\mathrm{j}kr} \tag{9.2.2}$$

$$H_r=0,\quad H_\theta=0 \tag{9.2.3}$$

利用时谐电磁场下的麦克斯韦方程

$$\boldsymbol{E}=\frac{1}{\mathrm{j}\omega\varepsilon_0}\nabla\times\boldsymbol{H}=\frac{1}{\mathrm{j}\omega\varepsilon_0}\begin{vmatrix} \dfrac{\boldsymbol{e}_r}{r^2\sin\theta} & \dfrac{\boldsymbol{e}_\theta}{r\sin\theta} & \dfrac{\boldsymbol{e}_\phi}{r} \\ \dfrac{\partial}{\partial r} & \dfrac{\partial}{\partial\theta} & \dfrac{\partial}{\partial\phi} \\ H_r & rH_\theta & r\sin\theta H_\phi \end{vmatrix}$$

电场强度的各个分量可表示为

$$\begin{cases} E_r = \dfrac{2Ilk^3\cos\theta}{4\pi\omega\varepsilon_0}\left[\dfrac{1}{(kr)^2} - \dfrac{\mathrm{j}}{(kr)^3}\right]\mathrm{e}^{-\mathrm{j}kr} \\ E_\theta = \dfrac{Ilk^3\sin\theta}{4\pi\omega\varepsilon_0}\left[\dfrac{\mathrm{j}}{kr} + \dfrac{1}{(kr)^2} - \dfrac{\mathrm{j}}{(kr)^3}\right]\mathrm{e}^{-\mathrm{j}kr} \\ E_\phi = 0 \end{cases} \tag{9.2.4}$$

对上式进行分析可知：

(1) 电场仅有 E_r 和 E_θ 两个分量，磁场仅有 H_ϕ 分量，且三个场分量相互垂直；

(2) 电场线在子午面内(含 z 轴的平面)，磁力线在赤道面内(垂直于 z 轴的平面)；

(3) 电磁场的各分量均随 r 的增大而减少，且每个分量随 r 增大而减小的速度不同。

动画 22

下面分为三个区域对电偶极子的场分布进行讨论。

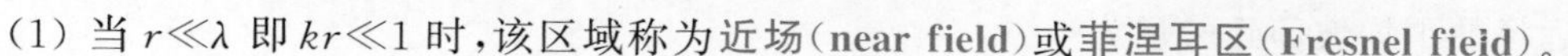

(1) 当 $r \ll \lambda$ 即 $kr \ll 1$ 时，该区域称为近场(**near field**)或菲涅耳区(**Fresnel field**)。

在近场中，$\dfrac{1}{kr} \ll \dfrac{1}{(kr)^2} \ll \dfrac{1}{(kr)^3}$，且 $\mathrm{e}^{-\mathrm{j}kr} \approx 1$。故在电场和磁场各分量中，由 $\dfrac{1}{kr}$ 的高次幂起主要作用，其余各项皆可忽略，故得

$$\begin{cases} E_r = -\mathrm{j}\,\dfrac{Il\cos\theta}{2\pi\omega\varepsilon_0 r^3} = \dfrac{ql\cos\theta}{2\pi\varepsilon_0 r^3} \\ E_\theta = -\mathrm{j}\,\dfrac{Il\sin\theta}{4\pi\omega\varepsilon_0 r^3} = \dfrac{ql\sin\theta}{4\pi\varepsilon_0 r^3} \\ H_\phi = \dfrac{Il\sin\theta}{4\pi r^2} \end{cases} \tag{9.2.5}$$

式中，$I = \dfrac{\mathrm{d}q}{\mathrm{d}t} = \mathrm{j}\omega q$。说明近场的电场与静电场中电偶极子的电场相似。另外，磁场和恒定电流元的磁场相似。因此，近场又称为似稳场。

在近场，平均功率流密度为

$$\boldsymbol{S}_{\mathrm{av}} = \frac{1}{2}\mathrm{Re}[\boldsymbol{E} \times \boldsymbol{H}^*] = 0$$

可见，电偶极子的近场没有电磁功率向外输出，这是因为电场滞后于磁场 90°。实际上，这是忽略了电磁场中较小项所导致的结果，而并非近场真的没有净功率向外输出。说明在近场中，大部分的能量都用于建立电磁场，只有很小的一部分功率用于辐射。因此，近场还可称为感应电场区，或者准静态场区。

(2) 当 $r \gg \lambda$ 即 $kr \gg 1$ 时，该区域称为远场(**far field**)或夫琅禾费区(**Fraunhofer field**)。

在远场中，$\dfrac{1}{kr} \gg \dfrac{1}{(kr)^2} \gg \dfrac{1}{(kr)^3}$，由含 $\dfrac{1}{kr}$ 的项起主要作用，其余各项皆可忽略，故得

$$\begin{cases} E_\theta = \mathrm{j}\,\dfrac{Ilk^2\sin\theta}{4\pi\omega\varepsilon_0 r}\mathrm{e}^{-\mathrm{j}kr} \\ H_\phi = \mathrm{j}\,\dfrac{Ilk\sin\theta}{4\pi r}\mathrm{e}^{-\mathrm{j}kr} \end{cases} \tag{9.2.6}$$

将 $k = \omega\sqrt{\mu_0\varepsilon_0}$、$k = \dfrac{2\pi}{\lambda}$ 以及 $\eta_0 = \sqrt{\dfrac{\mu_0}{\varepsilon_0}}$ 代入式(9.2.6)，得

$$\begin{cases} E_\theta = \mathrm{j}\,\dfrac{Il\eta_0}{2\lambda r}\sin\theta \mathrm{e}^{-\mathrm{j}kr} \\ H_\phi = \mathrm{j}\,\dfrac{Il}{2\lambda r}\sin\theta \mathrm{e}^{-\mathrm{j}kr} \end{cases} \tag{9.2.7}$$

更一般的表示方式是

$$\begin{cases} \boldsymbol{E} = \mathrm{j}\eta\,\dfrac{Il}{2\lambda r}\mathrm{e}^{-\mathrm{j}kr}(\boldsymbol{e}_I \times \boldsymbol{e}_r) \times \boldsymbol{e}_r \\ \boldsymbol{H} = \mathrm{j}\,\dfrac{Il}{2\lambda r}\mathrm{e}^{-\mathrm{j}kr}\boldsymbol{e}_I \times \boldsymbol{e}_r \end{cases} \tag{9.2.8}$$

其中，$\boldsymbol{e}_I$ 为电偶极子的方向。远场与近场完全不同，具有以下特点：

① 仅有 E_θ 和 H_φ 两个分量，两者在时间上同相，在空间上互相垂直并与 r 矢径方向垂直。远场的平均坡印廷矢量为

$$\boldsymbol{S}_{\mathrm{av}} = \frac{1}{2}\mathrm{Re}[\boldsymbol{E} \times \boldsymbol{H}^*] = \frac{1}{2}\mathrm{Re}[\boldsymbol{e}_\theta E_\theta \times \boldsymbol{e}_\phi H_\phi^*] = \boldsymbol{e}_r\,\frac{1}{2}\mathrm{Re}[E_\theta H_\phi^*]$$

远场是辐射场，电磁波沿径向辐射，因而是横电磁波（TEM 波）。

② E_θ 和 H_φ 两个分量均与距离成反比，这是由电磁波扩散引起的。当距离增加时，场强减少得比较缓慢，因而可以传播到离发射天线很远的地方。且 E_θ 和 H_ϕ 的比值为

$$\frac{E_\theta}{H_\phi} = 120\pi(\Omega)$$

正好等于真空中电磁波的波阻抗 η_0。

③ 相位因子 $\mathrm{e}^{-\mathrm{j}kr}$ 表明波的等相位面是 r 为常数的球面，且在该等相位面上，电场（或磁场）的振幅并不处处相等，故为非均匀球面波。

④ 场分量都含有方向因子 $\sin\theta$。表明在 r 为常数的球面，当 θ 取值不同时，场的振幅不相等。通常用方向图来表示这种特性，在 9.5 节（天线的参数）将详细讨论方向图。

（3）处于近场和远场之间的区域称为辐射近场（**radiating near field**）。

在辐射近场中，不能简单地忽略哪一项。在此区域，电场和磁场没有明显的比例关系或者相位关系。电磁场正在从感应特性过渡到辐射特性。

最后讨论电偶极子的辐射功率。这里的辐射功率是指能传播到远场的功率，它等于平均坡印廷矢量在任意包围电偶极子的球面上的积分

$$\begin{aligned} P_r &= \oint_S \boldsymbol{S}_{\mathrm{av}} \cdot \mathrm{d}\boldsymbol{S} = \oint_S \boldsymbol{e}_r\,\frac{1}{2}\mathrm{Re}[E_\theta H_\phi^*] \cdot \mathrm{d}\boldsymbol{S} \\ &= \int_0^{2\pi}\int_0^{\pi} \boldsymbol{e}_r\,\frac{1}{2}\eta_0\left(\frac{Il}{2\lambda r}\sin\theta\right)^2 \cdot \boldsymbol{e}_r r^2 \sin\theta \mathrm{d}\theta \mathrm{d}\phi \\ &= \int_0^{2\pi}\mathrm{d}\phi\int_0^{\pi}\frac{15\pi(Il)^2}{\lambda^2}\sin^3\theta \mathrm{d}\theta \\ &= 40\pi^2 I^2 (l/\lambda)^2 \end{aligned} \tag{9.2.9}$$

可见，电偶极子的辐射功率与电长度 l/λ 有关。通常情况下，将辐射功率等效到某一电阻上消耗的功率，此电阻称为辐射电阻（**radiation resistance**）。电阻上的电流与电偶极子的电流相等，辐射电阻上消耗的功率为

$$P_r = \frac{1}{2} I^2 R_r$$

通过比较即得电偶极子的辐射电阻

$$R_r = 80\pi^2 (l/\lambda)^2 \tag{9.2.10}$$

辐射电阻的大小可用来衡量天线的辐射能力，是天线的电参数之一。

例 9.2.1　某调幅广播电台的载波频率 $f=1\text{MHz}$，已知该电台的发射功率为 100W，发射天线的长度约为 10m。计算：

(1) 该天线的辐射电阻；

(2) 天线上电流的大小；

(3) 分别计算 $\theta=90°$ 平面上离原点 100m 和 100km 处的电场强度、磁场强度及功率流密度。

解：(1) 在自由空间，

$$\lambda = \frac{c}{f} = \frac{3\times 10^8}{1\times 10^6} = 300(\text{m})$$

$$R_r = 80\pi^2 \left(\frac{10}{300}\right)^2 \approx 0.87(\Omega)$$

(2) 由 $P_r = \frac{1}{2} I^2 R_r$，得到 $I = \sqrt{2P_r/R_r} = \sqrt{200/0.87} \approx 15.16(\text{A})$。

(3) 当 $r=100\text{m}$，可认为该点处于近场，根据近场表达式，得

$$E_r(\theta=90°) = 0$$

$$E_\theta(\theta=90°) = -\text{j}\frac{Il}{4\pi\omega\varepsilon_0 r^3} = -\text{j}\frac{15.16\times 10}{4\pi\times 2\pi\times 10^6\times\varepsilon_0\times 100^3} \approx -\text{j}0.014(\text{V/m})$$

$$H_\phi(\theta=90°) = \frac{Il}{4\pi r^2} = \frac{25\times 50\times 10^{-2}}{4\pi\times 50^2} \approx 0.398\times 10^{-3}(\text{A/m})$$

$$\boldsymbol{S}_{\text{av}} = \frac{1}{2}\text{Re}[\boldsymbol{E}\times\boldsymbol{H}^*] = 0$$

而当 $r=100\text{km}$ 时，可认为该点处于远场，根据远场表达式，得到

$$E_\theta(\theta=90°) = \text{j}\frac{Il}{2\pi r}\eta_0 \text{e}^{-\text{j}kr} = \text{j}\frac{25\times 50\times 10^{-2}}{2\times 30\times 10\times 10^3}\times 120\pi \text{e}^{-\text{j}\frac{2\pi}{30}\times 10\times 10^3}$$

$$\approx 7.854\times 10^{-3}\text{e}^{-\text{j}\left(2.1\times 10^3 - \frac{\pi}{2}\right)}\ (\text{V/m})$$

和

$$H_\phi(\theta=90°) = \text{j}\frac{Il}{2\pi r}\text{e}^{-\text{j}kr} \approx 20.83\times 10^{-6}\text{e}^{-\text{j}\left(2.1\times 10^3 - \frac{\pi}{2}\right)}\ (\text{A/m})$$

最终可得

$$\boldsymbol{S}_{\text{av}} = \frac{1}{2}\text{Re}\left[\boldsymbol{E}\times\boldsymbol{H}^*\right] = \frac{1}{2}\text{Re}\left[\boldsymbol{e}_\theta 7.854\times 10^{-3}\text{e}^{-\text{j}\left(2.1\times 10^3 - \frac{\pi}{2}\right)}\times\boldsymbol{e}_\phi 20.83\times 10^{-6}\text{e}^{\text{j}\left(2.1\times 10^3 - \frac{\pi}{2}\right)}\right]$$

$$= \boldsymbol{e}_r 81.8\times 10^{-9}(\text{W/m}^2)$$

9.3 电与磁的对偶性

对应于电荷、电流，可以引入磁荷、磁流的概念，即将一部分原来由电荷和电流产生的电磁场用能够产生同样电磁场的等效磁荷和等效磁流来代替，也就是将"电源"换成等效"磁源"，这样做有利于简化一些问题的计算过程。需要注意的是，目前还没有发现磁荷和磁流，这种等效只是数学上的方便，在 9.4 节中将以磁偶极子的辐射场来说明。

引入磁荷和磁流的概念以后，为区分电和磁，用 ρ_e 和 $\boldsymbol{J}_e$ 表示电荷和电流，而 ρ_m 和 $\boldsymbol{J}_m$ 用表示磁荷和磁流，因此，麦克斯韦方程组就可以写为

$$\begin{cases}\nabla\times\boldsymbol{H}=\varepsilon\dfrac{\partial\boldsymbol{E}}{\partial t}+\boldsymbol{J}_e\\ \nabla\times\boldsymbol{E}=-\mu\dfrac{\partial\boldsymbol{H}}{\partial t}-\boldsymbol{J}_m\\ \nabla\cdot\boldsymbol{H}=\rho_m/\mu\\ \nabla\cdot\boldsymbol{E}=\rho_e/\varepsilon\end{cases}\tag{9.3.1}$$

式中，$\boldsymbol{J}_m$ 的量纲为 $\mathrm{V/m^2}$（伏/平方米）；ρ_m 的量纲为 $\mathrm{Wb/m^3}$（韦伯/立方米）。

将电场 $\boldsymbol{E}$（或磁场 $\boldsymbol{H}$）看成是由电源（ρ_e、$\boldsymbol{J}_e$）产生的电场 $\boldsymbol{E}_e$（或磁场 $\boldsymbol{H}_e$）与由磁源（ρ_m、$\boldsymbol{J}_m$）产生的电场 $\boldsymbol{E}_m$（或磁场 $\boldsymbol{H}_m$）之和，即

$$\begin{cases}\boldsymbol{E}=\boldsymbol{E}_e+\boldsymbol{E}_m\\ \boldsymbol{H}=\boldsymbol{H}_e+\boldsymbol{H}_m\end{cases}\tag{9.3.2}$$

则有如表 9.3.1 中的电量和磁量的对偶性（**duality**，又称为二重性）。

表 9.3.1 电量和磁量的对偶性

$\boldsymbol{E}_e,\boldsymbol{H}_e,\rho_e,\boldsymbol{J}_e$	$\boldsymbol{E}_m,\boldsymbol{H}_m,\rho_m,\boldsymbol{J}_m$	对偶量代换
$\begin{cases}\nabla\times\boldsymbol{H}_e=\varepsilon\dfrac{\partial\boldsymbol{E}_e}{\partial t}+\boldsymbol{J}_e\\ \nabla\times\boldsymbol{E}_e=-\mu\dfrac{\partial\boldsymbol{H}_e}{\partial t}\\ \nabla\cdot\boldsymbol{H}_e=0\\ \nabla\cdot\boldsymbol{E}_e=\dfrac{\rho_e}{\varepsilon}\end{cases}$	$\begin{cases}\nabla\times\boldsymbol{E}_m=-\mu\dfrac{\partial\boldsymbol{H}_m}{\partial t}-\boldsymbol{J}_m\\ \nabla\times\boldsymbol{H}_m=\varepsilon\dfrac{\partial\boldsymbol{E}_m}{\partial t}\\ \nabla\cdot\boldsymbol{E}_m=0\\ \nabla\cdot\boldsymbol{H}_m=\dfrac{\rho_m}{\mu}\end{cases}$	$\boldsymbol{H}_e\leftrightarrow-\boldsymbol{E}_m$ $\boldsymbol{E}_e\leftrightarrow\boldsymbol{H}_m$ $\boldsymbol{J}_e\leftrightarrow\boldsymbol{J}_m$ $\rho_e\leftrightarrow\rho_m$ $\varepsilon\leftrightarrow\mu$ $\mu\leftrightarrow\varepsilon$

利用对偶量代换，就可以由一种源产生的电磁场直接得到另一种源产生的电磁场。类似地，对应于矢量电位 $\boldsymbol{A}$ 有矢量磁位 $\boldsymbol{A}_m$；对应于标量电位 φ 有标量磁位 φ_m，即对应于表 9.3.2 中的电位和磁位对偶性。

表 9.3.2 电位和磁位对偶性

$\boldsymbol{E}_e,\boldsymbol{H}_e,\boldsymbol{A},\varphi$	$\boldsymbol{E}_m,\boldsymbol{H}_m,\boldsymbol{A}_m,\varphi_m$	对偶量代换
$\begin{cases}\boldsymbol{H}_e=\dfrac{1}{\mu}\nabla\times\boldsymbol{A}\\ \boldsymbol{E}_e=-\nabla\varphi-\dfrac{\partial\boldsymbol{A}}{\partial t}\end{cases}$	$\begin{cases}\boldsymbol{E}_m=-\dfrac{1}{\varepsilon}\nabla\times\boldsymbol{A}_m\\ \boldsymbol{H}_m=-\nabla\varphi_m-\dfrac{\partial\boldsymbol{A}_m}{\partial t}\end{cases}$	$\boldsymbol{H}_e\leftrightarrow-\boldsymbol{E}_m$ $\boldsymbol{E}_e\leftrightarrow\boldsymbol{H}_m$ $\boldsymbol{A}\leftrightarrow\boldsymbol{A}_m$ $\varphi_e\leftrightarrow\varphi_m$ $\varepsilon\leftrightarrow\mu$ $\mu\leftrightarrow\varepsilon$

当电源量和磁源量同时存在时，总场量应为它们分别产生的场量之和

$$\begin{cases}\boldsymbol{E}=-\nabla\varphi-\dfrac{\partial \boldsymbol{A}}{\partial t}-\dfrac{1}{\varepsilon}\nabla\times\boldsymbol{A}_{\mathrm{m}}\\ \boldsymbol{H}=-\nabla\varphi_{\mathrm{m}}-\dfrac{\partial \boldsymbol{A}_{\mathrm{m}}}{\partial t}+\dfrac{1}{\mu}\nabla\times\boldsymbol{A}\end{cases}\tag{9.3.3}$$

此外，在分界面上，对应于电源量产生的边界条件

$$\begin{cases}\boldsymbol{J}_{\mathrm{S}}=\boldsymbol{e}_{\mathrm{n}}\times(\boldsymbol{H}_1-\boldsymbol{H}_2)\\ \rho_{\mathrm{s}}=\boldsymbol{e}_{\mathrm{n}}\cdot(\boldsymbol{D}_1-\boldsymbol{D}_2)\end{cases}\tag{9.3.4}$$

磁源量产生的边界条件为

$$\begin{cases}\boldsymbol{J}_{\mathrm{Sm}}=-\boldsymbol{e}_{\mathrm{n}}\times(\boldsymbol{E}_1-\boldsymbol{E}_2)\\ \rho_{\mathrm{sm}}=\boldsymbol{e}_{\mathrm{n}}\cdot(\boldsymbol{B}_1-\boldsymbol{B}_2)\end{cases}\tag{9.3.5}$$

9.4　磁偶极子的辐射

磁偶极子(magnetic dipole)又称为磁流元，其模型是一个小电流环，且它的半径 a 和周长远小于波长，如图 9.4.1 所示。环上的电流可表示为

$$i(t)=I\cos(\omega t)=\mathrm{Re}(I\mathrm{e}^{\mathrm{j}\omega t})$$

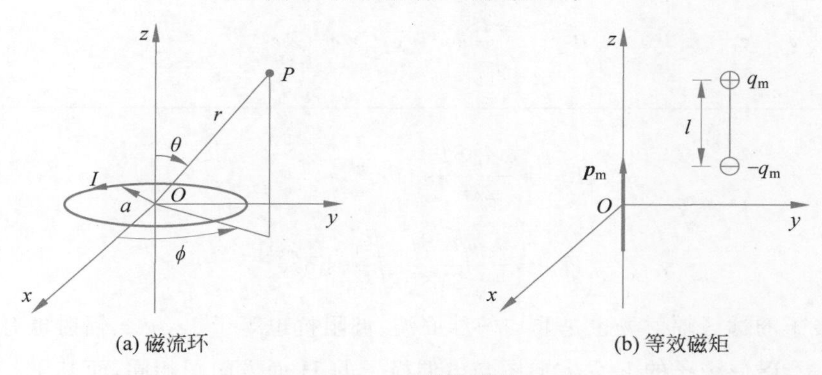

图 9.4.1　磁偶极子

磁偶极子产生的电磁场可以采用求磁矢位的方法得到，其过程已经详细讨论过。这里，将根据电磁对偶性来导出磁偶极子的远区辐射场。

磁偶极子的磁偶极矩 $\boldsymbol{p}_{\mathrm{m}}$ 可表示为

$$\boldsymbol{p}_{\mathrm{m}}=S\mu_0 i\boldsymbol{e}_{\mathrm{n}}\tag{9.4.1}$$

式中，$S=\pi a^2$ 是小环的面积；$\boldsymbol{e}_{\mathrm{n}}$ 为环电流 i 的面积法向方向，它与电流 i 符合右手螺旋法则。

当讨论远场时，需满足 $r\gg a$。当磁偶极子类比成磁荷的形式时，可以将其等效成图 9.4.1(b)的形式，磁荷分布为 $+q_{\mathrm{m}}$ 和 $-q_{\mathrm{m}}$，二者相距为 l。因此

$$\boldsymbol{p}_{\mathrm{m}}=q_{\mathrm{m}}\boldsymbol{l}=\boldsymbol{e}_{\mathrm{n}}q_{\mathrm{m}}l\tag{9.4.2}$$

于是可以得到

$$q_{\mathrm{m}}=\frac{\mu_0 iS}{l}\tag{9.4.3}$$

于是磁荷间的假想磁流为

$$I_{\mathrm{m}}=\frac{\mathrm{d}q_{\mathrm{m}}}{\mathrm{d}t}=\frac{\mu_0 S}{l}\frac{\mathrm{d}i}{\mathrm{d}t} \tag{9.4.4}$$

表示为复数形式

$$I_{\mathrm{m}}=\mathrm{j}\frac{\omega\mu_0 S}{l}I \tag{9.4.5}$$

根据电磁对偶原理，自由空间的磁偶极子与自由空间的电偶极子的对偶性如表 9.4.1 所示。将表 9.4.1 的电偶极子替换成磁偶极子，即得

表 9.4.1　磁偶极子和电偶极子的对偶性

电偶极子	磁偶极子	对偶量代换
$\begin{cases} E_{\theta\mathrm{e}}=\mathrm{j}\dfrac{Il}{2\lambda r}\sqrt{\dfrac{\mu_0}{\varepsilon_0}}\sin\theta\mathrm{e}^{-\mathrm{j}kr} \\ H_{\phi\mathrm{e}}=\mathrm{j}\dfrac{Il}{2\lambda r}\sin\theta\mathrm{e}^{-\mathrm{j}kr} \end{cases}$ 或者 $\boldsymbol{E}=\mathrm{j}\eta\dfrac{Il}{2\lambda r}\mathrm{e}^{-\mathrm{j}kr}(\boldsymbol{e}_I\times\boldsymbol{e}_r)\times\boldsymbol{e}_r$ $\boldsymbol{H}=\mathrm{j}\dfrac{Il}{2\lambda r}\mathrm{e}^{-\mathrm{j}kr}\boldsymbol{e}_I\times\boldsymbol{e}_r$	$\begin{cases} H_{\theta\mathrm{m}}=\mathrm{j}\dfrac{I_{\mathrm{m}}l}{2\lambda r}\sqrt{\dfrac{\varepsilon_0}{\mu_0}}\sin\theta\mathrm{e}^{-\mathrm{j}kr} \\ -E_{\phi\mathrm{m}}=\mathrm{j}\dfrac{I_{\mathrm{m}}l}{2\lambda r}\sin\theta\mathrm{e}^{-\mathrm{j}kr} \end{cases}$ 或者 $\boldsymbol{E}_{\mathrm{m}}=\dfrac{\eta\pi IS}{\lambda^2 r}\mathrm{e}^{-\mathrm{j}kr}\boldsymbol{e}_{I_{\mathrm{m}}}\times\boldsymbol{e}_r$ $\boldsymbol{H}_{\mathrm{m}}=-\dfrac{\pi IS}{\lambda^2 r}\mathrm{e}^{-\mathrm{j}kr}(\boldsymbol{e}_{I_{\mathrm{m}}}\times\boldsymbol{e}_r)\times\boldsymbol{e}_r$	$E_{\theta\mathrm{e}}\leftrightarrow H_{\theta\mathrm{m}}$ $H_{\phi\mathrm{e}}\leftrightarrow -E_{\phi\mathrm{m}}$ $q\leftrightarrow q_{\mathrm{m}}$ $I\leftrightarrow I_{\mathrm{m}}$ $\varepsilon_0\leftrightarrow\mu_0$ $\mu_0\leftrightarrow\varepsilon_0$

$$\begin{cases} E_{\phi}=\dfrac{\omega\mu_0 SI}{2\lambda r}\sin\theta\mathrm{e}^{-\mathrm{j}kr} \\ H_{\theta}=-\dfrac{\omega\mu_0 SI}{2\lambda r}\sqrt{\dfrac{\varepsilon_0}{\mu_0}}\sin\theta\mathrm{e}^{-\mathrm{j}kr} \end{cases} \tag{9.4.6}$$

可见，磁偶极子的远区辐射场也是非均匀球面波、波阻抗也等于 120πΩ、辐射也有方向性。

应当注意，磁偶极子的 E 面方向图与电偶极子的 H 面方向图相同，而其 H 面方向图与电偶极子的 E 面方向图相同。

磁偶极子的总辐射功率为

$$\boldsymbol{P}_{\mathrm{r}}=\oint_S \boldsymbol{S}_{\mathrm{av}}\cdot\mathrm{d}\boldsymbol{S}=\oint_S \frac{1}{2}\mathrm{Re}(\boldsymbol{E}\times\boldsymbol{H}^*)\cdot\mathrm{d}\boldsymbol{S}$$

将式(9.4.6)代入上式得

$$P_{\mathrm{r}}=160\pi^4 I^2\left(\frac{S}{\lambda^2}\right)^2 \tag{9.4.7}$$

由此求得辐射电阻为

$$R_{\mathrm{r}}=\frac{2P_{\mathrm{r}}}{I^2}=320\pi^4\left(\frac{S}{\lambda^2}\right)^2 \tag{9.4.8}$$

9.5 电磁辐射几个重要的参数

电偶极子和磁偶极子都是天线的基本辐射单元。要全面表征天线的辐射特性,需要大量的参数,比如方向图、方向系数、增益、带宽、输入阻抗以及极化特性。下面只讨论与电磁辐射关系比较密切的几个基本参数。其他一些参数,比如带宽、输入阻抗等参数将在天线类课程详细讨论。

1. 方向图(radiation pattern)

从电偶极子和磁偶极子的场分布可以看出,当观察点与天线的距离保持不变时,场强还与观察点与天线的相对方向有关。如何直观地表示这种方向依赖特性呢?通常情况是将辐射特性根据方向的变化绘制成二维或者三维图形,这种图形称为天线的方向图。

由于观察点与天线的距离保持不变,因此相当于形成了一个球面。球面的电场可以表示成方向的函数,即$\boldsymbol{E}=\boldsymbol{E}(\theta,\phi)|_{r=r_0}$,此时场函数也称为方向函数。为便于比较不同天线的方向特性,通常采用归一化方向函数。定义为

$$F(\theta,\phi)=\frac{|\boldsymbol{E}(\theta,\phi)|}{|\boldsymbol{E}_{\max}|} \tag{9.5.1}$$

式中,$|\boldsymbol{E}_{\max}|$为该球面上的最大电场强度。

例如,电偶极子和磁偶极子的归一化方向函数都为$F(\theta,\phi)=|\sin\theta|$。其对应的方向图如图 9.5.1 所示。

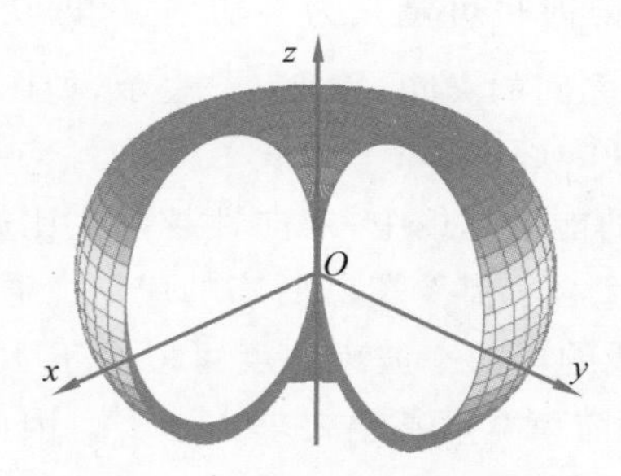

图 9.5.1 电偶极子的三维方向图

此外,由于三维方向图绘制复杂,很多时候也采用二维方向图表示,并定义 E 面(最大辐射方向与电场所构成的面)和 H 面(最大辐射方向与磁场所构成的面),见图 9.5.2。

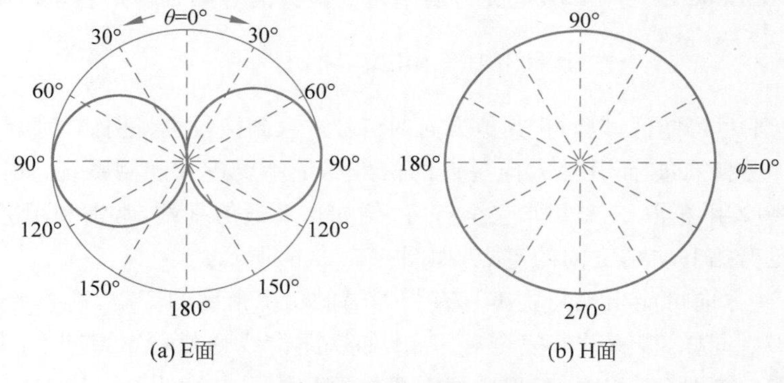

图 9.5.2 电偶极子的 E 面和 H 面方向图

为表示天线辐射功率的空间分布，引入功率方向函数 $F_{\mathrm{P}}(\theta,\phi)$，它与场强方向函数 $F(\theta,\phi)$ 间的关系为

$$F_{\mathrm{P}}(\theta,\phi)=F^{2}(\theta,\phi) \tag{9.5.2}$$

在没有特殊规定时，采用哪种方向图完全取决于个人喜好。但在以功率为主要研究对象的场景，功率方向函数显然更加方便。实际应用中，天线的方向图要比电偶极子的方向图复杂，出现很多波瓣，分别称为主瓣和旁瓣（副瓣），有时还将主瓣正后方的波瓣称为后瓣。图 9.5.3 所示为某天线的 E 面方向图。

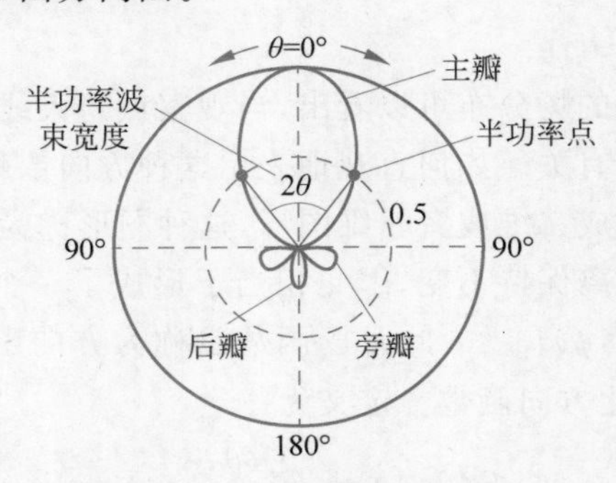

图 9.5.3　天线功率方向图实例

1）主瓣（**main lobe，main beam**）

主瓣是指最大辐射方向所在的波瓣。通常主瓣宽度定义为主瓣轴线两侧的两个零功率点之间的夹角；在没有零功率点时也可定义为半功率点（即功率密度下降为最大值的一半或场强下降为最大值的 $1/\sqrt{2}$）之间的夹角，用 $2\theta_{0.5}$ 表示，如图 9.5.3 所示。第二种定义通常称为半功率波束宽度（**Half Power Beam Width，HPBW**）。

主瓣宽度越小，天线辐射的能量越集中，定向性越好。比如，电偶极子的半功率波束宽度为 90°，这是一种广角天线，适合于需要覆盖面广的应用。通常移动通信的天线都是偶极子天线。再比如八木-宇田天线的半功率波束宽度可以小于 40°，可用于电视接收的室外天线。而卫星通信天线的半功率波束宽度甚至要求小于 1°。因此，主瓣宽度也是一个和工程应用联系紧密的技术指标。

2）旁瓣（**side lobe**）

旁瓣也称为副瓣，指主瓣之外的辐射波瓣。一般情况下，旁瓣电平低于主瓣电平。通常把旁瓣电平（**Side Lobe Level，SLL**）定义为功率密度最大的旁瓣 S_1 和主瓣功率密度 S_0 之比

$$\mathrm{SLL}=10\lg\left(\frac{S_1}{S_0}\right)\mathrm{dB} \tag{9.5.3}$$

通常要求旁瓣电平尽可能低，以防止其他方向的信号进入到接收机。例如，射电天文应用中要求天线信号来自观测方向，而其他方向星体的信号尽量不要进入观测系统，如图 9.5.4(a)所示。但是在某些应用场景，旁瓣并非完全有害，例如移动通信基站，常常利用旁瓣增加覆盖，甚至想办法补足旁瓣和主瓣之间的零点，如图 9.5.4(b)所示。

另外，在一些方向可能出现与主瓣具有相等辐射功率密度的旁瓣，这些旁瓣通常称为栅瓣（**grating lobe**）。同样，栅瓣并非完全有害，比如铁路沿线通信，恰恰应用了栅瓣。由此可见，天线的辐射和应用紧密相关，工程应用需要根据具体需求设计不同的方向图。

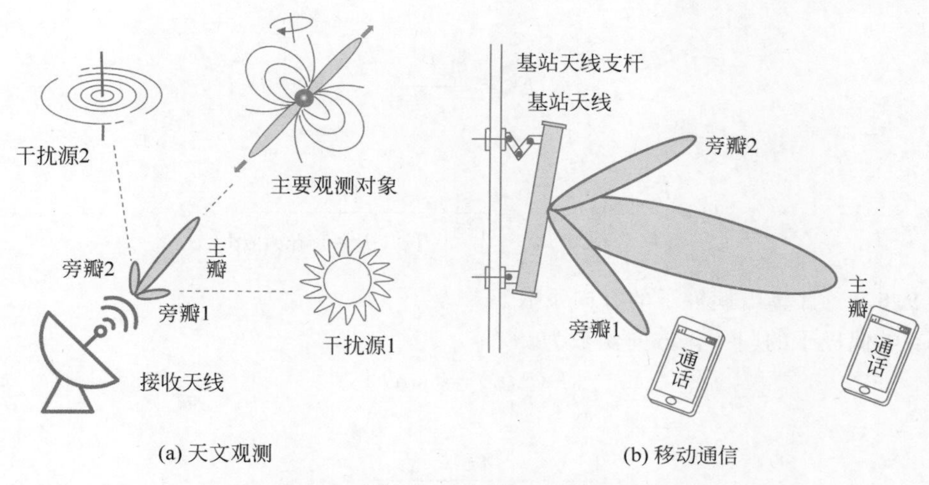

(a) 天文观测　　(b) 移动通信

图 9.5.4　旁瓣在不同系统中的影响和作用

3）前后比（Front to Back ratio，FB）

主瓣功率密度 S_0 与后瓣功率密度 S_b 之比的对数值，称为前后比，即表示为

$$\mathrm{FB}=10\lg\left(\frac{S_0}{S_b}\right) \tag{9.5.4}$$

通常要求前后比尽可能大。

2. 方向系数（directivity）

方向系数 D 是表征天线指向性的一个重要参数。假设被研究天线的辐射功率为 P_r，另外有一个理想无方向性的参考天线，其辐射功率为 P_{r0}。被研究天线在最大辐射方向的辐射功率密度和场强分别为 S_{max} 和 E_{max}；而参考天线在各个方向的辐射功率或场强相等，且分别为 S_0 和 E_0。方向系数定义为：当 $P_r=P_{r0}$ 时，被研究天线在其最大辐射方向上某点产生的功率密度 S_{max} 与无方向天线在同一点产生的功率密度 S_0 的比值，即

$$D=\left.\frac{S_{max}}{S_0}\right|_{P_r=P_{r0}}=\left.\frac{E_{max}^2}{E_0^2}\right|_{P_r=P_{r0}} \tag{9.5.5}$$

此处第二个等号成立是因为功率密度与场强的平方成正比。因此，从概念上看，方向系数表征的是最大值比平均值的比例特性。根据定义式可以推导方向系数的计算公式。

被研究天线的辐射功率为

$$P_r=\oint_S \boldsymbol{S}_{av}\cdot d\boldsymbol{S}=\oint_S \frac{1}{2}\frac{E^2(\theta,\phi)}{\eta_0}dS=\frac{1}{2\eta_0}\int_0^{2\pi}\int_0^{\pi}[E_{max}^2F^2(\theta,\phi)]r^2\sin\theta d\theta d\phi$$
$$=\frac{E_{max}^2r^2}{240\pi}\int_0^{2\pi}\int_0^{\pi}F^2(\theta,\phi)\sin\theta d\theta d\phi$$

故

$$E_{max}^2=\frac{240\pi P_r}{r^2\int_0^{2\pi}\int_0^{\pi}F^2(\theta,\phi)\sin\theta d\theta d\phi}$$

而无方向天线的辐射功率为

$$P_{r0}=S_0\times 4\pi r^2=\frac{E_0^2}{2\eta_0}\times 4\pi r^2=\frac{E_0^2r^2}{60}$$

故

$$E_0^2=\frac{60P_{r0}}{r^2}$$

则得到

$$D=\left.\frac{E_{max}^2}{E_0^2}\right|_{P_r=P_{r0}}=\frac{4\pi}{\int_0^{2\pi}\int_0^{\pi}F^2(\theta,\phi)\sin\theta d\theta d\phi} \tag{9.5.6}$$

例 9.5.1 计算电偶极子的方向系数。

解:电偶极子的归一化方向函数为

$$F(\theta,\phi)=|\sin\theta|$$

故

$$D=\frac{4\pi}{\int_0^{2\pi}\int_0^{\pi}\sin^2\theta\sin\theta d\theta d\phi}\approx 1.5$$

若用分贝表示,则为 $D=10\lg 1.5\approx 1.76(\text{dB})$。

例 9.5.2 对称振子的总长度为 $2l$,方向函数为 $f(\theta)=\frac{\cos(kl\cos\theta)-\cos(kl)}{\sin\theta}$,求其方向系数的通解,并画出 l/λ 在 0~1 范围的方向系数图。

解:归一化方向函数为

$$F(\theta)=\frac{|f(\theta)|}{f_{max}}=\frac{1}{f_{max}}\left|\frac{\cos(kl\cos\theta)-\cos(kl)}{\sin\theta}\right|$$

$$\begin{aligned}D&=\frac{4\pi}{\int_0^{2\pi}\int_0^{\pi}F^2(\theta,\phi)\sin\theta d\theta d\phi}\\&=\frac{4\pi f_{max}^2}{\int_0^{2\pi}\int_0^{\pi}\left|\frac{\cos(kl\cos\theta)-\cos(kl)}{\sin\theta}\right|^2\sin\theta d\theta d\phi}\\&=\frac{2f_{max}^2}{\int_0^{\pi}\left|\frac{\cos(kl\cos\theta)-\cos(kl)}{\sin\theta}\right|^2\sin\theta d\theta}\end{aligned}$$

利用计算机编程,可求得该积分式的最终解,如图 9.5.5 所示。

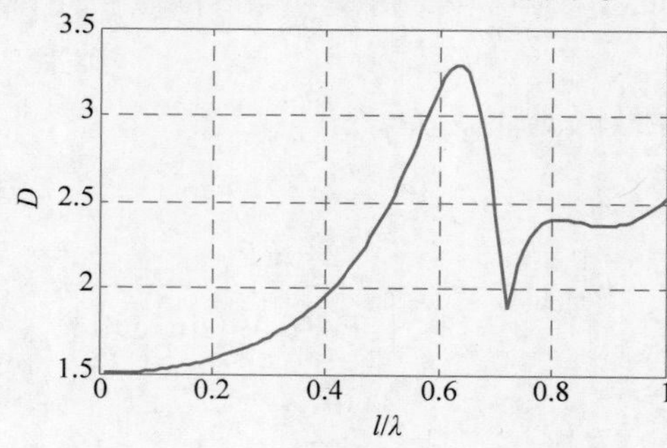

图 9.5.5 不同电长度情况下的方向系数

当 l/λ 取不同的值时，对应的E面方向图如图9.5.6所示。随着 l/λ 的增大，开始出现旁瓣，继续增大后会出现多个最大辐射方向（即栅瓣）。

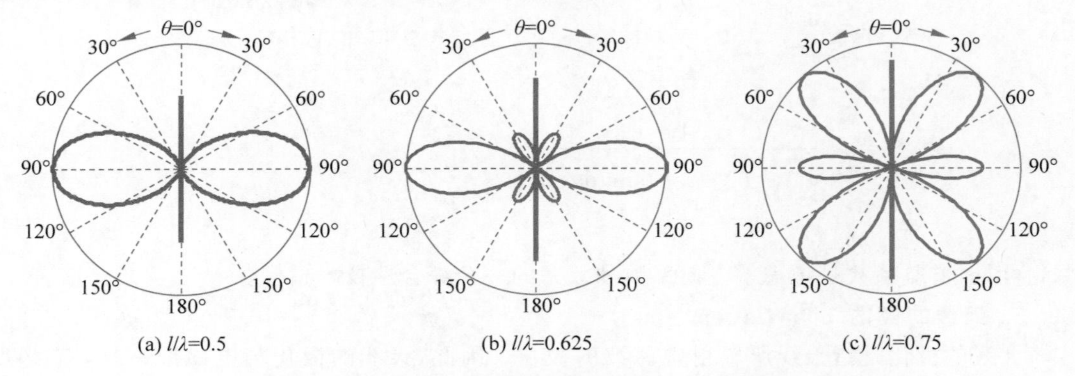

图9.5.6 不同长度的线天线对应的E面方向图

3. 效率(efficiency)

天线与信号源之间通常都存在阻抗失配，同时天线本身也会损耗能量。因此，采用天线效率 η_A 来表征这些因素的影响，定义为

$$\eta_A = \frac{P_r}{P_{in}} \tag{9.5.7}$$

即辐射功率与输入功率之比。

4. 增益系数(gain)

增益系数 G 是表征天线的另一个重要参数。假设被研究天线的输入功率为 P_{in}，另外有一个理想无方向性的参考天线，其输入功率为 P_{in0}。被研究天线在最大辐射方向的辐射功率密度和场强分别为 S_{max} 和 E_{max}；而参考天线在各个方向的辐射功率或场强相等，且分别为 S_0 和 E_0。增益系数定义为：当 $P_{in}=P_{in0}$ 时，被研究天线在其最大辐射方向上某点产生的功率密度 S_{max} 与无方向天线在同一点产生的功率密度 S_0 的比值，即

$$G = \left.\frac{S_{max}}{S_0}\right|_{P_{in}=P_{in0}} = \left.\frac{E_{max}^2}{E_0^2}\right|_{P_{in}=P_{in0}} \tag{9.5.8}$$

仔细观察可以发现，增益系数的定义与方向系数的定义十分相似，只是前提条件有所改变。增益要求的是输入功率相等，而方向系数要求的是辐射功率相等。

对于理想无方向性天线，辐射功率等于输入功率，即 $P_{r0}=P_{in0}$；对于被研究天线则满足 $P_r=\eta_A P_{in}$。因此当 $P_{in}=P_{in0}$ 时，被研究天线辐射的功率为 $P_r=\eta_A P_{in0}=\eta_A P_{r0}$。

故对于被研究天线的电场最大值为

$$E_{max}^2 = \frac{240\pi P_r}{r^2\int_0^{2\pi}\int_0^{\pi}F^2(\theta,\phi)\sin\theta\mathrm{d}\theta\mathrm{d}\phi} = \frac{240\pi\eta_A P_{r0}}{r^2\int_0^{2\pi}\int_0^{\pi}F^2(\theta,\phi)\sin\theta\mathrm{d}\theta\mathrm{d}\phi}$$

而无方向天线的辐射功率为

$$E_0^2 = \frac{60P_{r0}}{r^2}$$

于是可得

$$G=\frac{S_{\max}}{S_0}\bigg|_{P_{\text{in}}=P_{\text{in0}}}=\frac{E_{\max}^2}{E_0^2}\bigg|_{P_{\text{in}}=P_{\text{in0}}}=\frac{\dfrac{240\pi\eta_A P_{r0}}{r^2\int_0^{2\pi}\int_0^{\pi}F^2(\theta,\phi)\sin\theta\mathrm{d}\theta\mathrm{d}\phi}}{\dfrac{60P_{r0}}{r^2}} \tag{9.5.9}$$

$$=\eta_A\frac{4\pi}{\int_0^{2\pi}\int_0^{\pi}F^2(\theta,\phi)\sin\theta\mathrm{d}\theta\mathrm{d}\phi}$$

$$=\eta_A D$$

由此可见,增益系数是考虑了方向系数和效率的一个综合性技术指标。

5. 天线的极化(**polarization**)

天线的极化是指天线所辐射电磁波的极化。因此,天线的极化与电磁波一样,有线极化、圆极化和椭圆极化。相关内容在第7章详细讨论过,在此不作进一步阐述。

视频 40

9.6 阵列天线

从电偶极子的方向图可以看出,其定向性并不理想。为了提高天线的方向性,通常采用天线阵列(**antenna array**)的形式。天线阵列中的各个单元称为天线单元(**antenna element**)。天线阵列的辐射场是所有天线单元辐射场的矢量叠加。

9.6.1 二元阵列

为了说明原理,假设某二元阵列沿 x 轴排列,如图 9.6.1 所示。实际上可以沿任意方向排列,但效果是类似的。两个天线单元的距离为 d,并且等幅度激励,但单元 2 的相位超前单元 1 的相位为 φ。由此,可以写出远场某一点 P 两个天线的电场分别为

$$E_1=E_0F(\theta,\phi)\frac{\mathrm{e}^{-\mathrm{j}\boldsymbol{k}\cdot\boldsymbol{r}_1}}{r_1}$$

$$E_2=E_0F(\theta,\phi)\frac{\mathrm{e}^{-\mathrm{j}\boldsymbol{k}\cdot\boldsymbol{r}_2}}{r_2}\mathrm{e}^{\mathrm{j}\varphi}$$

图 9.6.1 二元阵列示意图

最终,P 点的电场可以写为

$$E=E_1+E_2=E_0F(\theta,\phi)\left(\frac{\mathrm{e}^{-\mathrm{j}\boldsymbol{k}\cdot\boldsymbol{r}_1}}{r_1}+\frac{\mathrm{e}^{-\mathrm{j}\boldsymbol{k}\cdot\boldsymbol{r}_2}}{r_2}\mathrm{e}^{\mathrm{j}\varphi}\right)$$

进一步运算,可得

$$E=E_0F(\theta,\phi)\mathrm{e}^{-\mathrm{j}\boldsymbol{k}\cdot\boldsymbol{r}_1}\left[\frac{1}{r_1}+\frac{\mathrm{e}^{\mathrm{j}\boldsymbol{k}\cdot(\boldsymbol{r}_1-\boldsymbol{r}_2)}}{r_2}\mathrm{e}^{\mathrm{j}\varphi}\right]=E_0F(\theta,\phi)\mathrm{e}^{-\mathrm{j}\boldsymbol{k}\cdot\boldsymbol{r}_1}\left(\frac{1}{r_1}+\frac{\mathrm{e}^{\mathrm{j}d\boldsymbol{k}\cdot\boldsymbol{e}_x}}{r_2}\mathrm{e}^{\mathrm{j}\varphi}\right)$$

$$=E_0F(\theta,\phi)\mathrm{e}^{-\mathrm{j}\boldsymbol{k}\cdot\boldsymbol{r}_1}\left[\frac{1}{r_1}+\frac{1}{r_2}\mathrm{e}^{\mathrm{j}(kd\sin\theta\cos\phi+\varphi)}\right]$$

考虑到远区：$\frac{1}{r_1}\approx\frac{1}{r_2}$，上式可以化简成

$$E=2E_0F(\theta,\phi)\frac{\mathrm{e}^{-\mathrm{j}kr_1}}{r_1}\cos\frac{\psi}{2}\mathrm{e}^{\frac{\mathrm{j}\psi}{2}}$$

其中，

$$\psi=kd\sin\theta\cos\phi+\varphi$$

因此可得

$$E=\frac{2E_0}{r_1}\mid F(\theta,\phi)\mid\left|\cos\frac{\psi}{2}\right| \tag{9.6.1}$$

说明二元阵列的方向图由两部分组成，其中$|F(\theta,\phi)|$是单元天线的方向图，称为元因子（**primary factor**），而$\left|\cos\frac{\psi}{2}\right|$是形成阵列天线后引入的因子，称为阵因子（**array factor**）。

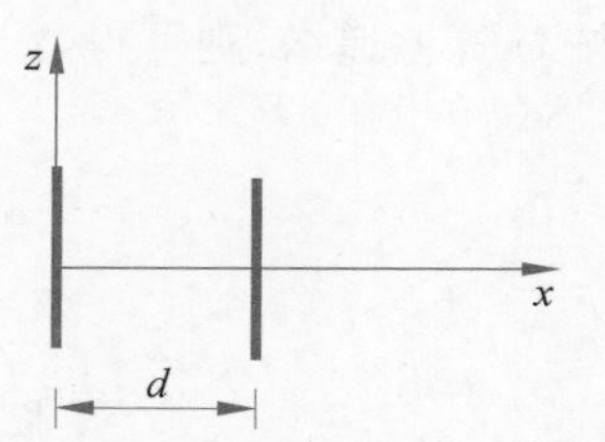

图 9.6.2 二元阵列沿 x 轴排列

例 9.6.1 假设有两个平行于 z 轴的沿 x 排列的电偶极子，见图 9.6.2，求该天线阵列的方向图表达式。当 $d=\lambda/4$、$\varphi=\pi/2$ 时，求其 H 面和 E 面的方向图。

解：由于 $E=\frac{2E_0}{r}|F(\theta,\phi)|\left|\cos\frac{\psi}{2}\right|$，故阵列天线的方向函数 $F_{\mathrm{A}}(\theta,\phi)$ 为

$$F_{\mathrm{A}}(\theta,\phi)=|\sin\theta|\left|\cos\frac{kd\sin\theta\cos\phi+\varphi}{2}\right|$$

当 $d=\lambda/4$、$\varphi=\pi/2$ 时，$F_{\mathrm{A}}(\theta,\phi)=|\sin\theta|\left|\cos\frac{\pi\sin\theta\cos\phi+\pi}{4}\right|$。

天线的 H 面为 $\theta=\pi/2$ 时，$F_{\mathrm{A}}(\theta,\phi)=\left|\sin\frac{\pi}{2}\right|\left|\cos\frac{\pi\cos\phi+\pi}{4}\right|$，如图 9.6.3 所示。

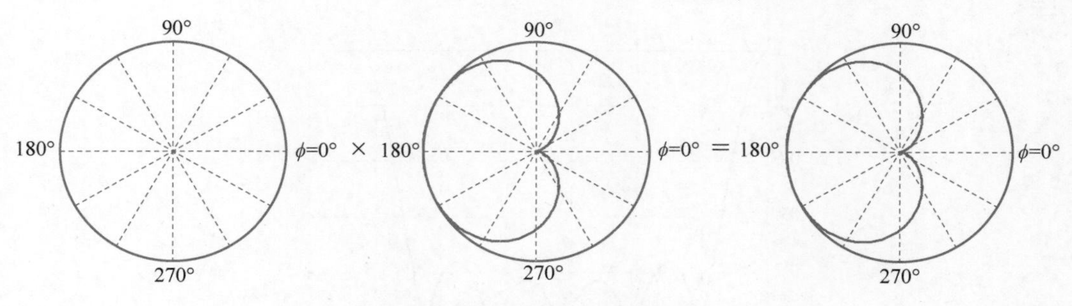

图 9.6.3 天线阵列 H 面方向图

天线的 E 面为 $\phi=\pi$ 时，$F_A(\theta,\phi)=|\sin\theta|\left|\cos\dfrac{\pi-\pi\sin\theta}{4}\right|$，如图 9.6.4 所示。

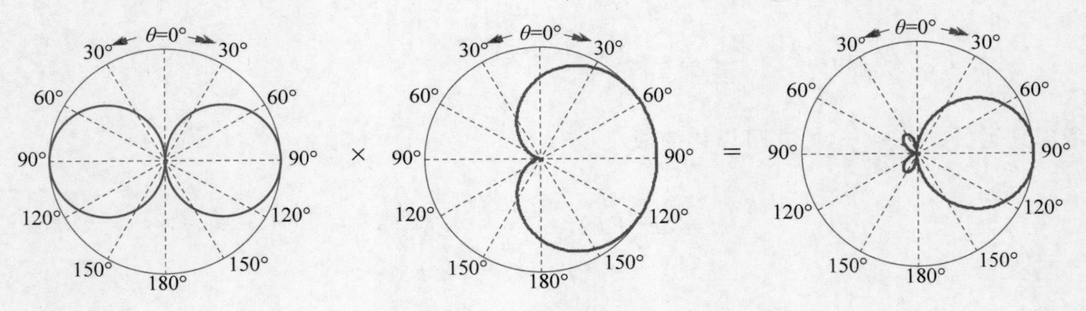

图 9.6.4　天线阵列 E 面方向图

9.6.2　均匀直线阵列

将二元阵列推广到 N 元阵列，如图 9.6.5 所示。假设各单元天线激励的幅度相等，相位按 φ 等差递增，则可得 N 元阵列的辐射场为

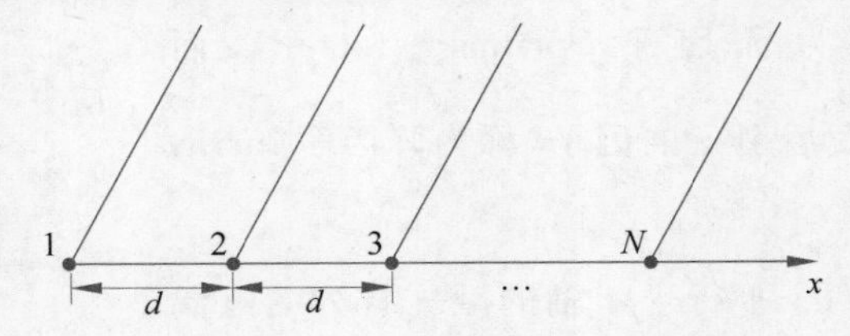

图 9.6.5　N 元阵列示意图

$$E=E_0\,\frac{F(\theta,\phi)}{r}\mathrm{e}^{-\mathrm{j}kr}\sum_{n=0}^{N-1}\mathrm{e}^{\mathrm{j}n(kd\sin\theta\cos\phi+\varphi)} \tag{9.6.2}$$

因此阵因子可以表示成

$$A(\psi)=\frac{1}{N}\left|\frac{\sin\dfrac{N\psi}{2}}{\sin\dfrac{\psi}{2}}\right| \tag{9.6.3}$$

图 9.6.6 是六元阵列的归一化阵因子图。

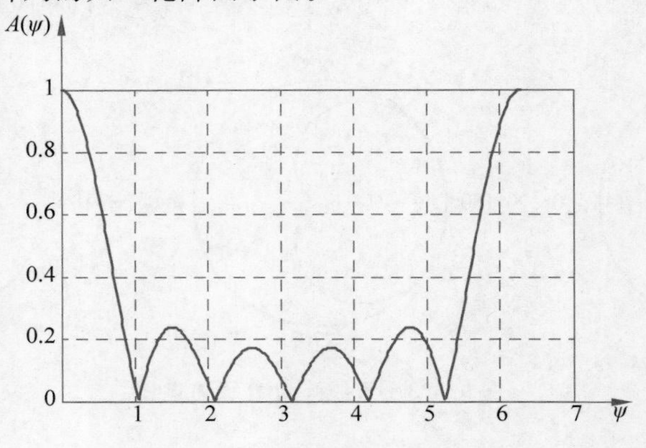

图 9.6.6　六元阵列归一化阵因子图

例 9.6.2　对于 N 元阵列，当 $\theta=\pi/2$ 时，求阵因子的主瓣方向、零辐射方向、旁瓣方向和第一旁瓣电平。

解：当 $\theta=\pi/2$ 时，$\psi=kd\cos\phi+\varphi$，当 $\psi=0$ 或者 $kd\cos\phi+\varphi=0$ 时辐射最大，也就是主瓣的方向，由此得到

$$\phi_{\mathrm{m}}=\arccos\frac{-\varphi}{kd}$$

当 $A(\psi)=0$ 或者 $\frac{N\psi}{2}=\pm m\pi(m=1,2,3,\cdots)$ 时为辐射零点。

旁瓣方向一般发生在 $\left|\sin\frac{N\psi}{2}\right|=1$ 处，即 $\frac{N\psi}{2}=\pm\frac{2m+1}{2}\pi(m=1,2,3,\cdots)$。

第一旁瓣发生在 $m=1$ 时，且当 N 很大时

$$A(\psi)=\frac{1}{N\left|\sin\frac{3\pi}{2N}\right|}\approx\frac{2}{3\pi}\tag{9.6.4}$$

换算成分贝，$20\lg\frac{2}{3\pi}\approx-13.5\mathrm{dB}$。

当最大辐射方向沿阵轴方向时，称之为端射阵（**end-fire array**），即 $\phi_{\mathrm{m}}=0$ 或 $\phi_{\mathrm{m}}=\pi$；当最大辐射方向垂直阵轴方向时，称之为边射阵（**broadside array**），即 $\phi_{\mathrm{m}}=\pm\pi/2$。

9.7　口径场辐射

视频 41

面状辐射源在实际生活中应用十分广泛，对应的辐射模型称为口径场（**aperture field**）辐射，也有教材称之为口面场。分析口径场辐射大致有两类方法：一是求解包围天线的某一封闭空间 V 内的场，即求解内部场，再根据求得的解确定包围该天线封闭面上的场；二是根据惠更斯原理，由封闭面上的场求解 V 以外的场。第一种方法的计算量对于面天线来说十分可观，因此效率比较低；第二种方法具有一定的近似，因为完全不考虑天线内场与外场的关系，但是在工程应用中这种方法具备了足够的精度。

9.7.1　惠更斯元的辐射

惠更斯原理也称为惠更斯-菲涅耳原理（**Huygens-Fresnel principle**）：波在传播过程中，任意等相位面上各点都可以视为新的次级波源。在任意时刻，这些次级波源的子波包络就是新的波阵面。换句话说，我们可以不知道源分布，只要知道某一等相位面的场分布，仍然可求出空间任意点的场分布。菲涅耳进一步指出，空间某一点的场强大小是各子波在该点场强的矢量叠加。因此，在求解某一点的场强时，不一定从激励源进行求解，可以把激励源产生的某一波阵面上的场分布作为次级波源进行求解。

取某一惠更斯元，如图 9.7.1 所示，面元 $\mathrm{d}\boldsymbol{S}=\boldsymbol{e}_{\mathrm{n}}\mathrm{d}x\mathrm{d}y$，设面元上有均匀分布的切向电场 E_y 和切向磁场 H_x。根据电磁场的等效原理，惠更斯元上的磁场 H_x 可等效为一电流元 $\boldsymbol{J}_{\mathrm{S}}$、而电场 E_y 可等效为一磁流元 $\boldsymbol{J}_{\mathrm{mS}}$ 且

$$\begin{cases}\boldsymbol{J}_{\mathrm{S}}=\boldsymbol{e}_{\mathrm{n}}\times\boldsymbol{H}=\boldsymbol{e}_z\times\boldsymbol{e}_xH_x=\boldsymbol{e}_yH_x\\ \boldsymbol{J}_{\mathrm{mS}}=-\boldsymbol{e}_{\mathrm{n}}\times\boldsymbol{E}=-\boldsymbol{e}_z\times\boldsymbol{e}_yE_y=\boldsymbol{e}_xE_y\end{cases}\tag{9.7.1}$$

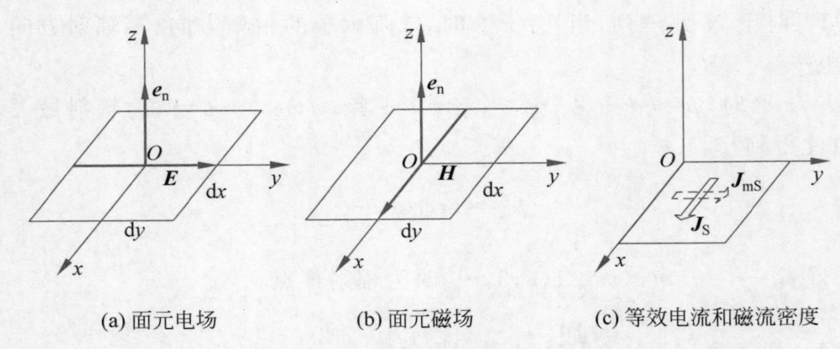

图 9.7.1 惠更斯元的场及等效电流

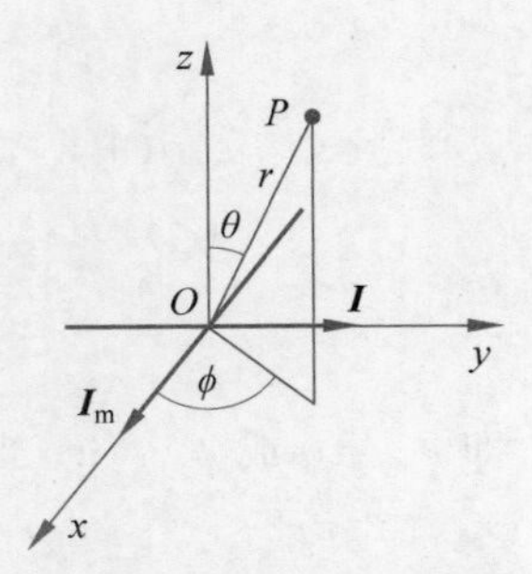

图 9.7.2 面元辐射场计算

因此面电流 $\boldsymbol{J}_S$ 产生的电偶极子的电流大小为 $I=H_x\mathrm{d}x$,电偶极子的长度为 $\mathrm{d}y$;面电流 $\boldsymbol{J}_{mS}$ 产生的磁偶极子的磁流大小为 $I_m=E_y\mathrm{d}y$,磁偶极子的长度为 $\mathrm{d}x$。因此,惠更斯元可视为相互垂直的电偶极子和磁偶极子的组合,如图 9.7.2 所示。

根据电偶极子的一般性表达式

$$\begin{cases}\boldsymbol{E}=\mathrm{j}\eta\dfrac{Il}{2\lambda r}\mathrm{e}^{-\mathrm{j}kr}(\boldsymbol{e}_I\times\boldsymbol{e}_r)\times\boldsymbol{e}_r\\ \boldsymbol{H}=\mathrm{j}\dfrac{Il}{2\lambda r}\mathrm{e}^{-\mathrm{j}kr}\boldsymbol{e}_I\times\boldsymbol{e}_r\end{cases}\tag{9.7.2}$$

同时考虑到 $\boldsymbol{e}_I=\boldsymbol{e}_y$,可得沿 y 轴放置的电偶极子的远场为

$$\begin{cases}\mathrm{d}\boldsymbol{E}_e=-\mathrm{j}\dfrac{H_x\mathrm{d}x\mathrm{d}y}{2\lambda r}\eta(\boldsymbol{e}_\theta\cos\theta\sin\phi+\boldsymbol{e}_\phi\cos\phi)\mathrm{e}^{-\mathrm{j}kr}\\ \mathrm{d}\boldsymbol{H}_e=-\mathrm{j}\dfrac{H_x\mathrm{d}x\mathrm{d}y}{2\lambda r}(-\boldsymbol{e}_\theta\cos\phi+\boldsymbol{e}_\phi\cos\theta\sin\phi)\mathrm{e}^{-\mathrm{j}kr}\end{cases}\tag{9.7.3}$$

再根据磁偶极子一般性表达式

$$\begin{cases}\boldsymbol{E}_m=\dfrac{\eta\pi IS}{\lambda^2 r}\mathrm{e}^{-\mathrm{j}kr}\boldsymbol{e}_{I_m}\times\boldsymbol{e}_r\\ \boldsymbol{H}_m=-\dfrac{\pi IS}{\lambda^2 r}\mathrm{e}^{-\mathrm{j}kr}(\boldsymbol{e}_{I_m}\times\boldsymbol{e}_r)\times\boldsymbol{e}_r\end{cases}$$

可得沿 x 轴的磁偶极子的远场为

$$\begin{cases}\mathrm{d}\boldsymbol{E}_m=-\mathrm{j}\dfrac{E_y\mathrm{d}y\mathrm{d}x}{2\lambda r}(\boldsymbol{e}_\theta\sin\phi+\boldsymbol{e}_\phi\cos\theta\cos\phi)\mathrm{e}^{-\mathrm{j}kr}\\ \mathrm{d}\boldsymbol{H}_m=-\mathrm{j}\dfrac{E_y\mathrm{d}y\mathrm{d}x}{2\eta\lambda r}(\boldsymbol{e}_\theta\cos\theta\cos\phi-\boldsymbol{e}_\phi\sin\phi)\mathrm{e}^{-\mathrm{j}kr}\end{cases}\tag{9.7.4}$$

考虑到 $E_y=-\eta H_x$,则由式(9.7.3)和式(9.7.4)叠加即得惠更斯元的辐射远场

$$\mathrm{d}\boldsymbol{E}=\mathrm{j}\frac{E_y\mathrm{d}y\mathrm{d}x}{2\lambda r}[\boldsymbol{e}_\theta\sin\phi(1+\cos\theta)+\boldsymbol{e}_\phi\cos\phi(1+\cos\theta)]\mathrm{e}^{-\mathrm{j}kr}\tag{9.7.5}$$

惠更斯元辐射远场的 E 面位于 yz 平面,即 $\phi=90°$,判断的依据是电偶极子的矢量 $\boldsymbol{e}_y$ 与最大辐射方向 $\boldsymbol{e}_z$ 所构成的平面。得到惠更斯元 E 面的辐射场

$$\mathrm{d}\boldsymbol{E}\,|_E=\boldsymbol{e}_\theta\mathrm{j}\frac{E_y\mathrm{d}y\mathrm{d}x}{2\lambda r}(1+\cos\theta)\mathrm{e}^{-\mathrm{j}kr}\tag{9.7.6}$$

惠更斯元辐射远场的 H 面位于 xz 平面，即 $\phi=0°$，判断的依据是磁偶极子的矢量 $\boldsymbol{e}_x$ 与最大辐射方向 $\boldsymbol{e}_z$ 所构成的平面。得到惠更斯元 H 面的辐射场

$$\mathrm{d}\boldsymbol{E}\mid_H=\boldsymbol{e}_\phi \mathrm{j}\frac{E_y \mathrm{d}y \mathrm{d}x}{2\lambda r}(1+\cos\theta)\mathrm{e}^{-\mathrm{j}kr} \tag{9.7.7}$$

显然，惠更斯元的两个主平面上的归一化方向函数均为

$$F(\theta)=\frac{1}{2}(1+\cos\theta) \tag{9.7.8}$$

根据上式画出归一化方向图，如图 9.7.3 所示。

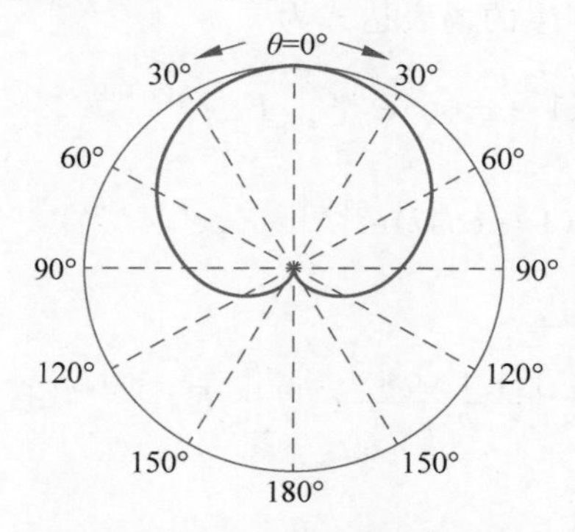

图 9.7.3 面元辐射方向图

9.7.2 平面口径场的辐射

现在考虑口径场的情形，即电场或磁场存在于具有一定尺寸的平面上。喇叭天线、反射面天线、缝隙天线都可以用口径场的方法去分析。

图 9.7.4 是平面口径场的辐射场计算示意图。该口面场位于 xz 平面上，口径面积为 S。远区观察点为 $P(r,\theta,\phi)$，观察点至原点距离为 r；面元 $\mathrm{d}S$ 所在位置为 $\boldsymbol{r}'=\boldsymbol{e}_x x'+\boldsymbol{e}_y y'$，至观察点的距离为 R。小面元 $\mathrm{d}S$ 在空间产生的场为

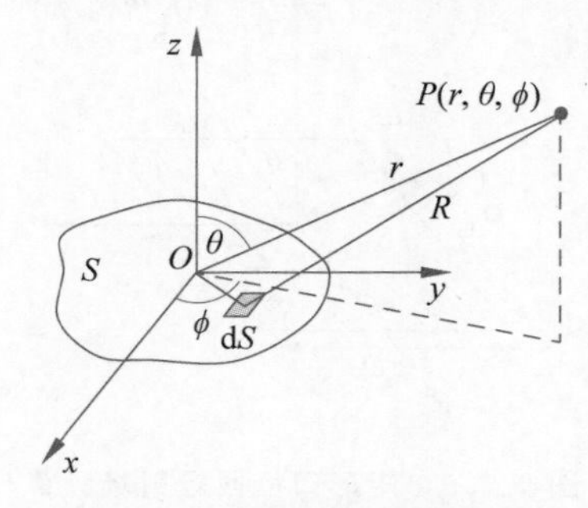

图 9.7.4 口径场的辐射场计算

$$\begin{cases}\mathrm{d}E_\theta=\mathrm{j}\dfrac{E_y \mathrm{d}x \mathrm{d}y}{2\lambda R}\sin\varphi(1+\cos\theta)\mathrm{e}^{-\mathrm{j}kR}\\[2ex]\mathrm{d}E_\varphi=\mathrm{j}\dfrac{E_y \mathrm{d}x \mathrm{d}y}{2\lambda R}\cos\varphi(1+\cos\theta)\mathrm{e}^{-\mathrm{j}kR}\end{cases} \tag{9.7.9}$$

对于远场有以下近似：幅度因子$\dfrac{E_y}{2\lambda R}$的分母中 $R\approx r$；相位因子 $\mathrm{e}^{-\mathrm{j}kR}$ 中 $R\approx r-\boldsymbol{r}'\cdot$

$\boldsymbol{e}_r$，即

$$R \approx r - \boldsymbol{r}' \cdot \boldsymbol{e}_r = r - (x'\sin\theta\cos\varphi + y'\sin\theta\sin\varphi)$$

代入式(9.7.9)，得到

$$\begin{cases} \mathrm{d}E_\theta = \mathrm{j}\dfrac{E_y \mathrm{d}x\mathrm{d}y}{2\lambda r}\sin\varphi(1+\cos\theta)\mathrm{e}^{-\mathrm{j}kr}\mathrm{e}^{\mathrm{j}k(x'\sin\theta\cos\varphi + y'\sin\theta\sin\varphi)} \\ \mathrm{d}E_\varphi = \mathrm{j}\dfrac{E_y \mathrm{d}x\mathrm{d}y}{2\lambda r}\cos\varphi(1+\cos\theta)\mathrm{e}^{-\mathrm{j}kr}\mathrm{e}^{\mathrm{j}k(x'\sin\theta\cos\varphi + y'\sin\theta\sin\varphi)} \end{cases} \tag{9.7.10}$$

积分后得到此口径面在空间产生的场表达式为

$$\begin{cases} E_\theta = \dfrac{\mathrm{j}}{2\lambda r}\sin\varphi(1+\cos\theta)\mathrm{e}^{-\mathrm{j}kr}\iint_S E_y \mathrm{e}^{\mathrm{j}k(x'\sin\theta\cos\varphi + y'\sin\theta\sin\varphi)}\mathrm{d}x'\mathrm{d}y' \\ E_\varphi = \dfrac{\mathrm{j}}{2\lambda r}\cos\varphi(1+\cos\theta)\mathrm{e}^{-\mathrm{j}kr}\iint_S E_y \mathrm{e}^{\mathrm{j}k(x'\sin\theta\cos\varphi + y'\sin\theta\sin\varphi)}\mathrm{d}x'\mathrm{d}y' \end{cases} \tag{9.7.11}$$

因此，得到 E 面($\phi=90°$)的表达式

$$\begin{cases} E_\theta = \dfrac{\mathrm{j}(1+\cos\theta)}{2\lambda r}\mathrm{e}^{-\mathrm{j}kr}\iint_S E_y \mathrm{e}^{\mathrm{j}ky'\sin\theta}\mathrm{d}x'\mathrm{d}y' \\ E_\varphi = 0 \end{cases} \tag{9.7.12}$$

和 H 面($\phi=0°$)的表达式

$$\begin{cases} E_\theta = 0 \\ E_\varphi = \dfrac{\mathrm{j}(1+\cos\theta)}{2\lambda r}\mathrm{e}^{-\mathrm{j}kr}\iint_S E_y \mathrm{e}^{\mathrm{j}kx'\sin\theta}\mathrm{d}x'\mathrm{d}y' \end{cases} \tag{9.7.13}$$

1. 均匀分布的矩形口径面

假设矩形口径面上的电场沿 y 方向且均匀分布，即 $E_y=E_0$。口径面的尺寸为：沿 x 方向为 D_x；沿方向为 D_y，如图 9.7.5 所示。于是得到 E 面及 H 面内辐射场表达式为

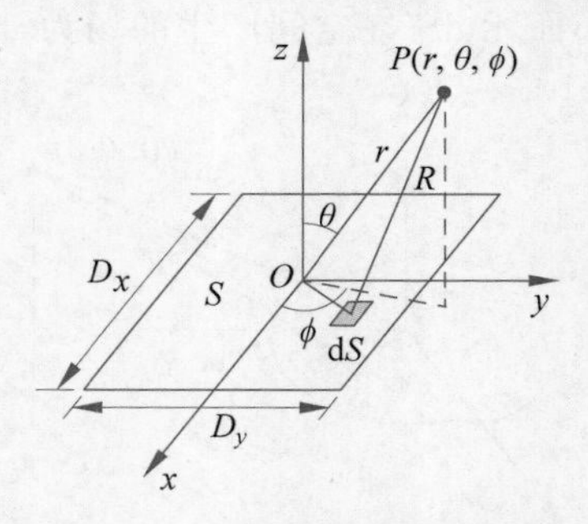

图 9.7.5 矩形口径面辐射场计算

$$\begin{cases} E_\mathrm{E} = \dfrac{\mathrm{j}(1+\cos\theta)}{2\lambda r}\mathrm{e}^{-\mathrm{j}kr}E_0\int_{-\frac{D_x}{2}}^{\frac{D_x}{2}}\mathrm{d}x'\int_{-\frac{D_y}{2}}^{\frac{D_y}{2}}\mathrm{e}^{\mathrm{j}ky'\sin\theta}\mathrm{d}y' \\ E_\mathrm{H} = \dfrac{\mathrm{j}(1+\cos\theta)}{2\lambda r}\mathrm{e}^{-\mathrm{j}kr}E_0\int_{-\frac{D_y}{2}}^{\frac{D_y}{2}}\mathrm{d}y'\int_{-\frac{D_x}{2}}^{\frac{D_x}{2}}\mathrm{e}^{\mathrm{j}kx'\sin\theta}\mathrm{d}x' \end{cases}$$

积分后得到

$$
\begin{cases}
E_{\mathrm{E}}=\dfrac{\mathrm{j}E_0D_xD_y}{2\lambda r}\mathrm{e}^{-\mathrm{j}kr}\;\dfrac{1+\cos\theta}{2}\;\dfrac{\sin\left(\dfrac{kD_y}{2}\sin\theta\right)}{\dfrac{kD_y}{2}\sin\theta}\\[2ex]
\dot{E}_{\mathrm{H}}=\dfrac{\mathrm{j}E_0D_xD_y}{2\lambda r}\mathrm{e}^{-\mathrm{j}kr}\;\dfrac{1+\cos\theta}{2}\;\dfrac{\sin\left(\dfrac{kD_x}{2}\sin\theta\right)}{\dfrac{kD_x}{2}\sin\theta}
\end{cases}
$$

最后得到均匀矩形口径面的方向函数为

$$
\begin{cases}
F_{\mathrm{E}}(\theta)=\dfrac{1+\cos\theta}{2}\;\dfrac{\sin\left(\dfrac{kD_y}{2}\sin\theta\right)}{\dfrac{kD_y}{2}\sin\theta}\\[2ex]
F_{\mathrm{H}}(\theta)=\dfrac{1+\cos\theta}{2}\;\dfrac{\sin\left(\dfrac{kD_x}{2}\sin\theta\right)}{\dfrac{kD_x}{2}\sin\theta}
\end{cases}
\tag{9.7.14}
$$

如果口径面是余弦分布 $E_y=E_0\cos\dfrac{\pi x}{D_x}$，则方向函数将会变为

$$
\begin{cases}
F_{\mathrm{E}}(\theta)=\dfrac{1+\cos\theta}{2}\;\dfrac{\sin\left(\dfrac{kD_y}{2}\sin\theta\right)}{\dfrac{kD_y}{2}\sin\theta}\\[2ex]
F_{\mathrm{H}}(\theta)=\dfrac{1+\cos\theta}{2}\;\dfrac{\cos\left(\dfrac{kD_x}{2}\sin\theta\right)}{1-\left(\dfrac{kD_x}{\pi}\sin\theta\right)^2}
\end{cases}
\tag{9.7.15}
$$

2. 圆形口径面

假设圆形口径面上的电场沿 y 方向且均匀分布，即 $E_y=E_0$，口径面的半径为 a，如图 9.7.6 所示。于是得到 E 面及 H 面内辐射场表达式为

$$
\begin{cases}
E_{\mathrm{E}}=\mathrm{j}\,\dfrac{\mathrm{e}^{-\mathrm{j}kr}}{\lambda r}\;\dfrac{1+\cos\theta}{2}E_0\displaystyle\int_0^a\rho' d\rho'\int_0^{2\pi}\mathrm{e}^{\mathrm{j}k\rho'\sin\theta\sin\varphi'}\,\mathrm{d}\varphi'\\[2ex]
E_{\mathrm{H}}=\mathrm{j}\,\dfrac{\mathrm{e}^{-\mathrm{j}kr}}{\lambda r}\;\dfrac{1+\cos\theta}{2}E_0\displaystyle\int_0^a\rho' d\rho'\int_0^{2\pi}\mathrm{e}^{\mathrm{j}k\rho'\sin\theta\sin\varphi'}\,\mathrm{d}\varphi'
\end{cases}
$$

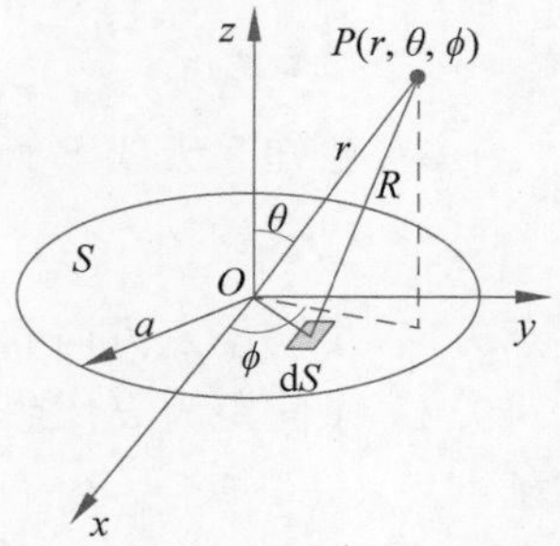

图 9.7.6 圆形口径面辐射场计算

最终可得

$$
\begin{cases}
E_{\mathrm{E}}=AS\,\dfrac{1+\cos\theta}{2}\;\dfrac{2J_1(\psi)}{\psi}\\[2ex]
E_{\mathrm{H}}=AS\,\dfrac{1+\cos\theta}{2}\;\dfrac{2J_1(\psi)}{\psi}
\end{cases}
\tag{9.7.16}
$$

式中，$S=\pi a^2$，$\psi=ka\sin\theta$，$J_1(\psi)$ 为一阶贝塞尔函数，A 为 $\mathrm{j}\,\dfrac{\mathrm{e}^{-\mathrm{j}kr}}{\lambda r}$。

本章知识结构

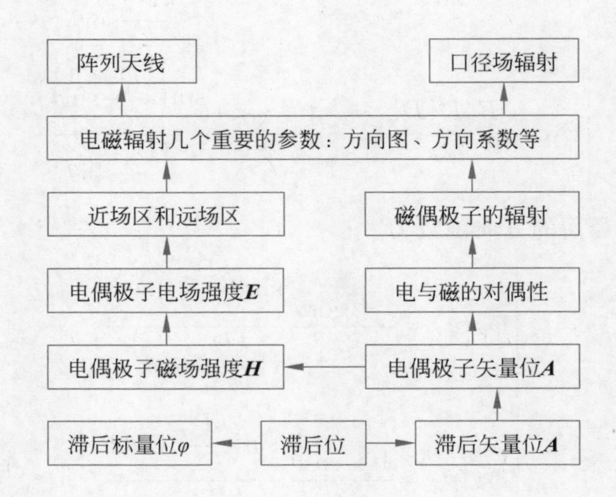

习题

9.1　推导电偶极子的辐射远场。

9.2　假设某一移动终端辐射功率为1W，求$r=2\text{km}$处，$\theta=0°$，45°和90°的电场强度和磁场强度。

9.3　假设某一移动终端的天线近似为电偶极子，在$r=2\text{km}$处，$\theta=0°$方向的电场强度为10mV/m，求该电偶极子天线的辐射功率。

9.4　已知某天线E面的归一化方向函数为$F(\theta)=\cos\left(\frac{\pi}{4}\cos\theta-\frac{\pi}{4}\right)$，求其最大方向、零点方向和半功率点方向。

9.5　已知某天线E面的归一化方向函数为$F(\theta)=\begin{cases}\cos^2\theta, & |\theta|\leqslant\frac{\pi}{2}\\ 0, & |\theta|>\frac{\pi}{2}\end{cases}$，求其最大方向、零点方向、半功率点方向和方向系数。

9.6　求间距为d，沿x方向排布，电流幅度比为m，相位差为φ的任意二元阵列的阵因子。

9.7　求间距为$\lambda/4$，沿x方向排布，相位相差$\pi/2$的等幅馈电半波振子二元阵列的阵因子。

9.8　求某一半波对称振子垂直、水平放置在无限大水平面上的阵因子，天线离地面距离h，且满足$h>\lambda/4$。提示：无限大水平面可等效为理想导体后利用镜像原理。

9.9　四个电基本振子依次沿x轴排列，间距为d：

（1）相位依次为$\varphi=0$、$\varphi=\pi$、$\varphi=\pi/2$、$\varphi=3\pi/2$时的阵因子；

（2）相位依次为$\varphi=0$、$\varphi=\pi/2$、$\varphi=\pi$、$\varphi=3\pi/2$时的阵因子。

第 10 章 电磁分析方法与仿真软件简介

CHAPTER 10

随着通信系统和微波技术的发展，传统的电磁分析方法已经越来越无法满足现代电磁器件和电磁系统的设计要求。电磁分析方法与电磁仿真软件就是在这些因素的推动下逐步发展起来的。加上计算机计算能力的飞速提升，利用数值方法求解复杂电磁问题的优势也越来越明显。近年来，电磁问题与热学、力学的多物理耦合分析也受到了广泛关注。

本章将简要介绍一些现代电磁分析方法，同时也将列举一些主流的仿真软件。对于入门级的读者来说，学会一两种软件有利于学习电磁场与电磁波。因为大部分软件目前都具备电场与磁场可视化的功能，这些功能有助于将抽象的概念转化成直观的表征。

10.1 电磁分析方法简介

第 5 章简要讨论了静电场的边值解法，讨论了分离变量法等几种特殊解法，这些解法均可以归类为解析解法。除解析解法外，还有半解析法和数值解法。图 10.1.1 总结了部分电磁分析方法的逻辑关系。

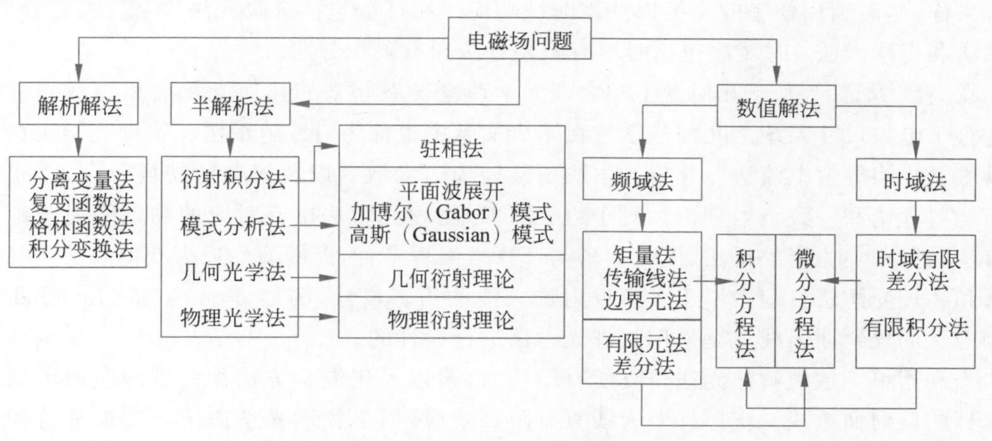

图 10.1.1 部分电磁分析方法的框架图

尽管解析解法给出的是严格解，但是仅限于规则结构。因此，现代的电磁系统很难采用解析解法来分析。逐渐地，半解析法就从被分析对象的结构脱离出来，而从电磁场本身的特性出发，将复杂的电磁问题分解为求解简单的电磁问题。这些方法就包括衍射积分法、模式分析法、几何光学法和物理光学法。例如，几何光学法就是把源分解成一系列的光线，并对每束光线进行追踪，最后在求解输出面汇总所有的输出光线。因此，不管结构多复杂，该结构的电磁问题就简化为求解单个光线的问题。

随着计算机计算能力的大幅提升，数值解法的有效性和准确性越来越高。众多的数值方法已经发展成为一个领域，即计算电磁学。计算电磁学的算法十分丰富，例如，时域有限差分法（Finite Difference Time Domain，FDTD）、有限积分法（Finite Integration Technology，FIT）、有限元法（Finite Element Method，FEM）、矩量法（Method of Moments，MoM）、边界元法（Boundary Element Method，BEM）、传输线法（Transmission Line Method，TLM）等。

数值解法并没有完全脱离解析解法或者半解析法。相反，它们是利用计算机程序和数值计算理论去求解符合边界条件的麦克斯韦方程组，或者求解特定结构下的半解析解。因此，无论是哪一种方法，其计算结果都必须具有唯一性。所不同的是，它们的结果会有不同的精度，这是由于各种方法对求解问题的处理（包括简化、离散等）不同所造成的。在图 10.1.1 中，把数值算法单列，区别于解析解法与半解析法，只是因为数值解法对求解结果是否为可写方程已经没有过多的依赖性。

数值解法的分类也比较复杂。麦克斯韦方程组可以分为微分方程组和积分方程组。从这个角度考虑，就可以分为微分方程法和积分方程法。时域有限差分法、有限元法和差分法就属于微分方程法；而有限积分法、矩量法、边界元法和传输线法则属于积分方程法。从算法激励信号来看，又可以分为时域法和频域法。时域法对麦克斯韦方程组按时间步进后求解有关场量，通常适用于求解激励场的瞬态变化过程。因此，在脉冲源激励下，可通过一次求解得到宽带响应。同时，由于是直接求解麦克斯韦方程组，因此时域法能真实反映电磁现象的本质，并且精度可靠、效率较高。而频域法研究时谐激励条件下经过无限长时间后的稳态场分布，即每次计算只能求得一个频率点的响应。如果采用频域法，则需要在求解频带内进行采样，然后利用傅里叶变换以获得时域响应。频域法包括有限元法、矩量法、差分法、边界元法和传输线法；时域法包括时域有限差分法和有限积分法。

在高频情况下，基于几何光学和物理光学理论发展起来的几何光学法和物理光学法特别适合于电大尺寸系统。几何光学法在不少文献中也称为射线追踪法。物理光学法在一些文献中又称为等效电流法。几何光学法不能处理边缘散射以及焦散区的场分布，因此有了几何绕射理论和一致绕射理论。对于边缘散射，物理光学法也有对应的物理绕射理论。这些方法可以归类为半解析法，但是后来与计算机编程结合，慢慢演变成为数值解法。几何光学法和物理光学法目前常用于大型反射面天线的仿真设计，例如，Planck 和 Herschel 天文探测卫星的反射面天线就是采用物理光学法进行设计的。

当利用单一数值解法无法仿真所有结构时，可以采用混合方法。典型的应用场景有带支撑杆的反射面天线。支撑杆对天线具有阻挡效应，但是物理光学法仿真支撑杆得到的精度并不高。通常的做法是采用物理光学法仿真反射面，而采用矩量法仿真支撑杆。两者结合可以较好地处理该类问题。

当单个硬件无法满足计算需求时，可以采用并行算法。用多个处理器来协同求解同一电磁问题。将被求解问题分解成若干部分，各部分均由一个独立的处理器来计算。这种处理方法可以大大提高复杂问题的求解效率。

目前计算电磁学发展迅速，本书无法一一覆盖，在参考文献中列出了一些综述文献供参阅。这些文献不仅对目前的计算方法进行了总结，还提出了不少前沿问题。

10.2 电磁仿真软件简介

随着计算电磁学在工程应用领域影响力的不断提高，商用电磁仿真分析软件越来越多，操作界面也越来越友好，使得设计人员可以更加方便、直观地进行滤波器设计、天线设计、目标电磁特性分析等。下面介绍几种电磁仿真软件。

1. FEKO

FEKO是EMSS公司旗下的一款功能强大的三维全波电磁仿真软件，常用于复杂形状三维物体的电磁场分析。FEKO是针对天线设计、天线布局与电磁兼容性分析而开发的专业电磁场分析软件，从严格的电磁场积分方程出发，以经典的矩量法为基础，采用多层快速多极子(Multi-Level Fast Multipole Method，MLFMM)算法在保持精度的前提下大大提高了计算效率，并将矩量法与经典的高频分析方法结合，从而非常适合解决天线设计、雷达散射截面、开域辐射、电磁兼容中的各类电磁场分析问题。FEKO 5.0以后的版本混合了有限元法，能更好地处理多层电介质(如多层介质雷达罩)、生物体吸收率的问题。对于电小结构的天线等电磁场问题，FEKO完全采用矩量法进行分析，以保证结果的精度；对于具有电小尺寸与电大尺寸的混合结构，既可以采用基于矩量法的多层快速多极子法，又可以选用合适的混合方法，如用矩量法、多层快速多极子法分析电小结构部分，而用高频方法分析电大尺寸结构部分。

2. CST Microwave Studio

CST Microwave Studio(简称CST MWS，中文名称为“CST微波工作室”)是德国的电磁场仿真软件公司Computer Simulation Technology(CST)出品的软件之一。CST MWS集成了七个时域和频域全波算法：时域有限积分、频域有限积分、频域有限元、模式降阶、矩量法、多层快速多极子和本征模。支持各类二维和三维格式的导入；支持PBA六面体网格、四面体网格和表面三角网格；内嵌EMC国际标准和通过FCC认可的SAR计算。广泛应用于通用高频无源器件仿真，可以进行雷击、强电磁脉冲、静电放电、电磁干扰、信号完整性/电源完整性和各类天线/雷达散射截面仿真。结合其他软件模块，可以完成系统级电磁兼容仿真以及CST特有的纯瞬态场路同步协同仿真。

3. Ansys HFSS

HFSS是Ansys公司推出的三维电磁仿真软件，全称为High Frequency Structural Simulator，其创始人是卡内基·梅隆大学教授Zoltan J. Cendes。在青年学者孙定国博士(Din Kow Sun)、李金发教授(Jin-fa Lee)和赵克钟博士的共同努力下，取得了多项重要技术突破，奠定了HFSS软件在高频电磁场仿真领域的技术基础。HFSS提供了工程化的建模方案，包含几何模型建立、仿真条件设立、边界条件设置；提供基于有限元方法的仿真求解技术，包括频域求解器、时域求解器、积分方程法求解器、有限元-积分方程混合求解器和按需求解技术；同时提供了结果可视化模块，用户可以根据需要查看包括各种参数，以及方向图、电流分布等可视化图形。

4. GRASP

GRASP 即 General Reflector Antenna Software Package(通用反射面天线软件包)的缩写。它是丹麦的 TICRA 公司推出的主打产品。TICRA 公司的 GRASP、POS、CHAMP、DIATOOL、SNIFT 是分析通用反射面天线系统的专业电磁仿真工具,应用于各类反射面天线的设计、分析、优化、成品测试和问题诊断。该系列软件得到欧洲航天局的大力支持。GRASP 采用高频近似方法,集几何光学法、几何绕射法、物理光学法于一体,同时加入矩量法分析电小尺寸结构,提高了反射面天线分析的效率和精度。

GRASP 可计算多反射面、多馈源系统的辐射场,甚至可以分析卫星系统中的多天线干扰问题。采用 GRASP 可分析从某个馈源到天线系统中某个反射面的散射。GRASP 对各种表面形状,包括用户定义的形状,都可以进行分析。同时,GRASP 设计了丰富的馈源库,允许用户用自己提供的数据作为馈源。

5. CHAMP

CHAMP 的全称是 Corrugated Horn Analysis by Modal Processing,是一款用于精确分析圆形波纹馈源喇叭天线或圆形光滑馈源喇叭天线电磁性能的专业软件。该软件基于模式分析法和矩量法,能在很短时间内完成波纹喇叭天线的仿真。

CHAMP 专用于波纹喇叭天线设计分析,同时能够分析各类横向、纵向开槽的圆形波纹喇叭天线和波特喇叭天线。在仿真计算时,能够考虑喇叭天线外部结构的影响,还可以将喇叭天线和副反射面结合起来一起计算。CHAMP 能够完成从设计、仿真到优化的全部流程。用户可以根据设定的目标参数,利用 CHAMP 的设计向导快速设计波纹喇叭天线。用户能够针对多频点/频段定义各类优化目标,包括回波损耗、交叉极化电平、方向性系数、口径效率、相位中心以及副瓣电平及位置。CHAMP 还能配合 GRASP 完成整个反射面天线系统的设计。

6. Sonnet

Sonnet 软件是 Sonnet 公司 1983 年开发的三维平面电磁场仿真工具。目前已成为单层、多层平面电路和平面天线的专业设计软件。Sonnet 针对当前三维平面电路和天线设计,尤其是微波、毫米波领域高精度和高可靠性的需求,提供工业上精确和可靠的三维平面分析工具。Sonnet 采用封闭域矩量法,用傅里叶变换算法计算结构之间的耦合,不需要数值积分,能够将模型抽取误差控制在 1%以内,连续重复误差控制在 0.1%以内,覆盖频率范围从数千赫兹到数太赫兹。

7. 其他软件

其他电磁仿真软件还有 Microwave Office、ADS、Ansys Designer、XFDTD、Zeland IE3D 等。这些软件都有各自的特点。Microwave Office 是 AWR 公司推出的微波 EDA 软件,为微波平面电路设计提供了完整、快速和精确的方案。ADS(Advanced Design System)是 Agilent 公司推出的微波电路和通信系统仿真软件,其主要优势在于微波电路、系统信号链路的设计。Ansys Designer 是 Ansys 公司推出的微波电路和通信系统仿真软件,它采用了窗口技术,将高频电路系统、版图和电磁场仿真工具集成到同一个环境,主要应用于射频和微波电路及通信系统的设计。XFDTD 是 Remcom 公司推出的基于时域有限差分法的三维全波电磁场仿真软件,广泛用于无线、微波电路、雷达散射计算、陆基警戒雷达和生物组织仿真。Zeland IE3D 是一个基于矩量法的电磁场仿真工具,可以解决多层介质环境下三维金属结构的电流分布问题，应用范围主要是在微波射频电路、多层印制电路板和平面微带天线设计。

习题

10.1 查阅资料，推导差分法的迭代公式。

10.2 查阅资料，推导时域有限差分法公式。

10.3 查阅资料，推导矩量法迭代公式。

附录

APPENDIX

本附录包括 5 部分内容：矢量恒等式，三种坐标系的梯度、散度、旋度和拉普拉斯运算，希腊字母表，部分物理量和部分常数。请扫码下方二维码获取详情。

附录

参考文献

[1] 宋德生，李国栋. 电磁学发展史[M]. 南宁：广西人民出版社，1996.

[2] 谢处方，饶克谨. 电磁场与电磁波[M]. 2版. 北京：高等教育出版社，1985.

[3] 谢处方，饶克谨. 电磁场与电磁波[M]. 4版. 杨显清，王园，赵家升，修订. 北京：高等教育出版社，2006.

[4] 郭硕鸿. 电动力学[M]. 3版. 北京：高等教育出版社，2008.

[5] Cheng D K. Field and Wave Electromagnetics[M]. 2nd edition，北京：清华大学出版社，2007.

[6] 毕德显. 电磁场理论[M]. 北京：电子工业出版社，1985.

[7] 梅中磊，曹斌照，李月娥，等. 电磁场与电磁波[M]. 北京：清华大学出版社，2017.

[8] 贾起民，郑永令，陈暨耀. 电磁学[M]. 2版. 北京：高等教育出版社，2001.

[9] 焦其祥. 电磁场与电磁波[M]. 北京：科学出版社，2004.

[10] Jackson J D. Classical Electrodynamics[M]. edition 3rd，New Jersey：John Wiley & Sons，Inc. ，1999.

[11] Balanis C A. Advanced Engineering Electromagnetics[M]. New Jersey：John Wiley & Sons，Inc. ，1989.

[12] Pozar D M. Microwave Engineering[M]. 4th edition. New Jersey：John Wiley & Sons，Inc. ，2012.

[13] Balanis C A. Antenna Thoery：Analysis and Design[M]. 3rd edition. New Jersey：John Wiley & Sons，Inc. ，2005.

[14] 刘鹏程. 电磁场解析方法[M]. 北京：电子工业出版社，1995.

[15] 雷银照. 时谐电磁场解析方法[M]. 北京：科学出版社，2000.

[16] 雷银照. 关于电磁场解析方法的一些认识[J]. 电工技术学报，2016，31(19)：11-25.

[17] 盛剑霓. 电磁场与波分析中半解析法的理论方法与应用[M]. 北京：科学出版社，2006.

[18] 刘小明. 介电常数及其测量技术[M]. 北京：北京邮电大学出版社，2015.

[19] 李莉. 天线与电波传播[M]. 北京：科学出版社，2009.

[20] 马西奎. 电磁场有限元与解析结合解法[M]. 北京：科学出版社，2016.

[21] 尹家贤. 计算电磁学[M]. 2版. 北京：电子工业出版社，2018.

[22] 吕英华. 计算电磁学的数值方法[M]. 北京：清华大学出版社，2006.

[23] "电磁计算"专刊编委会. 电磁计算方法研究进展综述[J]. 电波科学学报，2020，35(1)：13-25.

[24] "电磁计算"专刊编委会. 电磁计算十大问题[J]. 电波科学学报，2020，35(1)：3-12.

[25] Chen Z Z，Wang C F，Hoefer W. A Unified View of Computational Electromagnetics[J]. IEEE Transactions on Microwave Theory and Techniques，2022，70(2)：955-969.

[26] Sengupta D L，Sarkar T K. Maxwell，Hertz，the Maxwellians，and the early history of electromagnetic waves [J]. IEEE Antennas and Propagation Magazine，2003，45(2)：13-19.

[27] Elliott R S. The history of electromagnetics as Hertz would have known it [J]. IEEE Transactions on Microwave Theory and Techniques，1988，36(5)：806-823.

[28] Bryant J H. The first century of microwaves—1886 to 1986 [J]. IEEE Transactions on Microwave Theory and Techniques，1988，36(5)：830-858.